预应力混凝土结构设计与施工

李东彬　代伟明　编著

中国建筑工业出版社

图书在版编目（CIP）数据

预应力混凝土结构设计与施工/李东彬，代伟明编著．—北京：中国建筑工业出版社，2019.9

ISBN 978-7-112-23885-9

Ⅰ.①预… Ⅱ.①李… ②代… Ⅲ.①预应力混凝土结构-结构设计 ②预应力混凝土结构-工程施工 Ⅳ.①TU378

中国版本图书馆 CIP 数据核字（2019）第 118315 号

随着预应力技术理论的逐步成熟和工程经验的不断积累，其应用领域已从混凝土结构扩展到钢结构、砖石结构、木结构等，近年来还大量应用于结构加固领域。

本书是作者从业三十多年来在预应力混凝土技术领域的工作总结及成果凝练，共分为6章：预应力混凝土概论、预应力混凝土设计、预应力混凝土结构设计示例、后张预应力施工、后张预应力混凝土结构工程实例、缓粘结预应力技术，全书还包括3个常用附录。本书可供广大从事土木建筑工程技术人员参考使用，有助于技术人员巩固理论知识，提升专业技术水平。

责任编辑：刘婷婷 王 梅

责任设计：李志立

责任校对：芦欣甜

预应力混凝土结构设计与施工

李东彬 代伟明 编著

*

中国建筑工业出版社出版、发行(北京海淀三里河路9号)

各地新华书店、建筑书店经销

北京红光制版公司制版

北京富生印刷厂印刷

*

开本：787×1092 毫米 1/16 印张：19 字数：425 千字

2020 年 1 月第一版 2020 年 1 月第一次印刷

定价：**58.00** 元

ISBN 978-7-112-23885-9

(34189)

前　言

钢筋混凝土是将抗拉能力强的钢筋和抗压能力强的混凝土结合而成的一种能同时承受拉压力的优秀结构材料。但由于混凝土的抗拉能力很低，钢筋混凝土结构不可避免地带来裂缝和变形问题，影响了其在大跨结构中的应用。预应力混凝土则是将高强混凝土与高强钢筋结合而成的建立有内应力的更优秀的结构材料，它能充分发挥高强混凝土和高强钢筋的全部性能，不仅改善和提高结构性能，解决钢筋混凝土结构固有的裂缝和变形问题，同时可以节约材料，提高耐久性，因而广泛应用于各类房屋建筑、桥梁、市政基础设施、水利工程和各类特种结构中。

自 1928 年法国工程师弗莱西奈通过张拉高强钢丝成功实现预应力混凝土以来，世界范围内经历了 90 多年的应用和发展，预应力混凝土技术得到了长足的进步，已经形成较为完善成熟的技术体系。随着预应力技术理论的逐步成熟和工程经验的不断积累，预应力技术应用领域也从混凝土结构扩展到钢结构、砖石结构、木结构等领域；近年来还大量应用于结构加固领域；在桥梁建设领域，预应力技术同时也是重要的施工技术手段。

国内预应力混凝土技术研究开发应用已有 60 多年的历史，设计理论及工艺技术水平达到或接近国际水平，已成为成熟技术，并已编制了完善的相关产品和工程标准，如《混凝土结构设计规范》GB 50010、《混凝土结构工程施工规范》GB 50666、《混凝土结构工程施工质量验收规范》GB 50204、《无粘结预应力混凝土结构技术规程》JGJ 92、《预应力混凝土结构抗震设计标准》JGJ/T 140、《预应力筋用锚具、夹具和连接器》GB/T 14370 等。工程应用方面，20 世纪 50～70 年代以先张法预制构件为主，80 年代以后则以现浇后张预应力混凝土为主，进入 21 世纪后，随着工业化建筑技术的发展，先张法和后张法均得到较多的应用。由于技术经济原因，混凝土结构是我国应用量最大的结构形式，约占各类工程结构的 90％以上，同时，借助住建部多年来一直将预应力混凝土技术列入建筑业十大新技术加以推广，因此，预应力混凝土技术在我国得到广泛的应用。我国每年高强度预应力钢材消耗量约有 600 万吨，锚具逾 2 亿孔，是世界上预应力钢材消耗最多的国家。

预应力混凝土技术的发展和应用是建筑业技术进步的重要指标。预应力混凝土是一项具有显著节材、节能特性的绿色建筑技术，是符合时代发展需要的先进的结构技术。预应力技术在其长期的发展过程中，不仅技术体系日趋完善，同时成就了非常多优秀经典的结构。今后预应力技术还将继续发展，其应用范围和形式也会更加丰富，将在土木建筑工程领域持续扮演重要角色。近年来发展起来的缓粘结预应力技术，以其简便的施工工艺和良好的结构性能在土木建筑工程领域得到较好的应用，也是今后重要的发展方向。

本书初稿多年前已经完成，因为看到有关预应力混凝土的书籍已经很多，所以一直拖延，直到有一天，我的一位设计院总工朋友，提醒我能否写一本关于预应力混凝土结构的书，才激发了我完成本书的动力。本书是作者从业三十多年来在预应力技术领域的研究、工程实践和标准化等工作的总结和凝练的成果，共分 6 章和 3 个附录：预应力混凝土概论、预应力混凝土设计、预应力混凝土结构设计示例、后张预应力施工、后张预应力混凝土结构工程实例、缓粘结预应力技术和附录。本书重点是预应力混凝土结构设计与施工实务，目的是为广大工程技术人员在预应力混凝土技术应用方面提供帮助，若能对推动我国预应力混凝土技术的应用水平有些许作用，乃作者最大的荣幸。限于作者水平，难免存在错误和不足，恳请读者批评指正。

本书的编著过程中，我的学生谢靓宇绘制了书中大量的插图，并更新了计算示例中的相关计算数据，在此表示感谢；本书引用的工程实例中凝聚了作者的前辈、领导及以往团队和同事、同行的智慧和辛勤的劳动，参与相关工程工作的有：陈永春、魏琏、曲京辉、王磊、孙仁范、马颖军、王金龙、张淮湧、王树乐、叶飞、陈奕、刘晟君、赵晖、翟传明、宋振华、丁宏杰、栗增欣、邱仓虎、徐琳、张建宇、张仕通、田敏、王瑞茹、李树良、孙建超、杨金明、洪程普、杨良卿、邢凤春、蒋方新等，在此，对上述各位专家、同事、同行的卓越工作表示感谢。

本书中的部分图片引自网络和相关技术文献，文中不再一一注明，在此一并表示感谢。

本书的责任编辑刘婷婷、王梅在出版过程中给予了大力支持，并付出了辛勤的劳动，在此一并表示感谢。

中国建筑科学研究院有限公司

李东彬

2019 年 9 月

目 录

第1章 预应力混凝土概论

1.1 预应力混凝土基础知识

1.1.1 预应力混凝土与钢筋混凝土的比较

钢筋混凝土（RC）结构虽然具有造价低，耐火、耐久性好，且可浇筑成任意形状等诸多优点，但同时也存在自重大，不易实现大跨度，且使用条件下不可避免的带裂缝工作等缺点。这是因为混凝土的抗拉强度较低，通常仅为其抗压强度的1/10左右，钢筋混凝土结构设计中无法利用混凝土的抗拉强度，而只能允许混凝土开裂，利用钢筋来承担拉力的缘故。在正常使用条件下，若裂缝宽度过大，钢筋就会锈蚀，降低结构承载力和耐久性。但是只要裂缝宽度足够小，在正常使用条件下，结构的承载力及耐久性就不会受影响。

为了克服钢筋混凝土的上述缺点，预应力混凝土（PC）在混凝土中预先施加压应力，从而大大提高混凝土的抗拉能力，能有效承受使用荷载下混凝土中的压应力或拉应力。因而，与钢筋混凝土结构相比，预应力混凝土结构是全截面参与工作的高效结构，受弯构件中可以大幅度降低截面高度，实现大跨轻巧结构。通过调整预加应力的水平，可以设计出任意荷载条件下不开裂的混凝土结构，通过施加较低的预应力并同时配置适量的普通钢筋来限制裂缝宽度的混凝土结构称为部分预应力混凝土结构（PRC）。

1.1.2 预应力混凝土原理

预应力（Prestress）是指为改善使用条件下结构的性能而在结构构件内预先建立的内应力。预应力混凝土就是将预应力原理应用到混凝土结构的产物，即为改善混凝土抗拉强度低的性质预先施加预压应力。图1.1-1（*a*）所示梁施加了预应力后可以承受外荷载产生的拉应力，图1.1-1（*b*）所示梁将预应力筋偏心布置施加预应力时，同样的截面可以承受两倍的弯矩而不产生拉应力。

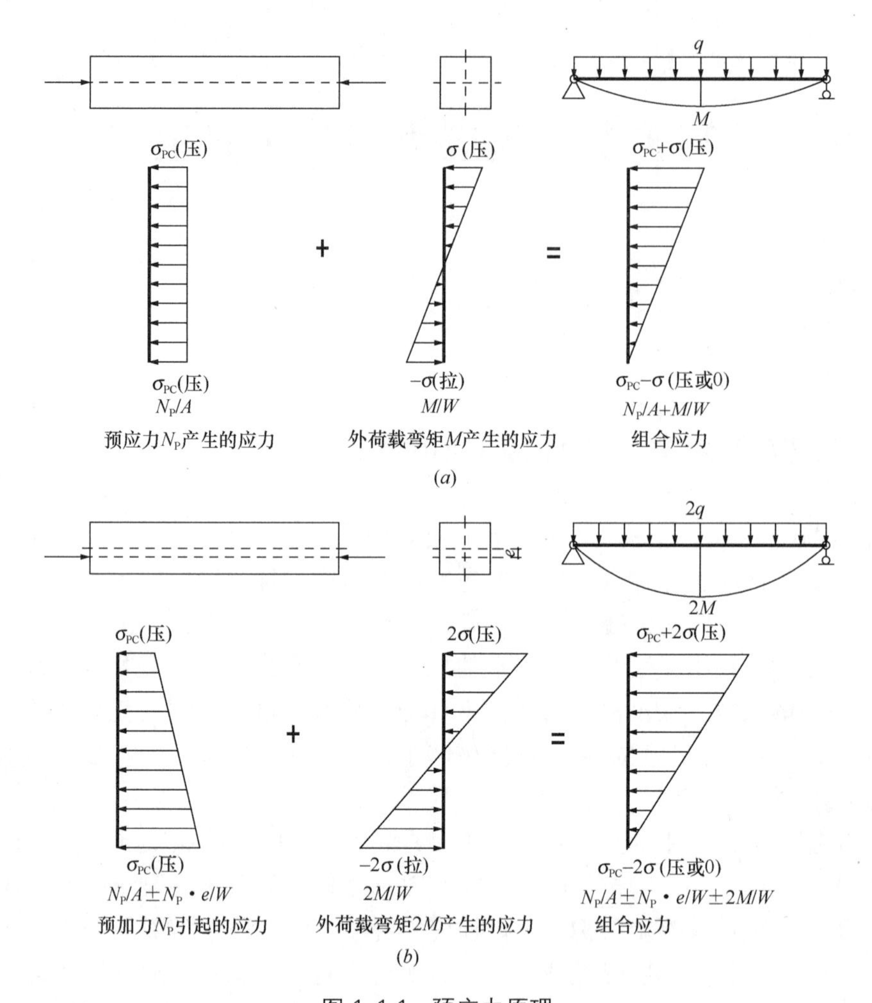

图 1.1-1 预应力原理

(*a*) 预应力筋位于截面中心直线配置时；(*b*) 预应力筋偏心布置时

1.1.3 预应力混凝土的特性

预应力混凝土因为预先在外荷载作用下产生拉应力的截面施加了压应力，其混凝土承受拉应力的能力得到大幅度提高，所以在使用荷载下不会出现裂缝。地震等偶然荷载作用下产生的拉应力若用预压应力抵消将是非常不经济的，所以预应力混凝土的抗裂仅仅针对正常使用荷载，而在地震等偶然作用下，仍允许同钢筋混凝土一样出现裂缝。

此外，与钢筋混凝土构件相比，预应力混凝土构件的弹性工作范围扩大了。预应力混凝土梁受荷开裂前是完全弹性工作的，荷载超过开裂荷载后虽然其刚度有所降低，但只要压区混凝土应变不是过大，一旦卸荷其变形几乎可完全恢复，出现的裂缝也可完全闭合，即预应力混凝土不仅具有良好的弹性区域而且具有良好的恢复能力。

这种特性非常适合于近海建造严格要求不出现裂缝的结构，尤其是结构承受地震等荷载作用及承受反复荷载的情况。在产生大变形的情况下，由于预应力混凝土采用的高强钢材没有明显的屈服台阶，所以不会出现与钢筋混凝土一样的完全塑性铰。但是钢材的应变达到0.8%～1.0%以上时，应力-应变曲线的斜率将显著减小（约为其初时斜率的2%左右），构件的反应近似于塑性铰，只要配筋适中，其变形能力不亚于钢筋混凝土。

1.1.4 预应力混凝土的分类

根据制作工艺分为先张法和后张法预应力；根据预应力筋与结构混凝土的粘结特性分为有粘结预应力和无粘结预应力；根据预应力筋的配置位置分为体内预应力和体外预应力；根据施加的预应力水平分为全预应力、限值预应力和部分预应力。

1. 先张法和后张法

先张法是指在混凝土浇筑之前在台座上张拉预应力筋，待混凝土浇筑并达到一定强度后放张预应力筋，通过预应力筋的回弹力在结构构件内施加预应力的工艺方法。先张法一般大量应用于预制构件，可以生产短向圆孔板，长向圆孔板及T梁等构件。先张法预应力一般只能配置直线预应力筋，同时所能建立的预应力水平一般不高，预应力是通过混凝土与预应力筋的粘结力传递的。

后张法是指在混凝土浇筑并达到一定强度后张拉预应力筋建立预应力的工艺方法。后张法预应力工艺中，预应力筋张拉后需要用锚具锚固高应力下伸长的预应力筋，并将回弹力通过锚具传递给结构混凝土。后张法预应力可应用于预制构件和现浇结构中，一般大量应用于现浇结构中。在现浇结构中后张法可以建立比先张法更多的预应力，因而可以实现更大跨度。后张法预应力筋的束形可以是直线或曲线。

2. 有粘结和无粘结预应力

后张法预应力根据预应力筋与结构混凝土之间的粘结特性又可分为有粘结和无粘结预应力。有粘结预应力一般通过预埋金属波纹管或塑料波纹管形成孔道，将预应力筋穿入孔道张拉锚固后，在孔道内灌注水泥浆使预应力筋与结构混凝土粘结在一起；而无粘结预应力筋在钢绞线外包有塑料套管，在套管和钢绞线之间注满建筑防腐油脂，从而使预应力筋与混凝土之间可永久地保持滑动状态。

近几年开发应用的缓粘结预应力筋在施工阶段预应力筋与结构混凝土是可相对滑动的，而张拉完毕后一定时间内套管与预应力筋之间的介质发生固化产生粘结力。这种预应力工艺兼具有无粘结预应力的施工简便性和有粘结预应力的结构性能好的优点，将无粘结和有粘结预应力混凝土的优点有机地结合起来，是较理想的材料。

3. 体内预应力和体外预应力

体内预应力指预应力筋配置于结构构件截面内的预应力混凝土；而体外预应力指预应力筋配置在结构构件截面外的预应力混凝土。通常现浇结构后张预应力是体内预应力，而体外预应力多用于既有结构的加固工程中，当然体外预应力也可用于新建结构中，在桥梁结构中应用较多。

4. 全预应力、限值预应力、部分预应力混凝土

结构工程师可以根据结构的使用环境及性能要求对结构施加不同水平的预应力，以获得最佳技术经济效益。根据《混凝土结构设计规范》GB 50010 的规定，按裂缝控制条件分类的预应力混凝土见表 1. 1-1。

按抗裂控制条件分类的预应力混凝土　　**表 1. 1-1**

分类	抗裂控制要求	受拉边缘应力	最大裂缝宽度限值
全预应力 FPC	一级—严格要求 不出现裂缝构件	$\sigma_{ck}-\sigma_{pc}\leqslant 0$	—
限值预应力 PPC	二级—一般要求 不出现裂缝构件	$\sigma_{ck}-\sigma_{pc}\leqslant f_{tk}$	—
部分预应力 PRC	三级—允许出现 裂缝的构件	$w_{max}\leqslant w_{lim}$ $\sigma_{cq}-\sigma_{pc}\leqslant f_{tk}$（环境类别为Ⅱa）	0. 2mm（环境类别为Ⅰ） 0. 1mm（环境类别为Ⅱa）

1.1.5　预应力混凝土结构的适用范围

预应力混凝土结构的应用范围十分广泛，主要用于建造大跨度桥梁和房屋建筑的大跨度水平结构构件中；用于承担超重荷载或特殊荷载；用于纤细的高耸结构；用于解决温度和收缩变形带来的混凝土裂缝问题；用于建造特殊形状或特殊功能的建筑；用于预制拼装、悬臂施工、顶推施工等特殊施工方法；用于结构加固；也可应用于水工结构及山体护坡加固等工程中。

在工业与民用建筑中，预应力混凝土技术主要用来解决梁板类大跨度受弯构件的裂缝和挠度问题，同时用来解决超长结构的温度、收缩引起的裂缝问题。典型的建筑有办公楼、商场、仓库、停车楼、航站楼、学校、会议展览中心等公共建筑，住宅工程中也可用预应力混凝土扩大楼盖的跨度，从而实现大跨度、大空间灵活隔断，提高住宅建筑的品质。一般工业与民用建筑中平板楼盖跨度可达 6m～12m，经济跨度为 7m～10m ；预应力梁一般可达 12m～30m，经济跨度为 15m～25m，若荷载较小可实现 40m 以上的跨度。典型建筑中的预应力混凝土结构案例见图 1. 1-2。

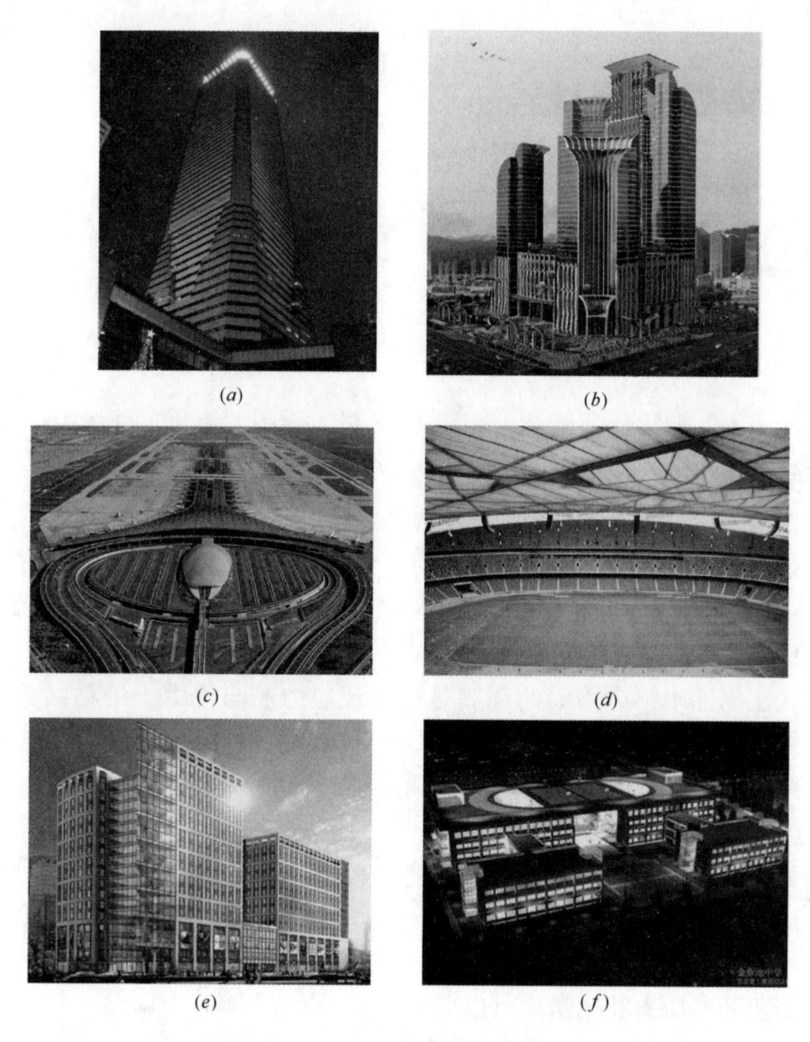

图 1.1-2 预应力混凝土结构工程

(a) 广州国际大厦;(b) 深圳大中华国际交易广场;(c) 首都国际机场 T3 航站楼
(d) 国家体育场(鸟巢);(e) 北京新中关;(f) 北京金鱼池学校屋顶操场

1.1.6 预应力混凝土结构的经济性

预应力混凝土与钢筋混凝土相比,因施工上需采用高强钢材进行张拉甚至灌浆等工序,且耗用价格较贵的锚具等材料,其造价通常略高于钢筋混凝土结构。通常情况下其结构造价约比普通钢筋混凝土提高 1%~3%(仅比较对应结构部分)。然而若考虑实现大跨度带来建筑设计上的灵活性及使用面积的增加,易于适应使用功能上的变化以及在高层建筑中可降低层高带来的诸多优点,造价与钢筋混凝土相比无甚差异,甚至综合成本反而降低,带来较好的综合技术经济效益。从节材角度出发,由于预应力混凝土可实现大跨轻巧结构,其混凝土材料和钢材用量显著低于普通钢筋混凝土结构,因此,预应力混凝土结构属于绿色结构,对节材和环保具有积极意义。

1.2 预应力混凝土材料

1.2.1 预应力混凝土结构材料

1. 混凝土

预应力筋强度一般为普通钢筋强度的3～5倍，预应力混凝土结构中混凝土应采用较高强度等级的混凝土，这是基于下述理由：

（1）为抵消外荷载产生的拉应力，必须首先建立预压应力，所以要求混凝土具有较高的抗压强度；

（2）截面应力计算中考虑混凝土的抗拉强度，所以混凝土抗压强度提高时，其抗拉强度也相应提高，抗裂能力也随之提高；

（3）先张法构件中预应力筋的锚固是通过预应力筋与混凝土的粘结力来实现的，预应力筋强度高，因此需要较高强度的混凝土，以提供足够的粘结强度；

（4）后张法构件中预应力筋锚固区将承受很高的局压应力，所以要求混凝土具有承受局部压力所需的强度；

（5）初始应力水平相同时，混凝土强度越高徐变值越小，所以预应力的徐变损失会变小；预应力筋可以张拉至很高的应力，所以发生松弛徐变等损失后仍能保持较高的预应力；

（6）混凝土和预应力筋用量均可以减小。

通常预应力混凝土结构构件均要求采用C30及以上混凝土，当采用预应力钢绞线、钢丝等高强钢材作为预应力筋时，混凝土强度等级不宜低于C40。这主要是为了避免施加预应力后混凝土出现过大的徐变，影响预应力效应。如果施加预应力仅仅是为了提高抗裂性，属于构造性的施加预应力，则不受上述限制。

此外，如果混凝土的收缩过大，所施加的预应力会发生过大损失，实际工程中应尽量减少水灰比，采用低坍落度的混凝土，并振捣密实。同时为确保预应力筋在碱性混凝土的环境中，应限制混凝土及灌浆用水泥浆中氯离子的含量。

2. 预应力筋

预应力筋材料主要有高强钢丝和钢绞线、预应力螺纹钢筋等，腐蚀环境中可采用镀锌钢丝、钢绞线或环氧涂层钢绞线。无粘结预应力筋一般只选用普通钢绞线或镀锌钢绞线，涂包材料一般为建筑油脂及高密度聚乙烯套管。常用的预应力筋规格有1×7ϕ4、1×7ϕ5钢绞线，ϕ4、ϕ5钢丝，强度级别为1570N/mm^2～

1860N/mm^2；ϕ25、ϕ32 预应力螺纹钢筋，强度级别为 980N/mm^2～1230N/mm^2。除了预应力钢材外，尚有非金属预应力材料正在得到开发应用，非金属预应力筋有碳纤维棒材和板材、芳纶纤维棒材等。

预应力筋的松弛与混凝土的收缩徐变一样会造成预应力损失，但在实际结构中混凝土收缩徐变引起的预应力损失大于预应力筋松弛引起的损失。当然，如果处于高温环境中，预应力筋的松弛值会显著增加，所以预制构件采用蒸汽养护时应注意控制蒸养温度，一般不宜超过 60℃。

3. 普通钢筋

在预应力混凝土结构中，预应力筋及混凝土的强度等级均较高，对于普通钢筋，提倡应用高强、高性能钢筋，推广具有较好的延性、可焊性、机械连接性能及施工适应性的 HRB 系列普通热轧带肋钢筋。普通钢筋采用热轧钢筋，也有利于提高构件的延性，从抗裂的角度来说，普通钢筋采用变形钢筋比采用光面钢筋好，故宜采用热轧变形钢筋。

1.2.2 预应力工艺材料

1. 锚具

预应力筋锚具有很多种形式，一般可大致分类如下：

（1）支撑式锚具：预应力钢筋端部加工成螺纹，通过拧紧端头螺母锚固预应力筋。预应力筋为钢绞线时可在挤压锚头上加工出螺纹，并用螺母拧紧锚固。代表性的锚固体系有 Diwydager 体系。

（2）楔片式锚具：根据楔子原理设计制作的夹片式锚具，主要用于锚固钢丝和钢绞线。代表性的锚固体系有国外的 Fressinet ，VSL 及 CCL 锚固体系，国内的 XM、QM、BS、OVM 等锚固体系。

（3）镦头锚具：钢丝端部镦粗成纽扣状来锚固，代表性的锚固体系有 BBRV 体系。

（4）挤压锚具：主要用于固定端锚具，在预应力钢绞线端部制作成挤压锚头作为埋入端。

2. 成孔管道

通常后张预应力混凝土结构中采用金属波纹管、塑料波纹管或钢管预留孔道。其中金属波纹管的应用最为广泛，造价也最便宜，技术比较成熟；塑料波纹管近几年与真空灌浆工艺配套使用，并逐步得到推广应用，其价格相对较高；钢管通常在较特殊的部位或重要工程中使用。

3. 灌浆材料

孔道灌浆材料一般采用素水泥浆，也可以采用成品灌浆料。素水泥浆通常由普通硅酸盐水泥和水按一定水灰比混合搅拌而成，为了改善水泥浆的性能，一般情况下需要掺入外加剂，外加剂有减水剂、膨胀剂、缓凝剂、防冻剂等类型。成品灌浆料由生产厂家事先将水泥和外加剂混合，在施工现场只需按比例加水搅拌即可。

第 2 章　预应力混凝土设计

2.1　预应力混凝土结构设计

2.1.1　设计流程

预应力混凝土结构的设计比普钢筋通混凝土结构设计复杂些。在结构方案确定的前提下，不仅需要假定截面尺寸，尚需假定预应力筋束形和张拉力。竖向荷载作用效应分析时，因需要考虑施工阶段验算，因此应分别计算恒载效应和活载效应，当然还需要单独计算预应力次内力。有关预应力的各种损失需按施工和设计两阶段分别计算，施工阶段主要包括摩擦损失和锚固损失，而设计阶段主要考虑收缩和徐变、松弛等损失。水平荷载效应的计算与普通钢筋混凝土结构是一致的。

预应力混凝土结构的截面计算包括施工阶段和设计阶段的截面抗裂验算和针对持久荷载工况和短暂荷载工况的截面承载力计算。部分预应力混凝土结构不仅需要针对短暂荷载工况和持久荷载工况进行承载力计算，尚需根据工程所处环境等级确定的裂缝控制目标值，并进行裂缝宽度的验算，必要时应验算结构的变形是否满足要求。

此外，预应力混凝土结构设计中，还需针对锚固区局部受压进行专门的设计，确保传力安全可靠，且不出现裂缝。特殊预应力筋束形尚需进行局部挤压应力验算和防崩构造设计。

综上，预应力混凝土结构与普通钢筋混凝土结构相比，通常存在需要计算预应力的次内力，进行施工各阶段的抗裂度验算以及承载力计算等重要差异。因此，其设计流程比钢筋混凝土结构更为细致，且为满足各阶段的设计条件，认真做出结构方案设计及截面假定是非常重要的。预应力混凝土结构设计流程见图 2.1-1。

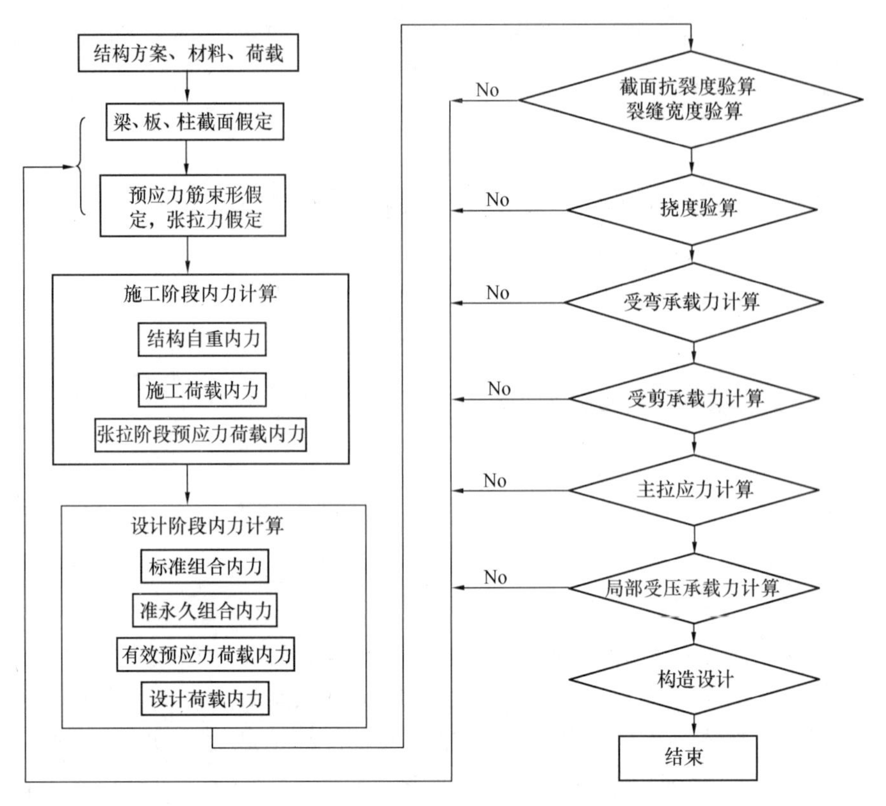

图 2.1-1　预应力混凝土结构设计流程

2.1.2　结构方案

1. 楼盖结构形式及截面高度

建筑工程中常用的预应力混凝土楼（屋）盖结构形式主要有：主次梁楼盖、井式梁楼盖、双向密肋楼盖、带扁梁单向平板楼盖、框架梁平板楼盖和无梁楼盖等，不同形式的楼盖结构特点详见附录 A。

预应力混凝土结构可实现的跨度及经济跨度与采用的截面形式、支座条件及荷载等因素有关，并与预应力度有关。房屋建筑结构中预应力混凝土结构可实现的跨度及经济跨度见表 2.1-1。

房屋建筑预应力混凝土结构可实现的跨度及经济跨度　　表 2.1-1

构件类型	可实现的跨度（m）	经济跨度（m）
梁	15～40	15～25
板	6～12	7～10

预应力混凝土结构构件的截面尺寸应根据结构形式、构件类型以及使用荷载等因素合理确定，预应力混凝土梁的截面高度可按表 2.1-2 确定，预应力混凝土板的厚度

可按表 2.1-3 确定，表中 L 对于梁和周边支承板均取为短跨计算跨度，对于无梁楼盖取长跨方向的计算跨度。

在确定预应力混凝土梁的截面高度时，如果梁上作用的荷载较大，特别是使用荷载较大时，梁的截面高度宜取较大值；双向密肋梁的截面高度可适当减小；当梁的截面高度取较小值时，应对梁的变形进行验算并根据验算结果采取必要的措施，如调整截面等。

楼盖上作用的荷载较大时，板厚应适当增加；考虑预应力筋的布置及效应，板厚不宜小于 150mm，超长结构中，楼板施加预应力仅为减小温度与收缩作用影响时，板厚可不受此限制。

预应力梁的截面高度与跨度的比值（h/L）　　　　**表 2.1-2**

分类	梁截面高跨比	分类	梁截面高跨比
简支梁	1/13～1/20	框架梁	1/15～1/20
连续梁	1/20～1/25	简支扁梁	1/15～1/25
单向密肋梁	1/20～1/25	连续扁梁	1/20～1/30
井字梁	1/20～1/25	框架扁梁	1/18～1/30
悬挑梁	1/6～1/8		

预应力板的厚度与跨度的比值（h/L）　　　　**表 2.1-3**

<table>
<tr><th rowspan="3">项次</th><th rowspan="3">支承条件</th><th colspan="5">板的种类</th></tr>
<tr><th rowspan="2">单向板</th><th rowspan="2">双向板</th><th rowspan="2">悬挑板</th><th colspan="2">无梁楼盖</th></tr>
<tr><th>有柱帽</th><th>无柱帽</th></tr>
<tr><td>1</td><td>简支</td><td>1/35～1/40</td><td>1/45</td><td>—</td><td rowspan="2">1/45～1/50</td><td rowspan="2">1/35～1/45</td></tr>
<tr><td>2</td><td>连续</td><td>1/40～1/45</td><td>1/50</td><td>1/10</td></tr>
</table>

2. 不同结构体系中楼盖形式选择

预应力混凝土结构中，竖向抗侧力结构构件的布置和普通钢筋混凝土结构并无明显区别，不同楼盖形式有各自的优点和不足。在进行楼（屋）盖结构布置时，应根据柱网尺寸、布置方式、荷载条件及建筑物使用要求采用适宜的楼（屋）盖结构形式。

（1）框架结构体系的楼盖

常规的预应力楼盖体系均可应用于框架结构体系中，实际选用时应根据柱网大小及不同楼盖的结构特点灵活选用。

（2）剪力墙结构体系的楼盖

① 当剪力墙结构体系剪力墙间距达 6m～9m 时，可采用预应力平板楼盖。

② 当采用短肢墙或异形柱结构体系时，仍可采用预应力平板楼盖，但宜在短肢墙或异形柱之间设置预应力暗梁，将楼盖划分为若干传力明确的板块单元。

（3）框架-剪力墙结构体系的楼盖

① 跨度不大于 10m 时，可采用预应力平板楼盖。

② 跨度大于 10m 时，宜采用肋梁楼盖或扁梁楼盖。

（4）框架-筒体结构体系的楼盖

① 适合采用预应力混凝土平板楼盖，其跨度一般宜在 7m～11m。

② 计算时内筒处可按嵌固端考虑，外框架边梁处宜按铰支考虑，应同时考虑边梁的扭转刚度。

③ 一般在内筒角部有较大的应力集中现象，跨度较大时宜单向或双向设置扁梁，以缓解应力集中现象。

④ 平板与框架柱交接处沿跨度方向宜设置暗梁或增配普通钢筋。

⑤ 跨度较大且荷载较重时宜采用肋梁楼盖或扁梁楼盖。

（5）筒中筒结构体系的楼盖

① 适合采用预应力平板楼盖，内外筒间的跨度一般为 7m～12m。

② 一般在内筒角部有较大的应力集中现象，跨度较大时宜单向或双向设置扁梁，以缓解应力集中。

③ 跨度较大且荷载较重时，也可采用单向肋梁楼盖或井梁楼盖。

（6）板柱-抗震墙结构体系的楼盖

楼盖设计与板柱结构基本相同，需符合下列要求：

① 房屋的周边需设置边框架梁；房屋的顶层及地下一层顶板应采用梁板结构。

② 应沿纵横柱轴线在板内设置暗梁；暗梁宽度可取与柱同宽或柱宽加上柱两侧各 1.5 倍板厚。

3. 结构方案设计阶段应注意的若干问题

在进行结构布置和确定构件截面时，需考虑大跨度带来的结构整体刚度降低、竖向构件刚度对预应力施加的影响等问题；在确定结构布置方案时，为保证结构安全、合理，荷载传递路线简单、清晰，并应综合考虑以下问题：

（1）结构刚度

抗震设计与普通钢筋混凝土结构大致相当，要求方案设计中尽量保证结构质心和刚心的重合，避免出现大的偏心。预应力混凝土结构，相对于大跨度其水平结构构件的截面较小，结构的侧移刚度通常比普通钢筋混凝土小，因此应注意控制结构的变形。对大柱网结构，采取设置适量的抗震墙等措施是非常有效的解决方案。

（2）振动与挠度

预应力混凝土结构的抗弯刚度和结构质量均大于钢结构，因此，通常不会出现振动影响造成的舒适度问题。但相比于普通钢筋混凝土，其结构还是轻巧的，因此，在比较极端的情况下，如果截面很小，跨度较大，其刚度和质量均会较小，也会存在振动影响造成的舒适度问题。挠度方面，由于施加预应力会产生反拱变形，与其他结构相比通常很小，通常都能满足规范要求。然而，在仓库等活荷载很大的结构中，如果设计不当，过大的预应力会造成空载时过大的反拱变形，应引起注意。

(3) 竖向结构构件及非预应力构件对施加预应力的影响

后张预应力混凝土中的预应力是通过张拉预应力筋并锚固来实现的。当竖向承重构件（剪力墙、筒体、柱等）在预加力方向有较大刚度时，其将阻碍楼盖结构混凝土的弹性压缩，使预加力发生转移，即预加力的一部分会传递给临近的墙、柱及其他非预应力构件等，这种现象不仅减少预应力构件的轴向压力，影响预应力效应，同时可能损害相邻非预应力结构构件。

在预应力混凝土结构设计中，可采取下列措施减少竖向结构构件对预加力效应的不利影响：

① 将抗侧刚度较大的构件布置在结构平面的中心附近，也可通过设置后浇带将抗侧刚度较大的构件分散于每个结构区段的中心附近；

② 设置后浇带或施工缝对结构分段施加预应力；

③ 梁和支承柱之间的节点可设计为在张拉阶段能滑动的构造。

(4) 与钢筋混凝土结构的并用

通常情况下很少全部采用预应力混凝土结构，实际情况是大跨度结构采用预应力结构，而非大跨度部分设计为钢筋混凝土。框架类结构中，一般情况是在长跨方向采用预应力混凝土梁，而在短跨方向上采用普通钢筋混凝土结构。竖向构件通常采用钢筋混凝土。

(5) 锚具对剪力墙等竖向构件截面削弱的影响

预应力平板支承于剪力墙时，一般要求将锚具设置在剪力墙内，势必对剪力墙截面造成削弱，尤其在住宅工程中，通常剪力墙厚度较小，削弱影响更为严重。因此应尽量采用对墙体截面削弱较小的锚具，如一体化锚具或采取专门的构造措施等。

(6) 预应力楼板对边梁扭转的影响

钢筋混凝土楼板开间较小，对边梁的扭转影响一般不大，但大跨度预应力楼板对边梁扭转的影响十分显著，因此在预应力楼板设计中应同时考虑边梁的扭转问题。边梁应按弯剪扭复合受力进行设计。边梁的扭转为协调扭转，通常简化计算中未考虑楼板与边梁的空间协调作用，故可将计算扭矩按 0.4～1.0 系数作适当折减。

2.1.3 结构材料

1. 混凝土

预应力混凝土结构中，预应力筋通常采用高强度预应力筋，为保证预应力筋能充分发挥其强度，需要较高强度的混凝土与其匹配。因此，在预应力混凝土结构中，框架构件的混凝土强度等级不宜低于 C40，平板及其他构件的混凝土强度等级不应低于 C30；8 度抗震设防时，预应力混凝土结构构件的混凝土强度等级不宜超过 C70。常用混凝土的力学性能指标见表 2.1-4。

混凝土力学性能指标（N/mm²）　　表 2.1-4

力学性能指标	混凝土强度等级								
	C30	C35	C40	C45	C50	C55	C60	C65	C70
轴心抗压强度标准值 f_{ck}	20.1	23.4	26.8	29.6	32.4	35.5	38.5	41.5	44.5
轴心抗压强度设计值 f_c	14.3	16.7	19.1	21.1	23.1	25.3	27.5	29.7	31.8
轴心抗拉强度标准值 f_{tk}	2.01	2.20	2.39	2.51	2.64	2.74	2.85	2.93	2.99
轴心抗拉强度设计值 f_t	1.43	1.57	1.71	1.80	1.89	1.96	2.04	2.09	2.14
弹性模量 E_c（$\times 10^4$）	3.00	3.15	3.25	3.35	3.45	3.55	3.60	3.65	3.70

2. 非预应力钢筋

在预应力构件中，非预应力纵向受力钢筋宜采用 HRB400 和 HRB500 钢筋；箍筋宜选用 HRB400、HPB300 和 HRB500 钢筋；在三 a、三 b、四、五类环境中纵向普通钢筋宜采用环氧涂层钢筋或镀锌钢筋。在预应力框架构件中，为了方便预应力筋的布置，非预应力纵向受力钢筋通常选用较大直径的钢筋；在板类构件中可根据需要选择合适直径的钢筋。常用非预应力钢筋的力学性能指标见表 2.1-5。

常用非预应力钢筋的力学性能指标　　表 2.1-5

力学性能指标	钢筋牌号		
	HPB300	HRB400	HRB500
屈服强度标准值 f_{yk}（N/mm²）	300	400	500
极限强度标准值 f_{stk}（N/mm²）	420	540	630
抗拉强度设计值 f_y（N/mm²）	270	360	435
抗压强度设计值 f'_y（N/mm²）	270	360	410
抗剪强度设计值 f_{yv}（N/mm²）	270	360	360
弹性模量 E_s（$\times 10^5$ N/mm²）	2.10	2.00	2.00
最大力下的总伸长率 δ_{gt}（%）	≥10.0	≥7.5	≥7.5

在有抗震要求的预应力混凝土结构中，抗震等级为一、二、三级的框架、斜撑构件、板柱的柱和暗梁，其非预应力纵向受力钢筋的强度和最大拉力下的总伸长率指标应满足下列要求：

（1）钢筋的抗拉强度实测值与屈服强度实测值的比值不应小于 1.25；

（2）钢筋的屈服强度实测值与屈服强度标准值的比值不应大于 1.30；

（3）钢筋最大拉力下的总伸长率实测值不应小于 9%。

3. 预应力钢筋

在工程中通常采用预应力钢丝、钢绞线和预应力螺纹钢筋；有特殊防腐要求时可使用镀锌钢丝、镀锌钢绞线或环氧涂层钢绞线；直线预应力筋或拉杆可使用预应力螺纹钢筋。先张法构件可采用消除应力钢丝、中强度预应力钢丝和钢绞线。

由于钢绞线强度高、柔性好、与混凝土握裹性能好，便于制作各类预应力筋，目前在工程中大量应用，是主力预应力筋。常用的预应力筋有裸线预应力钢绞线和无粘结预应力钢绞线。钢绞线按结构分为2股、3股、7股钢绞线等，其中7股钢绞线用量最多。目前，大直径预应力钢绞线也在快速推广应用中。

常用预应力钢绞线的力学性能指标见表2.1-6。

常用预应力钢绞线的主要力学性能　　　　表2.1-6

钢绞线结构	公称直径 d_n (mm)	极限强度标准值 f_{ptk} (N/mm²)	抗拉强度设计值 f_{py} (N/mm²)	公称截面面积 A_p (mm²)	最大力下的总伸长率 ε_{gt} $l_0 \geqslant 500$mm (%)	弹性模量 E_p (×10⁵) (N/mm²)	应力松弛性能：初始应力相当于抗拉强度标准值的百分数 (%)	应力松弛性能：1000h后应力松弛率 r (%)
1×7	12.7	1720	1220	98.7	≥3.5	1.95	对所有规格 70 80	对所有规格 ≤2.5 ≤4.5
		1860	1320					
		1960	1390					
	15.2	1570	1110	140.0				
		1670	1180					
		1720	1220					
		1860	1320					
		1960	1390					
	17.8	1720	1220	191.0				
		1860	1320					
	21.6	1770	1250	285.0				
		1860	1320					
1×19	21.8	1770	1250	313.0				
		1860	1320					
	28.6	1720	1220	532.0				
		1770	1250					
		1860	1320					

4. 锚固系统

通常情况下，预应力筋锚具、锚垫板和局部加强钢筋组成预应力筋锚固系统，三者为一有机整体，在规定的混凝土强度和锚具排布的尺寸要求下，共同保证构件端部预应力筋锚固区混凝土的局部承压能力，在选用时也应配套选用。在选择锚固系统时，应保证设计参数满足相应产品技术手册中的相关要求，以保证构件端部预应力筋锚固区混凝土的局部承压能力满足要求，能确保将预压力可靠地传递到构件中。

预应力筋锚具可分为夹片式、支承式、锥塞式、握裹式等；锚具选用应根据预应力筋品种、锚固部位、施工条件和张拉工艺确定；圆套筒式夹片锚具不得用作预埋在混凝土内的固定端；压花锚具不得用于无粘结预应力钢绞线；承受低应力或动荷载的锚具应有防松装置，较短的预应力筋宜采用低回缩锚具。预应力筋锚具的选用可参照表2.1-7。

预应力筋锚具选用表 **表2.1-7**

预应力筋品种	张拉端	固定端	
		安装在结构外部	安装在结构内部
钢绞线	夹片锚具	夹片锚具 挤压锚具	压花锚具 挤压锚具
单根钢丝、钢丝束	夹片锚具 墩头锚具	夹片锚具 镦头锚具	镦头锚具
预应力螺纹钢筋	螺母锚具	螺母锚具	螺母锚具

预应力筋锚具的锚固性能包括预应力筋-锚具组装件的静载锚固性能、低周反复荷载性能、疲劳性能、低温锚固性能等多项指标。

（1）锚具的静载锚固性能，应由预应力筋-锚具组装件静载试验测定的锚具效率系数（η_a）和达到实测极限拉力时组装件中预应力筋的总应变（ε_{apu}）确定。锚具效率系数η_a不应小于0.95，预应力筋总应变（ε_{apu}）不应小于2.0%。预应力筋-锚具组装件的破坏形式应是预应力筋的破断，锚具零件不应碎裂。夹片式锚具的夹片在预应力筋拉应力未超过$0.8f_{ptk}$时不应出现裂纹。预应力筋-锚具（或连接器）组装件破坏时，夹片式锚具的夹片可出现微裂或一条纵向断裂裂缝。锚具效率系数应根据试验结果并按下式计算确定：

$$\eta_a = \frac{F_{apu}}{F_{pm}} \tag{2.1-1}$$

式中：η_a——由预应力筋-锚具组装件静载试验测定的锚具效率系数；

F_{apu}——预应力筋-锚具组装件的实测极限拉力（N）；

F_{pm}——预应力筋的实际平均极限抗拉力（N），由预应力筋试件实测破断荷载平均值计算确定。

（2）在有抗震设防要求的构件中采用无粘结预应力筋时，无粘结预应力筋-锚具组装件的抗震周期荷载试验，应同时满足下列要求：

① 当锚固的预应力筋为钢绞线、钢丝时，试验应力上限为预应力筋抗拉强度标准值的85%；当锚固的预应力筋为有明显屈服台阶的预应力钢材时，试验应力上限为预应力钢材抗拉强度标准值的90%；下限均为预应力筋抗拉强度标准值的40%。

② 50次循环荷载后，预应力筋在锚具夹持区域不得发生破断。

（3）锚具的疲劳性能、低温锚固性能等应根据预应力混凝土构件所处的环境条件和承担的荷载条件确定。一般建筑工程中的预应力混凝土结构中，不对锚具的疲劳性能和低温锚固性能提出具体要求。

2.1.4 粘结特性选择

有粘结预应力和无粘结预应力各有优缺点，在实际工程中，应综合考虑预应力混凝土构件的类型、受力特性、抗震等级等因素进行选择。通常情况下，普遍认为有粘结预应力构件的抗震性能比无粘结预应力构件的抗震性能优越，但工程实践和试验研究证明，经合理设计的无粘结预应力混凝土构件的抗震性能同样能满足结构的抗震需要。

一般情况下，抗震等级为一级的框架、承重结构的受拉杆件及转换层大梁不应采用无粘结预应力筋；分散配置预应力筋的板类构件宜采用无粘结预应力筋；楼盖的次梁可采用无粘结预应力筋。后张预应力现浇框架、门架宜采用有粘结预应力筋，当采用无粘结预应力筋时，应采取可靠的防松措施。框架柱中配置预应力筋时，对抗震等级为一级的框架柱，应采用有粘结预应力筋；对抗震等级为二、三级的框架柱，宜采用有粘结预应力筋。

在抗震等级为二、三、四级的框架梁中采用无粘结预应力筋时，预应力筋仅用于满足构件的挠度和裂缝控制要求或在地震作用效应和重力荷载效应组合下框架梁端部截面由非预应力钢筋承担的弯矩设计值不少于50%。当结构中设有抗震墙或筒体，且在规定的水平地震作用下，底层框架承担的地震倾覆力矩小于总地震倾覆力矩的50%时，无粘结预应力筋也可在抗震等级为二、三、四级的框架梁中使用。

在悬臂梁中采用无粘结预应力筋时，预应力筋仅用于满足构件的挠度和裂缝要求或在地震作用效应和重力荷载效应组合下悬臂梁根部截面由非预应力钢筋承担的弯矩设计值不少于50%。

2.1.5 预应力筋束形

假定预应力筋束形时，应确保在施加预应力后能有效抵抗荷载作用下混凝土结构构件内产生的拉应力。实际工程设计中，应根据荷载分布、构造要求、防火、耐久性及张拉和锚固工艺等要求综合确定。常用的预应力筋束形包括抛物线形（单波、多波）、折线形、直线形等，在设计时应根据结构及荷载特点选择合适的束形，也可组合采用多种束形。

1. 预应力筋常用束形

当梁（板）上荷载为均布线荷载时宜采用抛物线；有两处较大的集中荷载时宜采用双折线；有一处较大的集中荷载时宜采用单折线；悬挑梁（板）宜采用直线束，但在悬挑尖部预应力筋仍宜水平伸出，见图 2.1-2。

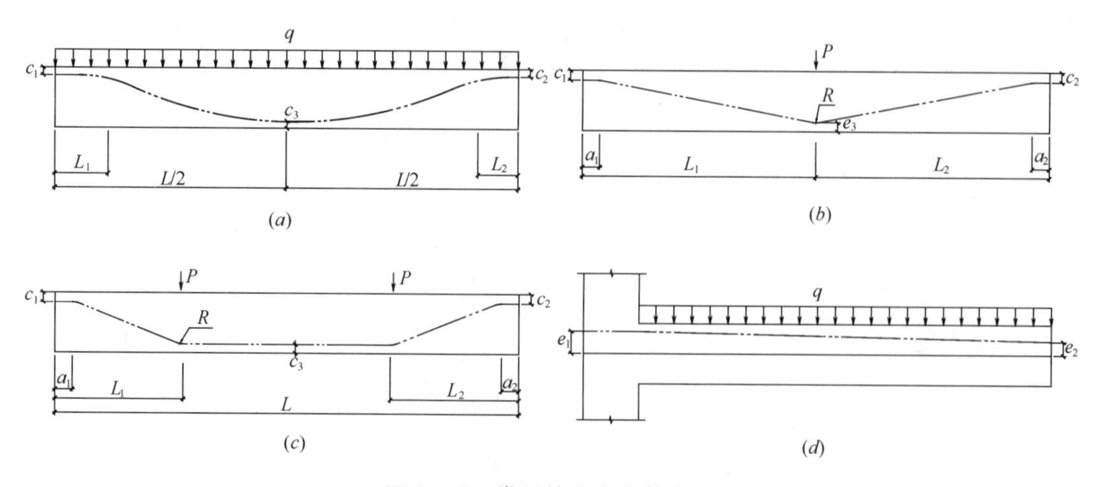

图 2.1-2 常用的预应力筋束形

(a) 抛物线形；(b) 单折线形；(c) 双折线形；(d) 直线形

2. 预应力筋束形参数

(1) 抛物线形预应力筋

抛物线形的预应力筋，可按图 2.1-3 确定束形参数，其中 a_1、a_2、a_3 为直线段长度。

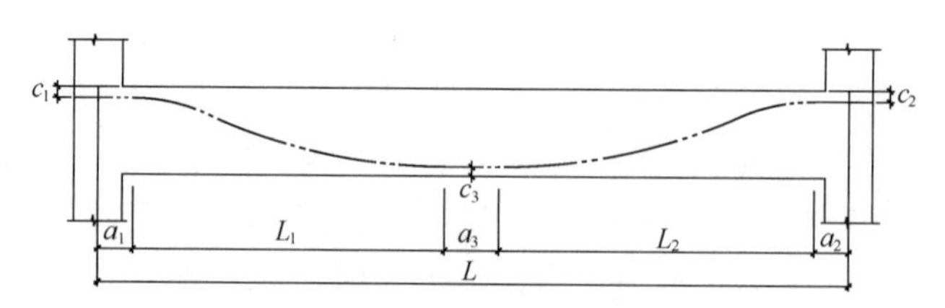

图 2.1-3 抛物线形预应力筋束形参数

1) 单跨

各参数及对应的要求见表 2.1-8。

单跨抛物线形预应力筋束形参数 **表 2.1-8**

参数	要　求
a_1	$a_1 \approx 1000\text{mm}$
a_2	$a_2 \approx 1000\text{mm}$
a_3	$1000 \leqslant a_3 \leqslant (L-a_1-a_2)/5$
c_1	由锚固体系所要求的最小尺寸确定，同时应确保不与垂直于预应力梁的钢筋发生矛盾
c_2	由锚固体系所要求的最小尺寸确定，同时应确保不与垂直于预应力梁的钢筋发生矛盾
c_3	由管道直径、保护层厚度及与普通钢筋之间的位置关系综合确定，最小取值宜为 100mm（有粘结）或 80mm（无粘结）
L_1	由构件弯矩分布图确定，一般可取 $0.15L \sim 0.25L$
L_2	由构件弯矩分布图确定，一般可取 $0.15L \sim 0.25L$

2）连续跨

预应力筋束形控制参数的取法原则上与单跨相同，但应注意下列事项：

① 考虑弯矩的分布，邻近连续跨处的 L_2 应大于端支座处的 L_1；

② 连续跨处的支座弯矩一般比端支座大，通常为控制截面，框架梁端支座预应力束的保护层厚度 c_1 宜适当增大；

③ 连续次梁的端支座预应力束的保护层厚度 c_1，当边梁的抗扭刚度较大时，宜取较小值；抗扭刚度较小时，宜取较大值；

④ 顶层框架梁端支座预应力筋的上偏心距宜适当减小，预应力束的保护层厚度相应适当增大，以降低节点偏心力偶对顶层柱大偏压的影响。

（2）折线形预应力筋

当预应力筋束形设计为折线形时，可按图 2.1-4 所示确定预应力筋束形参数。

折线形预应力筋的转折点 L_1、L_2 至支座的距离不宜小于梁跨度 L 的 1/5，转折点处预应力筋宜尽量平滑过渡，避免硬弯折。

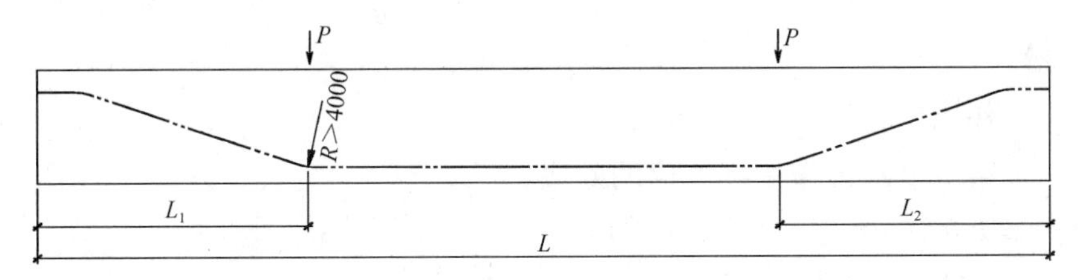

图 2.1-4 折线形

2.1.6 作用效应计算与组合

1. 作用效应计算

作用效应计算中涉及的作用有恒载、活荷载、雪荷载、风荷载及地震作用等。预应力结构计算中，当结构为超静定结构时，除上述各项荷载内力外，尚应计入由于预加力引起的次内力。此外，根据实际施工情况，必要时尚应计算施工阶段内力。

预应力混凝土结构进行结构计算时的计算模型应能反映结构的实际受力状况，宜建立整体模型进行分析；当结构在施工阶段和使用阶段有多种受力状况时，预应力作用效应宜分别建立模型进行结构分析；由预应力作用引起的内力和变形可采用弹性理论分析，构件截面的几何特征可按毛截面计算。

预应力混凝土超静定结构，按弹性分析计算时，次弯矩 M_2 可按式（2.1-2）计算，次剪力可根据结构构件各截面次弯矩分布按结构力学方法计算，次轴力可根据结构的约束条件进行计算。

$$M_2 = M_{\mathrm{r}} - N_{\mathrm{p}} e_{\mathrm{pn}} \tag{2.1-2}$$

式中：N_{p} ——预应力混凝土构件的预加力；

e_{pn} ——净截面重心至预应力筋及普通钢筋合力点的距离；

M_r ——由预加力 N_p 的等效荷载在结构构件截面上产生的弯矩值。

2. 作用效应组合

在进行预应力混凝土结构构件设计时，需根据不同的验算与计算要求分别对作用效应进行不同的组合，计算相应的内力设计值。设计中应考虑的内力组合分别为正常使用极限状态、承载能力极限状态及施工阶段验算，对超静定结构，相应的次弯矩、次剪力、次轴力等应参与组合计算。

(1) 正常使用极限状态

正常使用极限状态验算时，需要验算构件的截面应力、最大裂缝宽度和构件挠度，应分别对作用效应进行标准组合内力和准永久组合内力的计算，在进行荷载效应组合时应计入预应力作用效应。

标准组合
$$S_d = \sum_{j=1}^{m} S_{G_j k} + S_{Q_1 k} + \sum_{i=2}^{n} \psi_{c_i} S_{Q_i k} + S_p \tag{2.1-3}$$

准永久组合
$$S_d = \sum_{j=1}^{m} S_{G_j k} + \sum_{i=1}^{n} \psi_{q_i} S_{Q_i k} + S_p \tag{2.1-4}$$

式中：S_d ——作用组合的效应设计值；

$S_{G_j k}$ ——第 j 个永久作用标准值的效应；

$S_{Q_1 k}$ ——第 1 个可变作用标准值的效应；

$S_{Q_i k}$ ——第 i 个可变作用标准值的效应；

S_p ——预应力作用有关代表值的效应；

ψ_{c_i} ——第 i 个可变作用的组合值系数，按《建筑结构荷载规范》GB 50009—2012 的规定取用；

ψ_{q_i} ——第 i 个可变作用的准永久值系数，按《建筑结构荷载规范》GB 50009—2012 的规定取用。

(2) 承载能力极限状态

承载能力极限状态计算时，应按照《建筑结构荷载规范》GB 50009—2012 的规定进行组合内力计算，计算时应对结构上的作用效应进行多种组合，并找出内力最大值作为设计值。

对持久设计状况：

$$S_d = \sum_{j=1}^{m} \gamma_{G_j} S_{G_j k} + \gamma_{Q_1} \gamma_{L_1} S_{Q_1 k} + \sum_{i=2}^{n} \gamma_{Q_i} \gamma_{L_i} \psi_{c_i} S_{Q_i k} + \gamma_p S_p \tag{2.1-5}$$

对偶然设计状况

$$S_d = \sum_{j=1}^{m} S_{G_j k} + \psi_{q_1} S_{Q_1 k} + \sum_{i=2}^{n} \psi_{q_i} S_{Q_i k} + S_p + S_{A_d} \tag{2.1-6}$$

或
$$S_d = \sum_{j=1}^{m} S_{G_j k} + \psi_{f_1} S_{Q_1 k} + \sum_{i=2}^{n} \psi_{q_i} S_{Q_i k} + S_p + S_{A_d} \tag{2.1-7}$$

对地震设计状况

$$S_d = \gamma_G S_{GE} + \gamma_{Eh} S_{Ehk} + \gamma_{Ev} S_{Evk} + \psi_w \gamma_w S_{wk} + \gamma_p S_p \tag{2.1-8}$$

式中：S_{A_d} ——偶然作用设计值的效应；

S_{GE} ——重力荷载代表值的效应，按现行国家标准《建筑抗震设计规范》GB 50011 的规定取用；

S_{wk} ——风荷载标准值的效应；

S_{Ehk} ——水平地震作用标准值的效应；

S_{Evk} ——竖向地震作用标准值的效应；

γ_{G_j} ——第 j 个永久作用的分项系数，按现行国家标准《建筑结构可靠性设计统一标准》GB 50068—2018 的规定取用；

γ_{Q_1} ——第 1 个可变作用的分项系数，按现行国家标准《建筑结构可靠性设计统一标准》GB 50068—2018 的规定取用；

γ_{L_1} ——第 1 个考虑结构设计使用年限的荷载调整系数，按现行国家标准《建筑结构可靠性设计统一标准》GB 50068—2018 的规定取用；

γ_{Q_i} ——第 i 个可变作用的分项系数，按现行国家标准《建筑结构可靠性设计统一标准》GB 50068—2018 的规定取用；

γ_{L_i} ——第 i 个考虑结构设计使用年限的荷载调整系数，按现行国家标准《建筑结构可靠性设计统一标准》GB 50068—2018 的规定取用；

γ_p ——预应力作用的分项系数，按现行国家标准《建筑结构可靠性设计统一标准》GB 50068—2018 的规定取用；

γ_G ——永久荷载分项系数，按现行国家标准《建筑结构可靠性设计统一标准》GB 50068—2019 的规定取用；

γ_w ——风荷载的分项系数，按现行国家标准《建筑结构可靠性设计统一标准》GB 50068—2019 的规定取用；

γ_{Eh} ——水平地震作用分项系数，按现行国家标准《建筑结构可靠性设计统一标准》GB 50068—2019 的规定取用；

γ_{Ev} ——竖向地震作用分项系数，按现行国家标准《建筑结构可靠性设计统一标准》GB 50068—2019 的规定取用；

ψ_{q_1} ——第 1 个可变作用的准永久值系数，按现行国家标准《建筑结构荷载规范》GB 50009 的规定取用；

ψ_{f_1} ——第 1 个可变作用的频遇值系数，按现行国家标准《建筑结构荷载规范》GB 50009 的规定取用；

ψ_w ——风荷载组合值系数，按现行国家标准《建筑结构荷载规范》GB 50009 的规定取用。

2.1.7 正常使用极限状态验算

预应力混凝土结构构件的正常使用极限状态验算包括截面抗裂验算、变形验算和竖向自振频率验算。在进行正常使用极限状态验算前，应进行预应力损失计算，并根据结构受力等条件确定预应力筋的用量。

1. 预应力筋配筋量估算

预应力混凝土结构构件的普通钢筋配筋量满足相关规范规定的最小配筋量要求时，预应力筋的用量可以根据结构构件的内力和预应力筋的有效预应力按式（2.1-9）～式（2.1-11）进行估算，并根据截面裂缝控制验算结果与受弯构件挠度验算结果对预应力筋的根数进行调整，使构件正常使用极限状态验算结果满足规范要求。

$$A_{\mathrm{p}}=\frac{N_{\mathrm{pe}}}{\sigma_{\mathrm{con}}-\sigma_{l,\mathrm{tot}}} \tag{2.1-9}$$

$$N_{\mathrm{pe}}=\frac{\dfrac{\beta M_{\mathrm{k}}}{W}-\sigma_{\mathrm{ctk,lim}}}{\dfrac{1}{A}+\dfrac{e_{\mathrm{p}}}{W}} \tag{2.1-10}$$

$$N_{\mathrm{pe}}=\frac{\dfrac{\beta M_{\mathrm{q}}}{W}-\sigma_{\mathrm{ctq,lim}}}{\dfrac{1}{A}+\dfrac{e_{\mathrm{p}}}{W}} \tag{2.1-11}$$

式中：A_{p}——预应力筋截面面积；

σ_{con}——预应力筋的张拉控制应力；

$\sigma_{l,\mathrm{tot}}$——预应力总损失的估算值，对板可取 0.2 σ_{con}，对梁可取 0.3 σ_{con}；

N_{pe}——预应力筋的总有效预加力；

M_{k}——按荷载的标准组合计算的弯矩值；

M_{q}——按荷载的准永久组合计算的弯矩值；

$\sigma_{\mathrm{ctk,lim}}$——荷载标准组合下的混凝土拉应力限值。截面的抗裂验算由最大拉应力控制时，按相关规范的规定取值；截面的抗裂验算由最大裂缝宽度控制时，可按表 2.1-9 取值；

$\sigma_{\mathrm{ctq,lim}}$——荷载准永久组合下的混凝土拉应力限值。截面的抗裂验算由最大拉应力控制时，按相关规范的规定取值；截面的抗裂验算由最大裂缝宽度控制时，可按表 2.1-9 取值；

W——构件截面受拉边缘的弹性抵抗矩；

A——构件截面面积；

e_{p}——预应力筋重心对构件截面重心的偏心距；

β——系数，对简支结构，取为 1.0；对连续结构的负弯矩截面，取为 0.9，对连续结构的正弯矩截面，取为 1.2。

不同裂缝宽度对应的混凝土名义拉应力限值（N/mm^2）　　表 2.1-9

构件类别	裂缝宽度（mm）	混凝土强度等级	
		C40	C50 及以上
连续梁、框架梁、偏心受压构件及一般构件	0.10	4.1	4.8
	0.15	4.5	5.3
	0.20	5.0	5.8

当截面受拉区混凝土中配置的普通钢筋超过最小面积要求时，表 2.1-9 中的构件截面受拉边缘混凝土名义拉应力限值可提高。其增量按普通钢筋截面面积与混凝土截面面积的百分比计算，每增加 1%，名义拉应力限值可提高 3.0N/mm^2，提高后的名义拉应力限值不应超过混凝土设计强度等级值的 1/4。

2. 正常使用极限状态验算

预应力混凝土结构构件应根据其使用功能及外观要求，进行正常使用极限状态的验算，主要包括下列内容：

（1）对需要控制变形的构件，应进行变形验算；

（2）对使用上限制出现裂缝的构件，应进行混凝土拉应力验算；

（3）对允许出现裂缝的构件，应进行受力裂缝宽度验算；

（4）对有舒适度要求的楼盖结构，应进行竖向自振频率验算。

预应力混凝土结构构件的正常使用极限状态验算要求和方法详见附录 B。

2.1.8 承载能力极限状态计算

预应力混凝土结构构件进行承载能力极限状态计算时，对于受弯构件，应分别进行截面受弯承载力计算和受剪承载力计算。在计算截面受弯承载力时，应考虑预应力筋材料对承载力的贡献；在计算截面受剪承载力时，可考虑轴向预压力对受剪承载力的贡献。对于板柱结构，还应对板柱节点进行受冲切承载力计算。

预应力混凝土结构构件的承载能力极限状态计算可依据《混凝土结构设计规范》GB 50010—2010 和《无粘结预压力混凝土结构技术规程》JGJ 92—2016 的有关规定执行。

1. 正截面受弯承载力计算

预应力混凝土结构构件正截面受弯承载力计算时，应计入预应力筋材料对截面承载能力的贡献。

（1）配置有粘结预应力筋时，对矩形截面：

$$M_u = \alpha_1 f_c bx\left(h_0 - \frac{x}{2}\right) + f'_y A'_s(h_0 - a'_s) - (\sigma'_{p0} - f'_{py})A'_p(h_0 - a'_p) \qquad (2.1\text{-}12)$$

混凝土受压区高度 x 按下式计算确定：

$$\alpha_1 f_c bx = f_y A_s - f'_y A'_s + f_{py} A_p + (\sigma'_{p0} - f'_{py}) A'_p \tag{2.1-13}$$

公式中各符号的意义详见《混凝土结构设计规范》GB 50010—2010。

(2) 配置无粘结预应力筋时，对矩形截面：

$$M_u = \alpha_1 f_c bx\left(h_0 - \frac{x}{2}\right) + f'_y A'_s (h_0 - a'_s) \tag{2.1-14}$$

混凝土受压区高度 x 按下式计算确定：

$$\alpha_1 f_c bx = f_y A_s - f'_y A'_s + \sigma_{pu} A_p \tag{2.1-15}$$

$$\sigma_{pu} = \sigma_{pe} + \Delta\sigma_p \tag{2.1-16}$$

$$\Delta\sigma_p = (240 - 335\xi_p)\left(0.45 + 5.5\frac{h}{l_0}\right)\frac{l_2}{l_1} \tag{2.1-17}$$

$$\xi_p = \frac{\sigma_{pe} A_p + f_y A_s}{f_c b h_p} \tag{2.1-18}$$

σ_{pu} 计算值应不小于 σ_{pe} 且不大于 f_{py}。式中各符号的意义详见《无粘结预应力混凝土结构技术规程》JGJ 92—2016。

2. 斜截面受剪承载力计算

预应力混凝土结构构件斜截面受剪承载力计算时，应计入预应力在截面产生的压力对截面受剪承载能力的贡献。

对仅配置箍筋的矩形截面：

$$V_u = \alpha_{cv} f_t b h_0 + f_{yv}\frac{A_{sv}}{s} h_0 + 0.05 N_{p0} \tag{2.1-19}$$

公式中各符号的意义详见《混凝土结构设计规范》GB 50010—2010。

3. 锚固区承载力计算

后张预应力混凝土构件端部锚固区和构件端面在张拉预应力筋后常出现两类裂缝：其一是局部承压端块承压垫板后面的纵向劈裂裂缝；其二是当预应力筋在构件端部偏心布置，且偏心距较大时，在构件端面附近会产生较高的沿竖向的拉应力，产生位于截面高度中部的纵向水平端面裂缝。为确保安全可靠地将张拉力通过锚具和垫板传递给混凝土构件，并控制这些裂缝的发生和开展，需要对预应力构件端部锚固区进行配筋加强。为防止第一类劈裂裂缝，《混凝土结构设计规范》GB 50010—2010 给出了配置附加钢筋的位置和配筋面积计算公式；为防止第二类端面裂缝，要求合理布置预应力筋，尽量使锚具沿构件端部均匀布置，以减少横向拉力。当难于做到均匀布置时，为防止端面出现宽度过大的裂缝，根据理论分析和试验结果，《混凝土结构设计规范》GB 50010—2010 给出了限制这类裂缝的竖向附加钢筋截面面积的计算公式以及相应的构造措施。

锚固区承载力计算方法及构造措施详见附录 C。

2.1.9 施工阶段验算

预应力混凝土结构施工阶段验算，通常考虑两种典型工况：预应力筋张拉阶段，即作用在结构上的荷载只有结构自重和预应力荷载；施工荷载全部作用在结构，即作用在结构上的荷载不仅有结构自重和预应力荷载，同时其上作用有全部施工荷载。施工阶段验算内容理论上应包括设计阶段的所有内容，包括承载力、挠度和抗裂性能等。

对使用荷载较大的构件，在预应力筋张拉施工阶段，由于后续荷载尚未作用在结构上，张拉完成后会造成在正常使用阶段为受压区的部位产生拉应力，为防止构件产生不必要的裂缝，需对该拉应力进行限制。对施工阶段预拉区允许出现拉应力的构件，或预压时全截面受压的构件，在预加力、自重及施工荷载作用下（必要时应考虑动力系数）截面边缘的混凝土法向应力宜符合下列规定（图 2.1-5），对简支构件的端部区段截面预拉区边缘纤维的混凝土拉应力允许大于 f'_{tk}，但不应大于 $1.2f'_{tk}$。

$$\sigma_{ct} \leqslant f'_{tk} \tag{2.1-20}$$

$$\sigma_{cc} \leqslant 0.8f'_{ck} \tag{2.1-21}$$

$$\sigma_{cc}(\sigma_{ct}) = \sigma_{pc} + \frac{N_k}{A_0} \pm \frac{M_k}{W_0} \tag{2.1-22}$$

式中：σ_{ct}——相应施工阶段计算截面预拉区边缘纤维的混凝土拉应力；

σ_{cc}——相应施工阶段计算截面预压区边缘纤维的混凝土压应力；

f'_{tk}、f'_{ck}——与各施工阶段混凝土立方体抗压强度 f'_{cu} 相应的抗拉强度标准值、抗压强度标准值，按《混凝土结构设计规范》GB 50010 以线性内插法确定；

N_k、M_k——构件自重及施工荷载的标准组合在计算截面产生的轴向力值、弯矩值；

W_0——验算边缘的换算截面弹性抵抗矩。

在预应力筋的端部锚固区，预应力筋张拉阶段所受的压力最大，且张拉时混凝土强度可能还未达到设计强度，此时锚固区最容易产生问题，因此应进行局部受压承载力验算。局部受压承载力计算时，局部压力设计值对有粘结预应力混凝土构件取 1.2 倍张拉控制力，对无粘结预应力混凝土取 1.2 倍张拉控制应力和 f_{ptk} 中的较大值，f_{ptk} 为无粘结预应力筋的抗拉强度标准值。

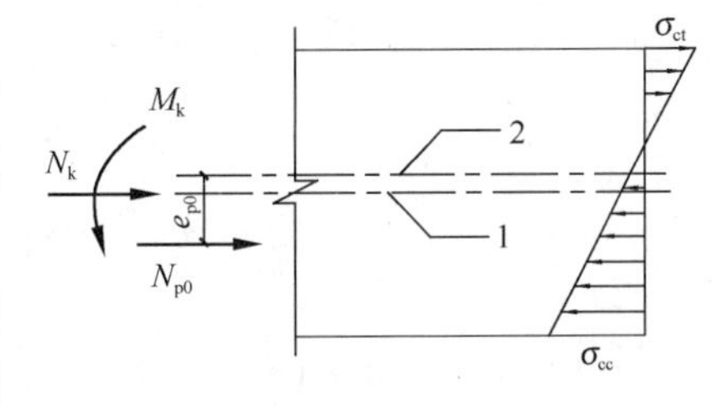

图 2.1-5 预应力混凝土构件施工阶段验算

1—换算截面重心轴；2—净截面重心轴

对复杂结构进行施工模拟验算，主要是为了把握施工过程对预应力构件受力性能的影响，找到可能存在的不利受力状态，避免结构在施工过程中出现正常设计可能未涵盖的应力或破坏。在进行施工模拟验算时，结构计算模型应与施工过程一致。不同构件的混凝土力学性能指标应按其实际强度取值。

2.2　预应力混凝土结构抗震设计

2.2.1　构件抗震等级

不同类型的建筑，应根据其使用功能及灾后影响，先依据现行国家标准《建筑工程抗震设防分类标准》GB 50223 确定设防类别及设防标准，再确定其抗震等级及需采取的抗震构造措施。构件抗震等级是重要的设计参数，应根据设防类别、结构类型、设防烈度和房屋高度四个因素确定。抗震等级的划分，体现了对不同抗震设防类别、不同结构类型、不同设防烈度、同一设防烈度但不同高度的房屋结构延性要求的不同，以及同一种构件在不同结构类型中的延性要求的不同。预应力混凝土结构应根据设防类别、设防烈度、结构类型和房屋高度按下列规定采用不同的抗震等级，并应符合相应的计算和构造措施要求：

（1）丙类建筑的抗震等级应按表 2. 2-1 确定。

现浇预应力混凝土结构构件的抗震等级　　**表 2. 2-1**

<table>
<tr><th colspan="2" rowspan="2">结构体系</th><th colspan="10">设防烈度</th></tr>
<tr><th colspan="2">6</th><th colspan="3">7</th><th colspan="3">8</th><th colspan="2">9</th></tr>
<tr><td rowspan="3">框架结构</td><td>高度（m）</td><td>≤24</td><td>>24</td><td>≤24</td><td colspan="2">>24</td><td>≤24</td><td colspan="2">>24</td><td colspan="2">≤24</td></tr>
<tr><td>框架</td><td>四</td><td>三</td><td>三</td><td colspan="2">二</td><td>二</td><td colspan="2">一</td><td colspan="2">一</td></tr>
<tr><td>大跨度框架*</td><td colspan="2">三</td><td colspan="3">二</td><td colspan="3">一</td><td colspan="2">一</td></tr>
<tr><td rowspan="2">框架-抗震墙结构</td><td>高度（m）</td><td>≤60</td><td>>60</td><td>≤24</td><td>25～60</td><td>>60</td><td>≤24</td><td>25～60</td><td>>60</td><td>≤24</td><td>25～50</td></tr>
<tr><td>框架</td><td>四</td><td>三</td><td>四</td><td>三</td><td>二</td><td>三</td><td>二</td><td>一</td><td>二</td><td>一</td></tr>
<tr><td rowspan="2">部分框支抗震墙结构</td><td>高度（m）</td><td colspan="2"></td><td colspan="2">≤80</td><td>>80</td><td colspan="2">≤80</td><td></td><td colspan="2"></td></tr>
<tr><td>框支层框架</td><td colspan="2">二</td><td colspan="2">二</td><td>一</td><td colspan="2">一</td><td></td><td colspan="2"></td></tr>
<tr><td>框架-核心筒结构</td><td>框架</td><td colspan="2">三</td><td colspan="3">二</td><td colspan="3">一</td><td colspan="2">一</td></tr>
<tr><td rowspan="2">板柱-抗震墙结构</td><td>高度（m）</td><td>≤35</td><td>>35</td><td colspan="3" rowspan="2">二</td><td colspan="3" rowspan="2">一</td><td colspan="2" rowspan="2"></td></tr>
<tr><td>板柱的柱、节点及框架</td><td>三</td><td>二</td></tr>
<tr><td rowspan="2">板柱-框架结构</td><td>高度（m）</td><td>≤12</td><td>>12</td><td>≤12</td><td colspan="2">>12</td><td>≤12</td><td colspan="2">>12</td><td colspan="2" rowspan="2"></td></tr>
<tr><td>板柱的柱、节点及框架</td><td>三</td><td>二</td><td>二</td><td colspan="2">一</td><td>一</td><td colspan="2">一</td></tr>
</table>

续表

结构体系		设防烈度						
		6		7		8		9
板柱结构	高度（m）	≤12	>12	≤12	>12	≤12		
	板柱的柱、节点及框架	三	二	二	一	一		
板柱-支撑结构	高度（m）	≤24	>24	≤24	>24	≤24	>24	
	板柱的柱、节点及框架	三	二	二	二	一	一	
	普通钢支撑	三	二	二	二	一	一	

* 注：大跨度框架指跨度不小于 18m 的框架。

（2）甲、乙、丁类的建筑，应按现行国家标准《建筑工程抗震设防分类标准》GB 50223 的规定确定抗震设防标准，并应按表 2.2-1 确定抗震等级。

（3）接近或等于高度分界时，应结合房屋不规则程度及场地、地基条件确定抗震等级。

（4）高度不超过 60m 的框架-核心筒结构按框架-抗震墙的要求设计时，应按表中框架-抗震墙结构的规定确定其抗震等级。

（5）抗震墙等非预应力构件的抗震等级应按现行国家标准《建筑抗震设计规范》GB 50011 中钢筋混凝土结构的规定执行。

（6）建筑场地为Ⅰ类时，对甲、乙类的建筑应允许仍按本地区抗震设防烈度的要求采取抗震构造措施；对丙类的建筑应允许按本地区抗震设防烈度降低一度的要求采取抗震构造措施，但抗震设防烈度为 6 度时仍应按本地区抗震设防烈度的要求采取抗震构造措施。在设计基本地震加速度为 0.15g 和 0.30g 的地区，当建筑场地为Ⅲ、Ⅳ类时，高层建筑宜分别按 8 度（0.20g）和 9 度（0.40g）时各类建筑的要求采取抗震构造措施。

2.2.2 预应力混凝土结构的阻尼比

国家标准《建筑抗震设计规范》GB 50011—2010 中规定，在进行结构的抗震计算时，对预应力混凝土结构，其自身的阻尼比可采用 0.03；当结构中既有预应力混凝土结构，又有钢筋混凝土结构时，可按钢筋混凝土结构部分和预应力混凝土结构部分在整个结构中变形能所占的比例进行折算，取为等效阻尼比。在新修订的《预应力混凝土结构抗震设计标准》JGJ/T 140—2019 中，结合不同工程实例按《建筑抗震设计规范》GB 500011—2010 的规定计算分析后，对不同形式结构的等效阻尼比给出了较为详细的规定：

对于框架结构，可按表 2.2-2 的规定取值，其中 ξ 为预应力混凝土结构所承担竖向荷载的结构面积占总结构面积的比值，应按两个方向分别计算并取较大值；其他结构可按表 2.2-3 取值。

框架结构的等效阻尼比　　　　表 2.2-2

ξ	结构等效阻尼比
$\xi \geqslant 0.70$	0.03
$0.25 \leqslant \xi < 0.70$	0.04
$\xi < 0.25$	0.05

其他结构的等效阻尼比　　　　表 2.2-3

结构类型	结构等效阻尼比
板柱结构、板柱-支撑结构及板柱-框架结构	0.03
框架-抗震墙结构、框架-核心筒结构、部分框支-抗震墙结构及板柱-抗震墙结构	0.05

2.2.3　层间位移角限值

根据国家现行标准《建筑抗震设计规范》GB 50011 所提出的抗震设防三个水准的要求，采用二阶段设计方法来实现，即：在多遇地震作用下，建筑主体结构不受损坏，非结构构件，包括围护墙、隔墙、幕墙、内外装修等，没有过重破坏并导致人员伤亡，保证建筑的正常使用功能；在罕遇地震作用下，建筑主体结构遭受破坏或严重破坏但不倒塌。根据各国规范的规定、震害经验和试验研究结果及工程实例分析，采用层间位移角作为衡量结构变形能力，从而判别是否满足建筑功能要求的指标是合理的。预应力混凝土结构的层间位移角限值包括弹性层间位移角限值和弹塑性层间位移角限值两部分内容。

1. 弹性层间位移角限值

《预应力混凝土结构抗震设计标准》JGJ/T 140—2019 在参考国家现行标准《建筑抗震设计规范》GB 50011、《混凝土升板结构技术标准》GB/T 50130 和现行行业标准《装配式混凝土结构技术规程》JGJ 1 等的基础上，对结构楼层内最大弹性层间位移角限值给出了具体规定。预应力混凝土结构应进行多遇地震或风荷载作用下的变形验算，楼层内弹性层间位移角限值宜符合表 2.2-4 的规定。

弹性层间位移角限值　　　　表 2.2-4

结构类型	弹性层间位移角限值
框架结构 板柱结构 板柱-框架结构	1/550
框架-抗震墙结构 框架-核心筒结构 板柱-抗震墙结构	1/800

续表

结构类型		弹性层间位移角限值
预应力混凝土框支层		1/1000
板柱-支撑结构	普通钢支撑	1/700
	屈曲约束支撑	1/550

2. 弹塑性层间位移角限值

在罕遇地震作用下，结构要进入弹塑性变形状态。根据震害经验、试验研究和计算分析结果，《预应力混凝土结构抗震设计标准》JGJ/T 140—2019 提出以构件(梁、柱、墙)和节点达到极限变形时的层间极限位移角作为罕遇地震作用下结构弹塑性层间位移角限值的依据。预应力混凝土结构应按国家现行标准《建筑抗震设计规范》GB 50011—2010 和《预应力混凝土结构抗震设计标准》JGJ/T 140—2019 的规定进行罕遇地震作用下薄弱层的弹塑性变形验算，结构楼层弹塑性层间位移角限值宜符合表 2.2-5 的规定。

楼层弹塑性层间位移角限值　　表 2.2-5

结构类型		弹塑性层间位移角限值
框架结构 板柱结构 板柱-框架结构		1/50
框架-抗震墙结构 框架-核心筒结构 板柱-抗震墙结构		1/100
板柱-支撑结构	普通钢支撑	1/100
	屈曲约束支撑	1/50

2.2.4 承载力抗震调整

《预应力混凝土结构抗震设计标准》JGJ/T 140—2019 结合《建筑抗震设计规范》GB 50011—2010 的规定，给出了各类预应力混凝土结构构件的承载力抗震调整系数 γ_{RE}，见表 2.2-6；当仅计算竖向地震作用时，γ_{RE} 均应取为 1.0。

承载力抗震调整系数　　表 2.2-6

结构构件	受力状态	γ_{RE}
梁、平板	受弯	0.75
轴压比小于 0.15 的柱	偏压	0.75
轴压比不小于 0.15 的柱	偏压	0.80
框架节点	受剪	0.85
各类构件	受剪、偏拉	0.85
局部受压构件	局部受压	1.00

2.2.5　设计内力调整

1. 柱端弯矩调整系数

在预应力混凝土框架中，与预应力混凝土梁相连接的预应力混凝土柱或钢筋混凝土柱除应符合国家标准《建筑抗震设计规范》GB 50011—2010 有关调整框架柱端组合弯矩设计值的相关规定外，对一、二、三、四级抗震等级的框架结构的边柱，其柱端弯矩增大系数 η_c 应分别取为 1.7、1.7、1.5 和 1.3；对其他结构类型中的框架边柱，其柱端弯矩增大系数 η_c 应分别取为 1.4、1.4、1.2 和 1.1。对于抗震等级为一级的框架结构的边柱，尚应满足式（2.2-1）要求：

$$\sum M_c = 1.2 \sum M_{bua} \tag{2.2-1}$$

式中：$\sum M_c$——节点上下柱端截面顺时针或反时针方向组合的弯矩设计值之和，上下柱端的弯矩设计值，可按弹性分析分配；

$\sum M_{bua}$——节点左右梁端截面反时针或顺时针方向实配的正截面抗震受弯承载力所对应的弯矩值之和，根据实配钢筋截面面积（计入梁受压钢筋和相关楼板钢筋）和材料强度标准值确定。

2. 节点剪力调整系数

在预应力混凝土框架中，与预应力混凝土梁相交的梁柱节点除应符合国家标准《建筑抗震设计规范》GB 50011—2010 有关调整节点核芯区组合的剪力设计值的相关规定外，对一、二、三、四级抗震等级的框架结构的边节点，其强节点系数 η_{jb} 应分别取为 1.5、1.5、1.35 和 1.2；对其他结构类型中的框架边节点，其强节点系数 η_{jb} 应分别取为 1.35、1.35、1.2 和 1.1。对于抗震等级为一级的框架结构的边节点，尚应符合式（2.2-2）和式（2.2-3）规定：

其他层节点
$$V_j = \frac{1.15 \sum M_{bua}}{h_{b0} - a'_s}\left(1 - \frac{h_{b0} - a'_s}{H_c - h_b}\right) \tag{2.2-2}$$

顶层节点
$$V_j = \frac{1.15 \sum M_{bua}}{h_{b0} - a'_s} \tag{2.2-3}$$

式中：V_j——梁柱节点核芯区组合的剪力设计值；

$\sum M_{bua}$——节点左右梁端截面反时针或顺时针方向实配的正截面抗震受弯承载力所对应的弯矩值之和，可根据实配钢筋截面面积（计入梁受压钢筋）和材料强度标准值确定；

h_{b0}——梁截面的有效高度，节点两侧梁截面高度不等时可采用平均值；

a'_s——梁受压钢筋合力点至受压边缘的距离；

H_c——柱的计算高度，可采用节点上、下柱反弯点之间的距离；

h_b——梁的截面高度，节点两侧梁截面高度不等时可采用平均值。

2.2.6　截面抗震验算

为保证预应力混凝土框架结构的抗震性能，通常需要对其支座截面的混凝土受压区高度、预应力强度比及底面配筋截面面积 A'_s 与顶面配筋截面面积 A_s 的比值 A'_s/A_s 进行限制，在设计时应进行相应的验算，使其符合相关标准的规定。

1. 梁端截面混凝土受压区高度

在抗震设计中，为保证预应力混凝土框架的延性，梁端塑性铰应具有足够的塑性转动能力。国内外研究表明，对梁端塑性铰区域混凝土截面受压区高度加以限制是最重要的。《预应力混凝土结构抗震设计标准》JGJ/T 140—2019 对梁端截面的混凝土受压区高度提出了明确的限定：预应力混凝土框架梁端，计入纵向受压钢筋的混凝土受压区高度 x 应符合下列要求：

一级抗震等级　　$x \leqslant 0.25h_0$　　(2.2-4)

二、三级抗震等级　　$x \leqslant 0.35h_0$　　(2.2-5)

且纵向受拉钢筋按非预应力钢筋抗拉强度设计值换算配筋率不宜大于 2.5%，且不应大于 2.75%；当梁端受拉钢筋的换算配筋率大于 2.5%时，其受压钢筋的配筋截面面积不应小于受拉钢筋按抗拉强度设计值换算的配筋截面面积的一半。

2. 梁端截面预应力强度比

预应力混凝土构件采用预应力筋和非预应力普通钢筋混合配筋方式，有利于改善抗裂性能和提高能量耗散能力，可有效改善预应力混凝土结构的抗震性能，按式(2.2-6) 计算的预应力强度比 λ 能有效反应混合配筋对预应力混凝土结构抗震性能的影响。λ 的选择需要全面考虑使用阶段和抗震性能两方面要求，从使用阶段看，λ 大一些好；从抗震角度，λ 不宜过大，这样可使弯矩-曲率滞回曲线的环带宽度、能量耗散能力、屈服后卸载时的恢复能力和残余变形均介于全预应力混凝土和钢筋混凝土构件的滞回曲线之间，同时具有两者的优点。《预应力混凝土结构抗震设计标准》JGJ/T 140—2019 在大量试验研究的基础上，对预应力强度比 λ 的限值给出了明确的规定：在预应力混凝土框架梁中，应采用预应力筋和非预应力钢筋混合配筋的方式，预应力筋宜穿过柱截面，框架结构梁端截面按式 (2.2-6) 计算的预应力强度比 λ 应满足式(2.2-7) 和式 (2.2-8) 的要求：

$$\lambda = \frac{f_{py}A_p h_p}{f_{py}A_p h_p + f_y A_s h_s} \tag{2.2-6}$$

一级抗震等级　　$\lambda \leqslant 0.75$　　(2.2-7)

二、三级抗震等级　　$\lambda \leqslant 0.80$　　(2.2-8)

在预应力强度比 λ 限值下，设计裂缝控制等级宜尽量采用允许出现裂缝的三级，而不是采用较严的裂缝控制等级。此外，在设计时应将框架边跨梁端预应力筋的位置，尽可能整体下移，使梁端截面负弯矩承载力设计值不至于超强过多，并可使梁端预应力偏心引起的弯矩尽可能小，从而使框架梁内预应力筋在柱中引起的次弯矩较小，保证预应力混凝土框架梁具有良好的抗震耗能及延性性能。

3. 梁端截面底面与顶面的配筋面积比

控制梁端截面的底面配筋面积 A'_s 和顶面配筋面积 A_s 的比值 A'_s/A_s，有利于满足梁端塑性铰区的延性要求。《预应力混凝土结构抗震设计标准》JGJ/T 140—2019 在大量试验研究基础上，对预应力混凝土框架梁端截面的底面和顶面纵向非预应力钢筋截面面积 A'_s 和 A_s 的比值给出了明确的规定：

一级抗震等级
$$A'_s \geqslant 0.5\left(1+\frac{A_p f_{py}}{A_s f_y}\right)A_s \tag{2.2-9}$$

二、三级抗震等
$$A'_s \geqslant 0.3\left(1+\frac{A_p f_{py}}{A_s f_y}\right)A_s \tag{2.2-10}$$

计算梁端截面的底面纵向非预应力钢筋截面面积 A'_s 时，应考虑预应力效应的不利影响。梁端截面的底面纵向非预应力钢筋配筋率不应小于 0.25%，受拉时尚应符合现行国家标准《混凝土结构设计规范》GB 50010—2010 的规定。

2.3 预应力混凝土构造

2.3.1 预应力筋及锚具布置

1. 预应力筋布置

张拉端及固定端的设置应注意以下几个方面：

（1）后张法预应力筋的锚固通常采用设置于构件端部或构件中间部位（凸起锚固或凹槽锚固）的锚具实现机械锚固；此外，也有完全埋入混凝土中锚固预应力筋的方法，此时锚具称为埋入端锚具或固定端锚具。

（2）当预应力筋锚固于梁的跨间时，因局部集中力在锚具附近混凝土中将产生拉应力，梁中易出现裂缝，此时锚具宜布置在活荷载作用下内力变化不大的截面处，锚具在截面中的位置宜尽量位于截面形心处。

（3）无粘结预应力筋束长不大于40m时可一端张拉、一端固定，大于40m时宜两端张拉。有粘结预应力筋长度不大于20m时可一端张拉，大于20m时宜两端张拉；当预应力筋为直线束时，一端张拉的长度可延长至35m。

（4）超长结构中预应力筋宜分段张拉锚固，必要时应设置后浇带，防止因通长张拉预应力筋，导致预应力摩擦损失过大，轴向预加力被竖向结构吸收过多，对结构造成不利影响。

（5）对多跨预应力连续板，应考虑任一跨预应力筋由于地震等作用失效时，可能引起其他各跨连续破坏，宜将无粘结预应力筋分段锚固，或增设中间锚固点。

2. 锚具排布

锚固区的设计应考虑上述预应力筋布置要求及有关建筑和抗震等要求。具体设计中除应参考各张拉锚固体系对设计的有关建议外，尚应注意下列事项：

（1）锚具的布置应遵守生产厂家提出的最小排布尺寸要求。目前锚具多采用带喇叭口的铸铁垫板，锚具的最小排布尺寸由生产厂家根据锚固区传力性能试验结果给出，能有效保证锚固区的局部受压承载力。如果设计给出的锚具排布尺寸小于厂家给定的尺寸要求时，应验算局部受压承载力，无法验算时应以锚固区传力性能试验进行验证，以确保预应力能有效传递到结构构件中。

（2）应考虑锚具的形状及尺寸，注意锚具与柱、梁钢筋不应发生矛盾。

（3）应考虑张拉操作的方便和可行性。

（4）预应力筋在张拉与锚固位置宜分散错开锚固，避免局部应力过于集中现象。

3. 预应力筋管道间距及保护层厚度

在预应力混凝土构件中，对预应力筋管道间距和保护层厚度的确定，主要考虑以下几方面的要求：

(1) 结构耐久性要求。一定厚度的混凝土保护层能有效提高构件的耐久性，但构件顶部和底部保护层厚度过大时，可能会降低预应力筋的效率，导致预应力筋配筋量偏多或降低构件的抗裂性能。

(2) 构件的防火性能要求。一定厚度的保护层能有效提高构件的耐火极限。

(3) 预应力筋管道与混凝土的有效粘结锚固要求。在有粘结预应力构件中，为保证预留孔道能在结构混凝土中有效粘结，必须保证孔道之间有一定的间距；在无粘结预应力构件中，预应力束之间留有一定的间距，也能降低预应力束对构件混凝土整体性的影响。考虑曲线孔道张拉预应力筋时出现的局部挤压应力不致造成孔道间混凝土的剪切破坏，还应对孔道的竖向净间距提出要求。

(4) 混凝土浇筑的要求。管道间距及保护层厚度应与混凝土中粗骨料最大粒径匹配，以保证混凝土能够浇筑密实。

综合考虑上述因素，在预应力构件中，预应力筋管道间距及保护层厚度应满足以下要求（图 2.3-1）：

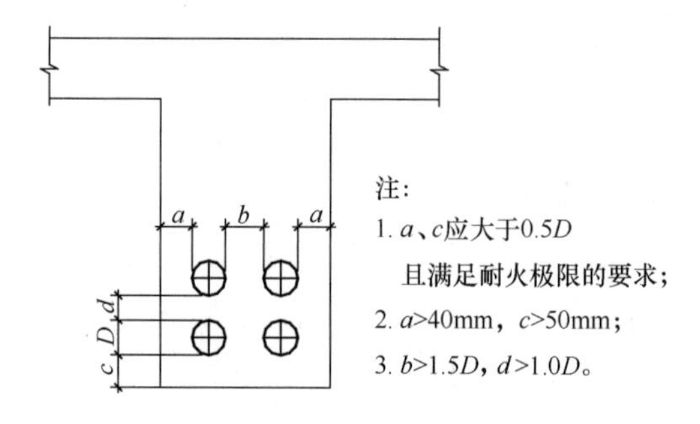

图 2.3-1 预应力束布置

(1) 预应力梁中，预留孔道在竖直方向的净距不应小于孔道外径，水平方向净距不宜小于 1.5 倍孔道外径且不应小于粗骨料直径的 1.25 倍；必要时，两个孔道可并排布置。

(2) 保护层厚度：从孔壁算起的混凝土保护层厚度，梁底不宜小于 50mm，梁侧不宜小于 40mm；裂缝控制等级为三级的梁，梁底、梁侧分别不宜小于 60mm 和 50mm。孔道至构件边缘的净距不宜小于孔道直径的一半，同时应满足对不同耐火等级的要求。锚固区的混凝土保护层最小厚度应比相应构件所取保护层厚度值增加。

2.3.2 锚固区加强构造

一般局部加强钢筋有螺旋筋、网片筋、U形筋等，常用张拉锚固体系中给出的局压加强钢筋多为螺旋筋，但在实际工程中有时螺旋筋不易配置，此时可采用网片钢筋、U形筋等进行加强。在梁端部锚固区和跨间锚固区，除局部承压加强钢筋外，尚应附加布置锚固区的防裂钢筋，不同部位锚固区的附加钢筋可参考下列配筋示例。附加钢筋应根据预应力筋张拉力的大小及延伸结构的约束情况计算确定，当张拉力较小时可不配置。

(1) 端部锚固区（图2.3-2）

(2) 跨间锚固区（凸起锚固，图2.3-3）

(3) 跨间锚固区（凹槽锚固，图2.3-4）

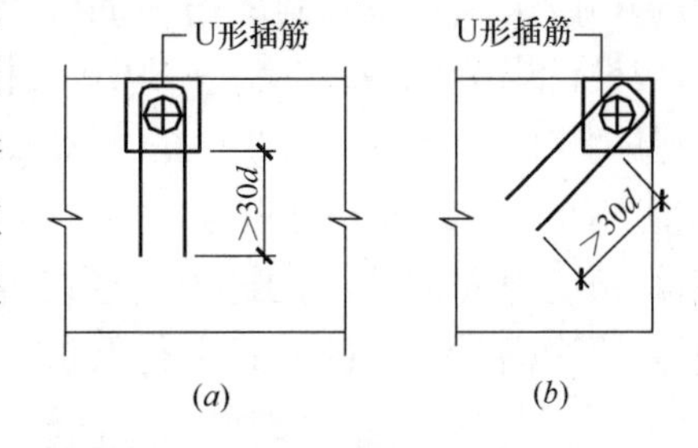

图2.3-2 端部锚固区防劈裂加强示意
(a) 单面临边；(b) 双面临边

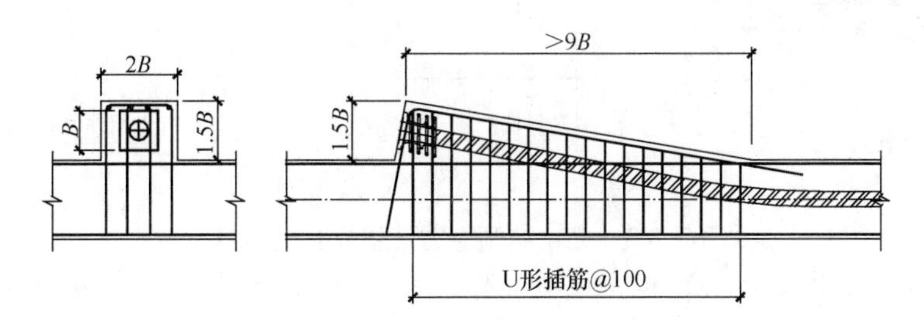

图2.3-3 凸起锚固局部加强示意

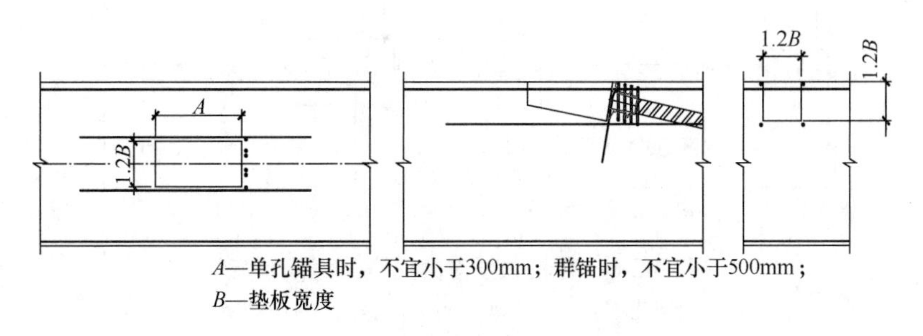

图2.3-4 跨间凹槽锚固局部加强示意

2.3.3 端部锚具保护

国家现行标准《混凝土结构设计规范》GB 50010—2010将混凝土结构暴露的环境类别分为五类七个等级，分别为一类、二a类、二b类、三a类、三b类、四类和五类，每一类别对应的环境条件也有明确的规定：一类主要为室内正常环境，二类主要为干湿交替环境，三类主要为近海海风、盐渍土和使用除冰盐的环境，四类为海水环境，五类为腐蚀性环境，环境类别的划分与《混凝土结构耐久性设计规范》GB/T 50476 基本一致。

外露于结构端部的锚具应采取有效的防护措施进行永久保护，确保外露锚头不受机械损伤和腐蚀的影响。对外露金属锚具，应采取可靠的防锈及耐火措施，可根据环境等级采取无收缩砂浆或混凝土封闭，且应与结构混凝土粘结密实，不应出现裂缝。当采用砂浆或混凝土封闭时，混凝土保护层厚度是根据所处环境类别，依据《混凝土结构设计规范》GB 50010—2010 及相关耐久性规范的规定，锚具及垫板的混凝土保护层厚度（图 2.3-5 及图 2.3-6）应保证在一类环境中不小于 20mm；在二 a、二 b 类环境时不小于 50mm；在三 a、三 b 类环境时不小于 80mm；对处于二、三类环境中的有粘结预应力筋锚具，在封闭前还应在外露的锚具上涂刷环氧树脂。当无耐火要求时，可采用涂刷防锈漆的方式进行保护，但必须保证能够重新涂刷。

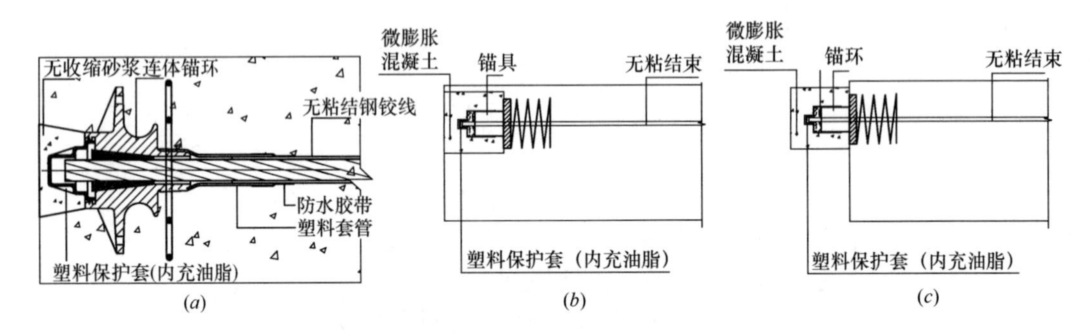

图 2.3-5　无粘结预应力筋锚具封闭示意

(*a*) 一体化锚具（一类环境）；(*b*) 内凹时（一类环境）；(*c*) 外露时（一类环境）

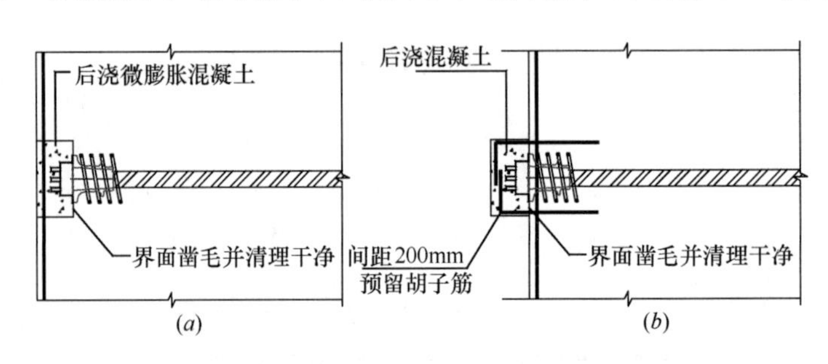

图 2.3-6　有粘结预应力筋锚具封闭示意

(*a*) 内凹时（一类环境）；(*b*) 外露时（一类环境）

采用混凝土封闭时，混凝土强度等级宜与构件混凝土强度等级一致，且不应低于 C30；为限制后浇封闭混凝土出现裂缝并保证其与预应力构件混凝土可靠连接，在后浇混凝土内宜配置 1～2 片钢筋网，钢筋网应与构件混凝土拉结。

国内外工程经验表明，对于无粘结预应力筋锚固系统，应从锚具系统的张拉端及固定端组成的整体来考虑无粘结预应力筋锚固端的防腐蚀做法。《无粘结预应力混凝土结构技术规程》JGJ 92—2016 参照国家标准《混凝土结构设计规范》GB 50010—2010 中耐久性规定对环境类别的划分，给出了无粘结预应力筋锚固系统在不同环境类别下的防腐要求：

（1）处于一类环境的锚固系统，对圆套筒式锚具，封闭时应采用塑料保护套对锚具进行防腐蚀保护（图 2.3-7*a*）；固定端可采用挤压锚具。

（2）处于二 a、二 b 类环境的锚固系统，宜采用垫板连体式锚具，封闭时应采用塑料密封套、塑料盖对锚具进行防腐蚀保护（图 2.3-7*b*）。

（3）处于三 a、三 b 类环境的锚固系统，宜采用全封闭垫板连体式锚具，封闭时应采用耐压密封盖、密封圈、热塑耐压密封长套管对锚具进行防腐蚀保护（图 2.3-7*c*）。

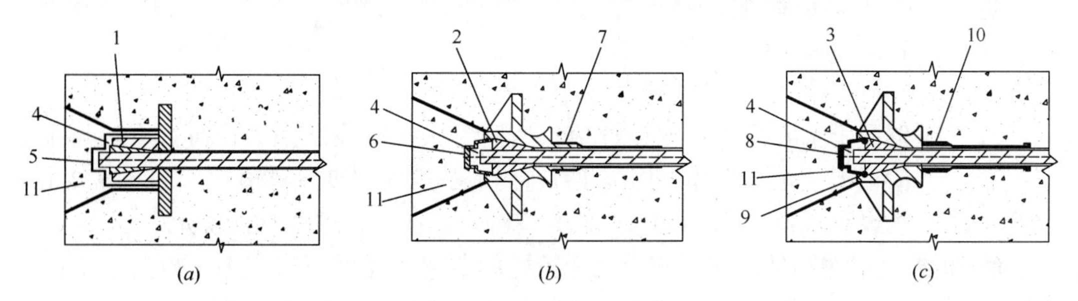

1—圆套筒锚具；2—垫板连体式锚具；3—全封闭连体式锚具；4—专用防腐油脂；5—塑料帽；6—密封盖；7—塑料密封套；8—耐压密封盖；9—密封圈；10—热塑耐压密封长套管；11—微膨胀细石混凝土或无收缩砂浆

图 2.3-7　无粘结预应力筋锚固系统防腐蚀措施示意

（*a*）一类环境；（*b*）二 a、二 b 类环境；（*c*）三 a、三 b 类环境

从图 2.3-7 可以看出，对锚具的耐久性多重防护，按使用环境类别分为三种做法，即在一类室内正常环境条件下，主要以微膨胀混凝土或无收缩砂浆防护为主，并允许将挤压锚具完全埋入混凝土中的做法；在二 a、二 b 类环境下，推荐采用封闭效果较好的连体锚具；在三 a、三 b 类易受腐蚀环境条件下，则推荐采用二道防腐措施，即无粘结预应力锚固系统自身沿全长连续封闭，然后再以微膨胀混凝土或无收缩砂浆防护。

国外在房屋建筑的楼、屋盖结构中使用无粘结预应力混凝土已有 40 余年历史，研究和工程实践均表明：只要采取了可靠措施，无粘结预应力混凝土的耐久性是可以保证的。迄今为止，尚未发生过由于无粘结预应力筋的腐蚀而造成房屋倒塌的事故。但是近些年来在国外对无粘结预应力筋防腐蚀措施的规定有加严的趋势，例如对防腐油脂和外包材料的材质要求、涂刷和包裹方式等，以及改进无粘结后张预应力系统防腐性能的对策都更趋于严格和具体化：要保证防锈润滑脂对无粘结预应力筋及锚具的永久保护作用，外包材料应沿无粘结预应力筋全长及与锚具等连接处连续封闭，严防水泥浆、水及潮气进入，锚杯内填充油脂后应加盖帽封严；应保证锚固区后浇混凝土或砂浆的浇筑质量和新、老混凝土或砂浆的结合，避免收缩裂缝，尽量减少封锚混凝土或砂浆的外露面。

2.3.4　预应力筋转弯处的局部加强

（1）后张法预应力混凝土构件中，当采用曲线预应力布束时，其最小曲率半径 r_{p}

宜按下列公式确定：

$$r_{\mathrm{p}} \geqslant \frac{P}{0.35 f_{\mathrm{c}} d_{\mathrm{p}}} \tag{2.3-1}$$

且不宜小于 4m。

式中：P——预应力筋束的合力设计值，可按《混凝土结构设计规范》GB 50010—2010 的规定确定；

r_{p}——预应力束的曲率半径（m）；

d_{p}——预应力束孔道的外径；

f_{c}——混凝土轴心抗压强度设计值；当验算张拉阶段曲率半径时，可取与施工阶段混凝土立方体抗压强度 f'_{cu} 对应的抗压强度设计值 f'_{c}，按《混凝土结构设计规范》GB 50010—2010 表 4.1.4-1 以线性内插法确定。

对于折线配筋的构件，在预应力束弯折处的曲率半径可适当减小。当曲率半径 r_{p} 不满足上述要求时，可在曲线预应力束弯折处内侧设置钢筋网片或螺旋筋。

（2）在板内被孔洞阻断的无粘结预应力筋可分两侧绕过洞口铺设，其离洞口的距离不宜小于 150mm，水平偏移的曲率半径不宜小于 6.5m（图 2.3-8）。

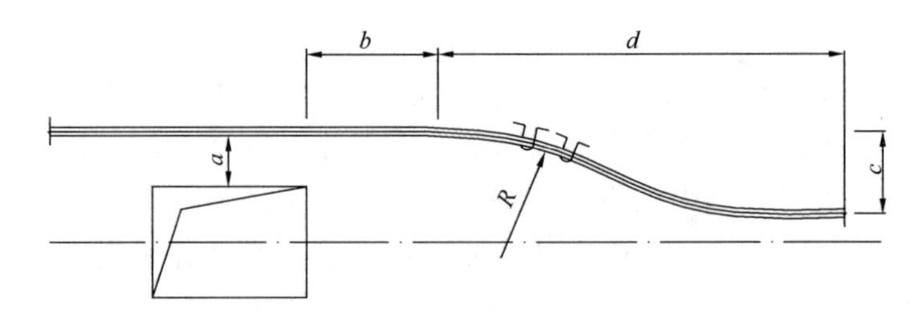

图 2.3-8　洞口无粘结预应力筋水平弯折要求

注：1. 洞口无粘结预应力筋布置宜满足：$a \geqslant 150\mathrm{mm}$，$b \geqslant 300\mathrm{mm}$，$R \geqslant 6.5\mathrm{m}$；

2. 当 $c : d > 1 : 6$ 时，需配置 U 形筋。

（3）预应力筋弯曲处曲线预应力筋内侧混凝土局部挤压应力按式（2.3-2）计算，其压应力不应大于 $0.35 f_{\mathrm{c}}$；当局压应力大于 $0.35 f_{\mathrm{c}}$ 时，应配置局部加强钢筋。

$$\sigma_{\mathrm{cj}} = \frac{P}{Rd} \tag{2.3-2}$$

式中：σ_{cj}——混凝土局部挤压应力；

P——预应力筋束的合力设计值，可按《混凝土结构设计规范》GB 50010 的规定确定；

R——预应力筋曲率半径；

d——预应力筋孔道的外径。

预应力束弯曲处构造要求如图 2.3-9 所示。

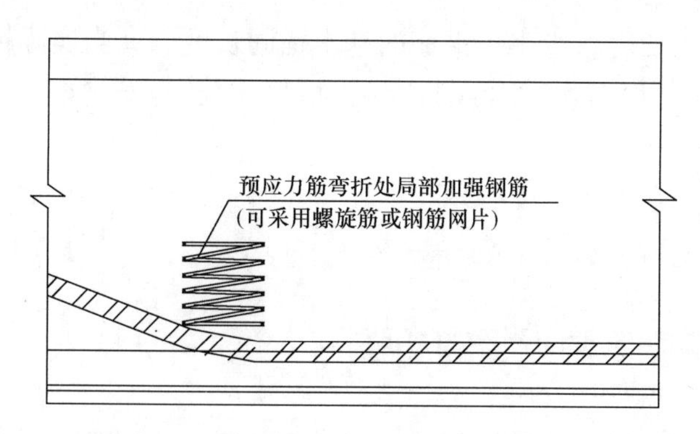

图 2.3-9 预应力束弯折处构造要求

(4) 预应力筋弯曲处防崩构造

当沿构件凹面布置的纵向曲线预应力束时(图 2.3-10),应进行防崩裂设计。当曲率半径 r_p 满足下式要求时,可仅配置构造 U 形插筋:

$$r_p \geqslant \frac{P}{f_t(0.5d_p + c_p)} \tag{2.3-3}$$

当不满足时,每单肢 U 形插筋的截面面积应按下列公式确定:

$$A_{sv1} \geqslant \frac{PS_V}{2r_p f_{yv}} \tag{2.3-4}$$

式中:P ——预应力筋束的合力设计值,可按《混凝土结构设计规范》GB 50010—2010 的规定确定;

f_t ——混凝土轴心抗拉强度设计值;或与施工张拉阶段混凝土立方体抗压强度 f'_{cu} 相应的抗拉强度设计值 f'_t,按《混凝土结构设计规范》GB 50010—2010 表 4.1.4-1 以线性内插法确定;

c_p ——预应力筋束孔道净混凝土保护层厚度;

A_{sv1} ——每单肢插筋截面面积;

S_V ——U 形插筋间距;

f_{yv} ——U 形插筋抗拉强度设计值,按《混凝土结构设计规范》GB 50010 采用,当大于 $360N/mm^2$ 时,取 $360N/mm^2$。

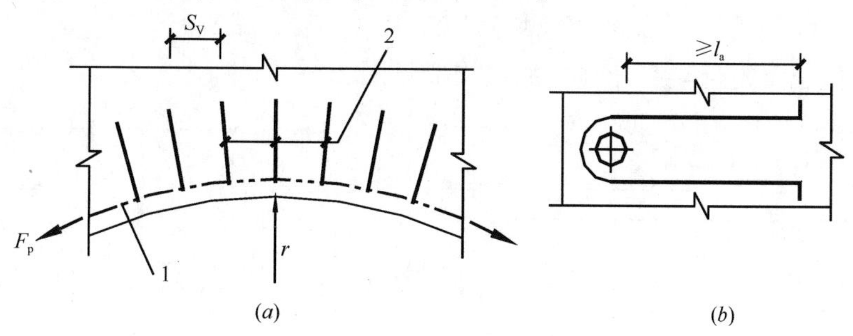

图 2.3-10 抗崩裂 U 形插筋构造示意

(a) 抗崩裂 U 形插筋布置;(b) 抗崩裂 U 形插筋做法

U 形插筋的锚固长度不应小于钢筋的基本锚固长度 l_a；当实际锚固长度 l_e 小于 l_a 时，每单肢 U 形插筋的截面面积可按 A_{sv1}/k 取值。其中，k 取 $l_e/15d$ 和 $l_e/200$ 中的较小值，且 k 不大于 1.0；

当有平行的几个孔道，且中心距不大于 $2d_p$ 时，预应力筋的合力设计值应按相邻全部孔道内的预应力筋确定。

2.3.5　框架梁锚固区附近板的加强

预应力混凝土梁，因锚固区局部轴向压力的扩散，在端部翼缘板内将产生较大的拉应力，板可能会产生裂缝，宜按图 2.3-11 所示进行配筋加强，加强钢筋宜布置在楼板截面中部，该构造钢筋的数量与规格应根据框架预应力筋的配筋量与板的厚度确定，通常可配 5 Φ 12@100。

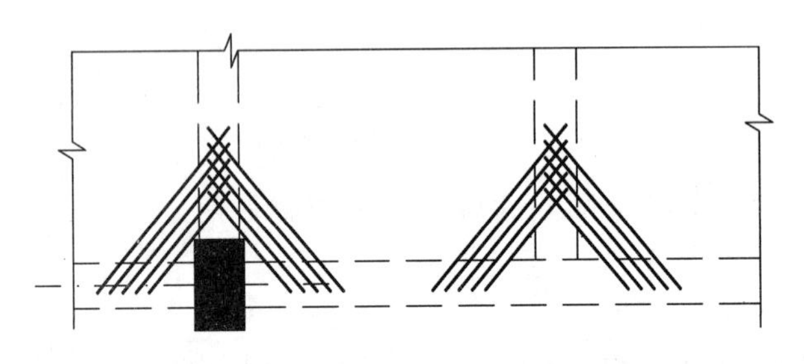

图 2.3-11　预应力梁端板的加强

2.3.6　开洞处的加强

1. 预应力梁上开圆孔时，应遵循下列原则：

（1）开孔最大直径不宜大于梁截面高度的 1/6～1/5。

（2）并列开孔时，孔间距宜大于相邻孔直径平均值的 3 倍。

（3）梁上开孔范围宜在梁跨间中部 1/2 跨内，开孔位置应位于梁截面中心。孔中心位置应距与开孔梁相垂直的次梁侧面 1.5h 以上（h 为梁高）。

（4）开孔处应进行配筋加强，加强构造见图 2.3-12。

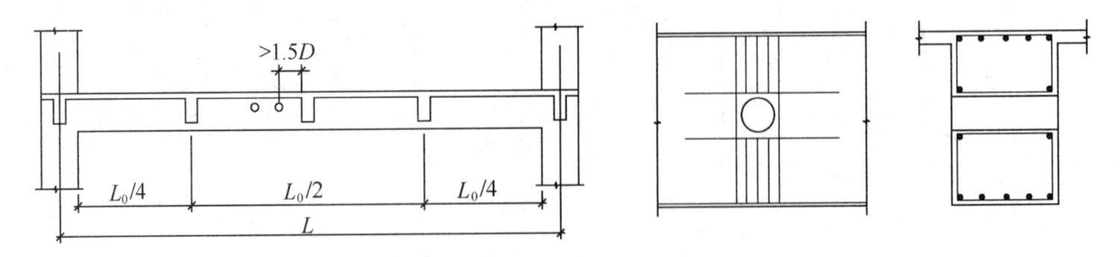

图 2.3-12　预应力梁上开圆形孔及加强构造

2. 预应力梁上开矩形孔洞时，应遵循下列原则：

(1) 孔洞应尽可能设置于剪力较小的跨中 $L/2$ 区域内，孔洞偏心宜偏向受拉区，偏心距 e_0 不宜大于 $0.05h$。

(2) 并列开孔时，相邻孔洞边缘间的净距不宜小于 $2.5h_h$，孔洞高度和截面高度的比值 $h_h/h \leqslant 0.35$，孔洞长度和截面高度的比值 $l_h/h \leqslant 1.6$，孔洞上弦杆截面高度与梁截面高度的比值 $h_c/h \geqslant 0.3$。

(3) 孔洞长度和高度之比宜满足 $l_h/h_h \leqslant 4$。

(4) 开孔处应进行配筋加强，加强构造见图 2.3-13。

① 当矩形孔洞高度小于 $h/6$ 及 100mm，且孔洞长度小于 $h/3$ 及 200mm 时，其孔洞周边配筋可按构造设置。弦杆纵筋 A_{s2}、A_{s3} 可采用 $2\phi10 \sim 2\phi12$；弦杆箍筋采用 $\phi6$，间距不应大于 0.5 倍弦杆有效高度及 100mm。垂直箍筋 A_v 宜靠近孔洞边缘，倾斜钢筋 A_d 可取 $2\phi12$，其倾斜角 α 可取 45°。

② 当孔洞尺寸不满足①项要求时，孔洞周边的配筋应按计算确定，且不应小于按构造要求设置的钢筋。

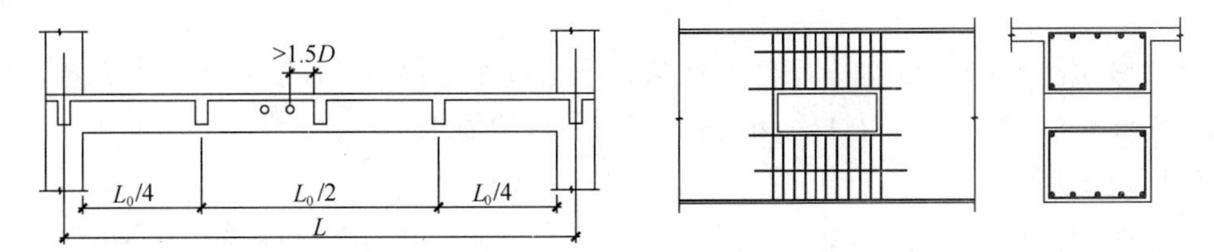

图 2.3-13 预应力梁上开矩形孔及加强构造

2.3.7 纵向受力普通钢筋的最小配筋率

现阶段，我国相关设计规范对预应力混凝土构件的抗裂控制要求比较严格，在构件抗裂控制满足要求的条件下，构件抗弯承载力基本能达到或接近设计要求的承载能力。如果完全按照承载力计算要求配置纵向受力普通钢筋，所需的普通钢筋配筋量很少甚至不需要另行配置普通钢筋，这在实际工程中是不合理的。配置一定数量的纵向受力普通钢筋，主要是为了改善构件的抗震性能，也可增加构件承载力的裕度。

1. 承载力要求

对预应力混凝土受弯构件，配置一定数量的纵向受力普通钢筋后，其正截面受弯承载力设计值应满足公式（2.3-5）的要求，要求构件的正截面受弯承载力设计值大于构件的正截面开裂弯矩值，主要是为了防止构件出现脆性破坏，保证构件具有一定的延性。

$$M_u \geqslant M_{cr} \tag{2.3-5}$$

式中：M_u ——构件的正截面受弯承载力设计值；

M_{cr} ——构件的正截面开裂弯矩值，按本书附录 B 中公式（B-6）计算。

2. 无粘结预应力混凝土构件中纵向受力普通钢筋的最小配筋量要求

（1）单向受弯构件

① 无粘结预应力混凝土单向板纵向普通钢筋的直径不应小于 8mm，间距不应大于 200mm，最小截面面积 A_s 应满足公式（2.3-6）的要求。

$$A_s \geqslant 0.002bh \tag{2.3-6}$$

式中：b ——截面宽度（mm）；

h ——截面高度（mm）。

② 无粘结预应力混凝土单向梁中受拉区配置的纵向普通钢筋的直径不宜小于 14mm，且应均匀分布在梁的受拉边缘区，最小截面面积 A_s 应取公式（2.3-7）和公式（2.3-8）计算结果的较大值。

$$A_s \geqslant \frac{1}{3}\left(\frac{\sigma_{pu}h_p}{f_y h_s}\right)A_p \tag{2.3-7}$$

$$A_s \geqslant 0.003bh \tag{2.3-8}$$

对一级裂缝控制等级的梁，当无粘结预应力筋承担 75%以上弯矩设计值时，纵向普通钢筋面积应满足承载力计算和公式（2.3-8）的要求。

（2）双向板

对于周边支承的无粘结预应力双向板，每一方向上纵向普通钢筋的配筋率不应小于 0.15%；对于板柱结构中的双向平板，纵向普通钢筋最小截面面积 A_s 及其分布要求如下：

① 在柱边的负弯矩区，纵向钢筋应分布在柱宽及两侧各离柱边 $1.5h$ 的范围板带内；每一方向应至少设置 4 根直径不小于 16mm 的钢筋；纵向钢筋间距不应大于 300mm，外伸出柱边长度不应小于支座每一边净跨的 1/6；每一方向上纵向普通钢筋的最小截面面积应满足公式（2.3-9）的要求。

$$A_s \geqslant 0.00075hl \tag{2.3-9}$$

式中：l ——板带宽度（mm），取纵横两个方向板跨度的较大值；

h ——板的厚度（mm）。

② 在荷载标准组合下，当正弯矩区每一方向上抗裂验算截面边缘的混凝土法向拉应力满足公式（2.3-10）要求时，正弯矩区可按不小于 0.2%的配筋率配置构造纵向普通钢筋。

$$\sigma_{ck} - \sigma_{pc} \leqslant 0.4f_{tk} \tag{2.3-10}$$

③ 在荷载标准组合下，当正弯矩区每一个方向上抗裂验算截面边缘的混凝土法向拉应力超过 $0.4f_{tk}$ 且不大于 $1.0f_{tk}$ 时，纵向普通钢筋的最小截面面积应满足公式（2.3-11）的要求。

$$A_s \geqslant \frac{N_{tk}}{0.5 f_y} \tag{2.3-11}$$

式中：N_{tk} ——在荷载标准组合下构件混凝土未开裂截面受拉区的合力（N）；

f_y ——钢筋的抗拉强度设计值（N/mm^2），当 f_y 大于 360 N/mm^2 时，取 360 N/mm^2。

3. 抵抗温度、收缩作用的构造钢筋

在预应力混凝土现浇板、梁的预压区，为防止或减小构件在温度或混凝土收缩作用的长期作用下产生裂缝，应配置一定数量的普通钢筋以抵抗温度与收缩的作用。在预应力混凝土构件中，可以按国家标准《混凝土结构设计规范》GB 50010—2010 的有关规定配置温度、收缩构造钢筋，包括梁板构件中的受压区纵向钢筋和梁侧腰筋等。

2.4　特殊问题处理

2.4.1　超长结构的抗裂设计

预应力技术是解决超长混凝土结构中混凝土收缩与温度作用影响的常用技术之一，由于混凝土收缩与温度作用对结构的影响比较复杂，在工程中还应配套采取增配钢筋、优化混凝土配合比、设置后浇带、加强保水养护和减小结构最大温降等措施。

1. 温度应力计算

在计算混凝土收缩和温度作用产生的内力时，根据国家标准《建筑结构荷载规范》GB 50009—2012 的规定，对混凝土材料的徐变和收缩效应，可根据经验将其等效为温度作用，可将混凝土收缩折算为当量温差，对整体结构模型采用弹性或弹塑性分析方法进行计算，并应符合下列规定：

（1）采用弹性方法计算时，应考虑徐变的影响。

（2）计算温度作用下结构内力，以及将混凝土收缩量折算成当量温差时，混凝土线膨胀系数 α_c 宜取 $1\times10^{-5}/℃$。

（3）混凝土的收缩量宜根据当地工程经验确定；无工程经验时，可按现行国家标准《混凝土结构设计规范》GB 50010—2010 的相关规定取用。

（4）温度作用宜取为结构最高初始平均温度与结构最低平均温度之差。全国各城市基本气温值可参见国家标准《建筑结构荷载规范》GB 50009—2012。

由于混凝土是弹塑性材料，收缩和季节性温差等因素导致的结构内力会由于混凝土的徐变作用而得到部分的释放，在结构分析中可以采用折减混凝土弹性模量的方法，也可以直接对计算温差进行折减。考虑徐变的折减系数可取0.35～0.45。

建立结构计算模型时，应考虑后浇带留设对混凝土早期收缩的释放效果。但是，当梁板普通钢筋在后浇带位置未进行断开处理而配筋率又较大时，应考虑连通钢筋对两侧楼盖的约束作用。

2. 预应力筋布置要求

在楼（屋）盖平面内，预应力效应宜连续，以避免局部施加预应力引起非预应力段的开裂。在施工过程中，应根据结构特点，结合后浇带的设置、工期安排等因素合理施加预应力。当结构平面上布置了后浇带，预应力筋一般分两个阶段进行张拉，在混凝土达到设计要求的强度后，张拉不跨过后浇带的预应力筋，对临时断开的各结构段楼盖施加预应力；各结构段间可采用预应力短筋搭接、连接器等方式连接，在后浇带封闭且混凝土强度达到张拉预应力筋规定的强度后，张拉跨过后浇带的预应力筋。预应力筋在后浇带处的常用连接构造如图 2.4-1 所示。分段施加预应力有利于提高楼屋盖平面内的有效压力，有利于减少结构端部竖向构件的侧移。楼板中的有效预压应力宜为 0.7N/mm^2～3.0N/mm^2，预应力筋间距宜为 200mm～1000mm。

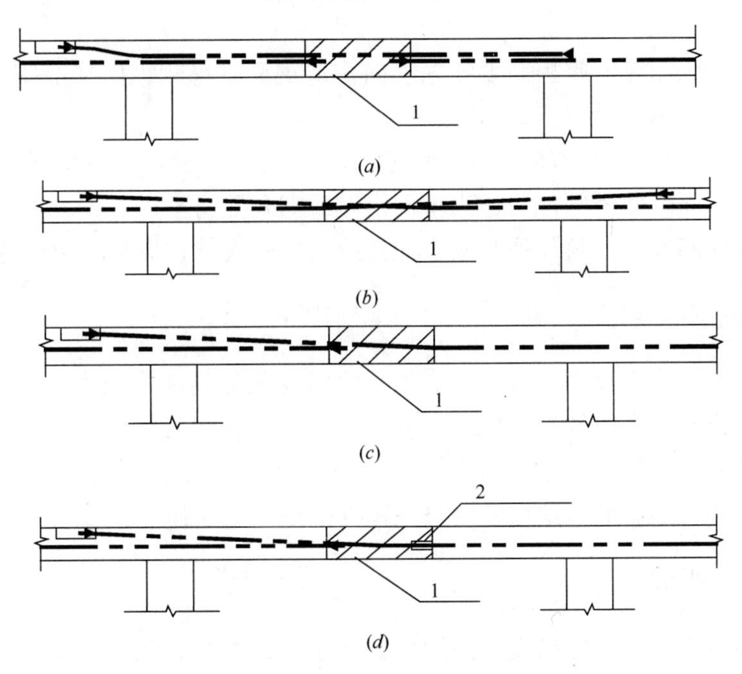

1—后浇带；2—锚具连接器

图 2.4-1 预应力筋在后浇带处的连接构造示意

(*a*) 短筋搭接；(*b*) 两侧预应力筋搭接；

(*c*) 单侧锚固单侧预应力筋搭接；(*d*) 双侧锚固单侧预应力筋搭接

施加预应力引起的压力从锚具扩散至楼盖全截面，锚具前混凝土受压，引起锚具后混凝土受拉，应采取配置构造钢筋等措施防止锚具后部混凝土受拉开裂（图 2.3-4）。

3. 后浇带设置要求

后浇带的设置主要考虑以下两个因素：一是考虑预应力筋长度过长时，预应力损失较大；二是过长的楼盖结构在张拉预应力筋产生弹性压缩时受到的侧向约束较大，同时对结构段的边柱（墙）不利。在超长结构中，后浇带的设置位置应综合考虑减少竖向构件的侧向约束影响，尽量将强约束构件布置在每个结构段的中心附近。后浇带的设置可按下列要求确定：

（1）后浇带间距一般取 30m～40m，不应大于 60m，留设时间不宜少于 45*d*；

（2）跨过后浇带的楼板和墙体水平钢筋宜断开；

（3）后浇带宽度不宜小于 1500mm；

（4）后浇带宜选择环境温度较低时进行封闭，并宜采用补偿收缩混凝土。

4. 防裂构造钢筋

无粘结预应力超长结构中应配置防裂构造钢筋，防裂构造钢筋可利用原有钢筋贯通布置，也可另行配置并与原有钢筋搭接或在周边构件中锚固。防裂构造钢筋应符合下列规定：

（1）梁两个侧面应沿腹板高度配置纵向构造钢筋，每侧纵向构造钢筋的间距不宜大于 200mm，配筋率不宜小于 0.15%；

（2）在楼板的上表面应双向配置，配筋率均不宜小于 0.1%，间距不宜大于 200mm；

（3）楼板平面的瓶颈部位宜适当增加板厚或提高配筋率；

（4）沿板的洞边、凹角部位及楼电梯井筒周边楼板中宜加配防裂构造钢筋。

5. 竖向构件配筋要求

在实际超长结构工程中，混凝土收缩、温度变化和施加预应力会导致楼盖长度发生变化，进而导致竖向构件产生层间侧移和附加弯矩，工程中曾经发生过边柱由于层间侧移过大而开裂的情况。超长结构设计时，应考虑预应力筋张拉、混凝土收缩和温度变化对竖向构件的影响，结构外围竖向构件的配筋宜加强。

6. 混凝土施工要求

无粘结预应力超长结构在投入使用后其环境温度相对比较稳定，为减小施工阶段环境温度剧烈变化的不利影响，主体结构施工后应及时封闭外围护结构。

无粘结预应力超长结构的混凝土配合比宜控制水泥用量并采用低收缩混凝土，必要时可利用 60d 或 90d 强度进行配合比设计。

无粘结预应力超长结构的保温保湿养护对控制开裂非常重要，一般保湿养护时间不宜少于 14d。

2.4.2　顶层边框架柱抗裂设计

多层框架的顶层边柱往往承受大偏心受压，轴力小而弯矩大，近似于受弯构件。当框架梁的跨度不大时，仅对梁施加预应力，即可同时抵消大部分外荷载引起的柱弯矩，因而柱抗裂问题可同时得到解决；当梁跨度较大且荷载较重时，仅靠施加于梁上的预应力难以消除柱弯矩，须对柱施加预应力才能解决柱截面的抗裂问题。柱设计为预应力混凝土柱时，应注意以下问题：

（1）柱的预应力筋宜采用直线或折线布置。

（2）预应力束宜延伸至下层柱的中部。当采用夹片式锚具时，预应力束长度尚不宜小于 6m。

（3）柱的截面受压区高度和有效高度之比，一级不应大于 0.25，二、三级不应大于 0.35。

（4）柱受拉边宜采用普通钢筋和预应力筋混合配筋，受压边只配普通钢筋。

（5）框架结构中，预应力混凝土框架所承担竖向荷载的结构面积占总结构面积的比值不小于 0.70 时，柱箍筋应全高加密；不小于 0.25 但小于 0.70 时，与预应力梁相交的柱箍筋宜全高加密；角柱箍筋应全高加密。

（6）预应力筋的束形及参数可参考图 2.4-2。

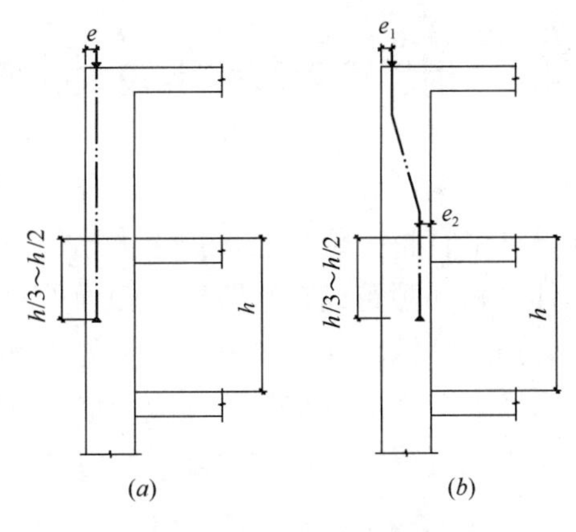

图 2.4-2 柱预应力筋束形
（a）直线形；（b）折线形

2.4.3 预应力混凝土结构区域与钢筋混凝土结构区域变形协调设计

楼盖的局部设计为预应力混凝土时，预应力混凝土构件在预压应力作用下会产生轴向压缩变形，当预应力筋配筋量较多，施加的平均预压应力较大时，这种变形尤为明显，当相邻钢筋混凝土结构构件没有采取相应的构造措施时，钢筋混凝土结构部分在张拉阶段往往会出现裂缝。因此，在设计过程中，应考虑与相邻钢筋混凝土结构构件的变形协调，在变形不协调处（图 2.4-3）应配置额外钢筋进行加强，或留置后浇带，防止当施加的平均预压应力较大时在变形不协调区域出现因张拉预应力筋造成的裂缝。

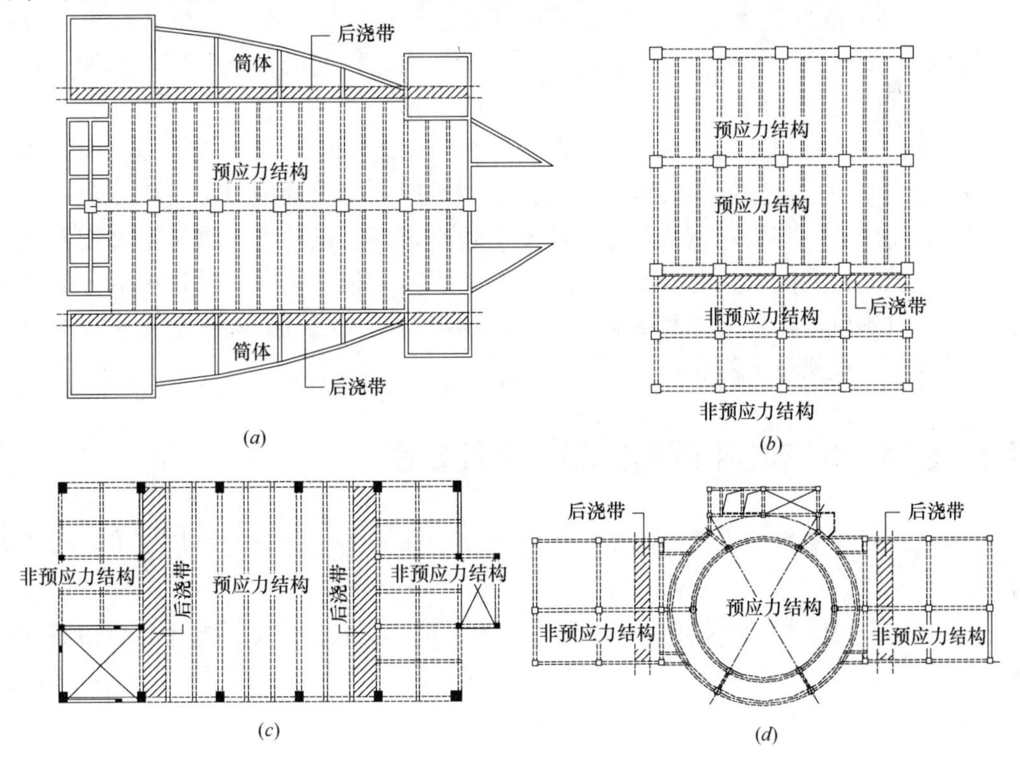

图 2.4-3 后浇带设置示意图

2.4.4　相邻跨跨度差距较大时的预应力设计

在结构设计中，通常会出现结构大小跨相连的情况。连续结构跨度差异较大时，在设计中宜将大跨梁或板预应力筋的一部分或全部延伸至相邻小跨，或将大跨梁截面延伸至相邻短跨或在短跨连续截面处设计为加腋。

连续结构跨度差异较大时，如果预应力筋通长配置，应根据各跨的弯矩图调整预应力筋束形，或调整各跨预应力筋的配筋量（图 2.4-4），防止短跨构件在张拉阶段混凝土出现裂缝，或使用阶段反拱过大。

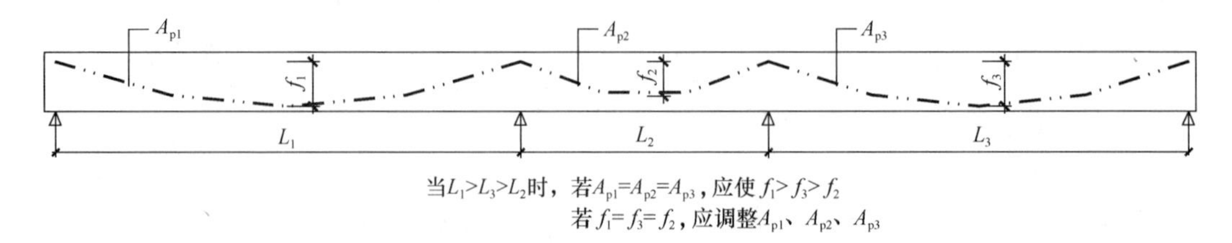

图 2.4-4　连续结构跨度差异较大时预应力束的调整

2.4.5　竖向构件变形差对楼盖内力影响的处理

框架-剪力墙或框架-筒体结构中墙肢和框架柱的轴压比是有差异的，往往墙肢的轴压比较小，而框架柱的轴压比较大，所以结构形成后因竖向荷载作用，作为楼盖支座的内墙肢和外框架柱的竖向变形可能有较大的差异。

高层结构特别是超高层结构中，竖向构件的不均匀变形会对楼盖结构的内力产生显著影响。当某一层楼盖的两端竖向变形差异较大时，楼盖的内力会发生变化，一般沉降较大的支座处，其负弯矩会降低，甚至出现正弯矩。这种情况当结构高度不大时并不严重，当结构高度较大时（如 30 层以上），可能会较严重，在设计中应考虑竖向构件变形差对预应力楼盖的不利影响。此时，预应力筋应在沉降较大的支座处取较小的偏心，同时增配梁或板的底筋。

2.4.6　板端对墙体出平面弯曲的影响及处理

墙体刚度对楼盖构件内力的影响主要体现在墙体的平面外刚度对板（梁）端约束的影响。

梁板等水平构件由墙体支承时，由于节点为刚接，梁或板的端部弯矩直接由墙体出平面的弯曲来平衡。当跨度较大、荷载较重时，墙体尤其是梁墙连接处出平面弯曲可能会造成墙体混凝土开裂，应采取墙体局部加强措施（图 2.4-5），同时对梁端弯矩进行适当折减。

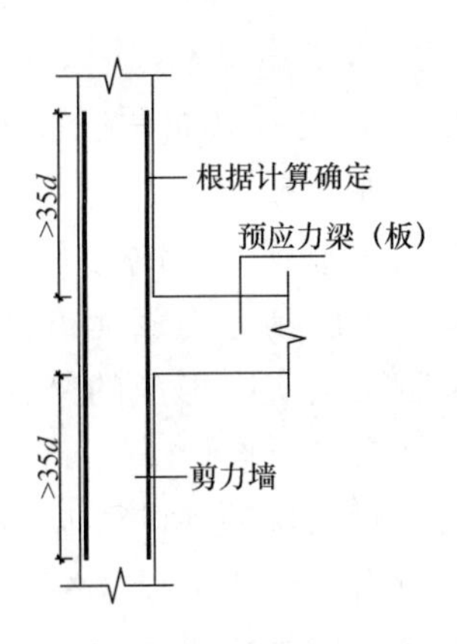

图 2.4-5　墙体局部加强

2.4.7　扁梁对楼板的支承作用

在平板楼盖中，为了改善角区板块的受力状况，常常在内筒角部位置设置扁梁作为角区板块的支座。由于受建筑层高的限制，扁梁与楼盖的截面高度差别通常较小，扁梁的刚度与板的刚度的差别也较小。

某工程采用框筒结构体系，楼盖跨度为 8000mm，楼板厚度为 200mm，扁梁之间的距离为 4000mm。针对不同截面高度的扁梁，楼板内力分布见图 2.4-6。

从图 2.4-6 可以看出，当扁梁截面高度较小时，扁梁的支座作用很小，只能作为板的加强带考虑，起不到完整梁的作用，对板内力分布的影响很小，不能有效改善板的受力状况；当扁梁截面高度较大时，扁梁的支座作用比较明显，可以作为板的支座考虑。

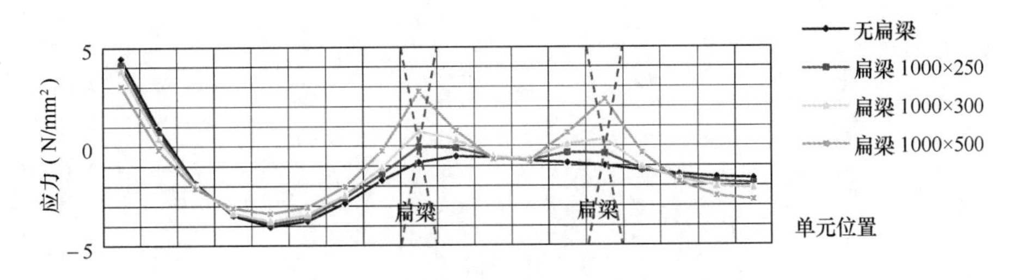

图 2.4-6　扁梁对楼板应力分布的影响

2.4.8　预应力筋张拉顺序对结构内力的影响

由于预应力结构的多样性，施加预应力的顺序会影响实际建立的预应力效应，因此，有必要在设计时考虑结构施工与预应力筋张拉的顺序关系，并根据实际施工工况和形成的结构进行必要的分析和验算。

在多、高层建筑结构中，结构逐层施工和预应力筋逐层张拉时，会发生由于竖向结构构件的侧移刚度引起的预加力的转移现象，因此，应根据竖向构件刚度影响的实际调整张拉控制力；然而，当施工多层后（如两层以上），再逐层依次张拉预应力筋时，除第一层预应力结构施加的预加力被第一层竖向结构构件部分吸收外，其余各层预加力虽上下相互影响，但最终相互平衡，因此，无需考虑张拉顺序对上下楼层的影响，也就是说，除第一层外，其余各层预应力筋无需调整张拉力。复杂结构的施工过程和预应力筋的张拉，应根据施工阶段实际形成的结构和作用的荷载，以及施加的预应力进行效应分析，并根据分析结果进行设计。

在同一楼层中，长束预应力筋对张拉顺序的影响不敏感，但短束预应力筋先张拉时，其有效预加力会因后张拉预应力束产生的结构变形而有一定的降低。因此，在同一楼层中，宜先张拉长束预应力筋，后张拉短束预应力筋。

第 3 章　预应力混凝土结构设计示例

本书前两章分别介绍了预应力混凝土的基础知识和预应力混凝土结构的设计计算方法，本章主要介绍预应力混凝土结构的设计示例，更直观、详细地介绍预应力混凝土结构的设计过程。

本章包括四个设计示例，分别为预应力混凝土框架结构设计、预应力板柱结构设计、预应力平板楼盖设计和体外预应力加固既有结构设计，介绍不同预应力结构的设计方法。

3.1　预应力混凝土框架结构设计

3.1.1　工程概况

某办公楼地上 3 层，采用现浇混凝土框架结构，大跨框架梁设计为预应力混凝土，其余为普通钢筋混凝土，设防烈度为 8 度，场地土为Ⅱ类，按《混凝土结构设计规范》GB 50010—2010 设计。

3.1.2　设计原则及条件

（1）全部地震作用由框架承担。

（2）基础采用桩基，计算框架时假定柱脚为嵌固约束。

（3）一层、二层框架梁截面抗裂度按三级设计，裂缝控制目标值 $w_{max}=0.2$mm，三层框架梁考虑目前屋面防水技术水平的提高，采取防水措施后的三层框架梁仍处于与一层、二层框架梁大致相同的环境水平，抗裂度可按三级设计，为给示例，本例中抗裂度按二级设计。楼板厚均为 120mm。

（4）预应力框架梁的抗震等级为二级。

（5）预应力筋采用 1860N/mm^2 级，ϕ^s15 有粘结预应力钢绞线，张拉控制应力取为 $0.75f_{ptk}$ 。

3.1.3　结构方案

楼盖设计为肋梁楼盖，大跨度框架梁设计为预应力混凝土，三层梁截面 400mm×

1100mm，一、二层梁截面 400mm×1000mm，端部支座区水平加腋，柱截面考虑与大跨度框架梁的匹配，选为 800mm×1000mm，纵向次梁截面选为 200mm×400mm。周边纵向框架采用普通混凝土结构，梁截面选取 300mm×600mm，横向框架梁截面选取 300mm×700mm。结构平面布置见图 3.1-1，框架立面见图 3.1-2。

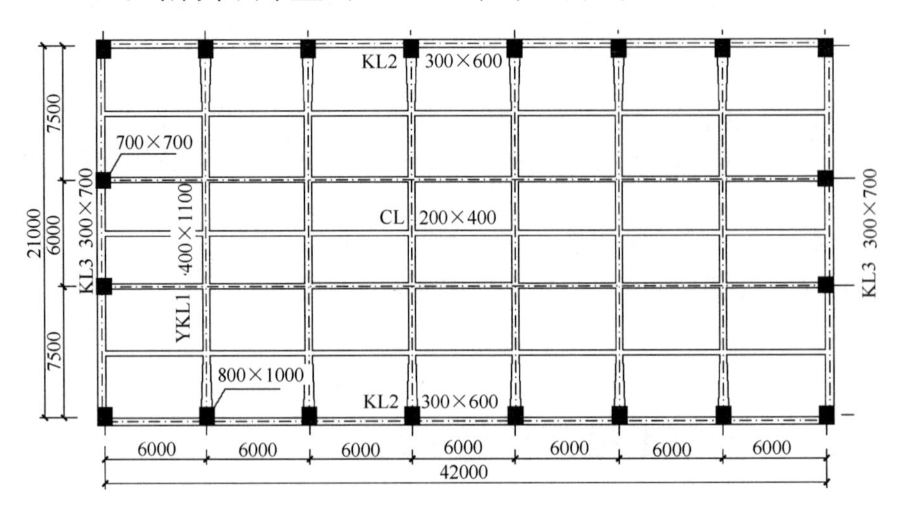

图 3.1-1　结构布置平面图（三层）

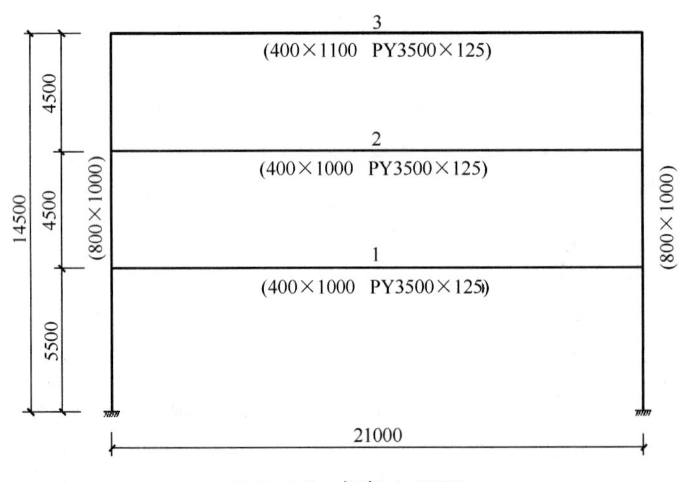

图 3.1-2　框架立面图

3.1.4 材料

混凝土、普通钢筋及预应力筋的牌号、规格及设计强度指标分别见表 3.1-1～表 3.1-3。

混凝土（N/mm^2）　　表 3.1-1

构件	强度等级	f_c	f_t	f_{tk}	E_c
预应力梁	C40	19.1	1.71	2.39	3.25×10^4
柱	C30	14.3	1.43	2.01	3.00×10^4

预应力筋　　**表 3.1-2**

规格	截面积 (mm²)	抗拉强度 f_{ptk} (N/mm²)	设计强度 f_{py} (N/mm²)	弹性模量 E_p (N/mm²)	松弛等级
ϕ^s15	139	1860	1320	1.95×10^5	低松弛

普通钢筋　　**表 3.1-3**

钢筋种类	标准强度 f_{yk} (N/mm²)	设计强度 f_y (N/mm²)	弹性模量 E_s (N/mm²)	使用位置
HRB400	400	360	2.0×10^5	主筋
HRB335	335	300	2.0×10^5	箍筋

3.1.5　荷载

楼面荷载见表 3.1-4，导算到框架梁上的线荷载见表 3.1-5。

楼面荷载（kN/m²）　　**表 3.1-4**

楼层	恒载（DL）			活荷载（LL）	活荷载准永久值系数	TL
	混凝土（DL_1）	管道、吊顶、面层做法及隔墙等（DL_2）	$DL=DL_1+DL_2$			
三层屋面（t=120mm）	3.0	3.5	6.5	0.7	0	7.2
一、二层楼板（t=120mm）	3.0	4	7	2.0	0.4	9

注：次梁及框架梁的自重另计。

框架梁上的线荷载（kN/m）　　**表 3.1-5**

构件	DL	LL	TL
三层框架梁	56.4	4.2	60.6
一、二层框架梁	57.9	12	69.9

注：已含次梁及框架梁的自重。

3.1.6　内力计算

1. 竖向荷载下的内力

按结构力学方法计算所得标准荷载下框架内力见图 3.1-3、图 3.1-4。

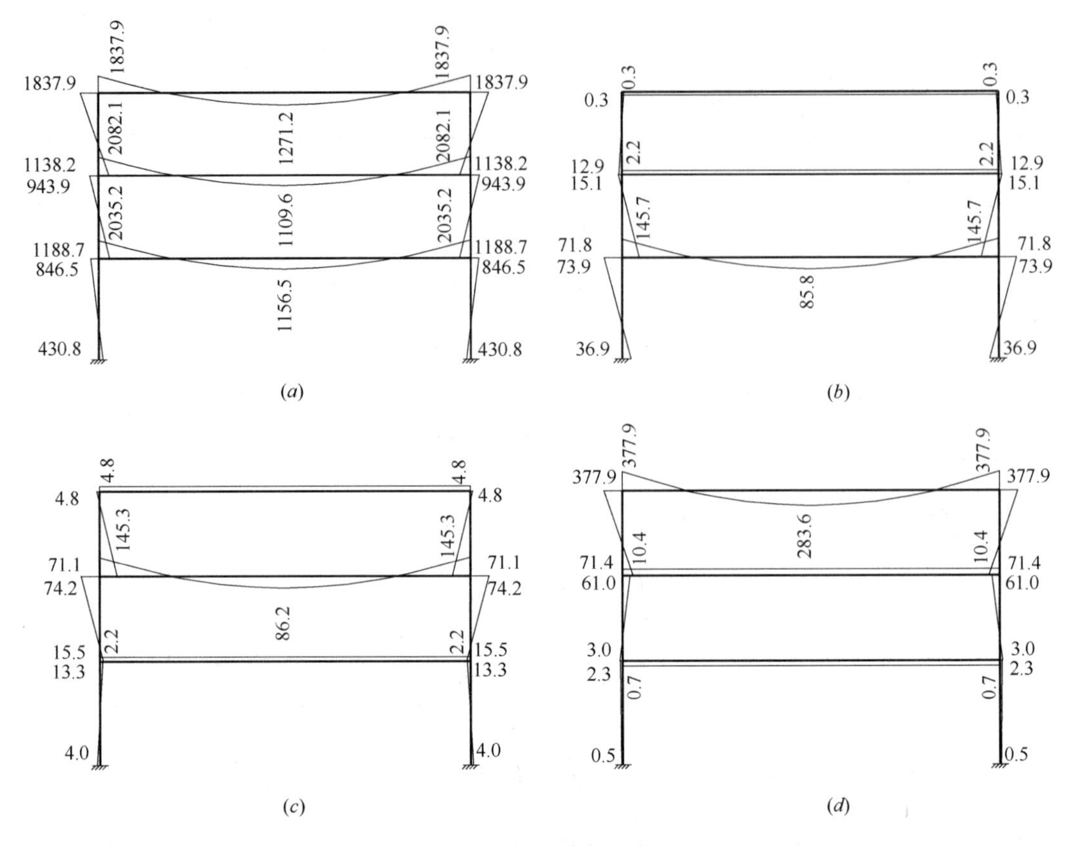

图3.1-3 竖向荷载内力图

(*a*)恒载弯矩图(kN・m);(*b*)活载弯矩图-1(kN・m);

(*c*)活载弯矩图-2(kN・m);(*d*)活载弯矩图-3(kN・m)

2. 地震作用弯矩

地震作用下,框架的内力见图3.1-4。

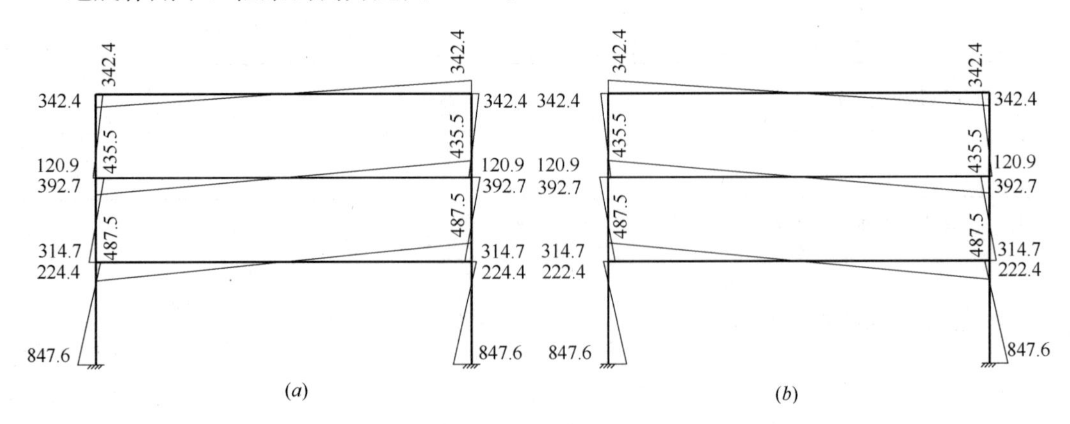

图3.1-4 地震作用弯矩

(*a*)左地震弯矩图(kN・m);(*b*)右地震弯矩图(kN・m)

3.1.7 内力组合

框架内力标准值及组合见表 3.1-6 和表 3.1-7。

恒载、活荷载分层加载、地震作用下控制截面的内力标准值（kN·m） **表 3.1-6**

构件	截面	恒载	活载			地震	
			屋面	2层	1层	左震	右震
		M_{DL}	M_{LL}	M_{LL}	M_{LL}	M_{EL}	M_{ER}
三层梁	支座	1837.9	377.9	4.8	−0.3	−342.4	342.4
	跨中	−1271.2	−283.6	4.8	−0.3	0	0
二层梁	支座	2082.1	10.4	145.3	2.2	−435.5	435.5
	跨中	−1109.6	10.4	−86.2	2.2	0	0
一层梁	支座	2035.2	−0.7	2.2	145.7	−487.5	487.5
	跨中	−1156.5	−0.7	2.2	−85.8	0	0
顶层柱	柱顶	−1837.9	−377.8	−4.8	0.3	342.4	−342.4

荷载组合弯矩（kN·m） **表 3.1-7**

构件	截面	标准组合 M_k	准永久组合 M_q	设计组合		
		DL+LL	DL+ψLL	1.35DL+1.4×0.7LL	1.2DL+1.4LL	1.2（DL+0.5LL）+1.3E
三层梁	支座	2220.3	1990.9	2855.9	2740.8	2880.0
	跨中	−1550.3	−1382.8	−1989.6	−1916.2	−1692.9
二层梁	支座	2240	2145.3	2965.6	2719.6	3159.4
	跨中	−1183.2	−1139.0	−1570.1	−1434.6	−1375.7
一层梁	支座	2182.4	2094.1	2891.8	2648.3	3164.3
	跨中	−1240.8	−1190.2	−1643.9	−1505.8	−1438.4
顶层柱	柱顶	−2220.2	−1990.8	−2855.8	−2740.7	−2880.0

3.1.8 预应力梁截面参数

预应力梁的截面参数见表 3.1-8，截面参数计算示意见图 3.1-5。

预应力梁截面参数 **表 3.1-8**

	一、二层梁		三层梁	
	跨中	梁端	跨中	梁端
b（mm）	400	650	400	650

续表

	一、二层梁		三层梁	
	跨中	梁端	跨中	梁端
h（mm）	1000	1000	1100	1100
b_f(mm)	1840	2090	1840	2090
h_f(mm)	120	120	120	120
A(mm^2)	572800	822800	612800	887800
I(mm^4)	5.690×10^{10}	8.080×10^{10}	7.436×10^{10}	1.057×10^{11}
y_1(mm)	632.7	592.4	688.2	645.4
y_2(mm)	367.3	407.6	411.8	454.6
W_1(mm^3)	0.899×10^8	1.364×10^8	1.081×10^8	1.638×10^8
W_2(mm^3)	1.549×10^8	1.982×10^8	1.806×10^8	2.325×10^8

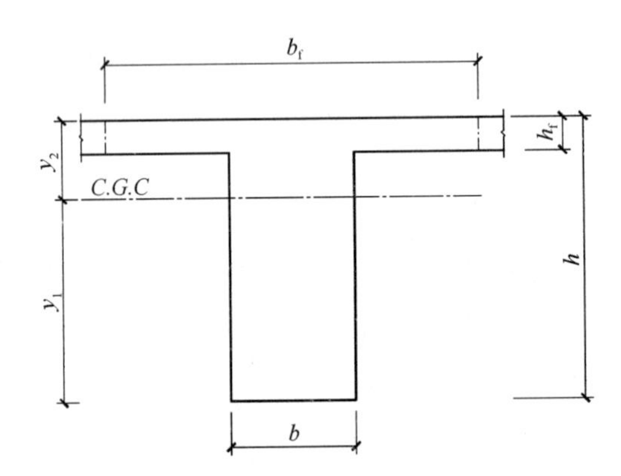

图3.1-5　截面参数计算示意图

3.1.9　预应力筋束形假定及面积估算

1. 预应力筋束形假定

根据框架结构受力特点及荷载分部，并考虑构造、防火等因素，假定的预应力筋束形见图3.1-6。考虑大跨度预应力框架的负弯矩和正弯矩分别在支座和跨中区有较大的平缓段，因此，预应力筋在支座区和跨中区分别设置了平直段。

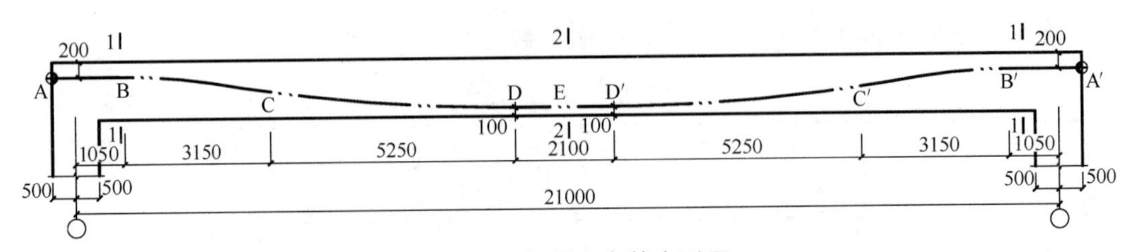

图3.1-6　梁预应力筋束形图

2. 预应力筋面积估算

根据上述设计条件，三层框架梁受拉边缘的应力应符合式（3.1-1）的要求：

$$\sigma_{ck}-\sigma_{pc}\leqslant f_{tk} \tag{3.1-1}$$

即

$$\frac{\beta M_k}{W}-\left(\frac{N_{pe}}{A}+\frac{N_{pe}e_p}{W}\right)\leqslant f_{tk}$$

$$N_{pe}\geqslant\frac{\dfrac{\beta M_k}{W}-f_{tk}}{\dfrac{1}{A}+\dfrac{e_p}{W}} \tag{3.1-2}$$

预应力框架系超静定结构，施加预应力后将产生次内力，通常单跨框架结构的次弯矩对支座抗裂是有利的，对跨中抗裂是不利的。故考虑次弯矩的影响，对弯矩值乘以β以作适当调整，即，支座取$\beta=0.9$，跨中取$\beta=1.2$。

一层、二层框架梁的最大裂缝宽度应符合：$w_{max}\leqslant 0.2$mm，由于裂缝宽度的计算较为复杂，且通常需要确定普通钢筋的配筋后才能计算其裂缝宽度，因此，本例中改用名义拉应力控制裂缝宽度的方法进行预应力筋面积的估算。预应力筋的有效预加力值，可按式（3.1-3）估算，并取其计算结果的较大值：

$$N_{pe}=\frac{\dfrac{\beta M_k}{W}-[\sigma_k]}{\dfrac{1}{A}+\dfrac{e_p}{W}} \tag{3.1-3}$$

根据《无粘结预应力混凝土结构技术规程》JGJ 92—2016 附录 A，裂缝宽度为 0.2mm 对应的梁截面受拉纤维混凝土允许名义拉应力为 5N/mm^2，对于截面高度超过 1000mm 的构件，须乘以 0.7 的修正系数，同时考虑使用的是有粘结预应力钢绞线，还要乘以 1.3 的修正系数，故$[\sigma_k]=[\sigma_q]=5\times0.7\times1.3=4.55\text{N/mm}^2$。

在求得有效预加力N_{pe}后，按式（3.1-4）可估算预应力筋截面面积：

$$A_p\geqslant\frac{N_{pe}}{\sigma_{pe}} \tag{3.1-4}$$

（1）三层框架梁预应力筋估算

预应力总损失按张拉控制应力的 20%考虑。

预应力筋有效预应力值：

$$\begin{aligned}\sigma_{pe}&=(1-20\%)\times0.75f_{ptk}\\&=(1-20\%)\times0.75\times1860\\&=1116\text{N/mm}^2\end{aligned}$$

支座

$$\begin{aligned}e_p&=y_2-200\\&=454.6-200\\&=254.6\text{mm}\end{aligned}$$

$$N_{pe}=\frac{\dfrac{\beta M_k}{W}-f_{tk}}{\dfrac{1}{A}+\dfrac{e_p}{W}}$$

$$=\frac{0.9\times\frac{2220.3\times10^{6}}{2.325\times10^{8}}-2.39}{\frac{1}{887800}+\frac{254.6}{2.325\times10^{8}}}$$

$$=2.793\times10^{6}\,\mathrm{N}$$

$$A_{p}=\frac{N_{pe}}{\sigma_{pe}}$$

$$=\frac{2.793\times10^{6}}{1116}$$

$$=2502\mathrm{mm}^{2}$$

跨中

$$e_{p}=y_{1}-10$$

$$=688.2-100$$

$$=588.2\mathrm{mm}$$

$$N_{pe}=\frac{\frac{\beta M_{k}}{W}-f_{tk}}{\frac{1}{A}+\frac{e_{p}}{W}}$$

$$=\frac{1.2\times\frac{1550.3\times10^{6}}{1.081\times10^{8}}-2.39}{\frac{1}{612800}+\frac{588.2}{1.081\times10^{8}}}$$

$$=2.096\times10^{6}\,\mathrm{N}$$

$$A_{p}=\frac{N_{pe}}{\sigma_{pe}}$$

$$=\frac{2.096\times10^{6}}{1116}$$

$$=1877\mathrm{mm}^{2}$$

三层框架梁配 2-9ϕ^{s}15，$A_{p}=2502\mathrm{mm}^{2}$。

（2）一、二层框架梁预应力筋估算

支座

$$N_{pe}=\frac{\frac{\beta M_{k}}{W}-[\sigma_{k}]}{\frac{1}{A}+\frac{e_{p}}{W}}$$

$$=\frac{0.9\times\frac{2240\times10^{6}}{1.982\times10^{8}}-4.55}{\frac{1}{822800}+\frac{207.6}{1.982\times10^{8}}}$$

$$=2.484\times10^{6}\,\mathrm{N}$$

$$A_{p}=\frac{N_{pe}}{\sigma_{pe}}$$

$$=\frac{2.484\times10^{6}}{1116}$$

$$=2225\text{mm}^{2}$$

跨中

$$N_{pe}=\frac{\frac{\beta M_{k}}{W}-[\sigma_{k}]}{\frac{1}{A}+\frac{e_{p}}{W}}$$

$$=\frac{1.2\times\frac{1183.2\times10^{6}}{0.899\times10^{8}}-4.55}{\frac{1}{572800}+\frac{532.7}{0.899\times10^{8}}}$$

$$=1.465\times10^{6}\ \text{N}$$

$$A_{p}=\frac{N_{pe}}{\sigma_{pe}}$$

$$=\frac{1.465\times10^{6}}{1116}$$

$$=1313\text{mm}^{2}$$

一、二层框架梁配 2-8ϕ^{s}15，$A_{p}=2224\text{mm}^{2}$。

3.1.10 预应力损失及有效预加力计算

1. 三层框架梁

张拉控制应力为：$\sigma_{con}=0.75\times f_{ptk}=0.75\times1860=1395\text{N/mm}^{2}$

预应力筋张拉力为：$N_{con}=2\times9\times139\times1395=3490.3\text{kN}$

(1) 孔道摩擦损失 σ_{l2}

由束形图 3.1-6，矢高 $f=1100-200-100=800\text{mm}$

每段曲线的转角 $\theta=\frac{f}{L_{1}/2}=\frac{2\times800}{3150+5250}=0.1905\text{rad}$

两端张拉，预埋金属波纹管，$\kappa=0.0015$，$\mu=0.25$，孔道摩擦损失 σ_{l2} 计算结果见表 3.1-9，表中线段的位置见图 3.1-6。

孔道摩擦损失 σ_{l2} 计算结果 **表 3.1-9**

线段	x (m)	θ (rad)	$\kappa x+\mu\theta$	$e^{-(\kappa x+\mu\theta)}$	终点应力 (N/mm²)	σ_{l2}/σ_{con} (%)	$S_{l2}=N_{con}\frac{\sigma_{l2}}{\sigma_{con}}$ (kN)	$N_{pe}=N_{con}-S_{l2}$ (kN)
AB	1.55	0	0.0023	0.9977	1391.76	0.23	8.1	3482.2
BC	3.15	0.1905	0.0523	0.9490	1320.78	5.32	185.7	3304.6

续表

线段	x（m）	θ（rad）	$\kappa x+\mu\theta$	$e^{-(\kappa x+\mu\theta)}$	终点应力（N/mm²）	σ_{l2}/σ_{con}（%）	$S_{l2}=N_{con}\frac{\sigma_{l2}}{\sigma_{con}}$（kN）	$N_{pe}=N_{con}-S_{l2}$（kN）
CD	5.25	0.1905	0.0555	0.9460	1249.48	10.43	364.1	3126.2
DE	1.05	0	0.0016	0.9984	1247.52	10.57	369.0	3121.3
E′D′	1.05	0	0.0016	0.9984	1247.52	10.57	369.0	3121.3
D′C′	5.25	0.1905	0.0555	0.9460	1249.48	10.43	364.1	3126.2
C′B′	3.15	0.1905	0.0523	0.9490	1320.78	5.32	185.7	3304.6
B′A′	1.55	0	0.0023	0.9977	1391.76	0.23	8.1	3482.2

（2）锚具变形及预应力筋内缩损失 σ_{l1}

采用夹片锚具，顶压锚固回缩值取为 a=5mm。锚具内缩损失是根据下述原理求得：内缩值等于图 3.1-7 中斜线部分的面积除以预应力筋的弹性模量与面积的乘积。

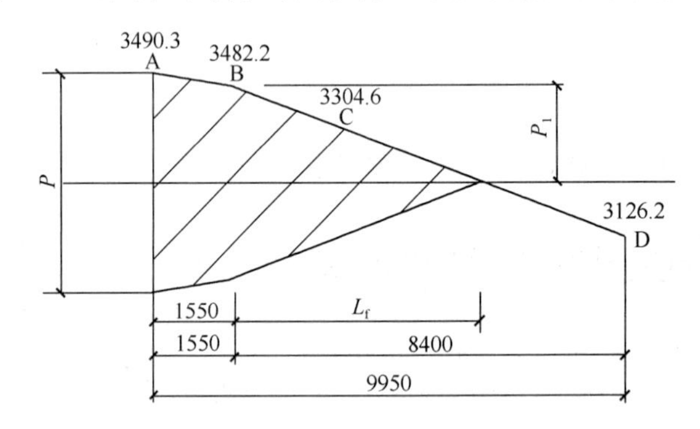

图 3.1-7　锚具变形及预应力筋内缩损失计算

$$\text{图 3.1-7 中斜线部分的面积} = a\times E_p\times A_p$$

$$=5\times 1.95\times 10^5\times 18\times 139$$

$$=2.439\times 10^9$$

$$P_1=\frac{(3482.2-3216.2)\times 1000\times l_f}{8400}$$

$$=42.38l_f$$

$$P=2P_1+(3490.3-3482.2)\times 1000\times 2$$

$$=2P1+16211$$

$$\text{图 3.1-7 中斜线部分的面积} =(3490.3-3482.2)\times 1000\times 2$$

$$\times 0.5\times 1550+2P_1\times 1550+P_1\times l_f$$

$$=112563522+3100P_1+P_1\times l_f$$

$$12563522+3100P_1+P_1\times l_f=2.439\times 10^9 \quad (1)$$

$$P_1=42.38l_f \quad (2)$$

整理以上两式得：$42.38l_f^2+131371l_f-2.427\times 10^9=0$

$$l_f = 6174.7\text{mm}$$

$$P_1 = 42.38 l_f = 261668\text{N} = 261.7\text{kN}$$

$$P = 2P_1 + 14409.77 = 539548\text{N} = 539.5\text{kN}$$

所以：$S_{l1}(A) = P = 539.5\text{kN}$

$S_{l1}(B) = 2P_1 = 523.3\text{kN}$

$S_{l1}(C) = 2P_1(l_f - 3150)/l_f = 256.4\text{kN}$

第一批损失发生后预应力筋的有效预加力值 $N_{pe\text{I}}$，见表 3.1-10。

第一批损失发生后预应力筋的有效预加力值 $N_{pe\text{I}}$ 　　　　**表 3.1-10**

截面位置	x(m)	$\sigma_{l1} \times A_p$ (kN)	$\sigma_{l2} \times A_p$ (kN)	$\sigma_{l1} \times A_p$ (kN)	$N_{pe\text{I}}$ (kN)
A	0	539.5	0	539.5	2950.7
B	1.55	523.3	8.1	531.4	2958.8
C	4.7	256.4	185.7	442.0	3048.2
D	9.95	0	364.1	364.1	3126.2
E	11	0	369.0	369.0	3121.3

(3) 预应力松弛损失 σ_{l4}

$$\sigma_{l4} = 0.2\left(\frac{\sigma_{con}}{f_{ptk}} - 0.575\right)\sigma_{con}$$

$$= 0.2 \times (0.75 - 0.575) \times 1395.0$$

$$= 48.83\text{N/mm}^2$$

(4) 混凝土收缩徐变引起的预应力损失 σ_{l5}

支座

$$N_{pe\text{I}} = 2950.7\text{kN}$$

$$\sigma_{pc} = \frac{N_{pe\text{I}}}{A} + \frac{[N_{pe\text{I}} \cdot (y_2 - 200) - M_q] \times (y_2 - 200)}{I}$$

$$= \frac{2950.7 \times 10^3}{887800} + \frac{[2950.7 \times 10^3 \times (454.6 - 200) - 1990.9 \times 10^6] \times (454.6 - 200)}{1.057 \times 10^{11}}$$

$$= 3.32 - 2.98$$

$$= 0.34\text{N/mm}^2$$

跨中

$$N_{pe\text{I}} = 3121.3\text{kN}$$

$$\sigma_{pc} = \frac{N_{pe\text{I}}}{A} + \frac{[N_{pe\text{I}} \cdot (y_1 - 100) - M_q] \times (y_1 - 100)}{I}$$

$$= \frac{3121.3 \times 10^3}{612800} + \frac{[3121.3 \times 10^3 \times (688.2 - 100) - 1382.8 \times 10^6] \times (688.2 - 100)}{7.436 \times 10^{10}}$$

$$= 5.09 + 3.58$$

$$= 8.67\text{N/mm}^2$$

非预应力筋的面积按预应力度满足二级抗震等级要求配置，即

$$\lambda = \frac{f_{py}A_p h_p}{f_{py}A_p h_p + f_y A_s h_s} \leqslant 0.8$$

$$A_s \geqslant \frac{(1-\lambda) f_{py} h_p}{\lambda f_y h_s} A_p = \frac{(1-0.8)\times 1320 \times 900}{0.8 \times 360 \times 1050} \times 2502 = 1965\text{mm}^2$$

支座处及跨中处均取：A_s=2281mm^2 （6 Φ 22）

支座处配筋率 $\rho=\frac{2281+2502}{887800}=0.539\%$

跨中处配筋率 $\rho=\frac{2281+2502}{612800}=0.781\%$

则，收缩徐变引起的预应力损失 σ_{l5}

支座

$$\sigma_{l5} = \frac{55+300\times\frac{\sigma_{pc}}{f'_{cu}}}{1+15\rho} = \frac{55+300\times\frac{0.34}{40}}{1+15\times 0.539\%} = 53.23\text{N/mm}^2$$

跨中

$$\sigma_{l5} = \frac{55+300\times\frac{\sigma_{pc}}{f'_{cu}}}{1+15\rho} = \frac{55+300\times\frac{8.68}{40}}{1+15\times 0.781\%} = 107.50\text{N/mm}^2$$

总损失 σ_L 及有效预加力值 N_{pe} ，见表 3.1-11。

三层框架梁预应力总损失 σ_L 及有效预加力值 N_{pe}（kN） 表 3.1-11

截面位置	$\sigma_{l1}\times A_p$	$\sigma_{l2}\times A_p$	$\sigma_{l4}\times A_p$	$\sigma_{l5}\times A_p$	$\sigma_L\times A_p$	N_{pe}
支座	539.5	0	122.2	133.2	794.9	2695.4
跨中	0	369.0	122.2	268.9	760.1	2730.2

2. 一、二层框架梁

张拉控制应力为：$\sigma_{con} = 0.75 \times f_{ptk} = 0.75 \times 1860 = 1395\text{N/mm}^2$

预应力筋张拉力为：$N_{con}=2\times 8\times 139\times 1395=3102.5\text{kN}$

(1) 孔道摩擦损失 σ_{l2}

由束形图 3.1-6，矢高 f=1000－200－100=700mm

每段曲线的转角 $\theta=\dfrac{f}{L_1/2}=\dfrac{2\times700}{3150+5250}=0.1667\text{rad}$

摩擦损失 σ_{l2} 计算结果见表 3.1-12。

孔道摩擦损失 σ_{l2} 计算结果 **表 3.1-12**

线段	x(m)	θ(rad)	$\kappa x+\mu\theta$	$e^{-(\kappa x+\mu\theta)}$	终点应力 (N/mm²)	σ_{l2}/σ_{con} (%)	$S_{l2}=N_{con}\dfrac{\sigma_{l2}}{\sigma_{con}}$ (kN)	$N_{pe}=N_{con}-S_{l2}$ (kN)
AB	1.55	0	0.0023	0.9977	1391.8	0.23%	7.2	3095.3
BC	3.15	0.1667	0.0464	0.9547	1328.7	4.75%	147.5	2955.0
CD	5.25	0.1667	0.0495	0.9517	1264.4	9.36%	290.3	2812.1
DE	1.05	0	0.0016	0.9984	1262.5	9.50%	294.8	2807.7
E′D′	1.05	0	0.0016	0.9984	1262.5	9.50%	294.8	2807.7
D′C′	5.25	0.1667	0.0495	0.9517	1264.4	9.36%	290.3	2812.1
C′B′	3.15	0.1667	0.0464	0.9547	1328.7	4.75%	147.5	2955.0
B′A′	1.55	0	0.0023	0.9977	1391.8	0.23%	7.2	3095.3

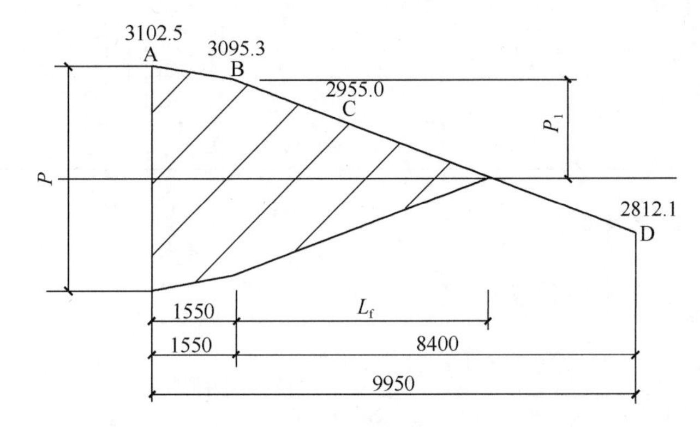

图 3.1-8 锚具变形及预应力筋内缩损失计算

(2) 锚具变形及预应力筋内缩损失 σ_{l1}

图 3.1-8 中斜线部分的面积 $=a\times E_p\times A_p$

$$=5\times1.95\times10^5\times16\times139$$

$$=2.168\times10^9$$

$$P_1=\frac{(3095.3-2812.1)\times1000\times l_f}{8400}$$

$$=33.71l_f$$

$$P=2P_1+(3102.5-3095.3)\times1000\times2$$

$$=2P_1+1.441\times10^4$$

图 3.1-8 中斜线部分的面积 $=(3102.5-3095.3)\times1000\times2\times0.5\times1550+2P_1\times1550+P_1\times l_f$

$$=1.117\times10^7+3100P_1+P_1\times l_f$$

$$1.117\times10^{7}+3100P_1+P_1\times l_f=2.168\times10^{9} \quad (1)$$

$$P_1=33.71l_f \quad (2)$$

整理以上两式得：

$$33.71l_f^2+1.045\times10^{5}l_f-2.157\times10^{9}=0$$

$$l_f=6598.7\text{ mm}$$

$$P_1=33.71l_f=222424\text{N}=222.4\text{kN}$$

$$P=2P_1+1.441\times10^{4}=459259\text{N}=459.3\text{kN}$$

所以： $S_{l1}(A)=P=459.3\text{kN}$

$S_{l1}(B)=2P_1=444.8\text{kN}$

$S_{l1}(C)=2P_1(l_f-3150)/l_f=232.5\text{kN}$

第一批损失发生后预应力筋的有效预加力值 $N_{pe\,\mathrm{I}}$，见表 3.1-13。

第一批损失发生后预应力筋的有效预加力值 $N_{pe\,\mathrm{I}}$　　表 3.1-13

截面位置	x(m)	$\sigma_{l1}\times A_p$	$\sigma_{l2}\times A_p$	$\sigma_{l\mathrm{I}}\times A_p$	$N_{pe\,\mathrm{I}}$
A	0	459.3	0	459.3	2643.2
B	1.55	444.8	7.2	452.1	2650.4
C	4.7	232.5	147.5	380.0	2722.5
D	9.95	0	290.3	290.3	2812.1
E	11	0	294.8	294.8	2807.7

(3) 预应力松弛损失 σ_{l4}

$$\sigma_{l4}=0.2\left(\frac{\sigma_{con}}{f_{ptk}}-0.575\right)\sigma_{con}$$

$$=0.2\times(0.75-0.575)\times1395.0$$

$$=48.83\text{N/mm}^2$$

(4) 混凝土收缩徐变引起的预应力损失 σ_{l5}

二层框架梁混凝土收缩徐变引起的预应力损失 σ_{l5}

支座

$$N_{pe\,\mathrm{I}}=2643.2\text{kN}$$

$$\sigma_{pc}=\frac{N_{pe\,\mathrm{I}}}{A}+\frac{[N_{pe\,\mathrm{I}}\cdot(y_2-200)-M_q]\times(y_2-200)}{I}$$

$$=\frac{2643.2\times10^{3}}{822800}+\frac{[2643.2\times10^{3}\times(407.6-200)-2145.3\times10^{6}]\times(407.6-200)}{8.08\times10^{10}}$$

$$=3.21-4.10$$

$$=-0.89\text{N/mm}^2$$

跨中

$$N_{pe\,\mathrm{I}}=2807.7\text{kN}$$

$$\sigma_{pc}=\frac{N_{pe\,\mathrm{I}}}{A}+\frac{[N_{pe\,\mathrm{I}}\cdot(y_1-100)-M_q]\times(y_1-100)}{I}$$

$$=\frac{2807.7\times10^3}{572800}+\frac{[2807.7\times10^3\times(632.7-100)-1139.0\times10^6]\times(632.7-100)}{5.690\times10^{10}}$$

$=4.90+3.34$

$=8.24\text{N/mm}^2$

非预应力筋的面积按预应力度满足二级抗震等级要求配置，即

$$\lambda=\frac{f_{py}A_ph_p}{f_{py}A_ph_p+f_yA_sh_s}\leqslant0.8$$

$$A_s\geqslant\frac{(1-\lambda)f_{py}h_p}{\lambda f_yh_s}A_p=\frac{(1-0.8)\times1320\times800}{0.8\times360\times950}\times2224=1716\text{mm}^2$$

支座处及跨中处均取：$A_s=1900\text{mm}^2$　（5Φ22）

支座处配筋率 $\rho=\dfrac{1900+2224}{882800}=0.501\%$

跨中处配筋率 $\rho=\dfrac{1900+2224}{572800}=0.720\%$

支座

$$\sigma_{l5}=\frac{55+300\times\dfrac{\sigma_{pc}}{f'_{cu}}}{1+15\rho}$$

$$=\frac{55+300\times\dfrac{-0.89}{40}}{1+15\times0.501\%}$$

$=44.95\text{N/mm}^2$

跨中

$$\sigma_{l5}=\frac{55+300\times\dfrac{\sigma_{pc}}{f'_{cu}}}{1+15\rho}$$

$$=\frac{55+300\times\dfrac{8.24}{40}}{1+15\times0.720\%}$$

$=105.43\text{N/mm}^2$

② 一层框架梁混凝土收缩徐变引起的预应力损失 σ_{l5}

支座

$N_{pe\,\mathrm{I}}=2643.2\text{kN}$

$$\sigma_{pc}=\frac{N_{pe\,\mathrm{I}}}{A}+\frac{[N_{pe\,\mathrm{I}}\cdot(y_2-200)-M_q]\times(y_2-200)}{I}$$

$$=\frac{2643.2\times10^3}{822800}+\frac{[2643.2\times10^3\times(407.6-200)-2094.1\times10^6]\times(407.6-200)}{8.080\times10^{10}}$$

$=3.21-3.97$

$=-0.76\text{N/mm}^2$

跨中

$N_{pe\,\mathrm{I}}=2807.7\text{kN}$

$$\sigma_{pc}=\frac{N_{pe\,\mathrm{I}}}{A}+\frac{[N_{pe\,\mathrm{I}}\cdot(y_1-100)-M_q]\times(y_1-100)}{I}$$

$$=\frac{2807.7\times10^3}{572800}+\frac{[2807.7\times10^3\times(632.7-100)-1190.2\times10^6]\times(632.7-100)}{5.690\times10^{10}}$$

$=4.90+2.86$

$=7.76\text{N/mm}^2$

非预应力筋的面积按预应力度满足二级抗震等级要求配置，即

$$\lambda=\frac{f_{py}A_ph_p}{f_{py}A_ph_p+f_yA_sh_s}\leqslant0.8$$

$$A_s\geqslant\frac{(1-\lambda)f_{py}h_p}{\lambda f_yh_s}A_p=\frac{(1-0.8)\times1320\times800}{0.8\times360\times950}\times2224=1716\text{mm}^2$$

支座处及跨中处均取：$A_s=1900\text{mm}^2$（5Φ22）

支座处配筋率 $\rho=\frac{1900+2224}{822800}=0.501\%$

跨中处配筋率 $\rho=\frac{1900+2224}{572800}=0.720\%$

收缩徐变引起的预应力损失 σ_{l5}：

支座

$$\sigma_{l5}=\frac{55+300\times\frac{\sigma_{pc}}{f'_{cu}}}{1+15\rho}$$

$$=\frac{55+300\times\frac{-0.76}{40}}{1+15\times0.501\%}$$

$=45.87\text{N/mm}^2$

跨中

$$\sigma_{l5}=\frac{55+300\times\frac{\sigma_{pc}}{f'_{cu}}}{1+15\rho}$$

$$=\frac{55+300\times\frac{7.76}{40}}{1+15\times0.720\%}$$

$=102.18\text{N/mm}^2$

一、二层框架梁预应力总损失 σ_L 及有效预加力值 N_{pe} 见表3.1-14、表3.1-15。

二层框架梁预应力总损失 σ_L 及有效预加力值 N_{pe}（kN）　　表3.1-14

截面位置	$\sigma_{l1}\times A_p$	$\sigma_{l2}\times A_p$	$\sigma_{l4}\times A_p$	$\sigma_{l5}\times A_p$	$\sigma_L\times A_p$	N_{pe}
支座	459.3	0	108.6	100.0	667.8	2434.7
跨中	0	294.8	108.6	234.5	637.8	2464.7

一层框架梁预应力总损失 σ_L 及有效预加力值 N_{pe}（kN）　　表3.1-15

截面位置	$\sigma_{l1}\times A_p$	$\sigma_{l2}\times A_p$	$\sigma_{l4}\times A_p$	$\sigma_{l5}\times A_p$	$\sigma_L\times A_p$	N_{pe}
支座	459.3	0	108.6	102.0	669.9	2432.6
跨中	0	294.8	108.6	227.3	630.6	2471.9

3.1.11 预应力等效荷载及效应计算

三层框架梁有效预加力值 $N_p=(2695.4+2730.2)/2=2712.8\text{kN}$

二层框架梁有效预加力值 $N_p=(2434.7+2464.7)/2=2449.7\text{kN}$

一层框架梁有效预加力值 $N_p=(2432.6+2471.9)/2=2452.2\text{kN}$

等效荷载包括：端力偶 M_p 、梁间等效均布力 q_p 、端部预加轴向力 N_p 。

三层框架梁

$$M_p=N_p\times e=2712.8\times(454.6-200)=690.8\text{kN}\cdot\text{m}$$

$$q_1=\frac{8N_pf}{l^2}=\frac{8\times2712.8\times0.30}{(3.15\times2)^2}=164.0\text{kN/m}$$

$$q_2=\frac{8N_pf}{l^2}=\frac{8\times2712.8\times0.50}{(5.25\times2)^2}=98.4\text{kN/m}$$

二层框架梁

$$M_p=N_p\times e=2449.7\times(407.6-200)=508.5\text{kN}\cdot\text{m}$$

$$q_1=\frac{8N_pf}{l^2}=\frac{8\times2447.9\times0.2625}{(3.15\times2)^2}=129.6\text{kN/m}$$

$$q_2=\frac{8N_pf}{l^2}=\frac{8\times2447.9\times0.4375}{(5.25\times2)^2}=77.8\text{kN/m}$$

一层框架梁

$$M_p=N_p\times e=2452.2\times(407.6-200)=509.1\text{kN}\cdot\text{m}$$

$$q_1=\frac{8N_pf}{l^2}=\frac{8\times2452.2\times0.2625}{(3.15\times2)^2}=129.7\text{kN/m}$$

$$q_2=\frac{8N_pf}{l^2}=\frac{8\times2452.2\times0.4375}{(5.25\times2)^2}=77.8\text{kN/m}$$

根据结构力学方法计算所得预应力等效荷载及综合弯矩见图 3.1-9、图 3.1-10。

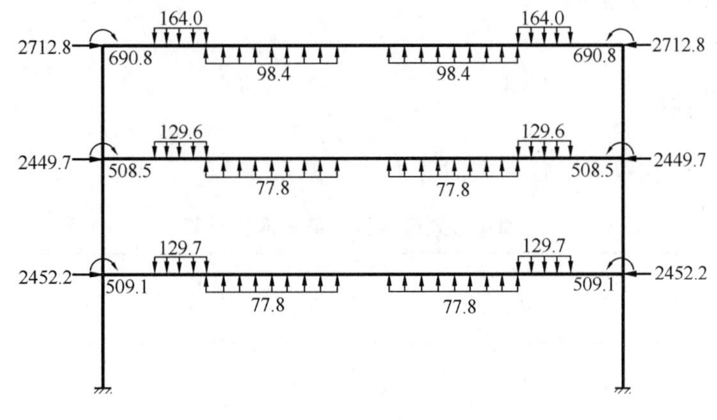

图 3.1-9 预应力等效荷载图

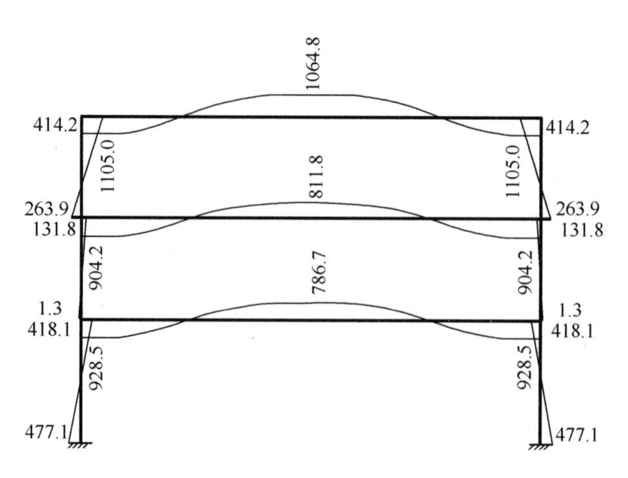

图 3.1-10　综合弯矩图

框架弯矩的计算结果见表 3.1-16。

框架弯矩计算结果　　**表 3.1-16**

构件	截面	综合弯矩	主弯矩	次弯矩
三层梁	支座	−1105.0	−690.8	−414.2
	跨中	1064.8	1479.5	−414.7
二层梁	支座	−904.2	−508.5	−395.7
	跨中	811.8	1206.2	−394.4
一层梁	支座	−928.5	−509.1	−419.4
	跨中	786.7	1207.5	−420.8
顶层柱	柱顶	−414.2	0.0	−414.2
	柱底	263.9	0.0	263.9

3.1.12　截面抗裂验算

1. 框架梁抗裂验算

短期、长期荷载效应组合下截面应力计算见表 3.1-17、表 3.1-18。

短期荷载效应组合下截面应力计算　　**表 3.1-17**

结构构件	截面	$\sigma=\sigma_{ck}-\sigma_{pc}=\frac{M_k}{W}-\frac{M_p}{W}-\frac{N_p}{A}$	σ_{limit}
三层梁	支座	$\frac{(2220.3-1105.0)\times10^6}{2.325\times10^8}-\frac{2712.8\times10^3}{887800}=1.74$	2.39
	跨中	$\frac{(1550.3-1064.8)\times10^6}{1.081\times10^8}-\frac{2712.8\times10^3}{612800}=0.07$	2.39

续表

结构构件	截面	$\sigma=\sigma_{ck}-\sigma_{pc}=\frac{M_k}{W}-\frac{M_p}{W}-\frac{N_p}{A}$	σ_{limit}
二层梁	支座	$\frac{(2240-904.2)\times 10^6}{1.982\times 10^8}-\frac{2449.7\times 10^3}{822800}=3.76$	—
	跨中	$\frac{(1183.2-811.8)\times 10^6}{0.899\times 10^8}-\frac{2449.7\times 10^3}{572800}=-0.15$	—
一层梁	支座	$\frac{(2182.4-928.5)\times 10^6}{1.982\times 10^8}-\frac{2452.2\times 10^3}{822800}=3.34$	—
	跨中	$\frac{(1240.8-786.7)\times 10^6}{0.899\times 10^8}-\frac{2452.2\times 10^3}{572800}=0.77$	—

长期荷载效应组合下截面应力计算　　**表 3.1-18**

结构构件	截面	$\sigma=\sigma_{cq}-\sigma_{pc}=\frac{M_q}{W}-\frac{M_p}{W}-\frac{N_p}{A}$	σ_{limit}
三层梁	支座	$\frac{(1190.9-1105.0)\times 10^6}{2.235\times 10^8}-\frac{2712.8\times 10^3}{887800}=0.75$	2.39
	跨中	$\frac{(1382.8-1064.8)\times 10^6}{1.081\times 10^8}-\frac{2712.8\times 10^3}{612800}=-1.48$	2.39
二层梁	支座	$\frac{(2145.3-904.2)\times 10^6}{1.982\times 10^8}-\frac{2449.7\times 10^3}{882800}=3.28$	—
	跨中	$\frac{(1139.0-811.8)\times 10^6}{0.899\times 10^8}-\frac{2449.7.0\times 10^3}{572800}=-0.64$	—
一层梁	支座	$\frac{(2094.1-928.5)\times 10^6}{1.982\times 10^8}-\frac{2452.2\times 10^3}{822800}=2.90$	—
	跨中	$\frac{(1190.2-786.7)\times 10^6}{0.899\times 10^8}-\frac{2452.2\times 10^3}{572800}=0.21$	—

2. 一、二层框架梁裂缝宽度验算

从上述截面应力验算结果可知，一、二层框架梁在荷载标准组合下截面应力均超出混凝土抗拉强度标准值，需进行裂缝宽度验算。

二层框架梁的裂缝宽度验算如下：

$$w_{max}=\alpha_{cr}\psi\frac{\sigma_{sk}}{E_s}\left(1.9c+0.08\frac{d_{eq}}{\rho_{te}}\right)$$

$$\alpha_{cr}=1.5$$

$$A_{te}=0.5bh+(b_f-b)h_f$$
$$=0.5\times650\times1000+(2090-650)\times120$$
$$=497800\text{mm}^2$$
$$A_s=1900\text{mm}^2(5\Phi22)$$
$$A_p=2224\text{mm}^2(16\phi^s15)$$
$$\rho_{te}=\frac{A_s+A_p}{A_{te}}$$
$$=\frac{1900+2224}{497800}$$
$$=0.83\%$$
$$d_p=\sqrt{n_1}d_{p1}$$
$$=\sqrt{8}\times15.2$$
$$=43.0\text{mm}$$
$$d_{eq}=\frac{\Sigma n_i d_i^2}{\Sigma n_i v_i d_i}$$
$$=\frac{5\times22^2+2\times43.0^2}{5\times0.8\times22+2\times0.5\times43.0}$$
$$=46.7\text{mm}$$
$$M_k=2240\text{kN}\cdot\text{m}$$
$$M_2=-395.7\text{kN}\cdot\text{m}$$
$$y_p=407.6-200=207.6\text{mm}$$
$$y_s=950-592.4=357.6\text{mm}$$
$$N_p=\sigma_{pe}A_p-\sigma_{l5}A_s$$
$$=2434.7-44.95\times1900/1000$$
$$=2349.3\text{kN}$$
$$e_{pn}=\frac{\sigma_{pe}A_p y_p-\sigma_{l5}A_s y_s}{\sigma_{pe}A_p-\sigma_{l5}A_s}$$
$$=\frac{2434.7\times207.6-44.95\times1900/1000\times357.6}{2434.7-44.95\times1900/1000}$$
$$=202.1\text{mm}$$
$$\sigma_{pc}=\frac{N_p}{A_n}+\frac{N_p e_{pn}}{I_n}y_n+\frac{M_2}{I_n}y_p$$

$$=\frac{2349.3\times10^3}{822800}+\frac{2349.3\times10^3\times202.1}{8.080\times10^{10}}\times407.6-\frac{395.7\times10^6}{8.080\times10^{10}}\times407.6$$

$$=3.25\text{N/mm}^2$$

$$\alpha_E=\frac{200000}{32500}=6.15$$

$$\sigma_{p0}=\frac{2437.7\times10^3}{2224}+6.15\times3.25$$

$$=1114.75\text{N/mm}^2$$

$$N_{p0}=1114.75\times2224/1000-44.95\times1900/1000$$

$$=2393.8\text{kN}$$

$$e_{p0}=\frac{1114.75\times2224\times207.6/1000-44.95\times2224/1000\times357.6}{1114.75\times2224/1000-44.95\times2224/1000}$$

$$=202.2\text{mm}$$

$$e_p=828.3-592.4-202.2$$

$$=33.7\text{mm}$$

$$e=33.7+\frac{2240\times10^3}{2393.8}$$

$$=969.4\text{mm}$$

$$\gamma'_f=0$$

$$z=\left[0.87-0.12(1-\gamma'_f)\left(\frac{h_0}{e}\right)^2\right]h_0$$

$$=\left[0.87-0.12\times(1-0)\times\left(\frac{828.3}{969.4}\right)^2\right]\times828.3$$

$$=648.1\text{mm}$$

$$\sigma_{sk}=\frac{M_k+M_2-N_{p0}(z-e_p)}{(\alpha_1A_p+A_s)z}$$

$$=\frac{2240\times10^6-395.7\times10^6-2393.8\times10^3\times(648.1-33.7)}{(1\times2224+1900)\times648.1}$$

$$=139.78\text{N/mm}^2$$

$$\psi=1.1-0.65\frac{f_{tk}}{\rho_{te}\sigma_{sk}}$$

$$=1.1-0.65\times\frac{2.39}{0.83\%\times139.78}$$

$$=-0.24\leqslant0.2$$

所以取 $\psi=0.2$

$$w_{max}=\alpha_{cr}\psi\frac{\sigma_{sk}}{E_s}\left(1.9c+0.08\frac{d_{eq}}{\rho_{te}}\right)$$

$$=1.5\times0.2\times\frac{139.78}{200000}\times\left(1.9\times33+0.08\times\frac{46.7}{0.83\%}\right)$$

$=0.11\text{mm} \leqslant 0.2\text{mm}$（满足）

一层框架梁的裂缝宽度验算(略)。

3.1.13 正截面承载力计算

1. 控制截面设计弯矩

控制截面设计弯矩见表 3.1-19。

控制截面设计弯矩(kN・m) 表 3.1-19

结构构件	跨中	支座
	$1.35DL+1.4\times0.7LL+1.2M_2$	$1.2(DL+0.5LL)-1.3ER-M_2$
三层梁	$-1989.6-1.2\times414.7=-2487.3$	$2880.0-414.2=2465.8$
二层梁	$-1570.1-1.2\times394.4=-2043.4$	$3159.4-395.7=2763.7$
一层梁	$-1643.9-1.2\times420.8=-2148.9$	$3164.3-419.4=2744.9$

2. 梁正截面受弯承载力计算

(1) 三层框架梁

支座：设计弯矩 $M=2465.8\text{kN}\cdot\text{m}$，配筋 $A_s=A'_s=2281\text{mm}^2, A_p=2502\text{mm}^2$

$$x=\frac{f_yA_s+f_{py}A_p-f'_yA'_s}{\alpha_1 f_c b}$$

$$=\frac{360\times2281+1320\times2502-360\times2281}{1.0\times650\times19.1}$$

$$=266.0\text{mm}$$

$$M_u=\frac{\alpha_1 f_c bx\left(h-200-\dfrac{x}{2}\right)+f_yA_s(h_s-a_s)}{\gamma_{RE}\times10^6}$$

$$=\frac{19.1\times650\times266.0\times(1100-200-266.0/2)+360\times2281\times(1050-50)}{0.75\times10^6}$$

$$=4472.3>2465.8\text{kN}\cdot\text{m}$$

$$h_0=\frac{f_{py}A_ph_p+f_yA_sh_s}{f_{py}A_p+f_yA_s}$$

$$=\frac{1320\times2502\times900+360\times2281\times1050}{1320\times2502+360\times2281}$$

$$=929.9\text{mm}$$

$$\xi=\frac{x}{h_0}=\frac{266.0}{929.9}=0.29<0.35$$

预应力度

$$\lambda=\frac{f_{py}A_ph_p}{f_{py}A_ph_p+f_yA_sh_s}=\frac{1320\times2502\times900}{1320\times2502\times900+360\times2281\times1050}$$

$=0.775<0.8$

因此

$$\mu=\frac{f_{py}A_p/f_y+A_s}{bh}$$

$$=\frac{2502\times1320/360+2281}{1100\times650}$$

$=1.60\%<2.5\%$

截面抗震设计满足要求。

跨中：设计弯矩 $M=2487.3\text{kN}\cdot\text{m}$

$$x=\frac{f_yA_s+f_{py}A_p-f'_yA_s}{\alpha_1f_c\text{b}}$$

$$=\frac{360\times2281+1320\times250-360\times2281}{1.0\times19.1\times1840}$$

$=94.0<120\text{mm}$

$$M_u=\frac{f_{py}A_p\left(h-100-\frac{x}{2}\right)+f_yA_s(h_s-a_s)}{10^6}$$

$$=\frac{1320\times2502\times(1100-100-94.0/2)+360\times2281\times(1050-50)}{10^6}$$

$=3968.6\text{kN}\cdot\text{m}>2487.3\text{kN}\cdot\text{m}$

(2)二层框架梁

支座：设计弯矩 $M=2763.7\ \text{kN}\cdot\text{m}$，配筋 $A_s=A'_s=1900\ \text{mm}^2$, $A_p=2224\ \text{mm}^2$

$$x=\frac{f_yA_s+f_{py}A_p-f'_yA'_s}{\alpha_1f_cb}$$

$$=\frac{360\times2281+1320\times2224-360\times2281}{1.0\times650\times19.1}$$

$=236.5\text{mm}$

$$M_u=\frac{\alpha_1f_cbx\left(h-200-\frac{x}{2}\right)+f_yA_s(h_s-a_s)}{\gamma_{RE}\times10^6}$$

$$=\frac{19.1\times650\times236.5\times(1000-200-236.5/2)+360\times1900\times(950-50)}{0.75\times10^6}$$

$=3489.4>2763.7\text{kN}\cdot\text{m}$

$$h_0=\frac{f_{py}A_ph_p+f_yA_sh_s}{f_{py}A_p+f_yA_s}$$

$$=\frac{1320\times2224\times800+360\times1900\times950}{1320\times2224+360\times1900}$$

$=828.3\text{mm}$

$$\xi=\frac{x}{h_0}=\frac{236.5}{828.3}=0.29<0.35$$

跨中：设计弯矩 $M=2043.4\text{kN}\cdot\text{m}$

$$x=\frac{f_yA_s+f_{py}A_p-f'_yA'_s}{\alpha_1 f_c b}$$

$$=\frac{360\times2281+1320\times2224-360\times2281}{1.0\times1840\times19.1}$$

$$=83.5<120\text{mm}$$

$$M_u=\frac{f_{py}A_p\left(h-100-\dfrac{x}{2}\right)+f_yA_s(h_s-a_s)}{10^6}$$

$$=\frac{1320\times2224\times(1000-100-83.5/2)+360\times1900\times(950-50)}{10^6}$$

$$=3135.1\text{kN}\cdot\text{m}>2043.4\text{kN}\cdot\text{m}$$

(3) 一层框架梁（同二层框架梁，计算从略）

3.1.14　挠度验算

1. 二层框架梁

$$I_0=6.425\times10^{10}\text{mm}^4$$

$$W_{01}=1.685\times10^8\text{mm}^3$$

$$W_{02}=1.039\times10^8\text{mm}^3$$

(1) 挠度

$$M_k=1183.2\text{kN}\cdot\text{m}$$

$$M_q=1139.0\text{kN}\cdot\text{m}$$

短期刚度　$B_s=\dfrac{0.85E_cI_0}{\kappa_{cr}+(1-\kappa_{cr})w}$

$$\gamma_f=\frac{(b_f-b)h_f}{bh_0}=0$$

$$\gamma_m=1.5$$

$$\gamma=\left(0.7+\frac{120}{h}\right)\gamma_m$$

$$=\left(0.7+\frac{120}{1000}\right)\times1.5$$

$$=1.23$$

$$M_{cr}=(\sigma_{pc}+\gamma f_{tk})W_0$$

$$=\left(\frac{811.8\times10^6}{1.549\times10^8}+\frac{2449.7\times10^3}{572800}+1.23\times2.39\right)\times1.039\times10^8$$

$$=1293.7\text{kN}\cdot\text{m}$$

$$\alpha_E=\frac{E_s}{E_c}=\frac{200000}{32500}=6.15$$

$$\rho=\frac{A_s+A_p}{bh_0}=\frac{1900+2224}{400\times909.4}=1.13\%$$

$$\omega=\left(1.0+\frac{0.21}{\alpha_E\rho}\right)(1+0.45\gamma_f)-0.7$$

$$=\left(1.0+\frac{0.21}{6.15\times1.13\%}\right)\times(1+0.45\times0)-0.7$$

$$=3.31$$

$$M_k=1183.2\text{kN}\cdot\text{m}$$

$$\kappa_{cr}=\frac{M_{cr}}{M_k}=\frac{1293.7}{1183.2}=1.09>1.0$$

取 $\kappa_{cr}=1.0$

$$B_s=\frac{0.85E_cI_0}{\kappa_{cr}+(1-\kappa_{cr})\omega}$$

$$=0.85E_cI_0$$

长期刚度：$B=\dfrac{M_k}{M_q(\theta-1)+M_k}B_s$

$$\theta=2.0$$

$$B=\frac{1183.2}{1183.2+1139.0}B_s$$

$$=0.510B_s$$

$$=0.510\times0.85EI_0$$

$$=0.43EI_0$$

外荷载下的挠度根据《建筑结构静力计算手册》，有

$$f=\frac{5ql^4}{384B}-\frac{l^2(3m_q\omega_{R\xi}+m_0\omega_{D\xi})}{6B}$$

$$=\frac{5\times69.9\times21000^4}{384\times0.45EI_0}-\frac{21000^2\times(3\times2240\times10^6\times0.25+0)}{6\times0.45EI_0}$$

$$=195.7-136.5$$

$$=59.2\text{mm}$$

(2) 预应力反拱

预应力筋束形近似取为抛物线，查《部分预应力混凝土结构设计建议》，有

$$f_{pc}=-\left(\frac{\frac{5}{48}\times N_pel^2-\frac{1}{8}N_pe_1l^2}{E_cI_0}-\frac{l^2(3m_q\omega_{R\xi}+m_0\omega_{D\xi})}{6E_cI_0}\right)$$

其中：$e = 1000 - 200 - 100 = 700\text{mm}$

$e_1 = 407.6 - 200 = 207.6\text{mm}$

$N_p = 2449.7\text{kN}$

$m_q = 394.4\text{kN} \cdot \text{m}$

$$f_{pc} = -\left(\frac{\frac{5}{48} \times 2449.7 \times 10^3 \times 700 \times 21000^2 - \frac{1}{8} \times 2449.7 \times 10^3 \times 207.6 \times 21000^2}{32500 \times 6.425 \times 10^{10}} - \frac{21000^2 \times (3 \times 394.4 \times 10^6 \times 0.25 + 0)}{6 \times 32500 \times 6.425 \times 10^{10}}\right)$$

$$= -(24.3 - 10.4)$$

$$= -13.9\text{mm}$$

长期反拱　　$f_{pcq} = 2f_{pc} = -27.8\text{mm}$

(3) 总长期挠度

总长期挠度　　$f = f_q + f_{pcq} = 59.2 - 27.8 = 31.4\text{mm}$

挠跨比　　$\frac{f}{l} = \frac{31.4}{21000} \approx \frac{1}{674} < \frac{1}{300}$　（满足）

2. 三、一层框架梁

（计算从略）

3.1.15　抗震验算

强柱弱梁、强剪弱弯应满足二级框架抗震等级的要求，具体计算过程从略。

柱的内力计算与普通结构的计算方法相同，但内力组合时应计入预应力次弯矩。截面设计时承载力应除以相应的承载力抗震调整系数。

节点区的抗震验算与普通结构的计算方法相同，核心区受剪承载力不考虑预应力的有利作用，具体计算过程从略。

3.1.16　局部受压承载力计算

本算例选用带二次翼缘的成品铸造锚垫板，该类锚垫板下的局部受压承载力不能按《混凝土结构设计规范》GB 50010—2010 规定进行计算。建工行业标准《预应力筋用锚具、夹具和连接器应用技术规程》JGJ 85—2010 给出了具体解决方案，要求厂家提供的锚具、垫板及局部加强钢筋应配套使用，并保证其在规定的混凝土强度和局部受压端块尺寸下的传力性能。通常这项工作由第三方检测机构进行试验验证，并出具型式检验报告。设计时，只需按厂家提供的技术参数要求，确定锚具的中心距和最小边距即可。选定厂家锚具的布置要求见表 3.1-20，实际布置时，锚具的中心距和边距应分别不小于表 3.1-20 中的 a_0、b_0 值即可。梁端部锚具布置见图 3.1-11。

锚具布置要求（mm） **表 3.1-20**

锚具型号	设计的锚固区混凝土强度等级					
	C40		C50		C60	
	a_0	b_0	a_0	b_0	a_0	b_0
8 孔	275	165	250	150	246	147
9 孔	295	175	265	155	256	153

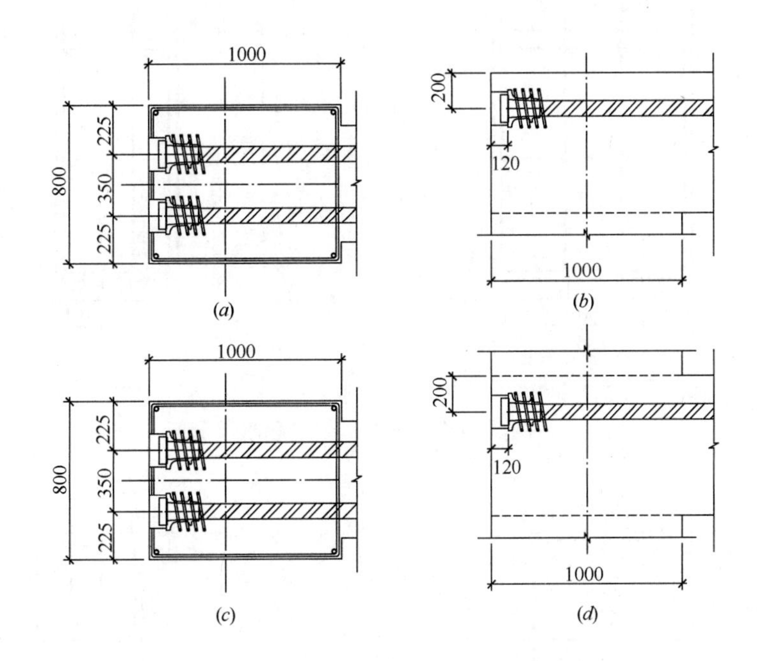

图 3.1-11 梁端锚具布置图

(*a*) 三层框架梁锚具布置（平面）；(*b*) 三层框架梁锚具布置（立面）；
(*c*) 一、二层框架梁锚具布置（平面）；(*d*) 一、二层框架梁锚具布置（立面）

3.1.17 施工阶段验算

和普通钢筋混凝土结构相比，预应力混凝土结构通常需要进行施工阶段验算。这是由于在施工阶段，作用在结构上的荷载与正常使用阶段相比会有差异，如果使用阶段的使用荷载很大，这种差异会更明显，如果设计不当，可能会造成施工阶段预应力构件出现过大的反拱或造成正常使用阶段构件受压区产生过大的裂缝。

和正常使用阶段相比，进行构件施工阶段的验算时，计算预应力构件的荷载作用效应时，作用在预应力构件上的荷载应取为结构构件自重与施工荷载；计算预应力作用效应时，预应力损失仅有因锚具回缩产生的损失 σ_{l1} 和摩擦损失 σ_{l2} 。

施工阶段验算包括验算构件的承载力、抗裂度和挠度，具体验算过程从略。

3.1.18　施工图

框架梁配筋图见图 3.1-12、图 3.1-13。

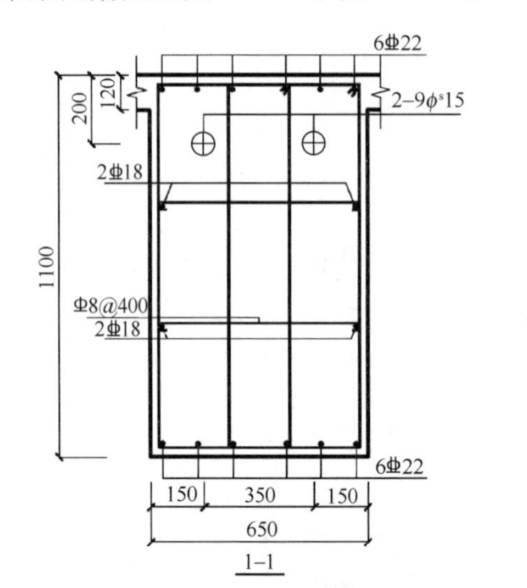

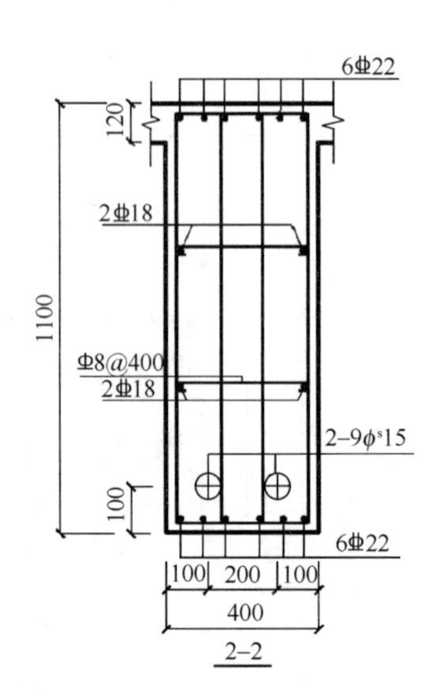

图 3.1-12　三层框架梁配筋

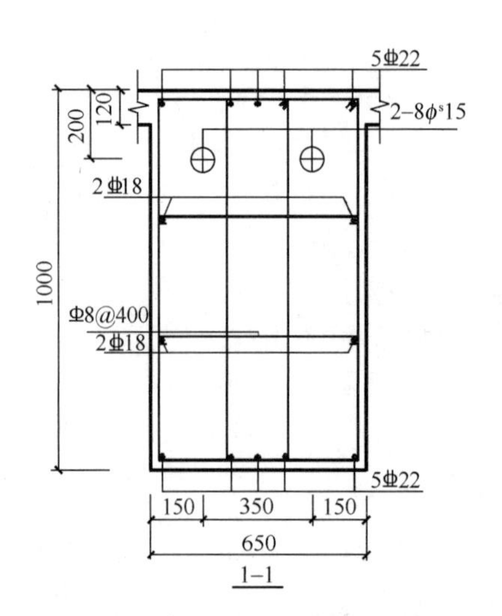

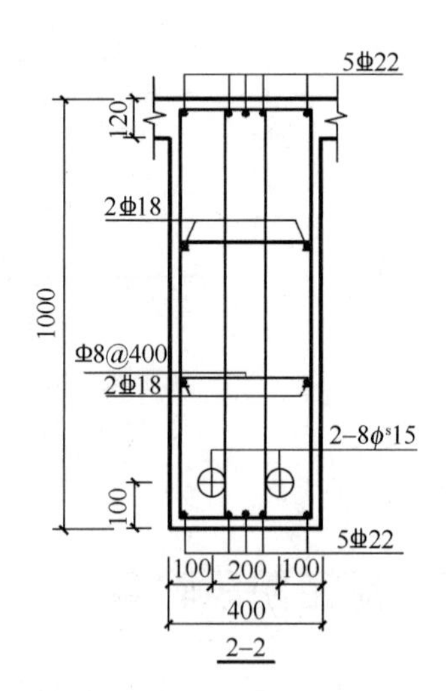

图 3.1-13　一、二层框架梁配筋

3.2 板柱-抗震墙结构中预应力平板楼盖设计

3.2.1 工程概况

某商场地下一层，地上5层，结构采用8.1m×8.1m柱网板柱-抗震墙结构体系，楼盖设计为无粘结预应力混凝土平板，抗震设防烈度为8度，场地土为Ⅱ类，基础采用筏基。本例题仅取多跨结构的中间跨作为对象说明设计过程，并按《混凝土结构设计规范》GB 50010—2010及相关规范设计。

3.2.2 设计原则

（1）地下一层顶板及顶层顶板设计为梁板式楼盖，其余为平板楼盖；

（2）水平地震作用全部由分布于结构外周的剪力墙、周边框架及楼梯间剪力墙承担，板柱结构按承担30%地震力设计；

（3）无粘结预应力平板抗裂度按二级设计，并适当放宽拉应力值；

（4）无粘结预应力平板厚度取180mm，平托板厚度取300mm。

3.2.3 结构平面及剖面

结构平面及剖面见图3.2-1。

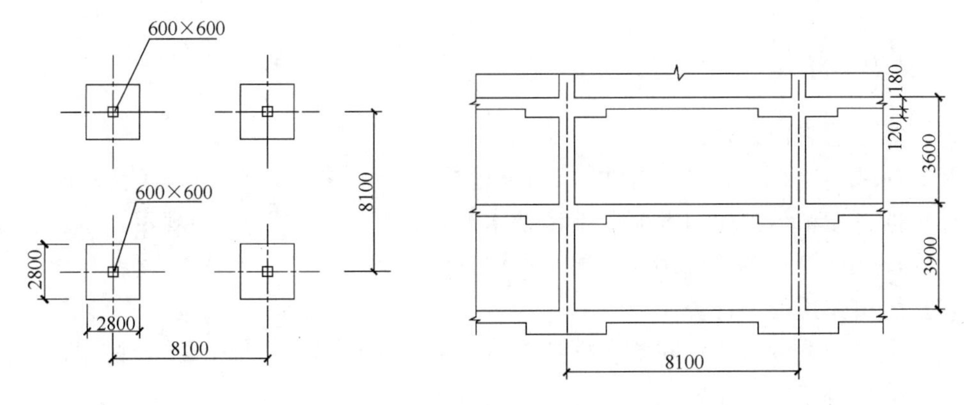

图3.2-1 结构平面及剖面图

3.2.4 材料

结构用材料力学性能指标详见表3.2-1～表3.2-3。

混凝土（N/mm^2）　　表 3.2-1

构件	强度等级	f_c	f_t	f_{tk}	E_c
板	C40	19.1	1.71	2.40	3.25×10^4
柱	C30	14.3	1.43	2.01	3.15×10^4

预应力筋　　表 3.2-2

规格	A_p (mm^2)	f_{ptk} (N/mm^2)	f_{py} (N/mm^2)	E_p (N/mm^2)	松弛等级
ϕ^s15.2	139	1860	1320	1.95×10^5	低松弛

普通钢筋（N/mm^2）　　表 3.2-3

钢筋牌号	f_{yk}	f_y	E_s	使用位置
HRB335	335	300	2.0×10^5	板主筋
HPB300	300	270	2.0×10	暗梁箍筋

3.2.5　荷载

荷载统计见表 3.2-4。

荷载统计（kN/m^2）　　表 3.2-4

位置	结构混凝土自重	面层做法及管道吊顶等	活荷载	总荷载
平板部分	4.5	1.5	3.5	9.5
托板部分	7.5	1.5	3.5	12.5

注：活荷载准永久值系数 $\psi=0.5$。

3.2.6　内力计算及组合

1. 内力计算方法

（1）竖向荷载内力计算

竖向荷载作用下的内力计算可采用下述两种方法之一，①采用有限元法电算求得；②根据《无粘结预应力混凝土结构技术规程》JGJ 92—2016 的规定，将板柱结构化为等代框架计算，本例采用了上述第 2 种方法。

（2）地震作用内力计算

仍按上述第 2 种方法针对等代框架进行计算，并将内力全部分配至柱上板带。

（3）等代框架梁截面取值

竖向荷载内力计算时，梁宽取垂直于等代框架方向的跨长，梁高取板厚（考虑平托板）；

地震作用内力计算时，梁宽取垂直于等代框架方向的跨长的四分之三；

梁宽取计算方向的跨度与平托板的边长之和的一半；

取上述计算值的较小值。

梁高取板厚（考虑平托板）。

2. 等代框架计算简图

根据上述原则确定的竖向荷载和水平荷载作用效应计算时的等代框架计算简图见图 3.2-2。

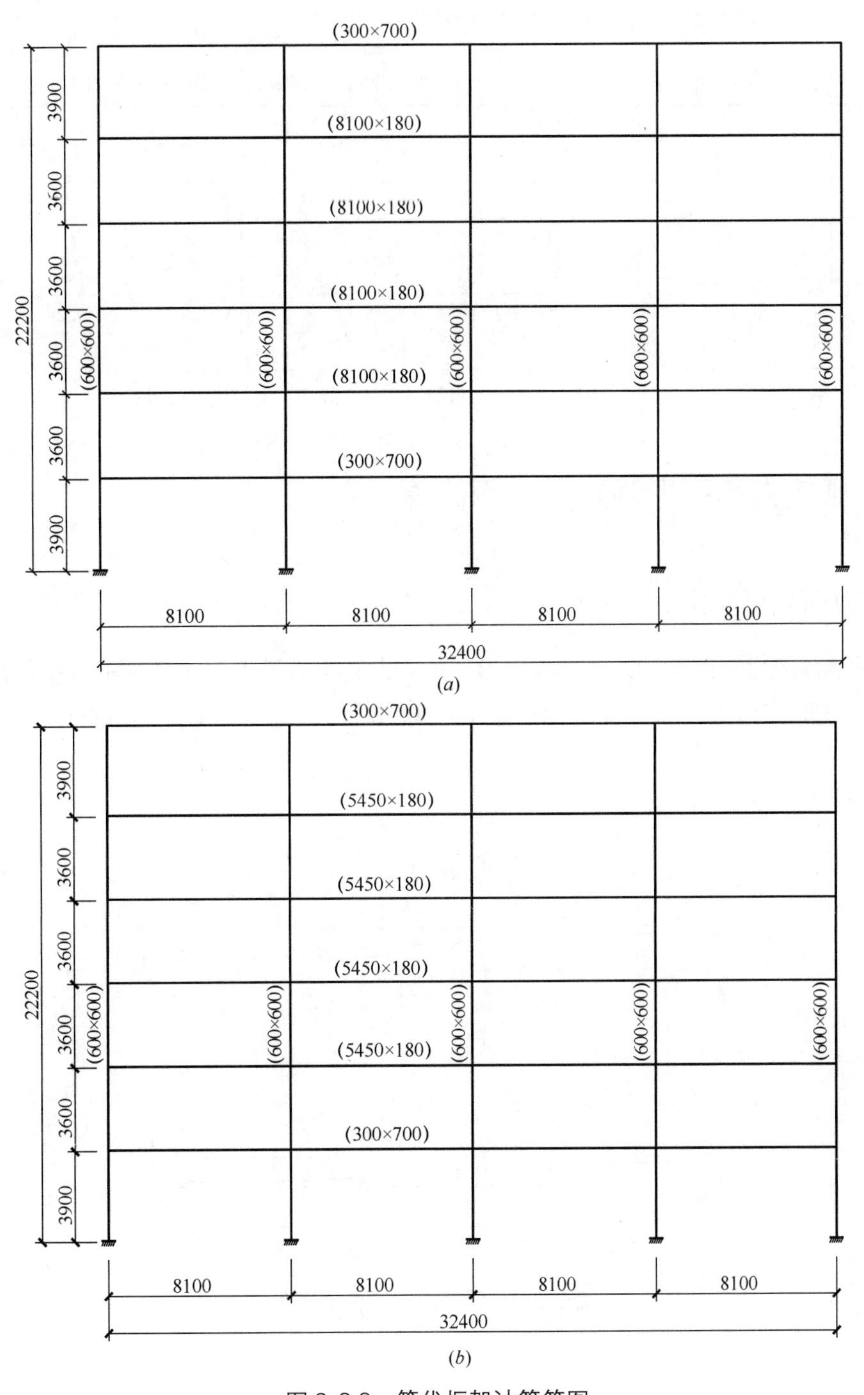

图 3.2-2 等代框架计算简图

(a) 竖向荷载；(b) 水平荷载

3. 内力计算结果

等代框架弯矩及组合值见表3.2-5。

弯矩计算结果及组合值（kN·m） 表3.2-5

	工况		全截面内力		单位板宽内力	
			支座	跨中	支座	跨中
框架梁内力	恒载（DL）		273.5	133.6	33.8	16.5
	活载（LL）		172.1	90.3	21.2	11.1
	地震（ER）		46.1	—	8.5	—
内力组合	标准组合	DL+LL	445.6	223.9	55.0	27.6
	准永久组合	DL+0.5LL	359.6	178.8	44.4	22.1
	设计组合	1.2DL+1.4LL	569.1	286.7	70.2	35.4
		1.2（DL+0.5LL）+1.3ER	491.4	—	61.8	—

注：地震作用下的等代框架梁端总弯矩为153.5（kN·m），考虑30%由等代框架承担。

3.2.7 预应力筋束形假定及面积估算

1. 预应力筋束形假定

无粘结预应力筋束形设计为抛物线形，预应力筋中心至混凝土表面的保护层厚度考虑防火、耐久性及构造等要求，取值40mm，束形设计见图3.2-3。矢高为 $f=180-80=100$mm。

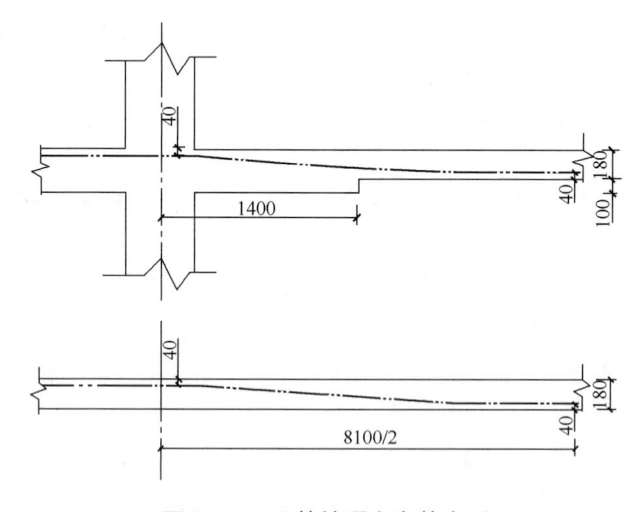

图3.2-3 无粘结预应力筋束形

2. 预应力筋面积估算

根据荷载平衡法，平衡全部荷载的 50%，即 $q_b=0.5\times9.5=4.75\text{kN/m}^2$，所需的有效预加力值为

$$N_{pe}=\frac{q_b L^2}{8f}$$

$$=\frac{4.75\times8.1^2}{8\times0.1}$$

$$=380\text{kN/m}$$

$\sigma_{con}=0.75\times1860=1395\text{N/mm}^2$

考虑预应力总损失后有效预应力应为 $\sigma_{pe}=1100\text{N/mm}^2$，可得

每根预应力筋有效预加力　$N_{pe}=1100\times139=153\text{kN}$

每米板宽预应力筋根数　　$n=380/153=2.48$

配 2.5 根/m，即 $\phi^s15@400$

实际平衡荷载　$q_b=\dfrac{8N_{pe}\cdot f}{L^2}$

$$=\frac{8\times2.5\times153\times0.1}{8^2}$$

$$=4.78\text{kN/m}^2$$

3.2.8 抗裂验算

1. 荷载效应标准组合下的截面应力验算

支座

不平衡弯矩　$M_{ub}=\dfrac{M_s\times(q-q_b)}{q}$

$$=\frac{55\times(9.5-4.78)}{9.5}$$

$$=27.3\text{kN}\cdot\text{m}$$

$$\sigma_c=\frac{N_p\beta}{A}+\frac{M}{W}$$

$$=\frac{-382.5\times10^3\times0.85}{180\times100}+\frac{27.3\times10^6}{5.4\times10^6}$$

$$=3.25\text{N/mm}^2(拉)$$

式中：$\beta=0.85$——考虑预加力被柱吸收后的折减系数（余同）。

跨中

不平衡弯矩　$M_{ub}=\frac{M_s\times(q-q_b)}{q}=\frac{27.6\times(9.5-4.78)}{9.5}$

$$=13.7\text{kN}\cdot\text{m}$$

$$\sigma_c=\frac{N_p\beta}{A}+\frac{M}{W}$$

$$=\frac{-382.5\times10^3\times0.85}{180\times100}+\frac{13.7\times10^6}{5.4\times10^6}$$

$$=0.73\text{N/mm}^2(拉)$$

2. 荷载效应准永久组合下的截面应力验算

支座

不平衡弯矩　$M_{ub}=\frac{M_L\times(q-q_b)}{q}$

$$=\frac{44.4\times(7.75-4.78)}{7.75}$$

$$=17.0\text{kN}\cdot\text{m}$$

$$\sigma_c=\frac{N_p\beta}{A}+\frac{M}{W}$$

$$=\frac{-382.5\times10^3\times0.85}{180\times100}+\frac{17.0\times10^6}{5.4\times10^6}$$

$$=1.34\text{N/mm}^2(拉)$$

跨中

不平衡弯矩　$M_{ub}=\frac{M_L\times(q-q_b)}{q}$

$$=\frac{22.1\times(7.75-4.78)}{7.75}$$

$$=8.43\text{kN}\cdot\text{m}$$

$$\sigma_c = \frac{N_p\beta}{A} + \frac{M}{W}$$

$$= \frac{-382.5 \times 10^3 \times 0.85}{180 \times 100} + \frac{8.43 \times 10^6}{5.4 \times 10^6}$$

$$= -0.25\text{N/mm}^2(\text{压})$$

3.2.9　截面承载力计算

1. 预应力等效荷载内力计算

预应力等效荷载内力计算结果见表 3.2-6。

预应力等效荷载弯矩（单位板宽弯矩，kN·m/m）　　　　表 3.2-6

	支座	跨中
综合弯矩	−27.7	13.9
主弯矩	−19.1	19.1
次弯矩	−8.6	−5.2

2. 控制截面设计弯矩

等代梁控制截面弯矩设计值计算结果见表 3.2-7。

控制截面设计弯矩（单位板宽弯矩，kN·m/m）　　　　表 3.2-7

截面	内力组合		
	1.2DL+1.4LL+1.0M_2	1.2DL+1.4LL+1.2M_2	1.2（DL+0.5LL）+1.3E+1.0M_2
支座	61.6	—	55.7（303.7）
跨中	—	−41.6	—

注：括号内值系水平地震作用效应计算时等代梁 5.45m 板宽内的地震弯矩与相应板宽内竖向荷载弯矩的组合值：$M_{组合}$=（1.2×（33.8+0.5×21.2）+1.3×8.5−8.6）×5.45=303.7kN·m。

3. 截面承载力计算

支座

设计弯矩 M=61.6kN·m，预应力平衡荷载弯矩 M_r=27.7kN·m，不计消压后预应力筋应力增量的影响，需由普通钢筋承担的弯矩为

$$M_s = M - M_{can} = 61.6 - 27.7 = 33.9\text{kN}\cdot\text{m}$$

式中：M_{can}——预应力平衡荷载产生的弯矩。

$$A_s = \frac{M_s}{0.875 f_y h_0} = \frac{33.9 \times 10^6}{0.875 \times 300 \times 275} = 469.6\text{mm}^2$$

配Φ 12@200，$A_s=565\text{mm}^2$

$$A_{smin}=0.00075hl=0.00075\times180\times8100=1094\text{mm}^2$$

实配6Φ 16/1000mm，(暗梁宽度取1000mm)，$A_s=1206\text{mm}^2$

跨中

$M=41.6\text{kN}\cdot\text{m}$

$M_r=13.9\text{kN}\cdot\text{m}$

$M_s=M-M_r=41.6-13.9=27.7\text{kN}\cdot\text{m}$

$$A_s=\frac{M_s}{0.875f_yh_0}=\frac{27.7\times10^6}{0.875\times300\times155}=681\text{mm}^2$$

配Φ 12@150，$A_s=753\text{mm}^2$

$$\mu_s=\frac{753}{1000\times180}=0.42>0.15\%$$

3.2.10　受冲切承载力计算

平板受冲切承载力计算包括柱边截面受冲切承载力计算和平托板边截面受冲切承载力计算，见图3.2-4。

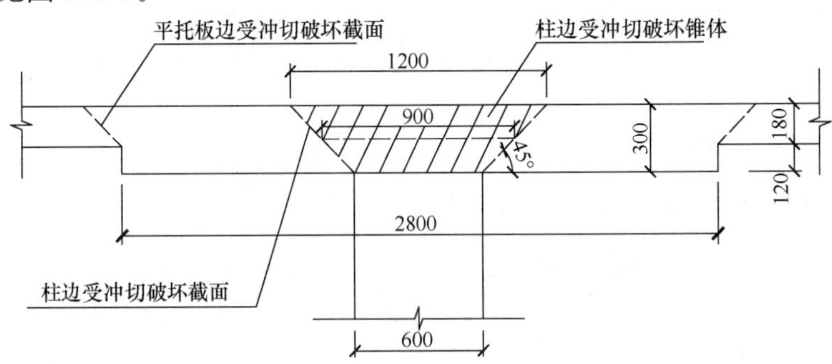

图3.2-4　受冲切承载力计算简图

柱边截面

1. 荷载及内力

平板（含面层等）	$6.0\times(8.1^2-1.2^2)=385.0\text{ kN}$
平托板凸出部分	$25\times0.12\times(2.8^2-1.2^2)=19.2\text{ kN}$
活荷载	$3.5\times(8.1^2-1.2^2)=224.6\text{ kN}$
冲切力设计值	$F_l=(385.0+19.2)\times1.2+224.6\times1.4=799.5\text{ kN}$

2. 受冲切承载力

$$F_u=(0.7\beta_hf_t+0.15\sigma_{pc,m})\mu_mh_0$$

其中：

截面高度影响系数 $\beta_h=1.0$

混凝土抗拉强度设计值 $f_t=1.71\text{N/mm}^2$

平均预压应力 $\sigma_{pc,m}=2.13\times0.85=1.8\text{N/mm}^2$

冲切破坏锥体 $h_0/2$ 处的周长 $u_m=4\times900=3600\text{mm}$

冲切破坏锥体有效高度 $h_0=275\text{mm}$

$$
\begin{aligned}
F_u&=(0.7\beta_h f_t+0.15\sigma_{pc,m})\mu_m h_0\\
&=(0.7\times1\times1.71+0.15\times1.8)\times3600\times275\\
&=1452\text{kN}>F_l=799.5\text{kN(满足)}
\end{aligned}
$$

实际工程中，可配置构造抗冲切箍筋，配置范围为从柱边向外延伸至冲切破坏锥体外500mm。

平托板边截面受冲切承载力计算从略。

3.2.11 挠度验算

按连续梁中间跨计算挠度值，并将等代梁简化为两端作用有力偶的简支梁，跨间为竖向均布荷载。分别计算外荷载及预应力荷载下的挠度及反拱，经叠加得到最终挠度值。

截面惯性矩 $I_0=\dfrac{1000\times180^3}{12}=4.86\times10^8\text{mm}^4$

$M_s=27.6\text{kN}\cdot\text{m}$，$M_l=22.1\text{kN}\cdot\text{m}$

短期刚度 $B_s=0.85EI_0$

长期刚度 $B_L=B_s\dfrac{M_s}{M_L(\theta-1)+M_s}$，$\theta=2$

$$
B_L=B_s\frac{27.6}{27.6+22.1}=0.555B_s=0.555\times0.85EI_0=0.47EI_0
$$

（1）外荷载下的挠度

根据《建筑结构静力计算手册》，有

$$
\begin{aligned}
f_L&=\frac{5ql^4}{384B_L}-\frac{l^2(3m_1\omega_{R\xi}+m_0\omega_{D\xi})}{6B}\\
&=\frac{5\times9.5\times8100^4}{384\times0.47EI_0}-\frac{8100^2\times(3\times55.0\times10^6\times0.25+0)}{6\times0.47EI_0}\\
&=\frac{1.732\times10^{14}}{EI_0}\\
&=\frac{1.732\times10^{14}}{3.25\times10^4\times4.86\times10^8}\\
&=11.0\text{mm}
\end{aligned}
$$

（2）预应力反拱

预应力筋束形近似取为抛物线，查《部分预应力混凝土结构设计建议》，有

$$
f_{pc}=-\left(\frac{\frac{5}{48}\times N_p e l^2-\frac{1}{8}N_p e_1 l^2}{E_c I_0}-\frac{l^2(3m_1\omega_{R\xi}+m_0\omega_{D\xi})}{6E_c I_0}\right)
$$

其中：$e_1=180/2-40=50\text{mm}$

$e=180-80=100\text{mm}$

$N_p=2.5\times153=382.5\text{kN}$

$m_1=8.6$

$$f_{pc}=-\left(\frac{\frac{5}{48}\times382.5\times10^3\times100\times8100^2-\frac{1}{8}\times382.5\times10^3\times50\times8100^2}{3.25\times10^4\times4.86\times10^8}-\frac{8100^2\times(3\times8.6\times10^6\times0.25+0)}{6\times3.25\times10^4\times4.86\times10^8}\right)$$

$$=-(6.62-4.63)$$

$$=-1.98\text{mm}$$

长期反拱　　$f_{pcL}=2f_{pc}=-3.97\text{mm}$

（3）总长期挠度

$$f=f_L+f_{pcL}=11.0-3.97=7.0\text{mm}$$

挠跨比　　$\frac{f}{l}=\frac{7.0}{8100}=\frac{1}{1157}<\frac{1}{400}$（满足）

3.2.12　抗震验算

支座弯矩设计值

地震组合（5.45m 板宽）　$M_{组合地}=303.7\text{kN}\cdot\text{m}$

非抗震组合（柱上板带，4.05m 板宽）

$M_{组合非}=(1.2\times33.8+1.4\times21.2-8.6)\times4.05$

$=249.6\text{kN}\cdot\text{m}$

$$x=\frac{n_pA_p\sigma_p+n_sA_sf_s}{bf_c}$$

$$=\frac{14\times139\times1100+6\times201\times300+27\times113\times300}{5450\times19.1}$$

$$=32.8\text{mm}$$

$$\frac{x}{h_0}=\frac{32.8}{175}=0.19<0.25$$

$$\lambda=\frac{A_p\sigma_p}{A_p\sigma_p+A_sf_s}$$

$$=\frac{14\times139\times1100}{14\times139\times1100+6\times201\times300+27\times113\times300}$$

$$=0.63<0.75$$

$$\mu = \frac{A_s + A_p\sigma_p / f_s}{bh_0}$$
$$= \frac{27 \times 113 + 6 \times 201 + 14 \times 139 \times 1100/300}{5450 \times 175}$$
$$= 1.2\% < 2.5\%$$

地震组合弯矩所需配筋计算

$M = 303.7\text{kN} \cdot \text{m}$，$A_p = 14 \times 139 = 1946\text{mm}^2$

$B = 2800\text{mm}$，$B_f = 5450\text{mm}$，$h = 300\text{mm}$，$h_f = 180\text{mm}$

平板顶筋Φ 12@200+6 Φ 16，$A_s = 113 \times 5 \times 5.45 + 6 \times 201 = 4285\text{mm}^2$

板端负弯矩承载力

$$M_u = 4285 \times 300 \times 275 \times 0.9 + 1946 \times 1100 \times (300 - 40) \times 0.875$$
$$= 805.1 > 303.7\text{kN} \cdot \text{m}$$

暗梁部分钢筋承担的弯矩

$$M_a = 10 \times 139 \times 1100 \times 275 \times 0.875 + 1206 \times 300 \times 275 \times 0.875$$
$$= 454.9 > 60\% \times 303.7 = 182.2\text{kN} \cdot \text{m}$$

3.2.13 防脱落验算

根据《无粘结预应力混凝土结构技术规程》JGJ 92 的规定，穿过柱的预应力筋和底部普通钢筋的面积应符合下式规定：

$A_s f_y + A_p f_{py} > N_G$

$N_G = 1.2 \times (6 + 0.5 \times 3.5) \times 8.1 \times 8.1 = 610\text{kN}$

平托板底部配普通钢筋Φ 12@200（双向）

暗梁底筋穿过柱 3 Φ 16，通过柱截面配置 6 根预应力筋，则

$A_s f_y + A_p f_{py} = 2 \times (6 \times 139 \times 1100 + 6 \times 201 \times 300) = 2258.4\text{kN} > N_G$（满足）

3.2.14 施工阶段验算

预应力平板楼盖中，如果在楼盖预应力筋张拉完成后，后续作用在楼盖上的荷载（包括恒载与使用荷载）较大时，应进行施工阶段验算。这主要是由于预应力筋的数量及张拉控制力通常是由正常使用极限状态控制，当楼盖上的总荷载较大时，通常需要配置较多的预应力筋以满足楼盖的抗裂控制要求。而在施工阶段，当预应力筋张拉完成时，作用在楼盖上的荷载通常只有结构自重和一部分施工荷载，如果此时的荷载总量和正常使用阶段差距较大时，会造成正常使用阶段构件受压区产生过大的裂缝或楼

盖产生过大的反拱。特别是楼盖上覆土很厚（2m～3m）的地下车库顶板采用预应力平板楼盖时，这一现象更加突出。

进行施工阶段的验算时，计算楼盖荷载作用效应时，作用在预应力构件上的荷载应取为楼盖自重与实际施工荷载；计算预应力作用效应时，预应力损失仅计入因锚具回缩产生的损失 σ_{l1} 和摩擦损失 σ_{l2} 。

施工阶段验算包括验算平板的抗裂度和挠度，具体验算过程从略。

3.2.15　施工图

平板配筋图见图 3.2-5。

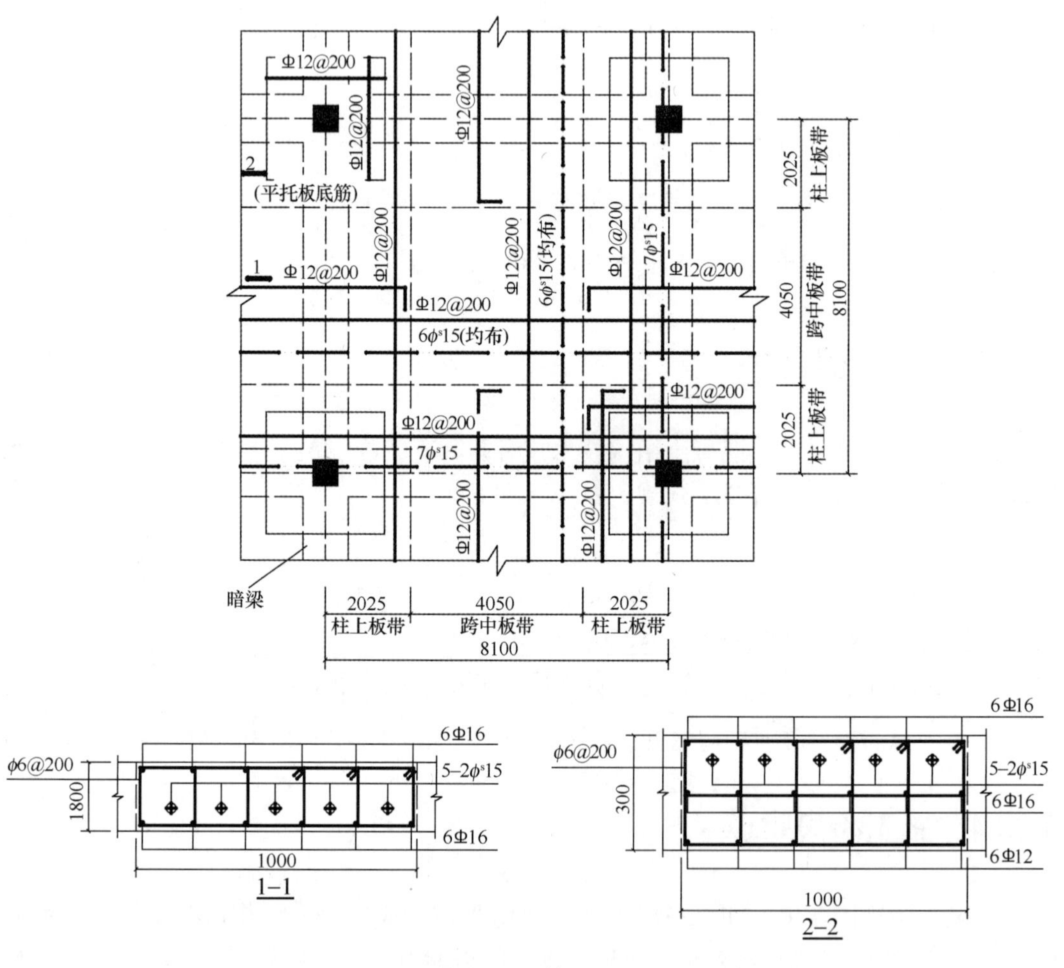

图 3.2-5　施工图

3.3　高层结构预应力平板楼盖设计

3.3.1　工程概况

某多功能写字楼，立面为六片互相错动的板式结构，标准层高 3.7m，室内净高 2.85m，总建筑面积 11.1 万 m^2，地上 26 层，地下 4 层，有部分裙房，檐口高度 99.9m，基底埋深约 20m。主楼采用框架-筒体结构，建筑结构的安全等级为二级，设计使用年限为 50 年，抗震设防裂度为 8 度，设计基本地震加速度为 0.2g，地震分组为第一组，抗震设防分类为丙类，框架及核心筒抗震等级均为一级；地下 3、4 层为六级人防层，框架及核心筒抗震等级均为三级。

3.3.2　楼盖结构方案

本工程主楼标准层是两个相互错位的矩形平面，框架与筒体之间的跨度为 10.2m，连接部分宽度为 18m，由于建筑使用功能的要求，标准层采用单向无粘结预应力楼盖，楼板厚度为 300mm，在框架柱与内筒之间设置 1300mm×300mm 的暗梁；结构周边及 C、D、G、H 轴位置沿纵向设置框架梁，将楼盖分隔为不同的单向板块。标准层楼盖结构平面布置见图 3.3-1。

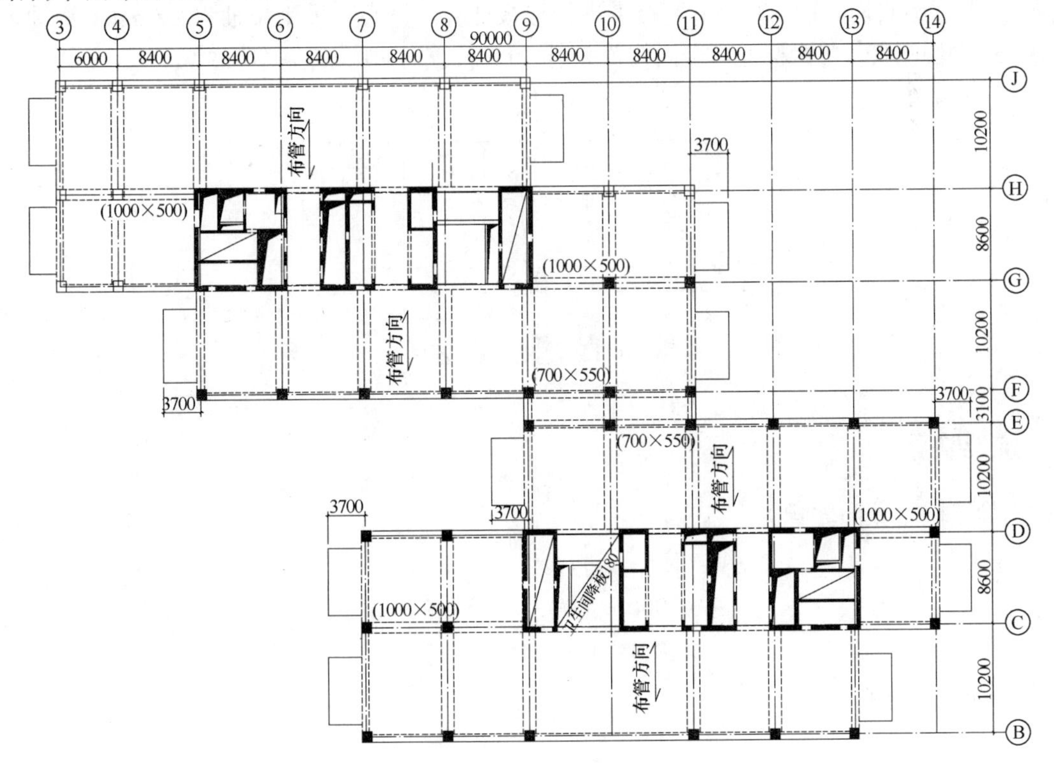

图 3.3-1　标准层楼盖结构平面布置图

3.3.3　设计条件

（1）材料

混凝土：C40，f_c=19.1MPa，f_t=1.71MPa，f_{tk}=2.39MPa

预应力筋：ϕ^s15，1860N/mm^{2}级无粘结低松弛钢绞线，f_{ptk}=1860MPa

普通钢筋：Φ—Ⅰ级钢筋，f_y=210MPa

Φ—Ⅱ级钢筋，f_y=300MPa

Φ—Ⅲ级钢筋，f_y=360MPa

（2）抗震设防烈度：8 度

（3）框架抗震等级：一级

（4）板抗裂等级：二级

（5）标准层荷载：恒载 3kN/m^2（自重除外），活载 2.0kN/m^2

（6）预埋空心管：椭圆形空心管

（7）预应力筋的张拉控制应力：$\sigma_{con} = 0.7f_{ptk} = 0.7 \times 1860 = 1302$MPa

3.3.4　单向板设计

由于在楼盖结构布置阶段已经通过设置框架梁等方式将楼板划分为不同的单向板区格，预应力平板设计时，取 1000mm 宽板带进行楼板计算。空心管采用长轴为 250mm、短轴为 200mm 的椭圆管，每米标准板带内布置 3 根空心管，空心管布置见图 3.3-2。

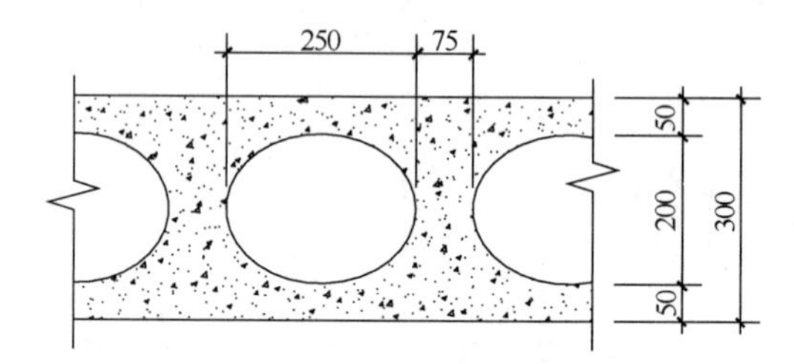

图 3.3-2　空心管布置图

1. 抗裂验算

单位板宽截面面积为

$$A = bh - 3\pi r_x r_y$$
$$= 1000 \times 300 - 3\pi \times 125 \times 100$$
$$= 182190\text{mm}^2$$

截面惯性矩为

$$I = \frac{1}{12}bh^3 - 3 \times \frac{\pi D_x D_y^3}{64}$$

$$=\frac{1}{12}\times1000\times300^3-3\times\frac{\pi\times250\times200^3}{64}$$
$$=1.955\times10^9\text{mm}^4$$

单向板内预应力筋配筋量为$\Phi^s15@300$，楼板预应力筋束形见图 3.3-3。

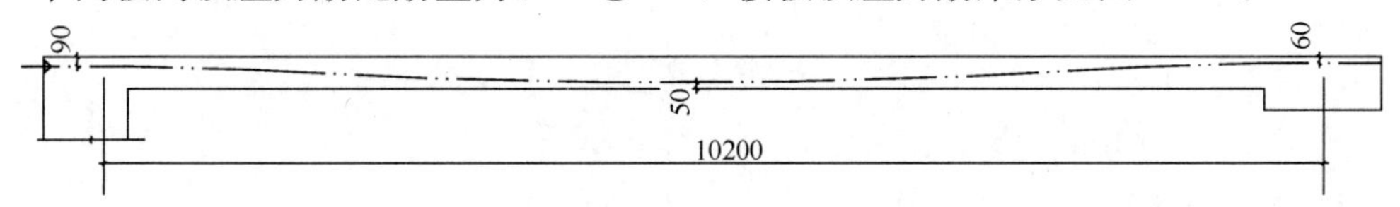

图 3.3-3 楼板预应力筋曲线图

(1) 预应力损失计算

① 锚具内缩引起的损失 σ_{l1}

由于预应力筋的曲线比较平缓，锚具内缩引起的损失 σ_{l1} 可近似按直线预应力筋进行计算。

$$\sigma_{l1}=\frac{a}{l}E_s$$
$$=\frac{8}{10200}\times1.95\times10^5$$
$$=153\text{MPa}$$

② 摩擦引起的损失 σ_{l2}

预应力筋曲线转角 $\theta=0.274\text{rad}$

$\kappa x+\mu\theta=0.004\times10.2+0.09\times0.274=0.065<0.3$

$$\sigma_{l2}=(\kappa x+\mu\theta)\sigma_{con}$$
$$=0.065\times1302=85\text{MPa}$$

③ 应力松弛引起的损失 σ_{l4}

$$\sigma_{l4}=0.20\left(\frac{\sigma_{con}}{f_{ptk}}-0.575\right)\sigma_{con}$$
$$=0.2(0.7-0.575)\times1302$$
$$=33\text{MPa}$$

④ 混凝土收缩、徐变引起的损失 σ_{l5}

$$\sigma_{pc}=\frac{N_p}{A}=\frac{(\sigma_{con}-\sigma_{l1}-\sigma_{l2})A_p}{A}$$
$$=\frac{(1302-153-85)\times3.3\times139\times0.9}{182190}$$
$$=2.4\text{MPa}$$

$$\rho=\frac{A_p+A_s}{A_n}$$
$$=\frac{3.3\times139+5\times113}{182190-3.3\times139}$$
$$=0.0056$$

$$\sigma_{l5}=\frac{55+300\frac{\sigma_{pc}}{f'_{cu}}}{1+15\rho}$$

$$=\frac{55+\frac{300\times 2.4}{40\times 0.85}}{1+15\times 0.0056}$$

$$=70\text{MPa}$$

（2）楼板抗裂验算

$$\sigma_{pe}=\sigma_{con}-(\sigma_{l1}+\sigma_{l2}+\sigma_{l4}+\sigma_{l5})$$

$$=1302-(153+85+33+70)$$

$$=961\text{MPa}$$

平衡荷载

$$q_e=\frac{8N_{pe}f}{l^2}$$

$$=\frac{8\times 3.3\times 961\times 139\times 0.9\times 0.175}{10.2^2\times 1000}$$

$$=5.3\text{kN/m}$$

$$q_s=8.5+2=10.5\text{kN/m}$$

不平衡荷载

$$q_{ub}=q_s-q_e=10.5-5.3=5.2\text{kN/m}$$

支座不平衡弯矩

$$M_{ub}=\frac{1}{12}q_{ub}l^2$$

$$=\frac{1}{12}\times 5.2\times 10.2^2$$

$$=45.0\text{kN}\cdot\text{m}$$

$$\sigma_{sc}=\frac{M_{ub}}{I}y-\frac{N_{pe}}{A}$$

$$=\frac{45.0\times 10^6}{1.955\times 10^9}\times 150-\frac{3.3\times 961\times 139\times 0.9}{182190}$$

$$=3.45-2.18$$

$$=1.27\text{MPa}$$

$$\sigma_{sc}<f_{tk}=2.39\text{MPa}\ (\text{满足})$$

2. 挠度验算

根据楼盖的约束情况，计算板的挠度时取 $f=\frac{3ql^4}{384B_s}$

$$f_s=\frac{3q_{ub}l^4}{384\times 0.85EI}$$

$$=\frac{3\times5.3\times10200^4}{384\times0.85\times3.25\times10^4\times1.955\times10^9}$$

$$=8.30\text{mm}(\downarrow)$$

$$f_l=2f_s=2\times8.30=16.6\text{mm}(\downarrow)$$

$$\frac{f_l}{l}=\frac{16.6}{10200}=\frac{1}{614}<\left[\frac{f}{l}\right]=\frac{1}{400}\text{（满足）}$$

3. 正截面受弯承载力计算

楼板正截面抗弯承载力计算时考虑预应力次弯矩的作用影响。

$$q_1=1.2q_{DL}+1.4q_{LL}$$

$$=1.2\times8.5+1.4\times2$$

$$=13\text{kN/m}^2$$

$$q_2=1.35q_{DL}+1.4\times0.7\times q_{LL}$$

$$=1.35\times8.5+1.4\times0.7\times2$$

$$=13.4\text{kN/m}^2>q_1$$

$$\sigma_{pu}=\sigma_{pe}+100=1061\text{MPa}$$

板内配筋：$\Phi^s15@300+\Phi14@200$（上），$\Phi12@200$（下）

支座

$$M=\frac{1}{12}ql^2$$

$$=\frac{1}{12}\times13.4\times10^2$$

$$=111.7\text{kN}\cdot\text{m/m}\text{（次弯矩的有利影响不计）}$$

$$M_p=0.875A_ph_p\sigma_{pu}$$

$$=0.875\times3.3\times139\times210\times1061$$

$$=89.4\text{kN}\cdot\text{m/m}$$

$$M_s=0.9A_sf_yh_s$$

$$=0.9\times5\times154\times300\times270$$

$$=56.1\text{kN}\cdot\text{m/m}$$

$$M_u=M_p+M_s$$

$$=89.4+56.1$$

$$=145.5\text{kN}\cdot\text{m/m}>M=111.7\text{kN}\cdot\text{m/m}\text{（满足）}$$

跨中

$$M_q=\frac{1}{16}ql^2$$

$$=\frac{1}{16}\times13.4\times10^2$$

$$=83.8\text{kN}\cdot\text{m/m}$$

考虑次弯矩的不利影响，$M=1.15M_q=1.15\times83.8=96.3\text{kN}\cdot\text{m/m}$

$$
\begin{aligned}
M_{\mathrm{p}} &= 0.875 A_{\mathrm{p}} h_{\mathrm{p}} \sigma_{\mathrm{pu}} \\
&= 0.875 \times 3.3 \times 139 \times 250 \times 1061 \\
&= 106.5\mathrm{kN \cdot m/m} \\
M_{\mathrm{s}} &= 0.9 A_{\mathrm{s}} f_{\mathrm{y}} h_{\mathrm{s}} \\
&= 0.9 \times 5 \times 113 \times 300 \times 270 \\
&= 41.2\mathrm{kN \cdot m/m} \\
M_{\mathrm{u}} &= M_{\mathrm{p}} + M_{\mathrm{s}} \\
&= 106.5 + 41.2 \\
&= 147.7\mathrm{kN \cdot m/m} > M = 96.3\mathrm{kN \cdot m/m}\text{（满足）}
\end{aligned}
$$

3.3.5　单向板有限元分析

为保证设计结果的安全可靠，对预应力单向板采用美国后张委员会开发的楼板有限元计算专用软件“ADAPT”进行计算。计算时，取其中一栋楼的一半楼板进行计算；预应力筋按 $\phi^{\mathrm{s}}15@300$ 直接布置在计算模型中。楼板有限元计算时单元划分见图3.3-4，楼板顶部应力分布云图见图3.3-5，楼板底部应力分布云图见图3.3-6，楼板挠度分布云图见图3.3-7。

计算结果显示，在恒载＋活载＋预应力的荷载组合下，楼板板顶最大拉应力为3.0N/mm^2（图3.3-5）；板底最大拉应力2.2N/mm^2（图3.3-6）；楼板长期挠度最大值为12.0mm（图3.3-7），挠跨比为1/850。楼板抗裂度及刚度均满足要求。

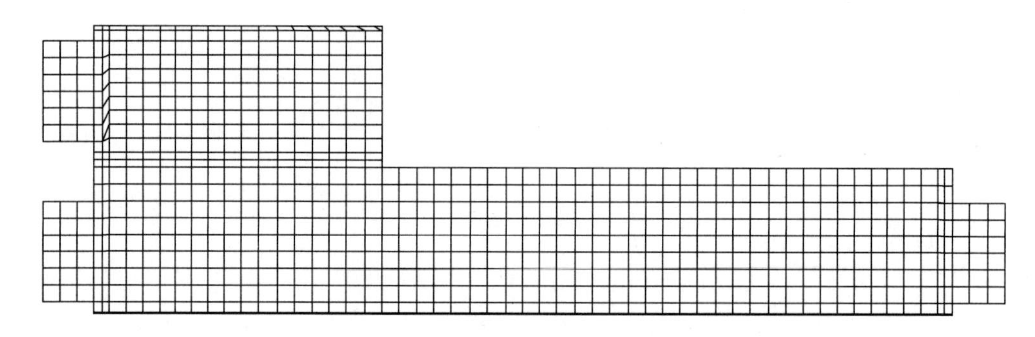

图3.3-4　楼板单元划分图

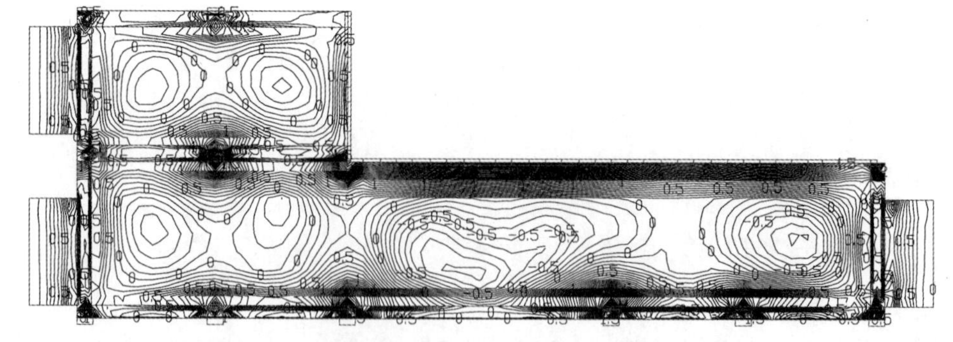

图3.3-5　板顶应力等值线图（恒载＋活载＋预应力）

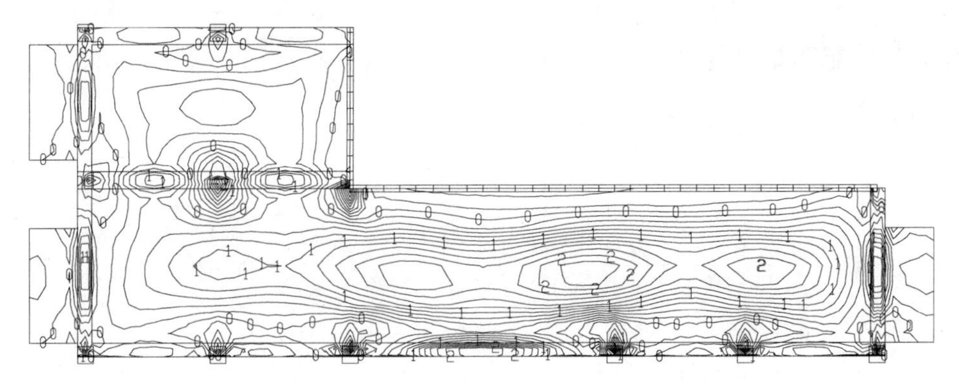

图 3.3-6 板底应力等值线图（恒载+活载+预应力）

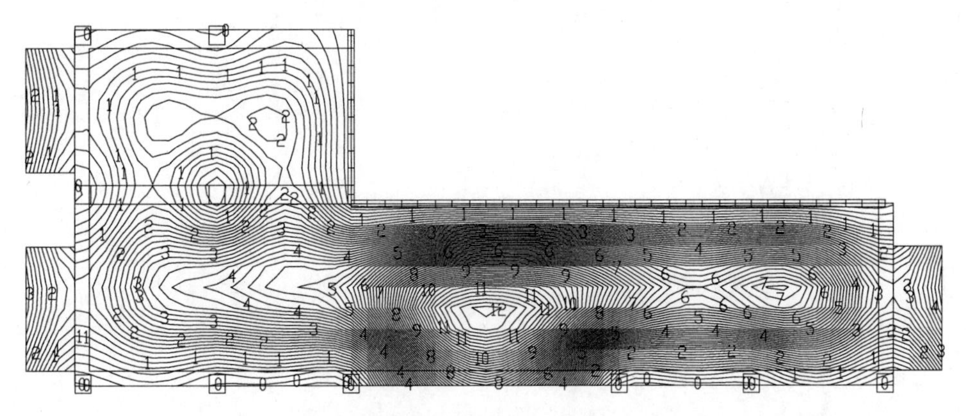

图 3.3-7 楼板长期挠度等值线图（恒载+活载+预应力）

3.3.6 暗梁设计

在暗梁设计时，将楼板作为等代梁参与整体结构计算。等代梁包括暗梁和两侧一定宽度的空心板，因此需将计算所得的等代梁的荷载效应中扣除由楼板承担的部分作为暗梁的荷载效应。计算步骤如下：

（1）考虑预应力次弯矩的影响，将“SATWE”软件计算所得的等代梁组合内力适当调整作为等代梁的设计内力；

（2）计算楼板能提供的受弯、受剪承载力；

（3）将等代梁的设计内力减去楼板提供的承载力作为暗梁的设计内力；

（4）计算暗梁内配置的预应力筋承担的弯矩；

（5）根据暗梁的设计内力计算需要由普通钢筋承担的弯矩及所需的普通钢筋；

（6）调整普通钢筋的配筋量，以保证暗梁支座截面位置的相对受压区高度、换算配筋率、配筋拉力比等指标满足规范要求；

（7）将“SATWE”软件计算所得的等代梁的剪力设计值作为暗梁的剪力设计值进行斜截面受剪承载力计算的依据，同时不考虑预应力的有利作用。

1. 预应力筋配筋量计算

暗梁内预应力筋以平衡全部暗梁自重为标准配置。

$$q_e = \frac{8N_{pe}f}{l^2} = \frac{8\times8\times961\times139\times0.9\times0.165}{10.2^2\times1000} = 12.2\text{kN/m}$$

$$q_s = 1.3\times0.3\times25+1.3\times3+1.3\times2 = 18.2\text{kN/m}$$

$$\sigma_{sc} = \frac{M_{ub}}{W}-\sigma_p = \frac{\frac{1}{12}(q_s-q_e)l^2}{\frac{1}{6}bh^2}-\frac{N_{pe}}{A} = \frac{(18.2-12.2)\times10.2^2\times10^6}{2\times1300\times300^2}-\frac{8\times961\times139}{1300\times300} = 2.67-2.74 = -0.07\text{MPa} < f_{tk} = 2.39\text{MPa}$$

2. 正截面受弯承载力计算

梁配筋为 4-2 Φ^s15＋12 Φ 20（上、下）

支座

M=1215kN・m，（“SATWE” 整体计算结果，4.2m 宽板）

板内配筋：Φ^s15@300＋Φ 14@200（上），Φ 12@200（下）

$$M_{p1} = 0.875A_p h_p \sigma_{pu} = 0.875\times2.9\times3.3\times139\times210\times1061 = 259\text{kN}\cdot\text{m}$$

$$M_{s1} = 0.9A_s f_y h_s = 0.9\times2.9\times5\times154\times300\times270 = 163\text{kN}\cdot\text{m}$$

需要由暗梁配筋承担的弯矩 $M_{AL} = \gamma_{RE}M-M_{p1}-M_{s1} = 489.3\text{kN}\cdot\text{m}$

$$A_p = 8\times139 = 1112\text{mm}^2$$

$$M_{p2} = 0.875A_p h_p \sigma_p$$

$$=0.875\times1112\times210\times1061$$

$$=216.8\text{kN}\cdot\text{m}$$

$$M_{s2}=M_{AL}-M_{p2}$$

$$=489.3-216.8$$

$$=272.5\text{kN}\cdot\text{m}$$

$$A_{s2}=\frac{M_{s2}}{f_y h_s \gamma}$$

$$=\frac{272.5\times10^6}{360\times0.9\times265}$$

$=3.74\text{mm}^2$（实配 15 Φ 20）

$$A_s=15\times314=4710\text{mm}^2$$

① $x=\dfrac{\sigma_{pu}A_p+f_yA_s-f'_yA'_s}{\alpha f_c b}$

$$=\frac{1061\times1112}{1\times19.1\times1300}$$

$$=47.5\text{mm}\ \frac{x}{h_0}$$

$$=\frac{47.5}{265}=0.18<0.25$$

② $\rho=\dfrac{\sigma_{pu}A_p+f_yA_s}{f_y b h_0}$

$$=\frac{1061\times1112+360\times15\times314}{360\times1300\times265}$$

$$=2.3\%<2.5\%$$

③ $\lambda=\dfrac{\sigma_{pu}A_p}{\sigma_{pu}A_p+f_sA_s}$

$$=\frac{1061\times1112}{1061\times1112+360\times15\times314}$$

$$=0.41$$

④ $\dfrac{A'_s}{A_s}=\dfrac{15\times314}{15\times314}=1.0$

⑤ $\rho'_s=\dfrac{A'_s}{bh}$

$$=\frac{15\times314}{1300\times300}$$

$$=1.2\%>0.2\%$$

$$M_u = \sigma_{pu}A_p h_p + f'_y A'_s(h_0 - a'_s)$$
$$= 1061 \times 1112 \times 210 + 360 \times 15 \times 314 \times (265 - 35)$$
$$= 637.8\text{kN}\cdot\text{m} > M_{AL} = 489.3\text{kN}\cdot\text{m}$$

跨中

$$M_s = 562\text{kN}\cdot\text{m}$$

$$M = 1.2 \times M_s = 1.2 \times 562 = 674\text{kN}\cdot\text{m}$$（考虑次弯矩的不利影响）

板内配筋提供的强度：

$$M_{p1} = 0.875A_p h_p \sigma_{pu} = 0.875 \times 2.9 \times 3.3 \times 139 \times 240 \times 1061 = 296\text{kN}\cdot\text{m}$$
$$M_{s1} = 0.9A_s f_y h_s = 0.9 \times 2.9 \times 5 \times 113 \times 300 \times 270 = 119\text{kN}\cdot\text{m}$$

需要由暗梁配筋承担的弯矩 $M_{AL} = M - M_{p1} - M_{s1} = 259\text{kN}\cdot\text{m}$

$$M_{p2} = 0.875A_p h_p \sigma_{pu} = 0.875 \times 1112 \times 240 \times 1061 = 248\text{kN}\cdot\text{m}$$
$$M_{s2} = M_{AL} - M_{p2} = 259 - 248 = 11\text{kN}\cdot\text{m}$$

$$A_{s2} = \frac{M_{s2}}{f_y h_s \gamma} = \frac{11 \times 10^6}{360 \times 0.9 \times 265} = 128\text{mm}^2$$，实配 15 Φ 20

$$A_s = 15 \times 314 = 4710\text{mm}^2$$
$$M_u = \sigma_{pu}A_p h_p + f'_y A'_s(h_0 - a'_s)$$
$$= 1061 \times 1112 \times 240 + 360 \times 15 \times 314 \times (265 - 35)$$
$$= 673\text{kN}\cdot\text{m} > M_{AL} = 259\text{kN}\cdot\text{m}$$

3. 斜截面受剪承载力计算

$$V = 410\text{kN}$$

$$0.25\beta_c f_c b h_0 = 0.25 \times 1 \times 19.1 \times 1300 \times 265 = 1645\text{kN} > V$$（满足）。

$$V_c = 0.7 f_t b h_0$$
$$= 0.7 \times 1.71 \times 1300 \times 265$$
$$= 412\text{kN} \approx V = 410\text{kN}$$

按构造要求配箍即可。

箍筋为Φ 8@100—200（9 肢）

$$V_u = 0.7 f_t b h_0 + 1.25 f_{yv} \frac{A_{sv}}{s} h_0$$
$$= 412 + 1.25 \times 210 \times \frac{9 \times 78.5}{100} \times 265$$
$$= 904\text{kN}$$

3.3.7 施工图

平板配筋见图 3.3-8。

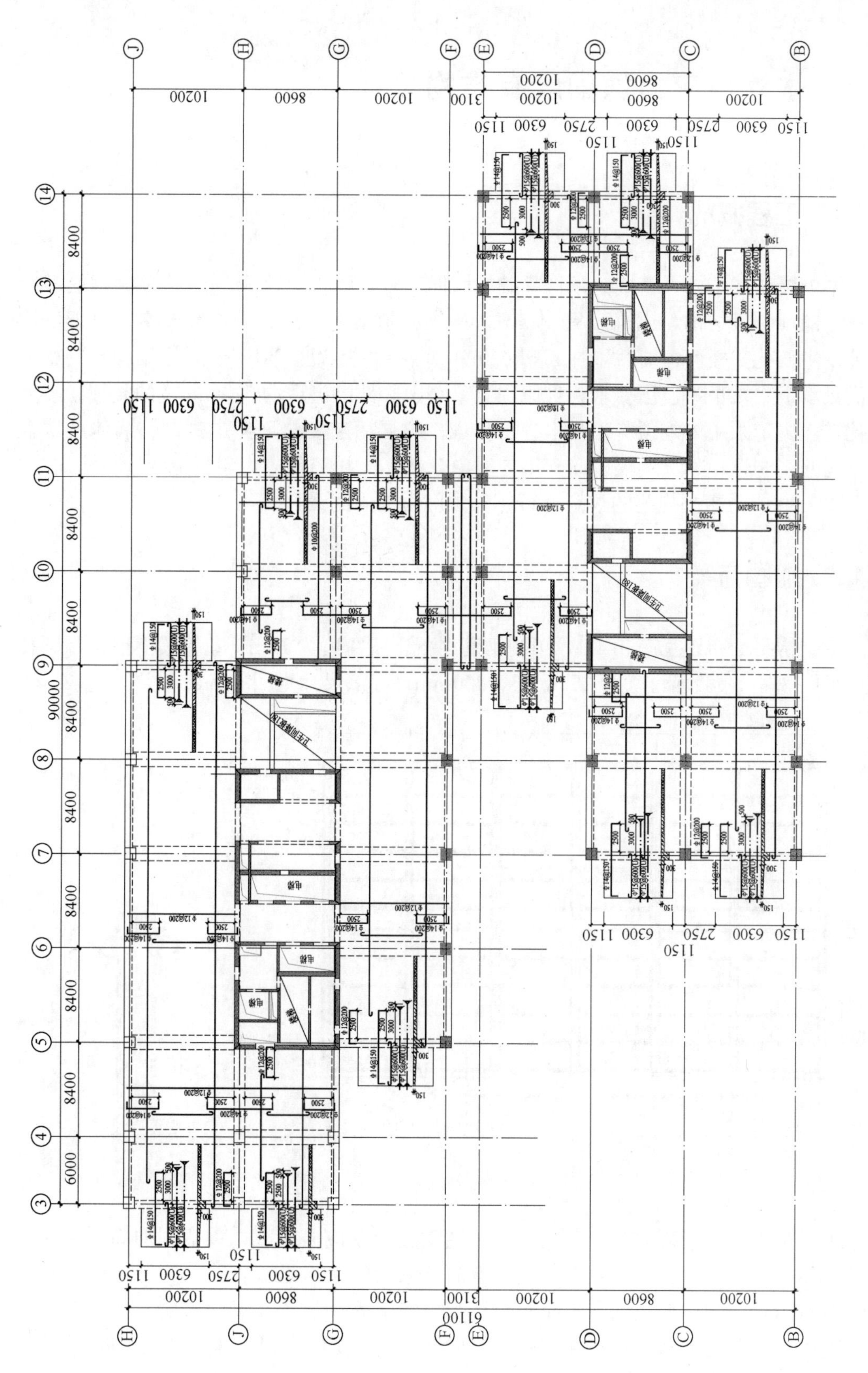

图 3.3-8 标准层楼板配筋平面图

3.4　体外预应力加固既有结构设计

3.4.1　工程概况

某单层砖混结构，基础为条形基础，墙体为砖砌体，屋盖为14m跨预制钢筋混凝土梁上铺预制板结构，建筑面积300m²。该结构拟增建一层，用作会议室。由于使用功能发生变化，楼面恒荷载增加0.5kN/m²，活荷载提高至2kN/m²，原结构预制梁无法满足承载力及正常使用要求，且原预制梁跨中底部已出现约0.2mm宽的裂缝。经方案比选，决定采用体外预应力技术进行加固。增层后需要全面考虑基础、墙体及楼盖等结构的安全性，本算例仅以简支梁为对象，按《无粘结预应力混凝土结构技术规范》JGJ 92—2004及相关规范的规定进行体外预应力加固的设计。

3.4.2　加固方案

原结构平面布置见图3.4-1，预制钢筋混凝土梁跨度为14m，花篮梁上铺预制圆孔板，见图3.4-2，截面尺寸为250mm×1200mm，细部尺寸见图3.4-2。

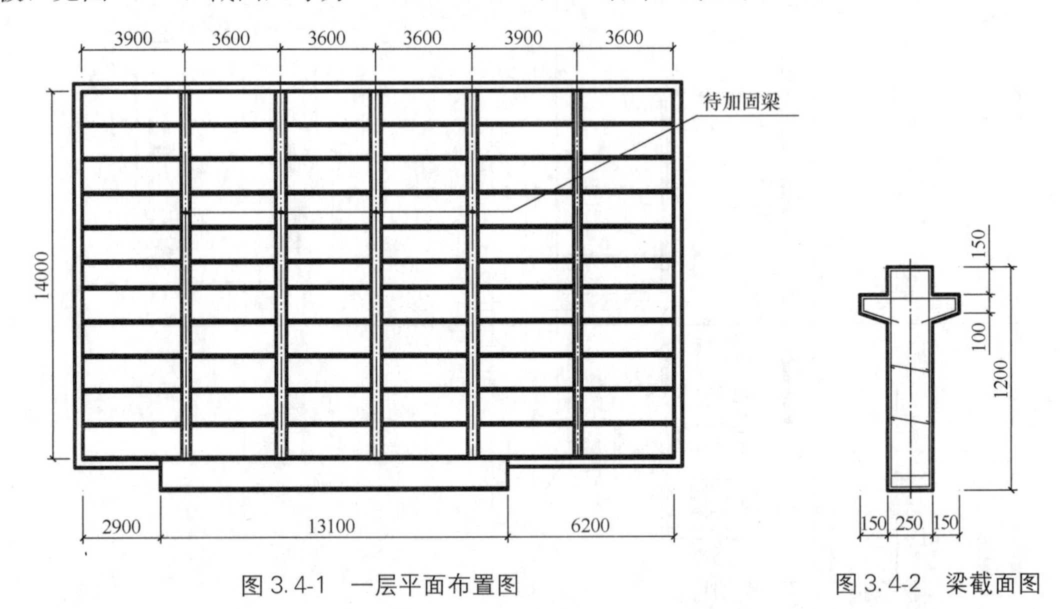

图3.4-1　一层平面布置图　　　　图3.4-2　梁截面图

原结构上通过安装的折线形预应力筋主动施加预应力荷载，以达到加固、卸荷及改变原结构内力分布的三重效果。预应力筋所采用的束形是双折线，其折点位于梁跨的3分点附近，同时考虑到施工简便，将张拉和锚固端设置在梁两端的支座内侧，具体位置主要考虑受力和张拉方便，确保小型千斤顶的操作空间，并尽可能靠近支座。

3.4.3 材料

预制梁的混凝土强度等级为C35，体外预应力筋采用无粘结预应力钢绞线，相关参数分别见表3.4-1、表3.4-2。

混凝土（N/mm^2） 表3.4-1

构件	强度等级	f_c	f_t	f_{tk}	E_c
预制梁	C35	16.7	1.57	2.20	3.15×10^4

无粘结预应力钢绞线 表3.4-2

规格	A_p (mm^2)	f_{ptk} (N/mm^2)	f_{py} (N/mm^2)	E_p (N/mm^2)	松弛等级
ϕ^s15	139	1860	1320	1.95×10^5	低松弛

3.4.4 荷载

改造前后的楼面荷载见表3.4-3。

楼面荷载（kN/m^2） 表3.4-3

	恒荷载			活荷载
	楼板	面层做法	合计	
改造前	2.0	3.0	5.0	0.5
改造后	2.0	3.5	5.5	2.0

梁上改造前后的线荷载见表3.4-4，恒荷载的差值达1.8kN/m，活荷载的差值达5.4kN/m。体外预应力筋产生的等效荷载不仅平衡新增的荷载效应，考虑到该梁已出现裂缝，还要平衡一部分原有的荷载效应。

梁上线荷载（kN/m） 表3.4-4

	恒荷载DL				活荷载LL
	楼板	面层	梁自重	合计	
改造前	7.2	10.8	8.4	26.4	1.8
改造后	7.2	12.6	8.4	28.2	7.2

3.4.5 内力计算

自重荷载及活荷载作用下梁的内力，控制截面内力组合值见表3.4-5。

梁支座及跨中各工况内力及组合值 表 3.4-5

荷载作用	支座剪力（kN）			跨中弯矩（kN·m）		
	改造前	改造后	差值	改造前	改造后	差值
恒载作用	185.1	197.7	12.6	647.8	691.9	44.1
活载作用	12.6	50.4	37.8	44.1	176.4	132.3
标准组合	197.7	248.1	50.4	691.9	868.3	176.4
准永久组合	190.1	217.8	27.7	665.4	762.4	97.0
1.35DL+1.4×0.7LL	262.2	316.3	54.1	917.7	1106.9	189.2
1.2DL+1.4LL	239.7	307.8	68.0	839.1	1077.2	238.1

3.4.6 梁截面参数

梁截面参数见表 3.4-6，计算简图见图 3.4-3。

梁截面参数 表 3.4-6

b (mm)	h (mm)	b_f (mm)	h_f (mm)	A (mm^2)
250	1200	550	100	337500
I (mm^4)	y_1 (mm)	y_2 (mm)	W_1 (mm^3)	W_2 (mm^3)
4.104×10^{10}	643.0	557.0	6.382×10^7	7.367×10^7

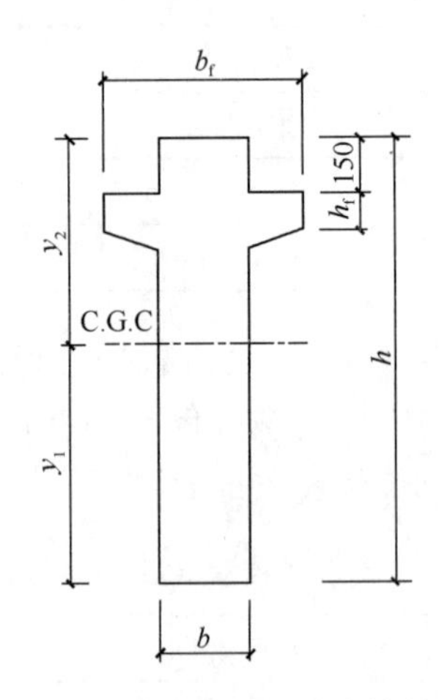

图 3.4-3 梁截面参数计算简图

3.4.7 预应力筋束形假定及面积估算

1. 预应力筋束形假定

体外预应力筋采用双折线形布置，见图 3.4-4，图中 $a=b=4$m，$c=1$m，$d=$

0.65m，$a_p=-0.1$m。

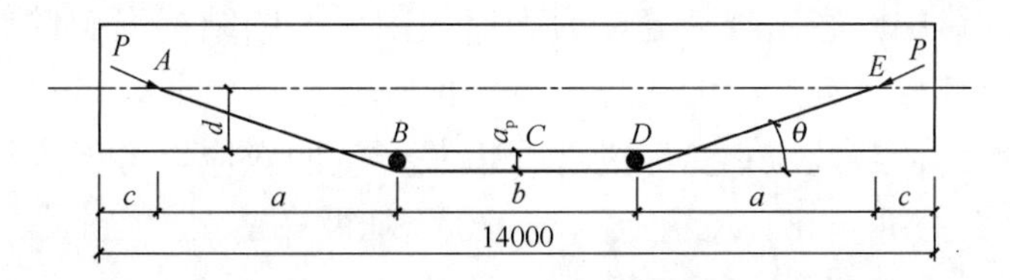

图 3.4-4 束形布置图

梁计算简图见图 3.4-5，预应力作用在梁上的综合弯矩见图 3.4-6。

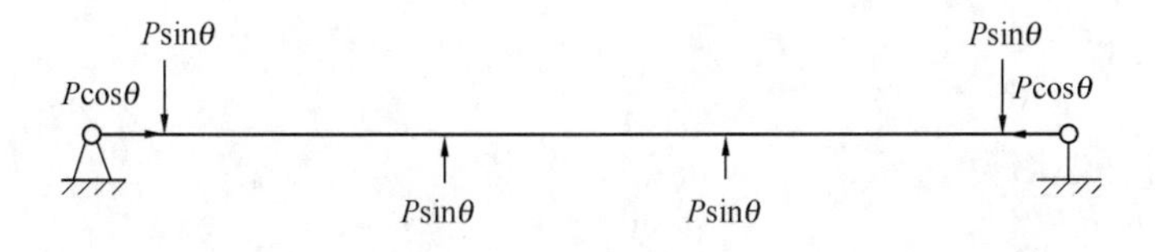

图 3.4-5 计算示意图

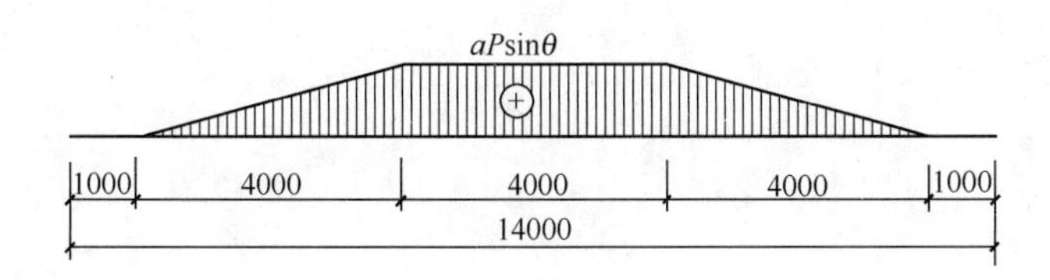

图 3.4-6 综合弯矩图

2. 预应力筋面积估算

该梁跨中截面为控制截面，加固该梁所需的预应力筋面积估算如下：

张拉控制应力：

$$\sigma_{con}=0.6\times f_{ptk}$$
$$=0.6\times1860$$
$$=1116\text{N/mm}^2$$

预应力总损失暂估为张拉控制应力的 20%。

预应力筋有效预应力值：

$$\sigma_{pe}=(1-20\%)\times\sigma_{con}$$
$$=(1-20\%)\times1116$$
$$=892.8\text{N/mm}^2$$

体外预应力筋的估算应力设计值：

$$\sigma_{pu}=\sigma_{pe}+\Delta\sigma_p$$
$$=892.8+100$$

$=992.8\text{N/mm}^2$

考虑梁加固前跨中已经出现裂缝，为确保加固后梁的结构安全性并控制裂缝，梁跨中增加的荷载及部分恒载产生的效应由体外预应力平衡，即 $aP\sin\theta=\Delta M_1+\Delta M_2$ 。式中，ΔM_1 为新增的荷载效应；ΔM_2 为部分恒载产生的效应，考虑为恒载作用下跨中弯矩值的 30%，即 $\Delta M_2=647.8\times30\%=194.3\text{ kN}\cdot\text{m}$。

由图 3.4-4 束形图的几何关系可得

$$\sin\theta=\frac{650+100}{\sqrt{4000^2+(650+100)^2}}$$

$$=0.1842$$

$$P=\frac{\Delta M_1+\Delta M_2}{a\sin\theta}$$

$$=\frac{176.4+194.3}{4\times0.1842}$$

$$=502.9\text{kN}$$

$$A_{\text{p}}=\frac{P}{\sigma_{\text{pu}}}$$

$$=\frac{502.9\times10^3}{992.8}$$

$$=506.6\text{mm}^2$$

实配 2-2ϕ^{s}15，$A_{\text{p}}=556\text{mm}^2$

预应力损失及预应力筋的有效预加力计算：

预应力筋张拉力 $N_{\text{con}}=2\times2\times139\times1116=620.5\text{kN}$

3.4.8　预应力损失及等效荷载计算

1. 锚具变形及预应力筋内缩损失 σ_{l1}

$$\sigma_{l1}=\frac{a}{l}E_{\text{p}}$$

$$=\frac{5}{12000}\times195000$$

$$=81.25\text{N/mm}^2$$

2. 摩擦损失 σ_{l2}

一端张拉，张拉端在 A 点，锚固端在 E 点，无粘结预应力钢绞线，$\kappa=0.004$，μ

$=0.09$，转向块处的转角 $\theta=\dfrac{0.65+0.1}{4}=0.1875\text{rad}$，计算结果见表 3.4-7。

孔道摩擦损失 σ_{l2} 计算结果　　表 3.4-7

线段	x（m）	θ（rad）	$\kappa x+\mu\theta$	$e^{-(\kappa x+\mu\theta)}$	终点应力（N/mm^2）	σ_{l2}/σ_{con}（%）	$s_{l2}=N_{con}\dfrac{\sigma_{l2}}{\sigma_{con}}$（kN）	$N_{pe}=N_{con}-s_{l2}$（kN）
AB	4	0.1875	0.0329	0.9677	1079.91	3.23	20.1	600.4
BC	2	0	0.0080	0.9920	1071.30	4.01	24.9	595.6
CD	2	0	0.0080	0.9920	1062.77	4.77	29.6	590.9
DE	2	0.1875	0.0329	0.9677	1028.40	7.85	48.7	571.8

3. 预应力松弛损失 σ_{l4}

$$\begin{aligned}\sigma_{l4}&=0.125\left(\frac{\sigma_{con}}{f_{ptk}}-0.5\right)\sigma_{con}\\&=0.125\times(0.6-0.5)\times1116\\&=13.95\text{N/mm}^2\end{aligned}$$

4. 混凝土收缩徐变损失 σ_{l5}

《建筑结构体外预应力加固技术规程》JGJ/T 279—2012 规定，既有结构混凝土浇筑完成后时间超过 5 年时，σ_{l5} 值可取 0。

由于本工程已投入使用很多年，混凝土收缩可视为全部完成，且预应力配筋量较小，预应力产生的轴向压应力较小，可不考虑混凝土收缩、徐变引起的预应力损失。总损失 σ_l 及有效预加力值 N_{pe} 见表 3.4-8。

总损失 σ_l 及有效预加力值 N_{pe}（kN）　　表 3.4-8

截面位置	$\sigma_{l1}\times A_p$	$\sigma_{l2}\times A_p$	$\sigma_{l4}\times A_p$	$\sigma_{l5}\times A_p$	$\sigma_l\times A_p$	N_{pe}
张拉端	81.25	0	13.95	0	52.9	567.6
跨中	81.25	44.7	13.95	0	77.8	542.7
锚固端	81.25	87.6	13.95	0	101.6	518.9

5. 梁预应力等效荷载计算

梁预加力值　$N_p=(567.6+542.7+518.9)/3=543.0\text{kN}$

跨中偏心距　$e=643.0-(-100)=743.0\text{mm}$

跨中偏心弯矩 $M=N_pe=543.0\times743.0=403.5\text{kN}\cdot\text{m}$

3.4.9 承载力计算

跨中

设计弯矩 $M=1106.9\text{kN}\cdot\text{m}$，配筋 $A_s=3041\text{mm}^2$，$A'_s=603\text{mm}^2$，$A_p=556\text{mm}^2$

体外预应力筋的应力设计值

$$\begin{aligned}\sigma_{pu} &= \sigma_{pe} + \Delta\sigma_p \\ &= \frac{N_{pe}}{A_p} + \Delta\sigma_p \\ &= \frac{543.0\times10^3}{556} + 100 \\ &= 1076.7\text{N/mm}^2\end{aligned}$$

假设受压区高度在翼缘内，则有

$$\alpha_1 f_c bx + \alpha_1 f_c (b_f - b)(x - 150) + f'_y A'_s = \sigma_{pu} A_p + f_y A_s$$

$$\begin{aligned}x &= \frac{\sigma_{pu}A_p + f_y A_s - f'_y A'_s + \alpha_1 f_c (b_f - b)\times150}{\alpha_1 f_c b_f} \\ &= \frac{1076.70\times556 + 300\times3041 - 300\times603 + 1.0\times16.7\times(550-250)\times150}{1.0\times16.7\times550} \\ &= 226.6\text{mm}\end{aligned}$$

$150\text{mm}\leqslant x=226.6\text{mm}\leqslant 150+h_f=250\text{mm}$，故受压区高度在翼缘内。

$$\begin{aligned}M_u &= \sigma_{pu}A_p\left(h_p - \frac{x}{2}\right) + f_y A_s\left(h - a_s - \frac{x}{2}\right) + f'_y A'_s\left(\frac{x}{2} - a'_s\right) \\ &\quad - \alpha_1 f_c (b_f - b)(x-150)\left(150 + \frac{x-150}{2} - \frac{x}{2}\right) \\ &= 1076.7\times556\times(1300 - 226.6/2) + 300\times3041\times(1200 - 44 - 226.6/2) \\ &\quad + 300\times603\times(226.6/2 - 41) + 1.0\times16.7\times(550-250)\times(226.6-150) \\ &\quad \times150/2 \\ &= 1645.9 > 1106.9\text{kN}\cdot\text{m}(\text{满足})\end{aligned}$$

$$\begin{aligned}h_0 &= \frac{\sigma_{pu}A_p h_p + f_y A_s h_s}{\sigma_{pu}A_p + f_y A_s} \\ &= \frac{1076.7\times556\times1300 + 300\times3041\times1156}{1076.7\times556 + 300\times3041} \\ &= 1213.0\text{mm}\end{aligned}$$

$$\xi = \frac{x}{h_0} = \frac{226.3}{1213.0} = 0.19$$

支座处抗剪不足的问题，可采用粘贴钢带法进行加固，计算从略。

3.4.10　挠度验算

换算截面几何性质

$$\begin{aligned}I_0 &= 4.804\times10^{10}\text{mm}^4 \\ y_{01} &= 615.1\text{mm} \\ y_{02} &= 584.9\text{mm} \\ W_{01} &= 7.810\times10^7\text{mm}^3 \\ W_{02} &= 8.214\times10^7\text{mm}^3 \\ \sigma_{pc} &= \frac{543.0\times10^3}{337500} + \frac{543.0\times10^3\times743.0}{6.382\times10^7} \\ &= 7.93\text{N/mm}^2\end{aligned}$$

加固后的正截面开裂弯矩值

$$M_{cr}=\sigma_{pc}W$$
$$=7.93\times6.382\times10^{7}/10^{6}$$
$$=506.2\text{kN}\cdot\text{m}$$

$$k_{cr}=\frac{M_{cr}}{M_k}$$
$$=\frac{506.2}{868.3}$$
$$=0.58$$

$$\alpha_E=20000/31500$$
$$=6.35$$

$$\rho=\frac{A_s+0.3A_p}{bh_0}$$
$$=\frac{3041+0.3\times556}{250\times1213.0}$$
$$=1.06\%$$

$$\gamma_f=\frac{(b_f-b)h_f}{bh_0}$$
$$=0$$

$$\omega=\left(1.0+\frac{0.21}{\alpha_E\rho}\right)(1+0.45\gamma_f)-0.7$$
$$=3.43$$

短期刚度 $B_s=\dfrac{0.85E_cI_0}{k_{cr}+(1-k_{cr})\omega}=0.42E_cI_0$

考虑荷载长期作用影响的刚度

$$B=\frac{M_k}{M_q(\theta-1)+M_k}B_s$$
$$=\frac{868.3}{762.4\times(1.5-1)+868.3}\times0.42E_cI_0$$
$$=0.29E_cI_0$$

$$q=1.35\times28.2+1.4\times0.7\times7.2$$
$$=45.2\text{kN/m}$$

1. 外荷载下的挠度

$$f_1=\frac{5ql^4}{384B}$$
$$=\frac{5\times45.2\times14000^2}{384\times0.29E_cI_0}$$
$$=50.9\text{mm}$$

2. 预应力反拱

根据熊学玉所著《体外预应力结构设计》(中国建筑工业出版社),有

$$f_{pc}=\frac{(\Delta N_p+N_p)e}{6B}(2L_1^2+6L_1L_2+3L_2^2)$$

反向短期刚度

$$\rho_s=\frac{A_s}{bh_0}=\frac{3041}{250\times1213.0}=1.00\%$$

$$B_s=\frac{N_{clo}-N_p}{N_{clo}}\cdot\frac{E_sA_sh_0^2}{1.15\psi+0.2+\frac{6\alpha_E\rho_s}{1+3.5\gamma'_f}}+\frac{N_p}{N_{clo}}\cdot0.85E_cI_0$$

$$=\frac{793.7-543.0}{793.7}\times\frac{200000\times3041\times1213.0^2}{1.15\times0.32+0.2+\frac{6\times6.35\times1.00\%}{1+3.5\times0}}+\frac{543.0}{793.7}\times0.85E_cI_0$$

$$=1.15\times10^{15}\text{N}\cdot\text{mm}^2$$

$$\Delta r=1.35\times(7.2+12.6)+1.4\times0.7\times7.2=33.8\text{kN/m}$$

$$k_1=\frac{\Delta r}{2}L^2+\frac{16}{3}M=\frac{33.8}{2}\times14000^2+\frac{16}{3}\times1106.9\times10^6=9.215\times10^9\text{N}\cdot\text{mm}$$

$$k_2=(1+0.5\alpha)e_1-\frac{e_2}{3}(1-\alpha)=\left(1+0.5\times\frac{4}{14}\right)\times(615.1+100)-\frac{650-615.1}{3}\times\left(1-\frac{4}{14}\right)=809.0\text{mm}$$

$$\Delta N_p=\frac{k_1k_2}{10E_cI_0}E_p\times A_p=\frac{9.215\times10^9\times809.0}{10\times31500\times4.804\times10^{10}}\times195000\times556=53403\text{N}$$

$$f_{pc}=\frac{(53403+543.0\times10^3)\times(615.1+100)}{6\times1.15\times10^{15}}\times(2\times4^2+6\times4\times4/2+3\times4^2/4)\times10^6=5.7\text{mm}$$

考虑预压应力长期作用的影响

$$f_2=1.5f_{pc}=8.6\text{mm}$$

3. 计算挠度值 $f = f_1 - f_2 = 50.9 - 8.6 = 42.3\text{mm}$

挠跨比　$\frac{f}{L} = \frac{42.3}{14000} \approx \frac{1}{330} \leqslant \frac{1}{300}$（满足）

3.4.11　施工图

如图 3.4-7 所示。

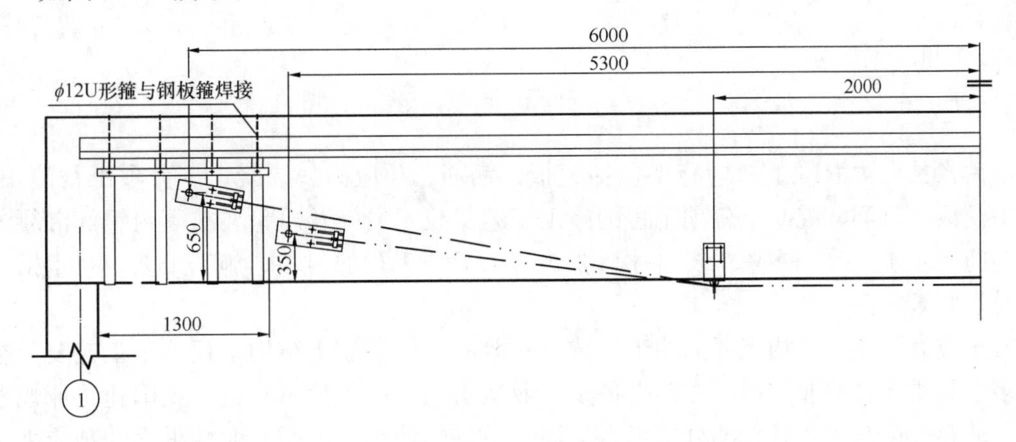

图 3.4-7　施工图

第4章　后张预应力施工

4.1　概述

后张预应力混凝土结构施工包括模板、钢筋、预应力、混凝土等分项工程施工，其中模板、钢筋、混凝土分项工程的施工工艺、技术措施及质量要求等与钢筋混凝土结构施工基本一致，本章主要讲述后张预应力分项工程的材料、施工工艺、技术措施及质量要求等。

预应力混凝土结构工程的施工工艺比一般的钢筋混凝土结构工程施工工艺要复杂得多，需要多种专业知识、专门设备及专业队伍在严格管理下完成。我国建筑业规模大，从业人员众多，且大部分施工人员缺乏系统的培训，因而专业性很强的预应力工程在施工管理及质量控制方面与先进国家相比尚有一定的差距。如果预应力分项工程施工质量差，不仅影响构件的抗裂性能，还可能影响其承载能力及耐久性，因此需要加强专业化施工管理，并不断提高施工工艺及工程管理水平。

由于预应力分项工程施工工艺复杂，专业性强，质量要求高，以往均由预应力专业施工公司承担预应力分项工程的施工作业。预应力专业施工公司对预应力工程的材料、机具、设备及施工工艺熟悉，现场施工质量把控能力强，有利于保证预应力分项工程的施工质量，但客观上也在一定程度上形成了监理单位和总承包单位过于依赖预应力专业施工公司，为数不少的监理单位及施工总承包单位对预应力分项工程施工过程中需控制的重点工序和质量控制要点不熟悉、不重视的现状。

随着住房城乡建设部对建筑施工企业施工资质管理的改革，从2015年1月1日起，取消了预应力分项工程专业施工资质，意味着今后所有具有施工资质的企业都可以从事预应力分项工程的施工作业。随着建筑市场的竞争日趋激烈，施工总承包单位从降低施工成本、增强企业竞争力的角度出发，可能会越来越多地考虑自行进行预应力分项工程的施工。因此，本章结合预应力分项工程的施工流程，有针对性地介绍主要工序的施工工艺及质量验收要求。

目前，在后张预应力混凝土结构中，以无粘结预应力或有粘结预应力工程居多，因此，本章着重介绍无粘结预应力和有粘结预应力的施工与验收，处于发展阶段的缓粘结预应力的施工与验收在第6章单独介绍。

4.2 预应力混凝土结构施工流程

无粘结预应力工程中，预应力筋通过油脂和护套与构件混凝土完全脱开，依靠设置于预应力筋端部的锚具将预应力传递到结构构件中，多用于楼板、次梁等非抗震构件。无粘结预应力工程施工工艺比较简单，张拉设备轻巧，便于移动，对张拉操作空间要求比较低，自20世纪90年代以来得到广泛的应用。见图4.2-1（*a*）。

有粘结预应力工程中，预应力筋在施工完成后与构件混凝土粘结在一起，但在灌浆之前，预应力筋独立存在于构件预留孔道中，依靠固定在构件端部的锚具将预应力传递到结构构件中，多用于框架梁、柱等抗震构件及大跨度次梁和楼板等大跨度构件中。有粘结预应力工程施工工艺比较复杂，在构件中需预留孔道，张拉后需进行孔道灌浆，预留孔道的安装质量对后期张拉与灌浆的影响很大；张拉多采用整束张拉，设备较大，移动不便，对张拉空间要求比较高。见图4.2-1（*b*）。

(*a*)

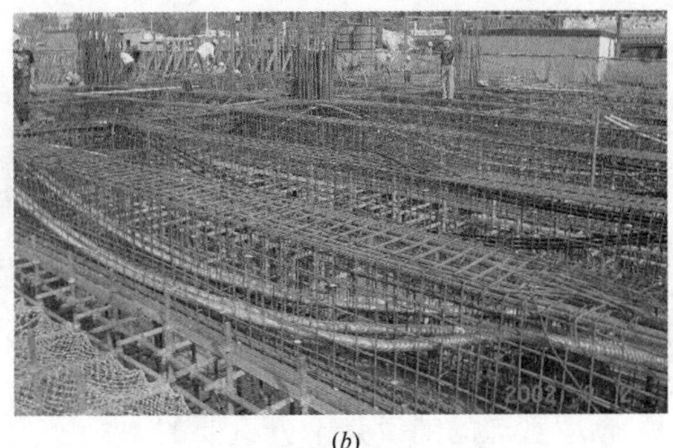
(*b*)

图4.2-1 无粘结预应力与有粘结预应力工程示意
（*a*）楼板无粘结预应力；（*b*）主梁有粘结预应力，次梁无粘结预应力

预应力工程仅是预应力混凝土结构施工时的分项工程之一，在混凝土浇筑之前的安装阶段，预应力分项工程的施工与钢筋工程、模板工程施工相互交叉，相互制约，在组织预应力混凝土结构的施工时，应结合预应力分项工程施工工艺特点，合理组织各分项工程施工。

4.2.1 无粘结预应力施工流程

无粘结预应力的施工工艺非常简单，与普通钢筋混凝土结构施工流程相比较，增加了预应力筋安装、预应力筋张拉和锚具封闭保护等施工工序。在新增加的工序中，只有在预应力筋安装阶段，预应力分项工程的施工和钢筋、模板等分项工程有一定的交叉，张拉和锚具封闭保护均可单独进行，通过合理组织施工流水，合理安排预应力

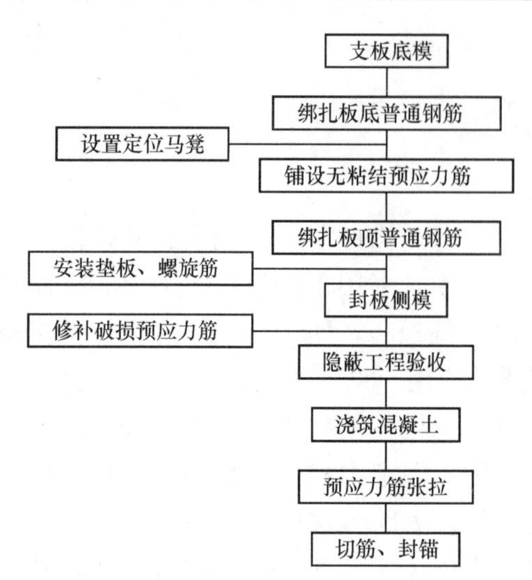

图 4.2-2 楼板无粘结预应力工程施工流程

筋的张拉时间，无粘结预应力分项工程的施工可基本做到不单独占用施工工期。

在无粘结预应力分项工程施工过程中，预应力筋的铺设和楼板普通钢筋的绑扎是同时或穿插进行的，这是由于通常情况下，楼板无粘结预应力筋位于楼板上下两层钢筋网片之间，无粘结预应力筋在楼板厚度方向上的曲线定位需要以普通钢筋为依托。无粘结预应力筋端部锚垫板、锚固区加强钢筋的安装及护套的破损修补均可和其他工序的施工同时进行，相互之间并不受影响。图 4.2-2 是典型的无粘结预应力楼板施工工艺流程示意。

4.2.2 有粘结预应力施工流程

有粘结预应力分项工程的施工比无粘结预应力分项工程的施工要复杂得多，与普通钢筋混凝土结构施工流程相比，增加的工序也较多，新增的工序主要有预埋管道的安装、预应力筋穿入预埋管道、端部锚固区设置、预应力筋张拉、孔道灌浆和锚具的封闭保护等，每道施工工序质量对结构构件中有效预应力的建立都可能产生重要影响。

在有粘结预应力分项工程施工中，预埋管道的铺设是十分重要的工序，其施工质量直接影响后期预应力筋的张拉和孔道灌浆质量。通常情况下，预埋管道通过定位钢筋固定在梁普通钢筋骨架上，因此需待梁普通钢筋骨架施工完成并定位固定后才能进行预埋管道的安装施工，会单独占用一定的施工工期；同样，预应力束端部锚固区锚垫板及锚固区加强钢筋的安装也通常固定在梁普通钢筋骨架上，也会占用一定的施工工期。图 4.2-3 是带有后浇带的有粘结预应力梁施工工艺流程示意图。

建筑工程中，常采用先穿束施

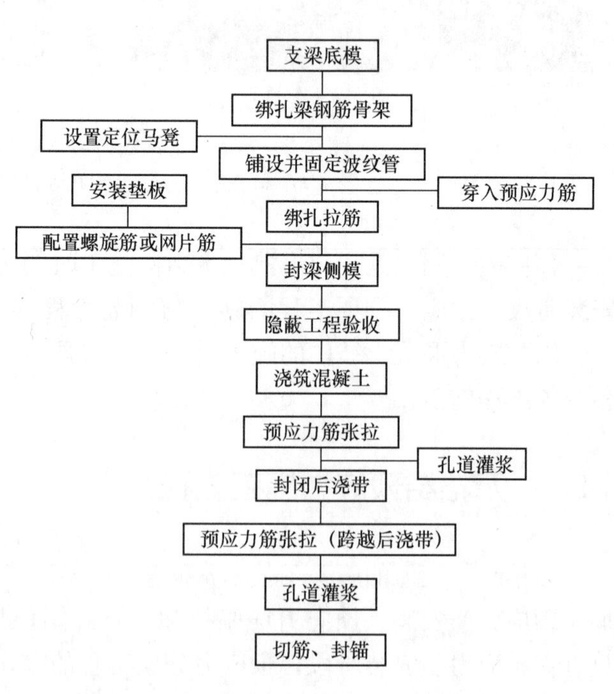

图 4.2-3 梁有粘结预应力工程施工流程

工工艺，即有粘结预应力筋在混凝土浇筑之前穿入预埋管道。由于有粘结预应力筋在结构构件中通常是成束布置的，张拉时需要采用大吨位千斤顶进行张拉，需要比较大的张拉操作空间，因此，应留出足够的张拉操作空间，保证后期预应力筋的张拉和预留孔道的灌浆能顺利进行。

预应力筋安装是穿插在钢筋工程与模板工程之间进行的，在预应力筋、管道、端部锚具、排气管等安装后，仍有大量的后续工程在同一工位或其周边进行，相互之间需要协同作业。如果不采取合理的措施进行保护，很容易造成已安装预应力工程的破损、移位、损伤、污染等，影响后续工程及工程质量。例如，外露预应力筋需采取保护措施，否则容易受混凝土污染；垫板喇叭口和排气管口需封闭，否则养护水或雨水进入孔道，使预应力筋和管道锈蚀，而混凝土还可能由垫板喇叭口进入预应力孔道，影响预应力筋的张拉等。

4.2.3 预应力分项工程与其他分项工程的协调

预应力分项工程与模板、钢筋、混凝土分项工程有着密切的联系，既有顺序关系，也有交叉关系，同时与水电等其他专业也有交叉作业关系。因此，在进行施工组织时，应统筹考虑，合理安排施工流水及施工节奏，保证施工能流畅进行且能有效保证施工质量。

1. 模板分项工程

模板工程施工与预应力分项工程施工质量密切相关。预应力构件的模板与支撑可采用分离式配置，便于在保留支撑的条件下拆除模板，加快模板的周转使用；模板拼缝应严密、不漏浆，特别是在张拉锚固区，如果混凝土不密实，会影响预应力施加效果，甚至造成预应力筋无法张拉锚固；梁、板中的预应力筋，不论采用内凹式张拉端还是外露式张拉端，预应力筋的张拉预留长度总是要伸出梁端或板端，因此，梁端模或板侧模需要按施工图规定的预应力筋位置进行编号定位和钻孔（图 4.2-4），便于预应力筋伸出，采用后穿束工艺时也可不钻孔；梁侧模板可先支设一侧（图 4.2-5、图

(*a*)

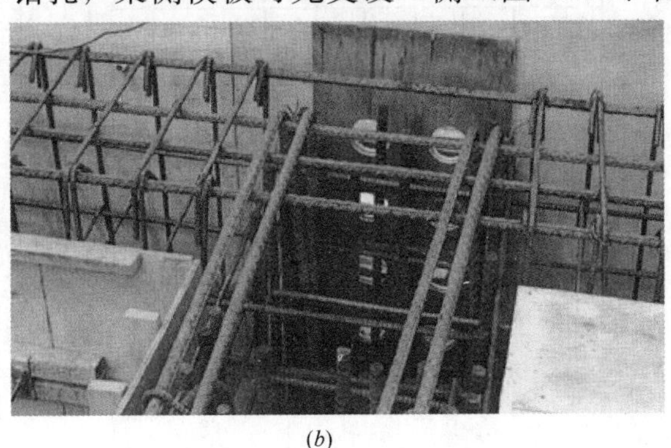

(*b*)

图 4.2-4 模板预留预应力筋孔道示意图

(*a*) 无粘结预应力筋从板侧模伸出；(*b*) 梁端模板预留预应力束孔道

4.2-6)，与楼板底模形成工作平台，既不影响梁内预应力筋的安装，又能提高后续施工的安全性；梁的另一侧模板安装时的对拉螺栓位置应根据梁中预应力筋（预埋管道）的曲线位置进行调整，防止对拉螺栓损坏预应力筋（预埋管道）。

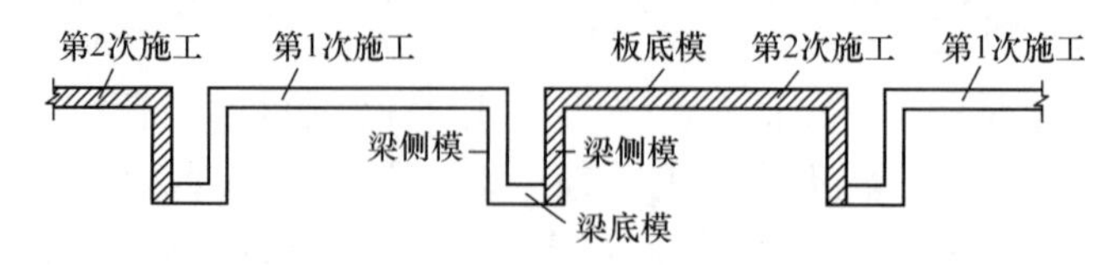

图 4.2-5　梁侧模板支设顺序示意图

图 4.2-6　支设梁单侧模板

预应力筋张拉之前，所有影响预应力构件压缩的侧模、端模等应拆除。梁（板）底模板与支撑的拆除顺序应满足设计要求，当构件中的预应力筋仅为提高构件刚度时，构件下部的模板与支撑可在张拉之前拆除。

对于连续多层的预应力楼盖，已张拉完成的楼盖下支撑与模板的拆除顺序应经验算确定。为加快模板与支撑的周转速度，节约施工周转材料，在预应力筋张拉完成后可拆除该层楼板的模板与支撑，但需对该楼层承担的荷载进行验算，保证其承担的荷载不超过设计荷载，其承担的荷载应包括本层楼板自重、上部楼板自重及本层以上所有支撑重量与施工荷载，有动力荷载时还需考虑荷载的动力系数。当一层楼盖不足以承担上部施工荷载时，可采用保留其与下层楼盖间支撑的方式，由两层已张拉完成的楼板共同承担上部施工荷载。在高层建筑中通常可采用两层顶两层的方式，即在已张拉好的 2 层之间的竖向支撑不拆除的情况下，可以再往上浇筑 2 层混凝土；或两层顶一层的方式，对楼板的模板与支撑进行顺序拆除（图 4.2-7）。

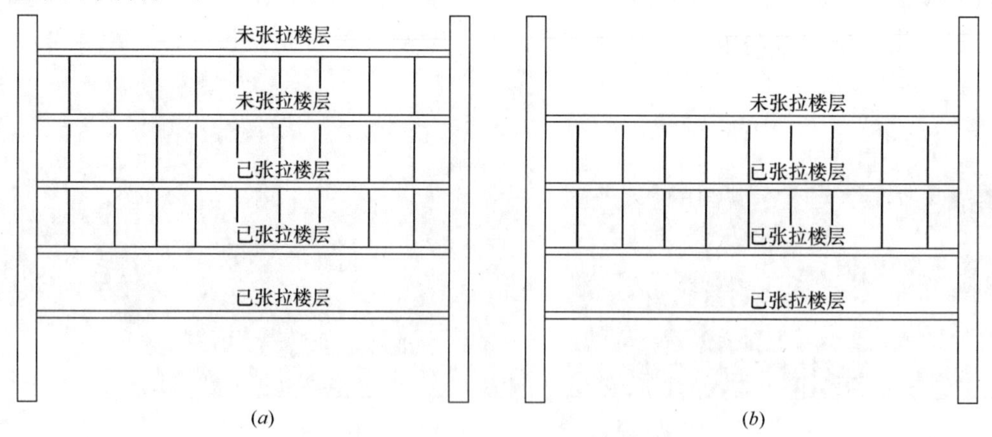

图 4.2-7　模板及支架的支设与楼层施工顺序示意

(a) 两层顶两层；(b) 两层顶一层

2. 钢筋分项工程

无论是预应力楼板还是预应力梁的施工，预应力分项工程总是与钢筋工程并行施工，二者之间总是相互影响。为了保证结构施工质量，在施工之前，应根据构件中钢筋与预应力筋之间的相互位置关系及配筋实际，制定钢筋与预应力筋的定位详图（图4.2-8)，事先确定各自在构件中的位置，避免后续钢筋与预应力筋安装时相互干扰，甚至无法正常安装的现象。

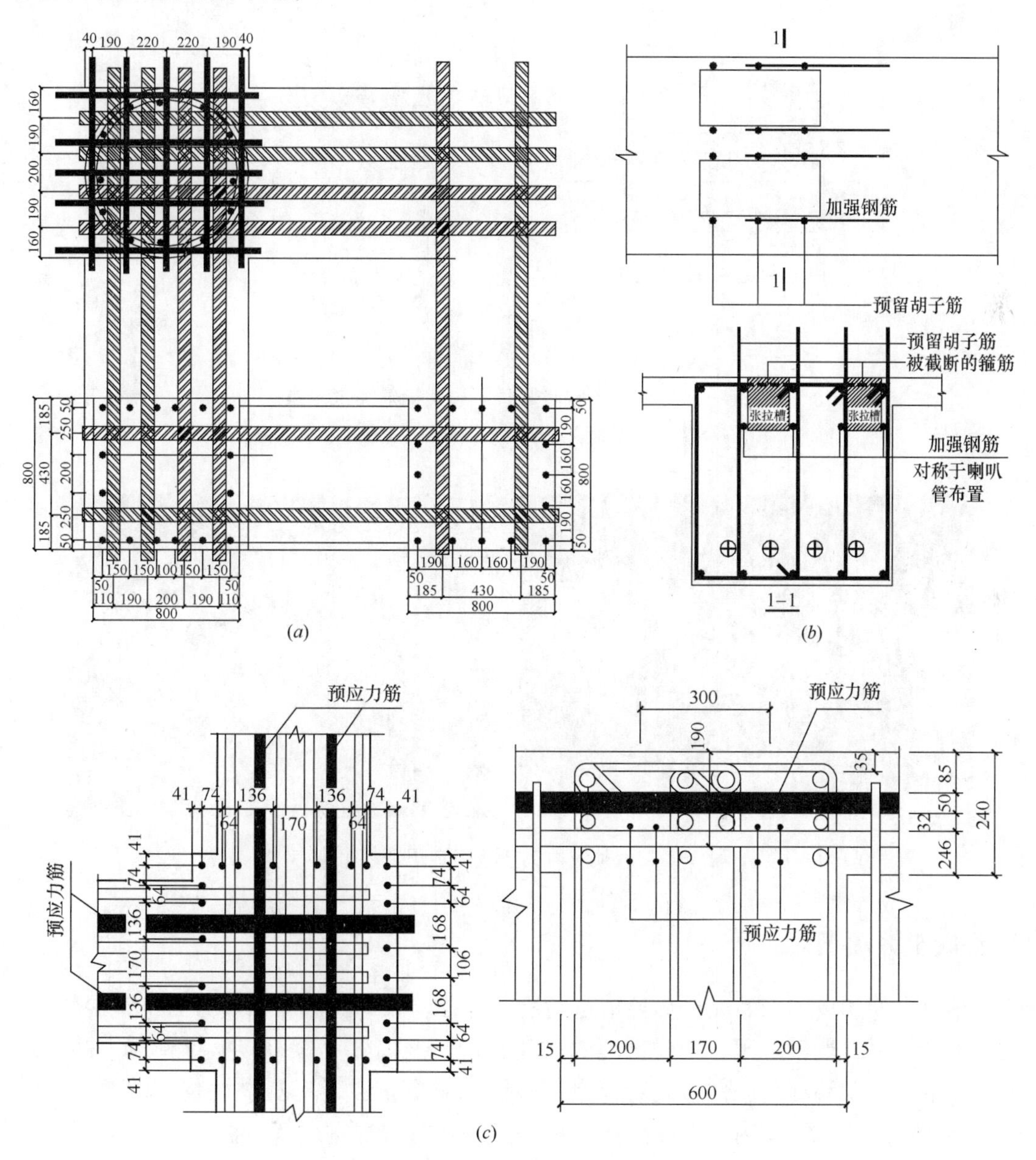

图4.2-8 普通钢筋与预应力筋定位关系示意

(*a*) 梁、柱普通钢筋与预应力筋定位示意；(*b*) 梁上张拉端与普通钢筋关系示意；

(*c*) 梁柱节点区普通钢筋与预应力筋位置关系示意

预应力张拉端锚垫板尺寸较大，锚垫板设置区域的梁柱箍筋通常加密设置，间距较小，应事先根据设计图纸要求的预应力锚垫板位置对梁柱箍筋间距与肢距进行必要的调整，以便安装预应力锚垫板（图4.2-9）。

预应力筋的张拉端与固定端锚垫板、预应力束（预埋管道）曲线定位钢筋及预留孔道排气管通常固定在梁（板）的钢筋骨架上（图4.2-10），钢筋骨架的安装质量对预应力筋的安装质量会产生直接的影响，因此钢筋工程施工必须与预应力工程施工进行统一规划，避免各自为战。

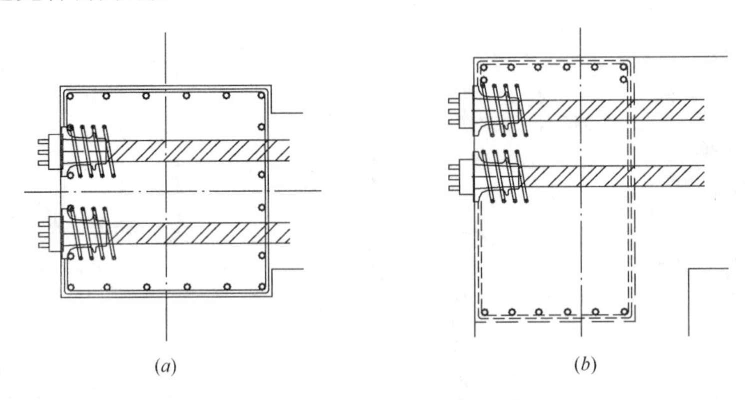

图4.2-9　预应力锚具与柱、边梁钢筋关系示意

（a）锚具和柱钢筋位置关系；（b）锚具和边梁钢筋位置关系

图4.2-10　预应力锚垫板固定于钢筋骨架

3. 混凝土分项工程

预应力筋铺设、安装完毕后，应进行隐蔽工程验收，验收合格后方可浇筑混凝土。混凝土浇筑时，严禁踏压、磕碰预埋的成孔管道，振捣棒不应直接振捣预应力筋、定位支撑钢筋以及端部预埋件；混凝土浇筑过程中应防止混凝土及水泥浆从端部或中间张拉端喇叭口进入管道内；混凝土应振捣密实并及时按规定进行养护。

预应力分项工程作为结构工程最重要的分项工程，其质量的保证应是一系列工序质量保证的结果。而在施工过程中对阶段成品的保护显得尤为重要，这里的阶段成品主要指安装后的成品，包括预应力筋、锚具、垫板等，保护内容有：保护预应力筋塑料皮完好无损，定位准确；预应力筋不受电、气焊损伤；锚具、垫板位置准确，不受机械损伤，保护波纹管不被压瘪等。为保护成品，需要上述各相关工程的施工单位施工人员及管理人员高度重视，共同努力保护。常见的对成品的伤害可列举如下：

（1）后续钢筋绑扎时钢筋磕碰预应力筋、破坏预应力筋塑料皮和波纹管；

（2）埋件等安装时电焊操作损伤预应力筋；

（3）水电管线的位置和预应力筋冲突，造成预应力筋移位；

（4）混凝土浇筑过程中，直接振捣预应力筋、波纹管或张拉端、固定端，造成预应力筋移位；

（5）模板安装时的对拉螺栓位置与波纹管冲突，损伤波纹管；

（6）排气管被工人踩踏。

以上仅仅是工程中常见的一些问题，在实际施工过程中，情况可能更复杂，需要施工各方的重视和共同努力，做好成品保护工作。

4.3　预应力工程施工准备

细致、充分的施工准备是预应力分项工程能顺利施工且保证施工质量的前提，主要包括技术准备，人员、机具与材料准备，施工组织与管理等几个方面。

4.3.1　技术准备

预应力分项工程施工技术准备包括两个方面的内容：预应力深化设计和预应力工程专项施工方案。

1. 深化设计

目前，我国预应力混凝土结构的设计主要有两种情况：一种情况是设计单位熟练掌握预应力混凝土的理论和设计方法，其完成的施工图较完整地表达了预应力工程施工中需要的材料、束形详图、锚固区详图、管道规格、定位、张拉工艺、顺序以及灌浆技术等要求，预应力专业施工单位依照图纸施工即可。该类设计大多见于公路桥梁及市政桥梁的预应力结构中，因为这些领域的预应力技术应用历史较长，已经培养了相当规模的预应力结构设计队伍。另一种情况是设计施工图中有关预应力设计的内容不完整，比如只给出预应力筋规格和配置数量，没有给出详细的束形、端部构造、甚至仅仅标识某个区域的结构为预应力混凝土结构，而未确定结构方案或相应的结构及工艺参数等。这种情况下，需要由专业施工单位，进行必要的设计或深化设计，完善施工图设计内容。

预应力混凝土工程的施工图深化设计应有针对性，并应能指导具体施工，通常包括以下主要内容：

（1）材料。包括材料的品种、强度等级、松弛性能及其他力学性能指标要求及其应符合的产品标准等。

（2）锚固体系。确定适合于所选用预应力筋的张拉锚固系统，选用锚固体系时，应根据工程环境、结构要求、预应力筋的品种、产品的技术性能、张拉施工方法和经济性等因素进行综合分析比较后确定。特别是后张无粘结预应力工程，由于锚固体系与预应力体系的耐久性息息相关，在选择锚固体系时，应依据工程环境条件，合理选择锚固体系，确保耐久性。

（3）预应力筋束形定位坐标图。依据设计图纸确定的预应力筋曲线确定预应力筋在构件中的具体位置，包括平面位置及曲线标高。这里的定位位置是指预应力筋定位支架的位置，定位支架的间距应能保证预应力筋在混凝土浇筑过程中定位牢固，始终位于设计给定的位置。

（4）张拉端及固定端构造。依据所选择的锚固体系要求，确定张拉端与固定端的构造要求，包括锚具间距、局部承压加强筋的配置构造等。

（5）张拉控制应力。确定实际张拉时的张拉应力，需要考虑超张拉、变角张拉、分批张拉等施工操作工艺对张拉应力的影响，确保预应力筋中的有效应力满足设计要求。

（6）张拉或放张顺序及工艺。依据结构特点及荷载的施加顺序，确定结构构件中预应力筋的张拉顺序，使结构构件中预应力的建立顺序与其内力变化相一致，防止对结构构件产生不利影响。

（7）锚具封闭构造。依据结构构件的耐久性设计要求，确定锚具的具体封闭防护措施及构造要求，确保预应力体系的耐久性满足结构构件的耐久性要求。

（8）孔道摩擦系数取值。主要用来计算预应力筋的张拉理论伸长值，可以采用有关规范给定的数值，也可在施工现场实测确定。

进行深化设计时，预应力筋束形定位坐标应考虑预应力筋与普通钢筋的交叉关系，张拉端与固定端构造措施应符合工程实际，预应力筋的张拉顺序不应对结构造成不利影响。

2. 专项施工方案

预应力分项工程作为专业性很强的分项工程，编制有针对性的专项施工方案是必不可少的，是高质量完成分项工程的前提。专项施工方案应结合工程实际编写，应具有针对性、可操作性，并能准确实现设计意图。一般应包括以下主要内容：

（1）编制依据。指施工依据与验收依据，包括设计图纸、施工规范、验收规范、企业工法等。

（2）材料采购与检验、试验计划。依据设计图纸的规定及工程施工进度计划，确定材料的采购与进场计划，并依据进场的数量确定进场验收时的组批与试验计划，如预应力筋的强度、锚夹具的锚固效率系数、成孔管道的径向刚度及抗渗性等。在确定试验计划时，可依据《混凝土结构工程施工质量验收规范》GB 50204—2015 的有关规定，事先确定材料检验批的容量放大方案。

（3）预应力施工工艺与技术措施。根据工程实际需要，分别针对有粘结预应力和无粘结预应力，制定专门的施工工艺和技术措施，包括预应力筋制作、管道预埋、预应力筋安装、预应力筋张拉、孔道灌浆和封锚等，预应力筋张拉与结构施工的顺序关系等内容。

（4）施工进度和劳动力安排计划。结合主体结构的施工进度计划，确定预应力分项工程的施工进度计划并统筹安排所需的劳动力。由于预应力分项工程施工的专业性强，不同的工序需要安排具有相应技能的人员进行施工，以确保施工质量。

（5）模板、钢筋及混凝土等相关分项工程的配合要求。预应力分项工程与模板、钢筋、混凝土等分项工程总是并行或交叉施工，相互依赖、相互影响。模板工程对预应力筋的曲线定位、张拉端的安装与固定及预应力筋的张拉均有不同程度的影响；预应力工程总是与钢筋工程并行施工，钢筋骨架的安装质量对预应力筋的安装质量会产生直接的影响，因此钢筋工程施工必须与预应力工程施工进行统一规划，避免后续钢筋与预应力筋安装时相互干扰，甚至无法正常安装的现象；混凝土浇筑时，可能会造成预应力筋、定位支撑钢筋以及端部预埋部件移位，当混凝土成型后，如果在预应力筋的张拉与锚固区域产生蜂窝、孔洞、空鼓等混凝土质量问题，会造成预应力筋无法张拉或延期张拉，影响工程质量和施工进度。

（6）施工质量要求和质量保证措施。施工方案中应明确每一施工工序的质量要求、相应的合格标准及检查方法，为达到质量要求所需要的质量保证措施也应一一对应给出。对于大跨度、复杂的预应力混凝土工程，尚应根据结构具体情况注意施工偏差对结构的影响，应避免安装偏差过大对结构产生不利影响。比如，预制构件中的大跨度屋架，其下弦杆截面一般很小，预应力筋配置偏差过大时，易在张拉阶段产生屋架下弦的侧向弯曲等；大跨度框架预应力混凝土结构施工中，如果地面不够坚实，导致支撑在混凝土浇筑阶段下沉，可能会引起梁混凝土的裂缝。再比如，转换层预应力大梁的预应力筋张拉应与上部结构的层数相匹配，否则可能引起大梁或上部结构的裂缝等不利情况，必要时可进行监测。

（7）冬、雨期施工措施。给出冬、雨期等极端天气条件下的施工技术措施，确保施工质量。

（8）施工安全要求和安全保证措施。预应力分项工程施工过程中，不仅需要和其他专业在楼层平面内交叉施工，还需在不同楼层之间交叉施工，施工过程中用到的设备与工具较多，因此应结合施工流程，确定每一工序施工时的危险因素，并给出切实可行的安全防护措施，保证安全防护措施周密、可靠，确保施工安全。

（9）施工现场管理机构。针对预应力分项工程，确定专门的管理小组与机构，施工班组、质检、技术、安全等部门分工与配合，从质量、安全、进度等方面做到分工明确、责任到人，真正建立起施工人员责任制。

（10）安全生产事故应急预案。结合工程特点、施工周期、以往的经验与教训等制定安全生产事故应急预案，在发生事故时能够有效组织救援，将损失控制在较小的范围内。

预应力分项工程施工方案应尽可能的详实，结合以往的工程经验与教训，针对施工中的控制要点及容易出现的问题，给出切实可行的对策，真正能起到指导施工的作用。

4.3.2　人员组织

1. 人员要求

预应力分项工程的施工人员要求主要由经培训的施工作业人员组成，主要操作人员应具有识图能力，能做到按图施工；应具有切割机、油泵与千斤顶、灌浆设备等的安全操作与维修技能，能处理施工过程中出现的意外状况；对锚具制作质量、水泥浆制作与灌浆质量有明确的认知，准确区分其是否符合施工质量要求等。未经培训的施工人员禁止单独进行施工操作。

2. 人员组织

预应力分项工程的现场施工作业人员由管理人员和施工操作人员组成。施工管理人员主要包括技术负责人、质量检查人员和安全管理人员，从管理上保证施工现场能安全有序施工。

预应力分项工程主要包括制作与安装、预应力筋张拉和预留孔道灌浆等三个关键工序，每个工序对施工操作人员有不同的技术要求。在施工过程中，张拉施工可每3人为一施工班组，预留孔道灌浆以5人为一施工班组。

4.3.3 材料与机具准备

1. 机具准备

建筑工程的预应力分项工程施工中，常用的施工机具包括预应力筋制作机具、张拉机具和灌浆机具等。预应力分项工程施工之前，应根据预应力构件的配筋状况、结构特点、预应力束规格等选择合适的施工机具，在施工现场合理存放，并按使用要求进行定期维护。

2. 材料准备

(1) 预应力筋

目前常用的预应力筋材料主要有钢丝、钢绞线（图4.3-1、图4.3-2）、精轧螺纹钢筋（图4.3-3）等。后张法预应力结构通常使用无镀层的钢丝和钢绞线、无粘结预应力钢绞线，有特殊防腐要求时应使用镀锌钢丝、镀锌钢绞线或环氧涂层钢绞线，直线预应力筋或拉杆也可使用高强钢筋（钢棒）。因为钢绞线强度高、柔性好、与混凝土握裹性能好，便于制作各类预应力筋，目前工程中大量应用的预应力钢材是钢绞线。

图4.3-1 有粘结预应力钢绞线

图4.3-2 无粘结预应力钢绞线

图4.3-3 精轧螺纹钢筋

(2) 锚具、夹具和连接器

预应力筋锚具、夹具和连接器，按锚固方式不同可分为夹片式、支承式、握裹式等，按锚固位置的不同可分为张拉端锚具和固定端锚具（图4.3-4），按适用预应力筋品种的不同可分为钢绞线用锚具、钢丝束用锚具和精轧螺纹钢用锚具等。

锚具选择应注意以下几个方面：

① 预应力筋用锚具产品应配套使用，同一构件中应使用同一厂家产品。工作锚不应作为工具锚使用。夹片式锚具的限位板和工具锚宜采用与工作锚同一生产厂的配套产品。预应力筋用锚具、锚垫板、螺旋筋等产品是生产厂家通过锚固区传力性能试验得到的能够保证其正常工作性能和安全性的匹配性组合，能够在工程应用中保证锚固区的安全，因此锚具、锚垫板、螺旋筋等产品应配套使用。在同一个构件中不应采用不同厂家的产品，主要是为了保证工程质量，并在工程出现质量问题时，便于确认责任。在工程实际中，出现过将工作锚具作为工具锚使用一次后再作为工作锚使用的现象，由于工作锚和工具锚的设计性能不同，工作锚的重复应用会造成其锚固效率降低，形成工程隐患。不同厂家的产品设计参数有区别，特别是夹片式锚具，张拉时限位板的限位槽深度直接影响预应力的施加效果，因此必须配套使用，或保证其有关参数与原厂家的相同。锚垫板尺寸通常与锚环、局部加强钢筋、所需的混凝土强度等配套，

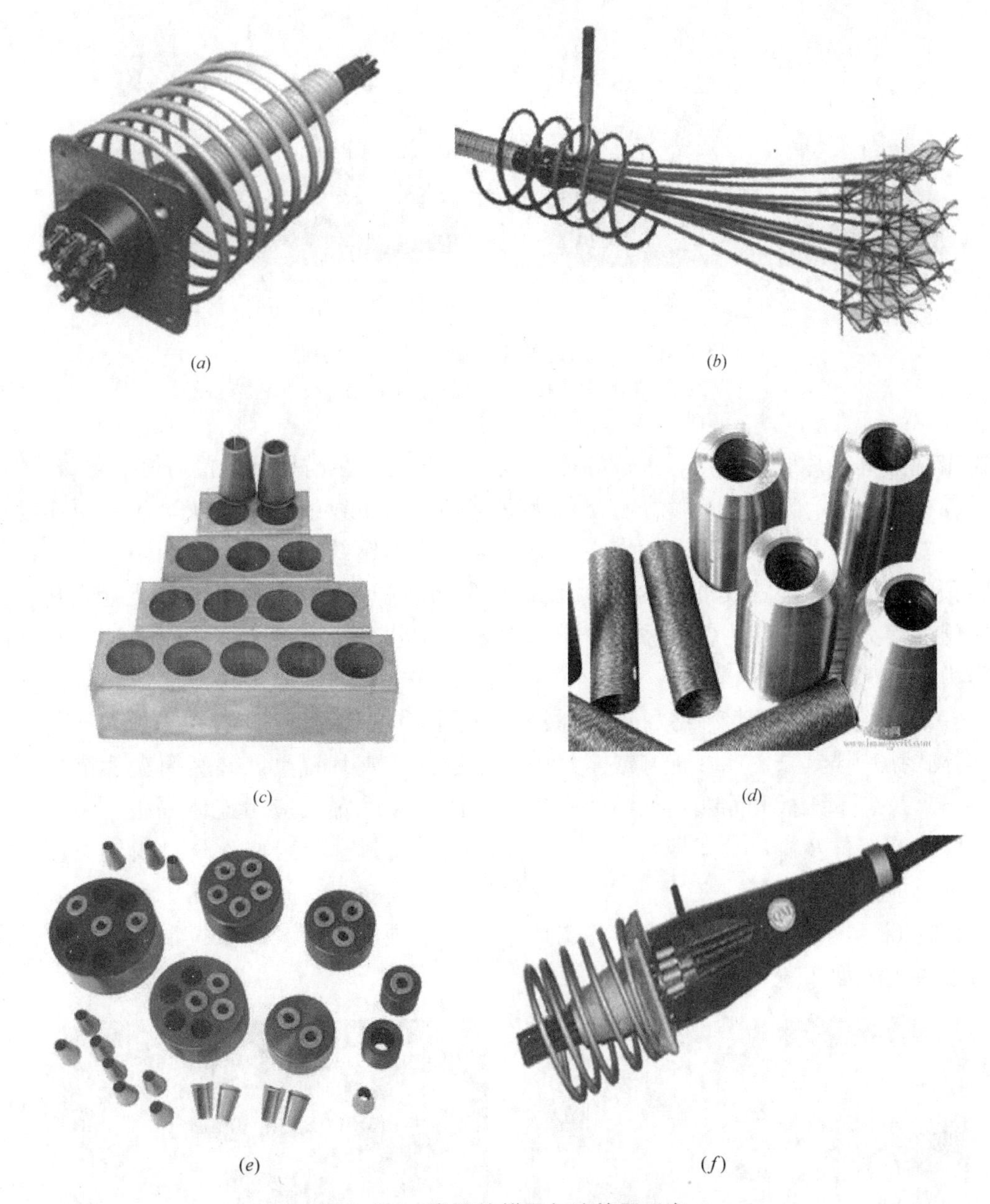

图 4.3-4 常用的锚具与连接器示意

(*a*) 群锚；(*b*) 固定端压花锚具；(*c*) 扁锚；(*d*) 固定端挤压锚具；(*e*) 夹片式锚具；(*f*) 连接器

不同厂家同种规格锚垫板尺寸也有明显的差异，见图 4.3-5。

② 较高强度等级预应力筋用锚具（夹具或连接器）可用于较低强度等级的预应力筋；较低强度等级预应力筋用锚具（夹具或连接器）不得用于较高强度等级的预应力筋。

③ 圆套筒式夹片锚具不得用于预埋在混凝土内的固定端；压花锚具不得用于无粘结预应力钢绞线。

④ 承受低应力或动荷载的锚具应有防松装置，承受低应力或动荷载的夹片式锚具

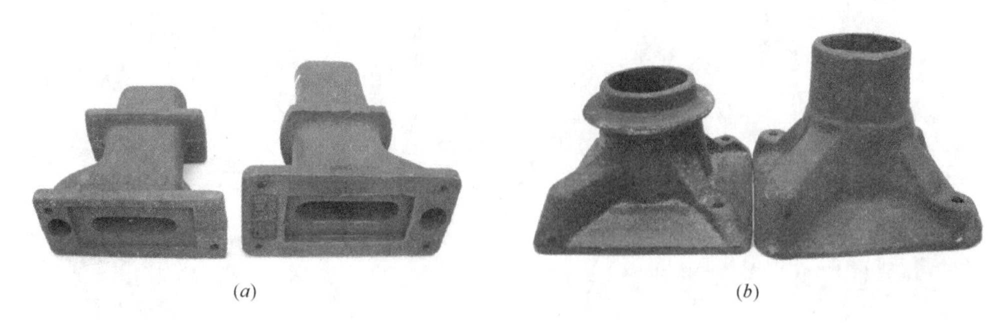

(a)　(b)

图 4.3-5　不同厂家同种规格锚垫板示意图

(a) 扁锚用锚垫板；(b) 圆形锚具用锚垫板

可能出现锚具夹片脱落现象，造成锚固失效，因此通常在锚具上设置防松装置。

⑤ 处于三 a、三 b 类环境条件下的无粘结预应力钢绞线锚固系统，应采用连续全封闭的防腐蚀体系，张拉端和固定端锚具应为预应力钢绞线提供全封闭防水保护；无粘结预应力钢绞线与锚具部件的连接及其他部件间的连接，应采用密封装置或其它封闭措施，使无粘结预应力锚固系统处于全封闭保护状态；全封闭体系应满足 10kPa 静水压力下不透水的要求。

⑥ 无粘结预应力钢绞线张拉端锚具系统可采用圆套筒夹片锚具（图 4.3-6*a*）、垫板连体式夹片锚具（图 4.3-6*b*）或全封闭垫板连体式夹片锚具，圆套筒夹片锚具应由锚环、夹片、承压板和间接钢筋组成；垫板连体式夹片锚具应由连体锚板、夹片、穴模、密封连接件及螺母、间接钢筋、密封盖、塑料密封套等组成；全封闭垫板连体式夹片锚具应由连体锚板、夹片、穴模、密封连接件及螺母、间接钢筋、耐压金属密封盖、密封圈、热塑耐压密封长套管等组成；无粘结预应力钢绞线张拉端锚具通常采用凹进混凝土表面布置。

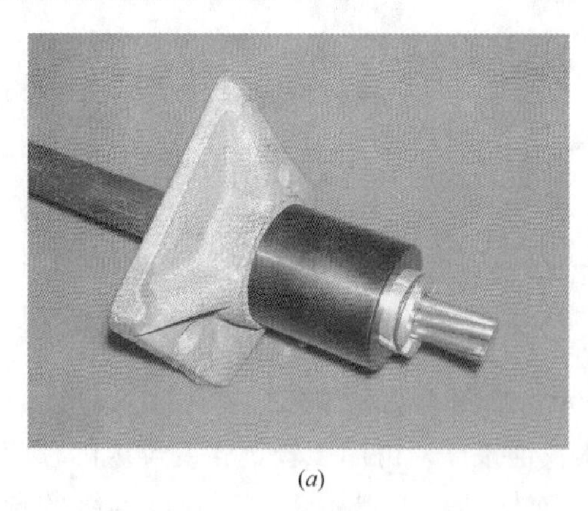

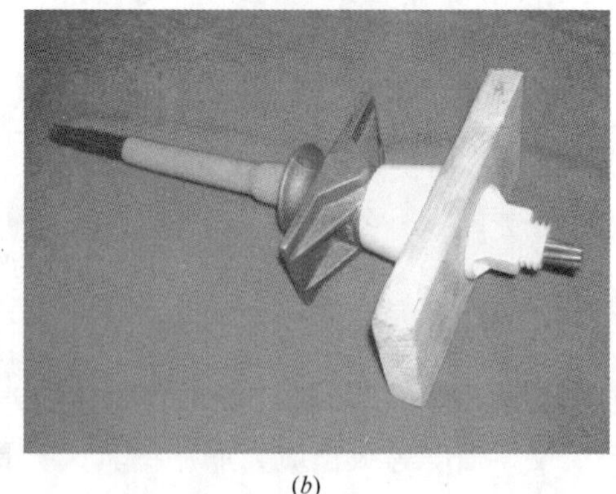

(a)　(b)

图 4.3-6　无粘结预应力筋张拉端锚具

(a) 圆筒式夹片锚具；(b) 垫板连体式夹片锚具

⑦ 无粘结预应力钢绞线固定端锚具系统（图 4.3-7）埋设在混凝土中时，可采用挤压锚具、垫板连体式夹片锚具或全封闭垫板连体式夹片锚具。挤压锚具应由挤压锚、

承压板和间接钢筋组成，并应采用专用设备将套筒等挤压组装在钢绞线端部；垫板连体式夹片锚具应由连体锚板、夹片、密封盖、塑料密封套与间接钢筋等组成，安装时应预先用专用紧楔器以不低于 0.75 倍预应力钢绞线强度标准值的顶紧力将夹片预紧，并应安装密封盖；全封闭垫板连体式夹片锚具安装时应预先用专用紧楔器以不低于 0.75 倍预应力钢绞线强度标准值的顶紧力将夹片预紧，并应安装带密封圈的耐压金属密封盖。

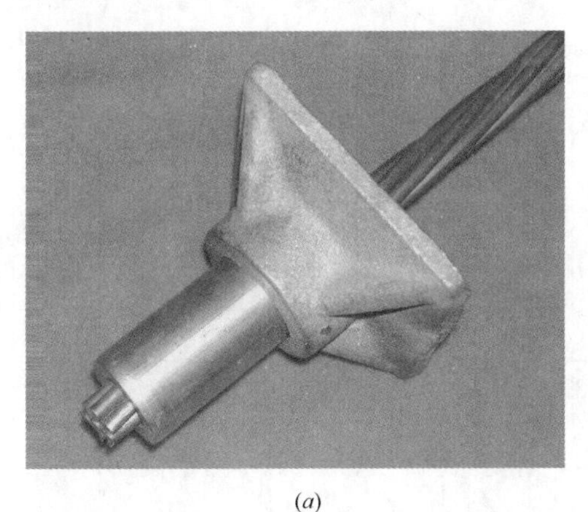

(*a*)

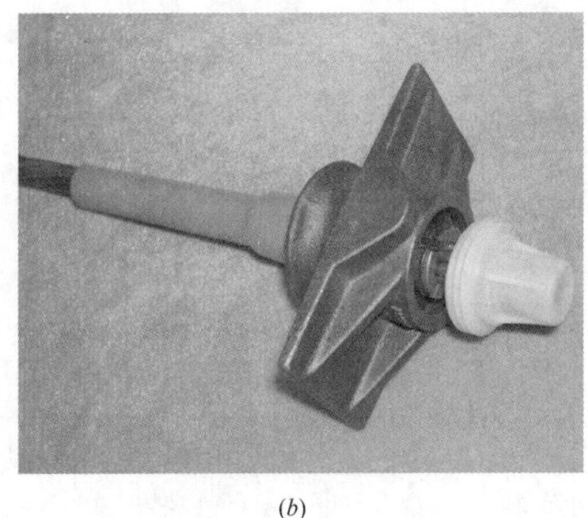

(*b*)

图 4.3-7　无粘结预应力筋固定端锚具

(*a*) 挤压锚具；(*b*) 垫板连体式夹片锚具

锚夹具在施工现场应分类存放在通风干燥处，防止磕碰与锈蚀。

(3) 孔道成型材料

后张法预应力成孔主要采用金属波纹管（图 4.3-8*a*）和塑料波纹管（图 4.3-8*b*），而竖向孔道常采用钢管成孔。

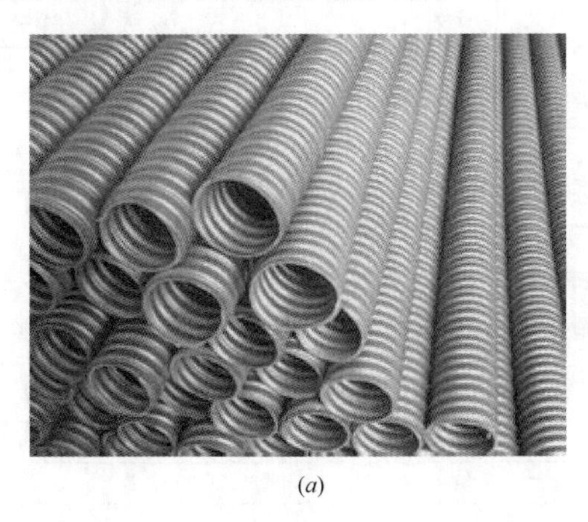

(*a*)

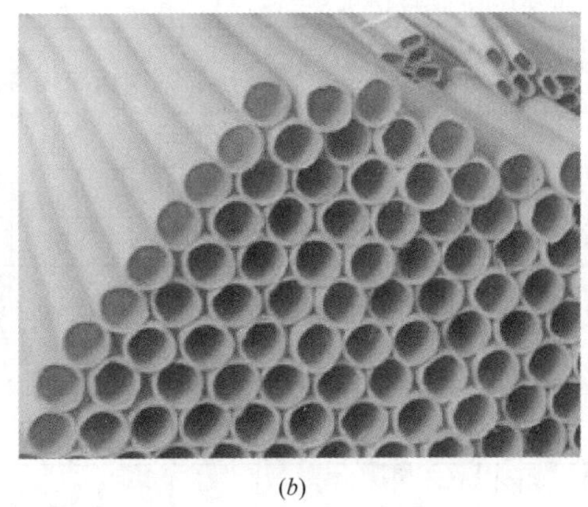

(*b*)

图 4.3-8　孔道成型材料

(*a*) 金属波纹管；(*b*) 塑料波纹管

在后张预应力工程中，预留孔道的内径宜比预应力束外径及需穿过孔道的连接器外径大 6mm～15mm，且孔道的截面积宜为穿入预应力束截面积的 3～4 倍。当采用先穿束工艺时，可选用较小直径的标准型金属波纹管；当采用后穿束工艺时，宜选用较大直径的增强型金属波纹管；金属波纹管的直径可根据预应力束的大小参考表 4.3-1 选用，其对应关系尚可根据现场实际情况进行必要的调整；标准型波纹管与增强型波纹管的主要区别在所采用的钢带厚度上，不同规格的增强型波纹管与标准型波纹管对应的钢带厚度见表 4.3-2 和表 4.3-3，对于大直径的波纹管，其钢带厚度还可根据工程实际需要适当增加。

金属波纹管选用表（单位：mm）　　表 4.3-1

预应力钢绞线根数		3	4	5	6	7	8	9	10	11	12	13	14	15	16	17	18	19	20	21	22	23	24	25	26	27
ϕ12.7	先穿束	40	45	50	55	55	60	60	65	65	70	70	75	75	80	80	85	85	85	90	90	90	96	96	96	102
	后穿束	40	50	55	60	60	65	65	70	70	75	75	80	80	85	85	90	90	90	96	96	96	102	102	102	108
ϕ15.2 ϕ15.7	先穿束	45	50	55	60	65	70	75	75	80	80	85	85	90	90	96	96	102	102	108	108	114	114	120	120	120
	后穿束	50	55	60	65	70	75	80	80	85	85	90	90	96	96	102	102	108	108	114	114	120	120	126	126	126
ϕ17.8	先穿束	50	60	65	70	75	80	85	90	96	102	102	108	114	114	120	120	126								
	后穿束	55	65	70	75	80	85	90	96	102	108	108	114	120	120	126	126	132								
ϕ21.6 ϕ21.8	先穿束	60	70	75	85	90	96	102	108	114	120															
	后穿束	65	75	80	90	96	102	108	114	120	126															
ϕ28.6	先穿束	85	96	108	114	126																				
	后穿束	90	102	114	120	132																				

圆管内径与钢带厚度对应关系表　　表 4.3-2

公称内径（mm）		40	45	50	55	60	65	70	75	80	85	90	95a	96	102	108	114	120	126	132
最小钢带厚度(mm)	标准型	0.28		0.30						0.35				0.40						
	增强型	0.30		0.35				0.40			0.45		/	0.50						0.60

扁管规格与钢带厚度对应关系表　　表 4.3-3

扁管规格		52×20	67×20	75×20	58×22	74×22	90×22
最小钢带厚度(mm)	标准型	0.3	0.35	0.40	0.35	0.40	0.55
	增强型	0.35	0.40	0.45	0.40	0.45	0.50

圆形塑料波纹管和扁形塑料波纹管的常用规格分别见表 4.3-4 和表 4.3-5。

圆形塑料波纹管规格　　表 4.3-4

型号	内径 d（mm）	外径 D（mm）	壁厚 s（mm）
SBG-50Y	50	63	2.5
SBG-60Y	60	73	2.5
SBG-75Y	75	88	2.5
SBG-90Y	90	106	3.0
SBG-100Y	100	116	3.0
SBG-115Y	110	131	3.0
SBG-130Y	130	146	3.0

扁形塑料波纹管规格　表 4.3-5

型号	长轴 U_1（mm）	短轴 U_2（mm）	壁厚 s（mm）
SBG-41B	41	22	2.5
SBG-55B	55	22	2.5
SBG-72B	72	22	3.0
SBG-90B	90	22	3.0

成孔材料在施工现场应分类存放在通风干燥处，防止磕碰、锈蚀及污染。塑料波纹管还应采取措施防止阳光暴晒。

（4）灌浆材料

孔道灌浆材料包括现场搅拌的素水泥浆和成品灌浆料两种。

配制水泥浆用的硅酸盐水泥或普通硅酸盐水泥性能应符合现行国家标准《通用硅酸盐水泥》GB 175 的规定，硅酸盐水泥的强度等级分为 42.5、42.5R、52.5、52.5R、62.5、62.5R 六个等级，普通硅酸盐水泥的强度等级分为 42.5、42.5R、52.5、52.5R 四个等级，配置水泥浆时应根据工程对水泥浆性能的要求选择适当牌号的水泥。水泥进场时，应根据产品合格证检查其品种、代号等，并有序存放，并应对水泥的强度、安定性和凝结时间进行检验，检验结果应符合《通用硅酸盐水泥》GB 175 的规定。

水泥浆中通常掺入外加剂以改善其稠度和密实性等，外加剂种类较多，且均有相应的产品标准，除了现行国家标准《混凝土外加剂》GB 8076 和《混凝土外加剂应用技术规范》GB 50119 外，还有较多的行业标准，如《聚羧酸系高性能减水剂》JG/T 223、《混凝土防冻剂》JC 475、《混凝土膨胀剂》JC 476 等。不同种类的外加剂应按其产品标准的规定进行检验，检验合格后方可应用。

采用成品灌浆材料时，其性能应符合现行国家标准《水泥基灌浆材料应用技术规范》GB/T 50448 的规定，并按其规定的检验项目分批次进行检验。

预应力筋对应力腐蚀较为敏感，故灌浆材料中均不应含有对预应力筋有害的化学成分。灌浆材料在施工现场应做好防潮、防雨措施，防止受潮、结块；所有材料应在其有效期内使用，超过有效期时应按有关标准的规定使用。

4.3.4 材料进场验收

预应力分项工程材料进场验收包括预应力筋、锚夹具、成孔材料和灌浆材料等，每种材料有不同的验收指标和组批要求。

1. 预应力筋

预应力筋进场验收包括力学性能检验和外观质量检验两方面内容。

（1）力学性能检验

① 有粘结预应力筋

有粘结预应力筋进场抽样检验可仅作预应力筋抗拉强度与伸长率试验；松弛率试

验由于时间较长，成本较高，一般不需要进行，当工程确有需要时，可按要求进行检验。

预应力筋进场时应根据进场批次和产品的抽样检验方案确定检验批，进行抽样检验。不同的预应力筋产品，其质量标准及检验批容量均由相关产品标准作了明确的规定，制定产品抽样检验方案时应按不同产品标准的具体规定执行。不同预应力筋进场时检验项目、组批及抽样数量见表4.3-6。

预应力筋进场验收时的检验项目、组批及抽样数量　　表4.3-6

预应力筋种类	检验项目	最大检验批容量	抽样数量
预应力钢绞线	抗拉强度	60t	3根
	最大力下总伸长率		
预应力钢丝	规定非比例伸长应力	60t	3根
	最大力下总伸长率		
预应力螺纹钢筋	抗拉强度	60t	不超过60t时，取2个试件；超过60t时，超过部分每40t增加1个试件
	断后伸长率		

② 无粘结预应力钢绞线

无粘结预应力钢绞线进场时，除应按有粘结预应力筋的进场检验要求进行材料力学性能检验外，还应进行涂包质量检验。

现行行业标准《无粘结预应力钢绞线》JG 161对涂包质量要求主要包括油脂用量和塑料护套厚度两个指标，无粘结预应力筋的质量证明文件中应明确给出这两个项目的检验结果。涂包质量要求见表4.3-7。

无粘结预应力钢绞线涂包质量要求　　表4.3-7

公称直径（mm）	防腐润滑脂质量（g/m）	护套厚度（mm）
9.50	≥32	≥0.8
12.70	≥43	≥1.0
15.20	≥50	≥1.0
15.70	≥53	≥1.0

无粘结预应力钢绞线的涂包通常在工厂完成，其质量比较稳定、可靠，进场后可经观察检查其外观确认其涂包油脂是否饱满、护套厚度是否符合要求。通常情况下，涂包质量符合要求时不应观察到塑料护套内的预应力钢绞线的轮廓。当经观察确认其涂包外观质量较好，且有厂家提供的涂包质量检验报告时，为简化验收，可不进行油脂用量和护套厚度的抽样检验。简化验收时，应确保所采用的材料质量合格，产品生产厂家提供的质量证明文件有效且符合要求，对于免检的项目应由生产厂家提供该项目的有效检验报告。

无粘结预应力钢绞线进场进行油脂用量和护套厚度的抽样检验时，每批无粘结预应力钢绞线不应超过30t，随机抽取3个试件进行检验。

（2）外观质量检验

预应力筋进场后可能由于保管不当引起锈蚀、污染等，使用前应进行外观质量检查。对有粘结预应力筋，不应有损伤、腐蚀与污渍（图 4.3-9），对无粘结预应力筋，护套作用是保护钢绞线不受水汽侵蚀，同时隔离预应力钢绞线与混凝土之间的粘结，满足设计与施工要求。一般护套材料是高密度聚乙烯（PE），厚度约 1mm，易被尖锐的物体破坏，故应妥善保管并处置。护套的破损（图 4.3-10），会影响预应力筋的全长封闭性，同时一定程度上也会影响张拉阶段的摩擦损失，故需保护其塑料护套，尤其在地下结构等潮湿环境中采用无粘结预应力筋时，更需要注意其护套要完整。

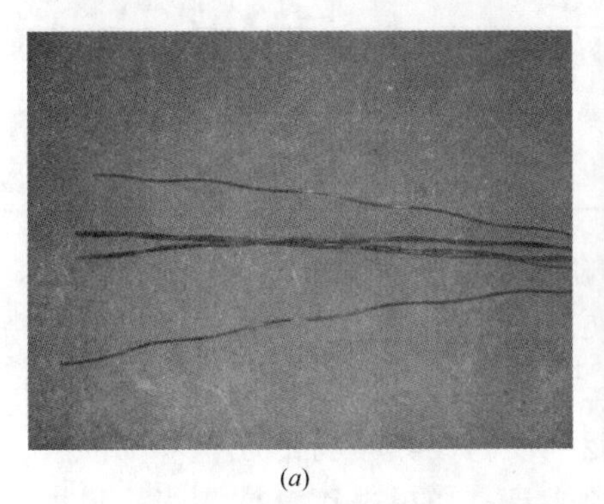
(*a*)

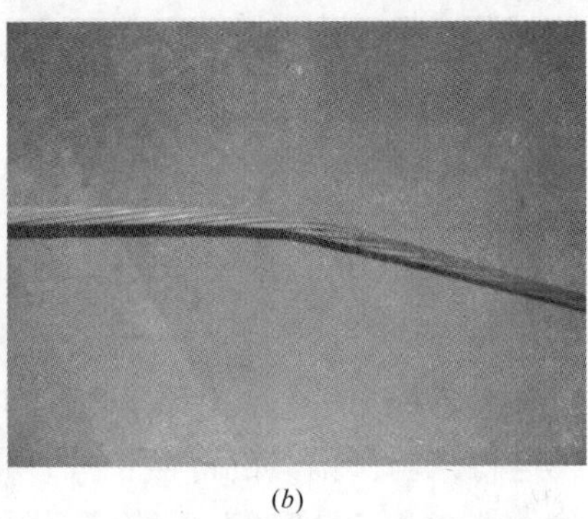
(*b*)

图 4.3-9　有粘结预应力筋质量缺陷示意

（*a*）捻股出现的散头；（*b*）无法恢复的弯折

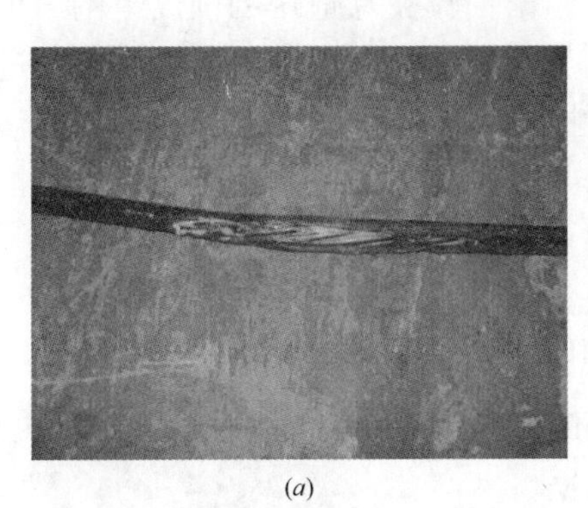
(*a*)

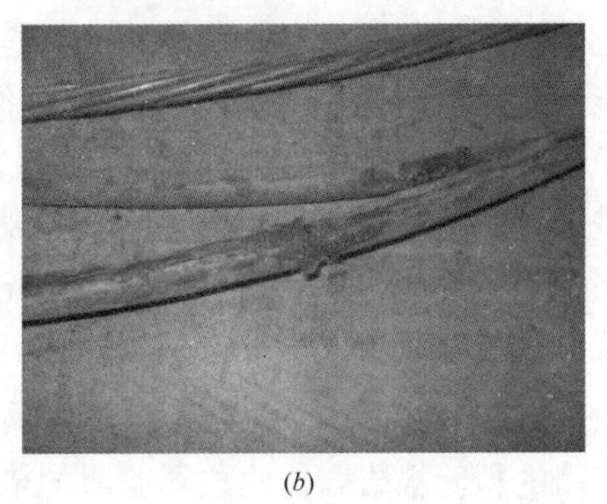
(*b*)

图 4.3-10　无粘结预应力筋护套破损

（*a*）破损严重；（*b*）轻微破损

预应力筋使用前应全面检查。不符合要求的有粘结预应力筋不应使用；对于护套轻微破损的无粘结预应力筋，可用防水聚乙烯胶带封闭，其中每圈胶带搭接宽度一般大于胶带宽度的 1/2，缠绕层数不少于 2 层，而且缠绕长度超过破损长度 30mm。

2. 锚夹具

预应力筋用锚具、夹具和连接器的进场检验主要包括性能检验和外观质量检验两个方面的内容。

（1）性能检验

预应力筋用锚具、夹具和连接器进场性能检验，主要进行外观尺寸检查、硬度检查和静载锚固性能检验三项内容：锚具的外观尺寸及硬度要求由锚具产品技术手册提供，可对照检查；锚具的静载锚固性能由预应力筋-锚具组装件的锚具效率系数 η_a 和达到实测极限拉力时组装件中预应力筋的总应变 ε_{apu} 两个指标确定，锚具效率系数 η_a 不应小于0.95，预应力筋总应变 ε_{apu} 不应小于2.0%。进场抽样检验时的组批与抽样数量见表4.3-8。

锚具、夹具和连接器进场检验时组批与抽样数量表　　表4.3-8

检验项目	最大检验批容量	应抽取试件数量
外观尺寸	锚具：2000套 夹具：500套 连接器：500套	2%且不应少于10套
硬度		3%且不应少于5套
静载锚固性能		3个预应力筋-锚具组装件

由于进行预应力束拉伸试验时，得到的结果是预应力筋与锚具两者的综合效应，目前尚无法将预应力筋的影响单独区分开来，因此以预应力筋-锚具组装件的静载锚固性能来确定预应力筋与锚具的匹配状况，在检验时应采用工程实际应用的预应力筋与锚具组合后进行试验。锚具的静载锚固性能不仅与锚具本身的质量和品质有关，同时与预应力筋的性能和特性密切相关。同样的锚具，如果选用延伸率指标不同的预应力筋与之组装成组装件进行试验，试验结果可能出现差异，有时，甚至组装件的延伸率不合格。同样，如果预应力筋的硬度很高，超出锚具夹片适用的硬度范围，也可能导致无法正常锚固。因此，有必要强调锚具应与进场的预应力筋组装成组装件进行静载锚固性能试验，以全面检验锚具的性能，并检验锚具与预应力筋的匹配性。

由于锚具需和锚垫板、锚固区加强钢筋共同工作以保证锚固区的传力性能，在配套产品进场后，应根据产品说明书的具体要求检查锚垫板的尺寸与外观质量，检查锚固区加强钢筋的规格与数量，确保产品能配套使用，保证锚固区的传力性能符合要求。

静载锚固性能试验成本较高，故对锚具用量较少的工程（锚具、夹具和连接器用量不足检验批规定数量的50%），可由产品供应商提供本批次产品的检验报告，作为进场验收的依据。

图4.3-11　垫板连体式锚具防水性能试验示意

对处于三a、三b类环境条件下的无粘结预应力锚固系统，采用全封闭体系（图4.3-8）可有效保证其耐久性。现行行业标准《无粘结预应力混凝土结构技术规程》JGJ 92要求对无粘结预应力筋全封闭锚固体系应进行不透水试验（图4.3-11），试验时组装后的张拉端、固定端及中间连接部位在不小于10kPa静水压力下，保持24h不透水。当产品用于游泳池、水箱等结构时，可由设计人员提出更高耐静水压力的要求。

由于锚具全封闭性能由锚具系统中各组件共同决定，其性能在系统组件相同情况下能够保证，故对同一品种、同一规格的锚具系统仅抽取3套进行检验。

（2）外观质量检验

通常情况下，锚具、夹具和连接器在进场时，应全数检查其外观质量，其表面应无污物、锈蚀、机械损伤和裂纹。由于锚具、夹具和连接器在出厂时均按一定的数量打包成箱，在进场时，如果每箱均打开全数检查也不太现实，因此，在进场时可按《锚具、夹具和连接器应用技术规程》JGJ 85 的规定进行组批并按一定的比例抽样进行外观质量的检验，但应在使用前重新对其外观质量进行逐一检查，若有个别不符合要求的应予剔除，外观质量出现严重偏差时应分析原因，并根据分析结果妥善处理。

3. 成孔管道

预应力成孔管道进场时，应进行管道外观质量检查、抗外荷载性能和抗渗漏性能检验，其质量应符合下列规定：

（1）金属管道外观应清洁，内外表面应无锈蚀、油污、附着物、孔洞；金属波纹管不应有不规则褶皱，咬口应无开裂、脱扣；钢管焊缝应连续。

（2）塑料波纹管的外观应光滑、色泽均匀，内外壁不应有气泡、裂口、硬块、油污、附着物、孔洞及影响使用的划伤。

（3）抗外荷载性能和抗渗漏性能应符合现行行业标准《预应力混凝土桥梁用塑料波纹管》JT/T 529 或《预应力混凝土用金属波纹管》JG/T 225 的规定。

成孔管道受到污染、变形时，可能增大张拉时的摩擦损失，影响预应力的准确建立，或影响灌浆后的粘结效果，影响抗裂性能及结构的耐久性。目前，后张预应力工程中多采用金属波纹管预留孔道，由于其在运输、存放过程中可能出现伤痕、变形、锈蚀、污染等，故使用前应进行外观质量检查。塑料波纹管尽管没有锈蚀问题，仍应注意保护其不受外力作用而变形，以及油污等污染，同时应避免阳光直射造成老化。

检验成孔管道的抗外荷载性能和抗渗漏性能，是为了确认成孔管道具有足够的刚度和密封性能，确保成孔质量，从而为预应力筋的张拉和孔道灌浆创造条件。成孔管道的抗外荷载性能和抗渗漏性能应按相关产品标准的要求组批、抽样并检验（见表 4.3-9、图 4.3-12），检验方法和检验结果应符合相关产品标准的规定。

波纹管进场时的检验项目、组批与取样数量　　表 4.3-9

波纹管类型	检验项目	最大检验批容量	取样数量
金属波纹管	外观	50000m	全数
	尺寸		3
	抗局部横向荷载性能		3
	承受局部横向荷载后抗渗漏性能		3
	弯曲后抗渗漏性能		3
塑料波纹管	尺寸与外观	10000m	5
	环刚度		5

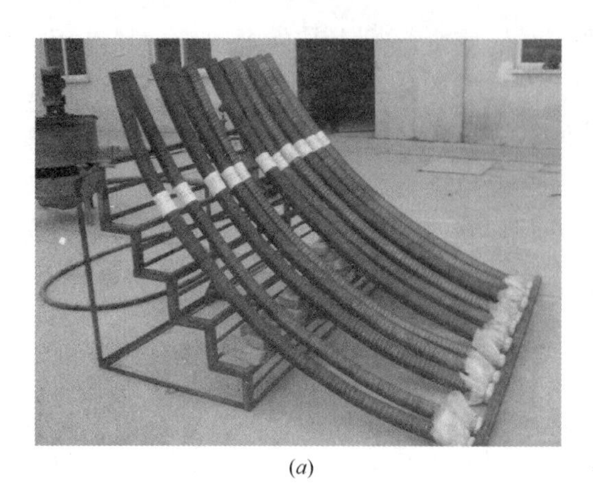
(a)

(b)

图 4.3-12 金属波纹管弯曲抗渗性能试验示意图
(a) 圆形波纹管；(b) 扁形波纹管

4. 孔道灌浆材料

预留孔道灌浆一般采用素水泥浆，配制水泥浆用的硅酸盐水泥或普通硅酸盐水泥性能应符合现行国家标准《通用硅酸盐水泥》GB 175 的有关规定。水泥浆中掺入外加剂可改善其稠度和密实性等，但预应力筋对应力腐蚀较为敏感，故水泥和外加剂中均不应含有对预应力筋有害的化学成分。灌浆用水泥和外加剂均应按《混凝土结构施工质量验收规范》GB 50204—2015 第 7 章规定的批次和检验项目进行进场检验，水泥浆性能应按《混凝土结构工程施工质量验收规范》GB 50204—2015 第 6 章的规定进行检验。

采用成品灌浆材料时，其性能应符合现行国家标准《水泥基灌浆材料应用技术规范》GB/T 50448 关于后张预应力混凝土孔道灌浆材料的规定，后张预应力混凝土孔道灌浆材料性能指标见表 4.3-10。灌浆施工时，不得在成品灌浆材料中掺入其他外加剂和掺合料。灌浆材料以不超过 50t 为一个检验批。以标准养护条件下的抗压强度试件的测试数据作为验收数据，抗压强度试件采用 40mm×40mm×160mm 棱柱体试件。

后张预应力混凝土孔道灌浆材料性能指标 **表 4.3-10**

序号	项目		指标
1	凝结时间（h）	初凝	≥4
		终凝	≤24
2	流锥流动度（s）	初始	10～18
		30min	12～20
3	泌水率（%）	24h 自由泌水率	0
		压力泌水率，0.22N/mm^2	≤1
		压力泌水率，0.36N/mm^2	≤2
4	24h 自由膨胀率（%）		0～3
5	充盈度		合格

续表

序号	项目		指标
6	氯离子含量（%）		≤0.06
7	抗压强度（N/mm^2）	1d	≥15
		3d	≥30
		28d	≥50

5. 材料进场验收时检验批放大条件

现行国家标准《混凝土结构施工质量验收规范》GB 50204—2015 规定了预应力筋、锚具、夹具、连接器、成孔管道的进场检验时其检验批容量可扩大一倍的条件：

（1）获得认证的产品；

（2）同一厂家、同一品种、同一规格的产品，连续三批均一次检验合格。

满足上述两个条件之一时，相应材料进场验收时的检验批容量可扩大一倍；同时满足上述两个条件时，进场验收的检验批容量也只能扩大一次；在扩大检验批容量后出现检验不符合要求项目后，应按原检验批容量重新划分检验批进行检验，在后续的检验中也不能再次扩大该产品的检验批容量。

材料的进场验收是在产品出厂检验合格的基础上，再按进场检验规则进行各项检验，值得注意的是，目前我国的材料验收制度仍是比较严格的，而且检验工作量较大。对于获得第三方产品认证机构认证的预应力工程材料或同一厂家、同一品种、同一规格的预应力工程材料连续三批进场检验均一次检验合格时，可以认为其产品质量稳定，理应对其产品质量给予更高的信任。在保证质量的基础上，适当放大其检验批容量，不仅节省大量的进场抽样检验工作量，节约社会资源，同时也是对高质量产品的肯定，鼓励和促进企业生产并提供高质量的产品，对工程质量的提高和社会成本的降低均有积极意义。

对获得认证的产品，在确认其有关证明文件符合规定后，在编制材料进场检验计划时，可直接按扩大后的检验批容量划分检验批进行检验。如预应力钢绞线的正常检验批数量是 60t，若某厂家的钢绞线产品符合检验批扩大的条件，可将检验批扩大为 120t，即每 120t 作为一个检验批进行进场验收。

4.4 预应力筋制作

预应力筋制作包括预应力筋的定长下料和固定端的制作两个工序。工程中常用的预应力钢丝和钢绞线在进入施工现场时，通常为盘卷包装以方便运输和吊装，在施工现场，需根据预应力构件需要的长度分段断开下料；在预应力筋定长下料完成后，需根据设计要求对一端张拉的预应力筋制作固定端锚具，确保一端张拉的预应力筋能可靠的锚固在混凝土结构中。

4.4.1 预应力筋定长下料

盘卷进场的预应力筋需事先进行定长下料。定长下料时应采用无齿锯或切断机等机械方法切断（图 4.4-1），同时避免焊渣或接地电火花损伤预应力筋，主要是因为高强预应力钢材受高温焊渣或接地电火花损伤后，其材性受较大影响，同时其截面可能受到损伤，易造成张拉时脆断。预应力筋在放盘截断时应对盘卷的预应力筋固定牢固（图 4.4-2），做好安全防护，防止预应力筋弹出伤人，也可采用专用放盘器放盘下料。

图 4.4-1 预应力筋机械切断

图 4.4-2 盘卷的预应力筋固定

预应力筋的下料长度应经计算确定。计算下料长度时，一般需考虑预应力筋在结构内的长度、锚夹具厚度、张拉操作长度、镦头的预留量、弹性回缩值、张拉伸长值等因素。对于需要进行孔道摩擦系数测试的预应力筋，尚需考虑压力传感器的长度。计算预应力筋在构件内的长度时应考虑曲线预应力筋的曲线增量，张拉操作长度应满足张拉时采用的设备及张拉工艺的要求。

对于后张预应力混凝土构件中采用钢绞线夹片锚具时，钢绞线的下料长度 L 可按下列公式计算（图 4.4-3）：

两端张拉

$$L = l + 2(l_1 + l_2 + 100) \tag{4.4-1}$$

一端张拉

$$L = l + 2(l_1 + 100) + l_2 \tag{4.4-2}$$

式中：l——构件中预应力孔道长度；

l_1——工作锚厚度；

l_2——千斤顶长度（含工具锚），采用前卡式千斤顶时仅算至千斤顶体内工具锚处。

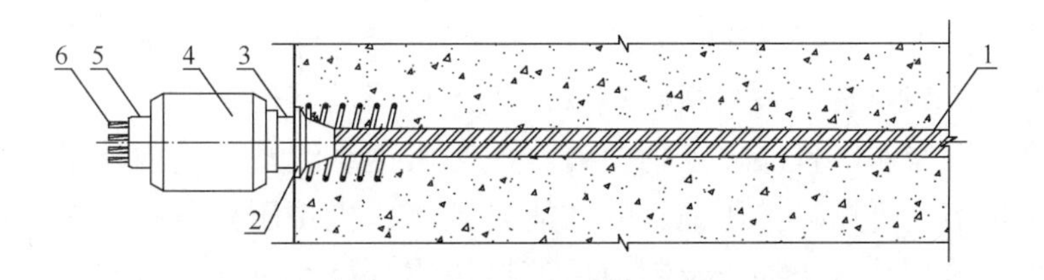

图 4.4-3 采用夹片锚具时钢绞线的下料长度

1—预应力筋孔道；2—预应力垫板；3—工作锚；4—张拉千斤顶；5—工具锚；6—钢绞线

下料制作好的预应力筋应按不同规格、品种分类编号，均应有易于区别的标记，应做好标记并盘卷后分开堆放在通风干燥处（图 4.4-4），露天堆放时，不得直接与地面接触，并应采取覆盖措施，防止用错预应力筋造成返工，影响施工进度，对无粘结预应力筋，甚至会造成塑料护套的破损。

图 4.4-4 预应力筋分类堆放

无粘结预应力筋在工厂加工成型时，可整盘包装运输或按设计下料组装后成盘运输，整盘运输时应采取可靠保护措施，避免包装破损及散包；工厂下料组装后，宜单根或多根合并成盘后运输，长途运输时，应采取有效的包装措施。装卸吊装及搬运时，严禁摔砸踩踏，严禁钢丝绳或其他坚硬吊具与无粘结预应力筋的外包层直接接触。无粘结预应力筋护套破损后，会影响预应力筋的全长封闭性，同时一定程度上也会影响张拉阶段的摩擦损失，故需保护其塑料护套，尤其在地下结构等潮湿环境中采用无粘结预应力筋时，更需要注意其护套要完整。当出现轻微破损时，应及时修复封闭，对于轻微破损处可用防水聚乙烯胶带封闭，其中每圈胶带搭接宽度一般大于胶带宽度的

1/2，缠绕层数不少于2层，而且缠绕长度超过破损长度30mm。

4.4.2 固定端锚具制作

对于一端张拉的预应力筋，还应在现场制作固定端。固定端通常采用挤压锚具、压花锚具或镦头锚具，不同类型的锚具在制作时应按操作工艺要求和产品技术手册提供的技术参数进行制作，每个固定端锚具均应有详细的制作记录。

挤压锚具由挤压套筒和摩擦衬套组成，摩擦衬套有异形钢丝簧和内外均带有螺纹的摩擦衬套两种。钢丝簧一般为高碳钢丝，经淬火提高其硬度，很脆，安装操作时易断裂，需认真仔细操作，且应保证钢丝簧全部套入钢绞线端头；内外带螺纹的摩擦衬套操作简便，且锚固可靠。挤压锚具的性能受到挤压机挤压模具技术参数的影响，如果不配套使用，尽管其挤压油压及制作后的挤压锚具尺寸参数符合要求，也会出现性能不满足要求的情况。此外，摩擦衬套若不能均匀地分布在挤压套筒全长范围内，将影响挤压锚的锚固能力。因此，不论采用哪一种摩擦衬套的挤压锚具，均要求锚具和挤压机设备应配套，当然这里主要指的是挤压套筒与摩擦衬套要配套，挤压锚具和挤压机的挤压模要配套，只有这样才能保证质量。挤压锚具制作质量，可以通过组装件的静载锚固性能试验确定，而大量的挤压锚制作质量，则需要靠挤压记录和挤压后的外观质量来判断，包括挤压油压、挤压锚表面是否有划痕，是否平直，预应力筋外露长度等。制作挤压锚具时应控制好挤压油压值符合操作说明书的规定，当挤压锚具的制作数量达到一定数量后，其挤压模具的内径会因磨损发生变化，挤压压力会降低，对挤压锚锚固能力有影响，因此必须确认其挤压油压符合要求，低于规定油压的挤压锚应视为废品予以切断。挤压机、挤压锚具见图4.4-5、图4.4-6和图4.4-7。

图4.4-5 挤压机

图4.4-6 钢丝簧挤压锚具

图4.4-7 衬套挤压锚具

钢绞线压花锚具价格低廉且性能可靠，其锚固能力主要靠端部形成的梨形头和直线段与混凝土的粘结锚固作用，需要用专用的压花机制作，且应保证钢绞线不受油脂等污物的污染。该锚固方式只有在混凝土结构构件尺寸较大，且配筋不密集的工程中使用，常用于桥梁面板的横向施加预应力、有粘结预应力板等工程中。一般情况下，对公称直径为 15.2mm 和 12.7mm 的钢绞线，梨形头的长度分别不应小于 150mm 和 130mm，梨形头的最大直径分别不应小于 95mm 和 80mm，梨形头前的直线锚固段长度分别不应小于 900mm 和 700mm。压花锚具与压花机如图 4.4-8、图 4.4-9 所示。

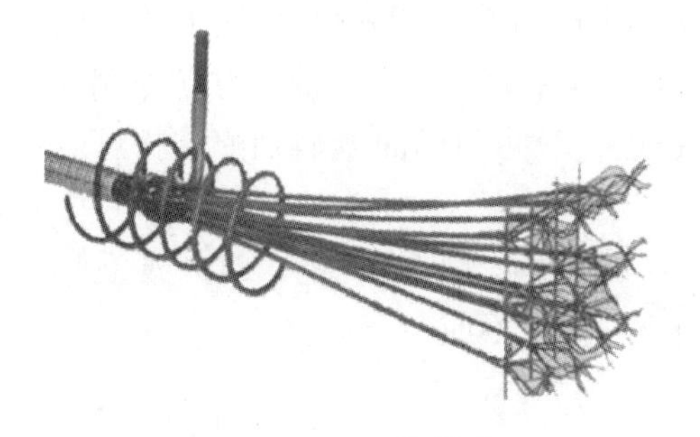

图 4.4-8　压花锚具

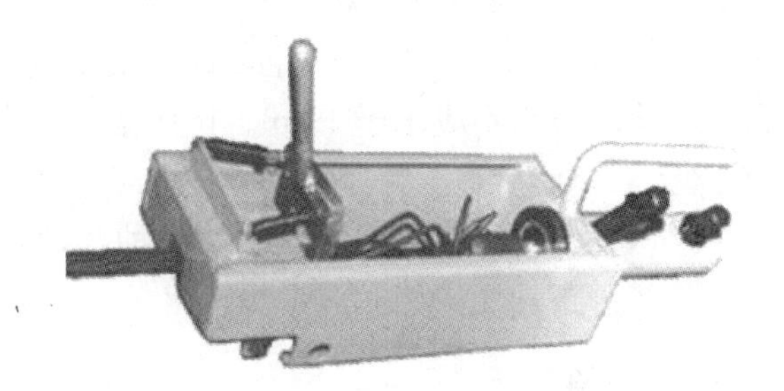

图 4.4-9　压花机

钢丝束采用镦头锚具时，锚具的效率系数主要取决于镦头的强度，而镦头强度与采用的工艺及钢丝的直径有关。冷镦时由于冷作硬化，镦头的强度提高，但脆性增加，且容易出现裂纹，影响强度发挥，因此需事先确认钢丝的可镦性，确保镦头质量。钢丝镦头不应出现横向裂纹，头型直径不宜小于钢丝直径的 1.5 倍，高度不宜小于钢丝直径。镦头锚具和镦头器如图 4.4-10、图 4.4-11 所示。

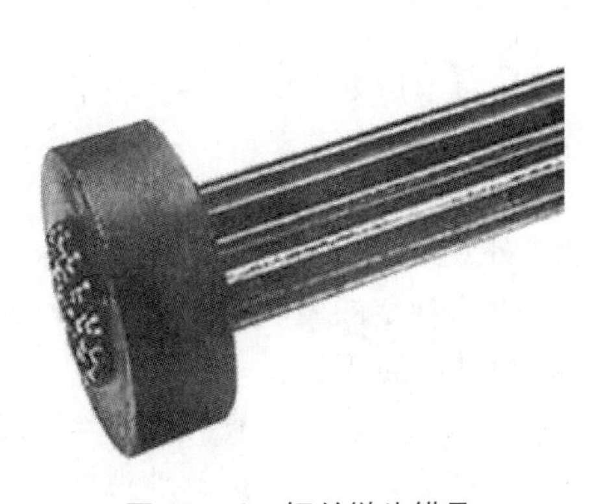

图 4.4-10　钢丝镦头锚具

图 4.4-11　钢丝镦头器

目前，在建筑工程中，固定端锚具应用最广泛的是挤压锚具。挤压锚具由于制作简单，性能可靠，对每种强度等级的钢绞线预应力筋均适用，因而得到推广应用。

4.4.3　制作质量验收

预应力筋下料制作完成后，需对其端部锚具制作质量进行验收。固定端锚具制作质量验收包括外观质量和力学性能两部分内容，且不同的固定端锚具类型有不同的验收要求。

1. 挤压锚具

挤压锚具制作完成后，应进行静载锚固性能和外观质量的检验。静载锚固性能应符合现行国家标准《预应力筋用锚具、夹具和连接器》GB/T 14370 的要求，即：挤压锚具-预应力筋锚具组装件的锚固效率系数不应小于 0.95、组装件的总应变不应小于 2.0%；挤压锚具的外观质量应符合现行国家标准《混凝土结构工程施工质量验收规范》GB 50204—2015 的规定，即：钢绞线挤压锚具挤压完成后，预应力筋外端露出挤压套筒的长度不应小于 1mm。挤压锚不应有香蕉状弯曲和表面明显划痕，挤压力值应正常。

挤压锚具的静载锚固性能试验的抽样数量应符合表 4.3-6 的规定；对外观质量应按工作班进行抽样，抽样数量为：每工作班抽查 5%，且不应少于 5 件。

2. 压花锚具

压花锚具的锚固作用主要通过预应力筋与混凝土之间的粘结力实现，对压花锚具，主要验收其尺寸是否符合要求。现行国家标准《混凝土结构工程施工质量验收规范》GB 50204—2015 规定：钢绞线压花锚具的梨形头尺寸和直线锚固段长度不应小于设计值。不同厂家的产品有不同的设计要求，具体数值可参考锚具生产厂家的技术手册。一般情况下，对公称直径为 15.2mm 和 12.7mm 的钢绞线，梨形头的长度分别不小于 150mm 和 130mm，梨形头的最大直径分别不小于 95mm 和 80mm，梨形头前的直线锚固段长度分别不小于 900mm 和 700mm。

压花锚具的外观质量检验应按工作班进行抽样，每工作班抽查 3 件。

3. 钢丝镦头锚具

钢丝镦头质量的检验主要包括镦头强度和镦头外观质量两个方面，现行国家标准《混凝土结构工程施工质量验收规范》GB 50204—2015 规定的验收要求为：钢丝镦头不应出现横向裂纹，镦头的强度不得低于钢丝强度标准值的 98%。

由于钢丝镦头的强度和钢丝的质量密切相关，因此钢丝镦头检查时按钢丝的进场检验组批进行，对钢丝镦头强度，每批钢丝检查 6 个镦头试件；镦头的外观质量应全部检查。

4.5 预应力筋安装

预应力筋的安装质量直接影响混凝土浇筑之后的张拉和灌浆质量，直接影响预应力构件的承载能力，预应力筋的安装工程属于隐蔽工程。因此，预应力筋的安装质量对于预应力分项工程施工质量有至关重要的影响。

4.5.1 楼板预应力筋铺设

1. 预应力筋铺设

楼板预应力筋多采用无粘结预应力筋，在建筑工程中，转换层楼板和地下车库顶板中也可能采用有粘结预应力筋，预留孔道常采用扁形孔道，也可采用圆形孔道。

预应力筋在安装之前应按设计要求的位置进行定位。预应力筋定位包括两方面内容：一是平面定位，在构件平面内确定预应力筋的位置。对楼板，应在楼板底模上沿预应力筋的布置方向标记出每一根预应力筋的位置（采用有粘结预应力筋时，则为预留孔道的定位），这样不仅方便预应力筋的铺设，便于确定预应力筋的位置，还可以为后期在楼板上打孔固定管线时提供方便，防止打孔作业损伤预应力筋；二是预应力筋曲线定位，在预应力筋长度方向上每隔一定距离标记预应力筋曲线的标高定位点。对常用的抛物线形曲线，一般由 5 个点确定其曲线走向：两个最高点、两个反弯点与一个最低点，为保证预应力筋曲线顺滑，中间每隔一定距离设置一个支撑点。预应力筋曲线的标高一般以预应力筋的下缘高度为准，对每一根预应力筋，均应事先根据设计给定的预应力筋曲线线型计算确定其定位点。预应力筋束形直接影响建立预应力的效果，并影响截面的承载力和抗裂性能，应严格加以控制。

值得注意的是，一般设计文件中所给出的是预应力筋中心位置，确定支托钢筋位置时尚需减去无粘结预应力筋束的半径。当设计文件中仅给出预应力束形控制点的位置时，预应力分项工程施工单位应在预应力筋或预留孔道安装之前，根据设计要求的曲线位置确定支托钢筋的位置，从而确保预应力筋束形符合设计要求。

预应力筋曲线定位钢筋直径不宜小于 10mm，间距不宜大于 1.2m，板中无粘结预应力筋的定位间距可适当放宽，扁形管道（图 4.5-1）、塑料波纹管或预应力筋曲线曲率较大处的定位间距宜适当缩小，预应力筋或成孔管道应与定位钢筋绑扎牢固。凡施工时需要预先起拱的构件，预应力筋或成孔管道宜随构件同时起拱。

图 4.5-1 扁形波纹管

板中采用多根无粘结预应力筋平行带状布束（图 4.5-2）时，每束不宜超过 5 根无粘结预应力筋，并应采取可靠的支撑固定措施，保证同束中各根无粘结预应力筋具有相同的矢高；带状束在锚固端应平顺地张开。如果在铺放多根成束无粘结预应力筋时，出现各根之间相互扭绞的现象，必将影响预应力张拉效果，因此成束布置的预应力筋应保持平行走向，避免相互扭绞。

(a)

(b)

图 4.5-2　板中无粘结预应力筋布置

(a) 预应力筋单向布置；(b) 预应力筋双向布置

无粘结预应力筋铺设完成后，当后续的钢筋工程等施工造成预应力筋护套受损时，对护套轻微破损处，可采用外包防水聚乙烯胶带进行修补，每圈胶带搭接宽度不应小于胶带宽度的 1/2，缠绕层数不应少于 2 层，缠绕长度应超过破损长度 30mm；护套破损严重的预应力筋应替换。

为了充分利用预应力筋材料作用，在保证预应力筋的混凝土保护层厚度满足设计要求后，应将预应力筋尽量贴近楼板的上下表面。对于单向板，预应力筋通常位于楼板的上下层钢筋网之间；对于双向板，在双向预应力筋交叉的跨中位置，应将短向预应力筋置于长向预应力筋的下方并与短向普通钢筋并列平行放置，以充分发挥短向预应力筋对楼板结构的贡献，即：在双向板的板底钢筋铺设后共有三层（图 4.5-3），从板底向上依次为：长向普通钢筋、短向普通钢筋和短向预应力筋与短、长向预应力筋。

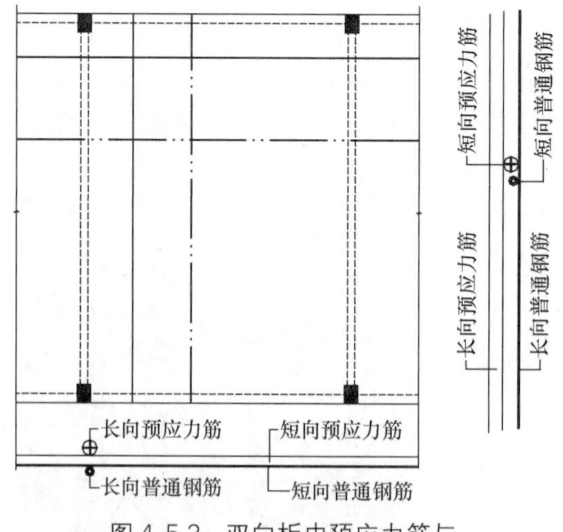

图 4.5-3　双向板中预应力筋与普通钢筋位置示意图

铺设双向配置的无粘结预应力筋时，宜避免两个方向的无粘结预应力筋相互穿插铺放。在预应力筋铺放前应对纵横筋每个交叉点相应的两个标高进行比较，对各交叉点标高较低的无粘结预应力筋应先进行铺放，标高较高的次之。

在板柱结构的平板中，板底钢筋和预应力筋的相对位置关系可采用与双向板板底钢筋类似的三层布筋方式进行布筋；在板柱节点区，为了充分发挥预应力筋的效应，应将预应力筋与同方向暗梁的普通钢筋并列平行铺设，即在节点区，两个方向的预应力筋与普通钢筋采用两层布筋方式（图 4.5-4），短跨方向的普通钢筋与预应力筋并列平行放置在上层，长跨方向的普通钢筋与预应力筋并列平行放置在下层。

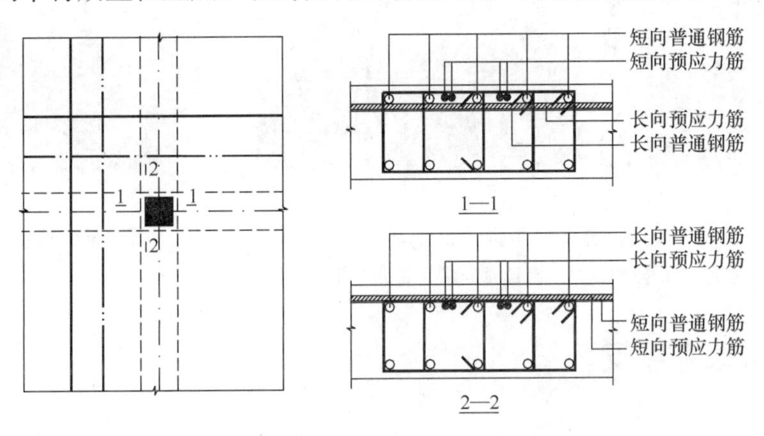

图 4.5-4　板柱节点区上部预应力筋与普通钢筋位置示意图

楼板中采用有粘结预应力筋时，多采用扁形波纹管预留孔道，其施工管理及质量控制同梁有粘结预应力工程。

2. 锚具的安装

锚具的安装位置应符合设计要求，锚垫板应与钢筋骨架或模板固定牢固（图 4.5-5），防止浇筑混凝土时垫板移位；安装时应与孔道对中，锚垫板上设置对中止口时，应防止锚具偏出止口，锚垫板上有对中止口，易于保证锚具与垫板对中，有利于张拉及锚具和预应力筋的受力。夹片式锚具安装时，夹片的外露长度应一致。采用螺母锚固的支承式锚具，安装前应逐个检查螺纹的匹配情况，确保张拉和锚固过程中顺利旋合拧紧。采用连接器接长预应力筋时，应全面检查连接器的所有零件，并应按产品技术手册要求操作。固定端锚具之间不能相互重叠。张拉端和固定端均应按设计要求配置螺旋筋或钢筋网片，螺旋筋和网片均应紧靠承压板或连体锚板，并保证与预应力筋对中和可靠固定。

图 4.5-5　无粘结预应力筋锚具安装示意图

张拉端采用埋入式张拉端时，可采用塑料穴模或泡沫塑料块预留张拉槽（图 4.5-6），张拉槽与穴模应有足够的刚度和尺寸，保证预留出足够的张拉空间；在板面的张拉端应预留张拉槽（图 4.5-7），张拉槽应有一定的深度，保证张拉后能将锚具封闭在板内。安装带有穴模或其他预先埋入混凝土中的张拉端锚具时，各部件之间不应有缝隙。

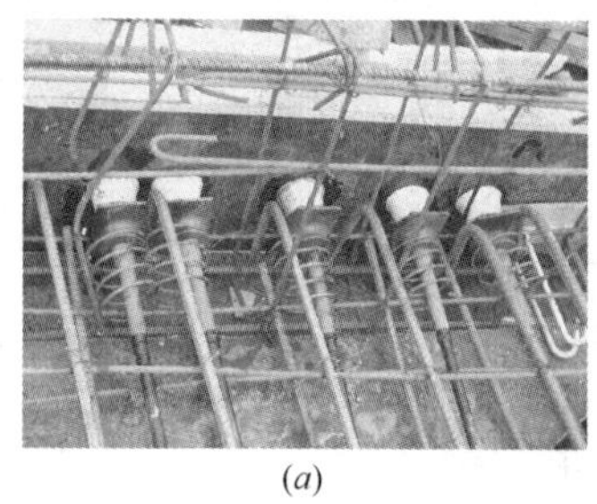
(a)

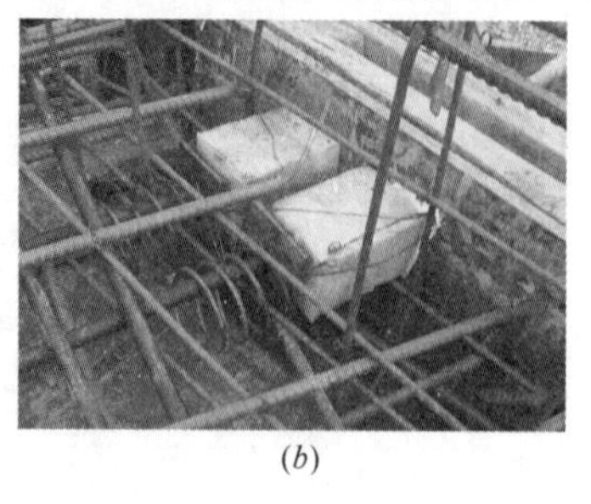
(b)

图4.5-6　埋入式张拉端预留张拉槽示意图
(a) 塑料穴模预留张拉槽；(b) 泡沫塑料块预留张拉槽

图4.5-7　板面预留张拉槽示意图

4.5.2　梁预应力筋安装

梁中的预应力筋，不论是采用无粘结预应力筋还是有粘结预应力筋，均是成束布置的，在确定预应力束的位置时，均是定位预应力束在梁中的位置。梁中的预应力筋是无粘结预应力筋时，其预应力筋的定位、端部张拉端与固定端的布置均和板中的无粘结预应力筋相同，可参考板中无粘结预应力筋的施工工艺进行预应力筋的铺设与定位。当梁中预应力筋为有粘结预应力筋时，在施工时首先要确定预应力束在梁柱节点区的通道，方便预应力筋束顺利通过梁柱节点，而预应力束总是布置在预留孔道中，因此，在有粘结预应力梁中，预留孔道的安装定位质量显得至关重要。

图4.5-8　预留孔道的定位与连接

梁中的预留孔道多采用圆形的金属波纹管或塑料波纹管，波纹管的定位尺寸可参考板中无粘结预应力筋的定位方式进行确定（图4.5-8）。圆截面金属波纹管的连接采用大一规格的管道连接，接头管长度通常取其直径的3倍，且不宜小于300mm，两端旋入长度宜相等，且两端应采用防水胶带密封，其工艺成熟，现场操作方便；塑料波纹管采用热熔焊接工艺或专用连接套管均能保证质量。钢管连接可采用焊接连接或套筒连接。为了保证预留孔道全长的密封性，防止混凝土浇筑时从孔道连接处漏浆增大张拉时的摩擦损失甚至造成孔道堵塞，成孔管道的连接应密封。钢筋绑扎完成后，应逐束检查波纹管是否破损。破损的波纹管应用防水胶带缠绕封闭，胶带应相互重叠1/2宽，保证预留孔道全长封闭。孔道之间的水平净间距不宜小于50mm，且不宜小于粗骨料最大粒径的1.25倍；孔道至构件边缘的净间距不宜小于30mm，且不宜小于孔道外径的0.5倍。

预留孔道定位完成后，有粘结预应力筋可采用先穿束工艺或后穿束工艺将预应力筋穿入预留孔道。混凝土浇筑前将预应力筋穿入管道内的工艺方法称为先穿束工艺，而待混凝土浇筑完毕再将预应力筋穿入孔道的工艺方法称为后穿束工艺。一般情况下，先穿束工艺占用工期，而且预应力筋穿入孔道后至张拉并灌浆的时间间隔较长，在环境湿度较大的南方地区或雨季容易造成预应力筋锈蚀，进而影响孔道摩擦，甚至影响预应力筋的力学性能；而后穿束时，预应力筋穿入孔道后至张拉灌浆的时间间隔较短，可有效防止预应力筋锈蚀，同时不占用结构施工工期，有利于加快施工速度，是较好的工艺方法。对一端为埋入端，另一端为张拉端的预应力筋，只能采用先穿束工艺，而两端张拉的预应力筋，最好采用后穿束工艺。

预留孔道应根据工程特点设置排气孔、泌水孔及灌浆孔，排气孔可兼作泌水孔或灌浆孔。采用普通灌浆工艺时，从一端注入的水泥浆往前流动，并同时将孔道内的空气从另一端排出，但由于孔道往往呈起伏状，水泥浆不可能像竖向孔道自下而上灌浆一样将孔道截面充满，易出现水泥浆流过但空气未被往前挤压而滞留于管道内的情况。另外，曲线孔道中的浆体由于重力下沉、水分上浮会出现泌水现象。当空气滞留于管道内时，灌浆将出现灌浆缺陷，形成所谓的月牙缺陷，还可能被泌出的水充满，不利于预应力筋的防腐。因此，规定曲线孔道波峰部位设置排气管兼作泌水管，该管不仅可排除空气，还可以将泌水集中排除在孔道外。泌水管常采用钢丝增强塑料管以及壁厚不小于 2mm 的聚乙烯管，有时也可用薄壁钢管，以防止混凝土浇筑过程中排气管被压扁。工程经验表明，当曲线孔道波峰和波谷的高差大于 300mm 时，应在孔道波峰部位设置排气孔（图 4.5-9），排气孔间距不宜大于 30m，当排气孔兼作泌水孔时，其外接管伸出构件顶面长度不宜小于 300mm。

梁中的有粘结预应力筋多采用群锚进行张拉与锚固。群锚的锚垫板通常固定在预应力梁的钢筋骨架上，也可安装在模板上，防止在浇筑混凝土的过程中，锚垫板可能发生的移位。锚垫板安装在钢筋骨架上（图 4.5-10）。

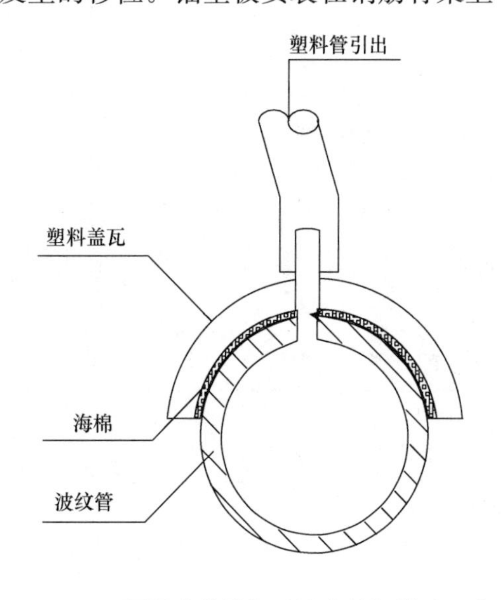

图 4.5-9 预留孔道排气（泌水管）做法示意

图 4.5-10 锚垫板安装示意图

4.5.3　柱预应力筋安装

在建筑工程中，对于大跨框架结构的顶层边柱，由于受大偏心受压的影响，其抗裂往往不满足相关规范的要求，因此，通常需要在柱中配置预应力筋以解决柱的抗裂问题。在框架柱中，预应力筋多采用有粘结预应力筋，由于预留孔道是竖向布置的，需要预留孔道有较大的刚度以保证预应力束的位置，因此，柱中预留孔道多采用钢管。

图4.5-11　钢管套筒连接

框架柱中采用钢管预留孔道时，多采用大一号的钢管进行连接，以保证预留孔道的密封与畅通（图4.5-11）。

4.5.4　安装质量验收

预应力筋（孔道）安装质量验收包括三个方面的内容：预应力筋或成孔管道的安装质量；定位控制点的竖向位置偏差；在预应力筋（孔道）安装质量验收后，在混凝土浇筑之前，应进行预应力分项工程隐蔽工程质量验收。

1. 预应力筋（预埋管道）的安装质量

预应力筋（预埋管道）的安装质量要求主要有以下几项：

（1）成孔管道的连接应密封；

（2）预应力筋或成孔管道应平顺，并应与定位支撑钢筋绑扎牢固；

（3）当后张有粘结预应力筋曲线孔道波峰和波谷的高差大于300mm，且采用普通灌浆工艺时，应在孔道波峰设置排气孔；

（4）锚垫板的承压面应与预应力筋或孔道曲线末端垂直，预应力筋或孔道曲线末端直线段长度应符合表4.5-1的规定。

预应力筋曲线起始点与张拉锚固点之间直线段最小长度　　表4.5-1

预应力筋张拉控制力 N（kN）	$N \leqslant 1500$	$1500 < N \leqslant 6000$	$N > 6000$
直线段最小长度（mm）	400	500	600

这些规定主要是为了确保预留孔道成型质量，尽量减小安装质量对预应力筋张拉效果和灌浆质量的影响。

孔道成型用管道通常是定长供应的，以便于运输、保管和安装。金属波纹管，一般生产长度为4m或6m，塑料波纹管因为其柔性较好，长度比金属波纹管长些，一般供货长度为 9m，甚至更长，通常可以盘卷运输；而钢管长度也大多采用 4～6m，因此，不可避免地要解决管道连接问题，满足工程所需。金属波纹管实际上是采用薄钢带通过压波并螺旋折叠咬口生产的，因此，其外部波形是螺旋状的，且其外形壁厚通常是 5mm，直径系列也是 5mm 进阶，所以任何一种规格的波纹管都可以旋进大一规格的波纹管。因此，圆形金属波纹管接长时，可采用大一规格的同波型波纹管作为接头管，接头管长度可取其直径的 2～4 倍，且不小于 300mm，为保证连接可靠，两端旋入长度宜相等，并在两端采用防水胶带密封。扁金属波纹管的连接因其几何形状的缘故，不能采用圆金属波纹管的连接方式，通常采用大一号的管子，在扁管的短轴纵向切开后扣接被连接管，或者采用套接连接，不论采用那种连接工艺，均要采用防水胶带密封接口，防止水泥浆进入管道；塑料波纹管接长时，可采用塑料焊接机热熔焊接或采用专用连接管；钢管连接可采用焊接连接或套筒连接，如果孔道的偏差控制要求很严时，也可采用螺纹连接。要求成孔管道的连接应密封主要是为了保证预留孔道全长的密封性，防止混凝土浇筑时从孔道连接处漏浆，增大张拉时的摩擦损失甚至造成孔道堵塞。波纹管连接见图 4.5-12。

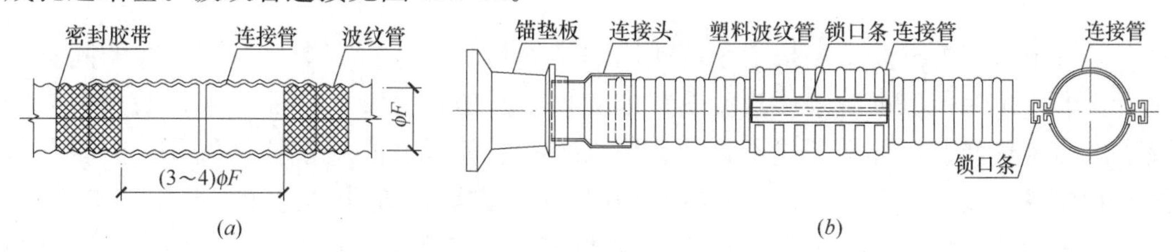

图 4.5-12 波纹管连接

(a) 金属波纹；(b) 塑料波纹管

要求成孔管道平顺，主要是保证预应力筋的位置和设计一致，减小孔道不平顺对张拉摩擦损失的影响。浇筑混凝土时，预留孔道定位不牢固可能会发生移位，影响建立预应力的效果。预应力筋或成孔管道的定位通常采用钢筋马凳或支托，在板中多采用支撑在板底模上的单个马凳或长条马凳，而在梁中多采用固定于箍筋上的直线短钢筋。定位钢筋具有确定预应力筋或成孔管道的位置并保证其位置不变的功能，因此，本身应具有一定的刚度，其钢筋的直径不宜过小，确保在后续的混凝土浇筑等工序中，不因受荷而发生过大的变形，同时，其间距也要控制，以免预应力筋或成孔管道弯曲变形，影响束形。定位钢筋直径不宜小于 10mm，间距不宜大于 1.5m，这是基本的要求，实际工程中尚应根据预应力束的规格，管道的规格及品种，灵活控制有关的参数。定位钢筋支托的间距与预应力筋重量和波纹管自身刚度有关，足够的定位钢筋才能保证孔道平顺，不致出现不符合设计要求的凸起或凹陷。板中无粘结预应力筋定位间距可适当放宽，扁形管道的定位间距宜适当减小；在曲率较大的区域应加密定位钢筋。一般曲线预应力筋的关键点（如最高点、最低点和反弯点等位置）需要有定位的支托钢筋，其余位置的定位钢筋可按等间距布置。

锚垫板的承压面与预应力筋或孔道曲线末端应垂直及预应力筋或孔道曲线末端应有一定长度的直线段（图 4.5-13），主要是为了保证预应力筋与张拉端承压面的垂直，减小张拉过程中的锚口摩阻损失，该值是在参考国外有关标准要求并结合国内工程实践的基础上确定的。

图4.5-13 孔道端部平直段示意图

对后张预应力混凝土结构中预留孔道的排气孔、泌水管（图4.5-14）等的间距和位置要求，是为了保证灌浆质量。设置排气管主要是解决竖向平面内起伏的预应力筋孔道内的排气问题，如果起伏不大，甚至水平孔道就没有必要设置排气孔，曲线孔道波峰和波谷的高差大于300mm时，应在孔道顶峰设置排气孔；排气孔兼作泌水孔时，其外接管道伸出构件顶面长度不宜小于300mm，外接管道的长度预留长些，主要是为水泥浆沉淀，而泌水留在排气管内，确保孔道内水泥浆是充满的。

图4.5-14 孔道预留排气管或泌水管示意图

在进行预应力筋（成孔管道）安装质量验收时，对于预留孔道的密封性能、预应力筋（成孔管道）的平顺与固定、排气管的设置等应全部检查，以保证后期预应力筋的张拉与预留孔道灌浆能顺利进行；对于预应力筋曲线起始点与张拉锚固点之间直线段最小长度，应抽查预应力束总数的10%，且不少于5束。

2. 预应力筋或成孔管道定位控制点的竖向位置偏差

国家标准《混凝土结构工程施工质量验收规范》GB 50204—2015 规定：预应力筋或成孔管道定位控制点的竖向位置偏差应符合表4.5-2的规定，其合格点率应达到

90%及以上，且不得有超过表中数值1.5倍的尺寸偏差。

预应力筋或成孔管道定位控制点的竖向位置允许偏差　　表4.5-2

构件截面高（厚）度（mm）	$h\leqslant300$	$300<h\leqslant1500$	$h>1500$
允许偏差（mm）	±5	±10	±15

预应力筋束形直接影响建立预应力的效果，并影响构件截面的承载力和抗裂性能，因此规定其偏差合格点率应达到90%及以上。《混凝土结构工程施工质量验收规范》GB 50204—2015给出的孔道定位控制点的竖向位置允许偏差依据结构构件截面高（厚）度的不同分别给出不同的控制指标，构件截面高（厚）度越小，偏差控制指标越严格，其偏差限值与截面高度大致成比例关系，且不大于3%。之所以这样规定，主要是为了在便于施工控制的基础上，又不会因偏差过大而造成预应力实际位置偏离设计要求，对构件的抗裂性能甚至承载力造成不利的影响。

当设计文件中仅给出预应力束形控制点的位置时，预应力分项工程施工单位应在预应力筋或预留孔道安装之前，根据设计要求的曲线位置确定支托钢筋的位置，从而确保预应力筋束形符合设计要求。

此外，关于预应力筋或管道的水平位置偏差，尽管《混凝土结构工程施工质量验收规范》GB 50204—2015没有明确规定，但并不是没有任何限制，还应根据结构特点区别对待。如在梁类结构构件中，预应力筋的水平位置偏差要比竖向位置偏差更为宽容，因为，只要预应力筋的合力点仍位于设计位置，某些预应力筋水平位置偏差大些对施加预应力的影响是可以忽略的。在板类结构中更是如此，比如无粘结预应力筋总数量不变的情况下，其间距有些变化或调整都是可以接受的，当然不能出现过大的偏差。对预制屋架等下弦杆受拉构件，其预应力筋合力应位于截面中心，且因其截面很小，应特别注意其水平位置偏差控制，其水平位置应与竖向位置同等对待。

在进行预应力筋或成孔管道定位控制点的竖向位置偏差验收时，在同一检验批内，应抽查各类型构件总数的10%，且不少于3个构件，每个构件不应少于5处。

3. 预应力隐蔽工程验收

预应力隐蔽工程验收反映预应力分项工程施工的安装质量，主要包括材料和安装两部分内容，由于预应力工艺体系不同，在进行隐蔽工程验收时需验收的项目也会有所不同，应根据工程实际对需进行隐蔽验收的项目进行验收，在浇筑混凝土之前验收是为了确保预应力筋等在混凝土结构中发挥其应有的作用。预应力隐蔽工程验收包括下列主要内容：

（1）预应力筋的品种、规格、级别、数量和位置；

（2）成孔管道的规格、数量、位置、形状、连接以及灌浆孔、排气兼泌水孔；

（3）局部加强钢筋是的牌号、规格、数量和位置；

（4）预应力筋锚具和连接器及锚垫板的品种、规格、数量和位置。

在隐蔽工程验收中，预应力筋主要包括钢丝、钢绞线、精轧螺纹钢筋等品种，其品种、规格、级别、数量和位置由设计图纸具体规定，直接决定了预应力构件的刚度和承载力，在隐蔽前应仔细核对，确保符合设计要求。

成孔管道包括金属波纹管、塑料波纹管。成孔管道的孔径应根据预应力束中的预应力筋根数及穿筋工艺选择。成孔管道的材料质量、安装质量对预应力的施加效果有较大影响，在隐蔽前应对其材料与安装质量进行细致检查。

局部加强钢筋是指预应力张拉锚固体系中所要求的螺旋筋或网片筋等提高混凝土局部受压承载力的局部加强钢筋，正确配置局部承压加强钢筋对保证预应力锚固区的安全传力性能有重要作用。

锚具和锚垫板主要是指预埋在混凝土中的锚具和锚垫板。锚具和锚垫板是否配套、锚垫板的位置是否正确也直接影响张拉锚固质量及锚固区传力性能。

在进行隐蔽工程验收时，应对照设计图纸及专业施工方案进行逐项检查并做完整的记录，不符合要求的项目应及时进行整改，并重新验收。

4.6 预应力筋张拉

为保证模板与支架的快速周转，在预应力构件混凝土强度达到设计要求的强度等级后，应尽快进行预应力筋的张拉。

4.6.1 张拉准备工作

预应力筋的张拉准备工作包括几个方面的内容：技术准备、设备准备与人员准备及其他准备工作，只有这几个方面的工作全部准备完成后，才有可能保证预应力筋张拉工作的顺利进行。

1. 预应力筋张拉的技术准备

预应力筋张拉的技术准备工作包括张拉之前的构件混凝土强度确认、预应力筋理论伸长值计算与实际张拉控制力计算三个方面的工作。

（1）构件混凝土强度确认

预应力筋张拉时的构件混凝土强度由设计确定。混凝土强度较低时进行预应力筋张拉，可能会造成构件后期徐变的增加；混凝土强度完全达到构件设计强度后进行预应力筋张拉，可能会降低模板与支架的周转效率，影响施工工期。因此，在设计文件中，设计人员通常会规定进行预应力筋张拉时的构件混凝土强度等级，预应力筋张拉时构件的混凝土强度由同条件养护的混凝土立方体试块强度确定，试验报告由总包单位提供。当设计无具体要求时，同条件养护的混凝土立方体抗压强度不应低于构件设计强度等级值的75%且不应低于锚具供应商提供的产品技术手册要求的混凝土最低强度，对后张法预应力梁和板，现浇结构混凝土的龄期分别不宜小于7d和5d，若为防止混凝土早期裂缝而施加预应力时，可不受限制，但应满足局部受压承载力的要求。

（2）预应力筋理论伸长值计算

在张拉之前，应根据预应力筋的张拉控制力和曲线形状计算预应力筋的理论伸长值，以便于和预应力筋的实际伸长值进行比较与校核，确认预应力筋的张拉质量。

预应力筋理论伸长值 $\Delta l_{\mathrm{p}}^{\mathrm{c}}$ 可按下式计算：

$$\Delta l_{\mathrm{p}}^{\mathrm{c}}=\frac{F_{\mathrm{pm}}l_{\mathrm{p}}}{A_{\mathrm{P}}E_{\mathrm{p}}} \tag{4.6-1}$$

式中：F_{pm}——预应力筋的平均拉力值（N），取每段预应力筋张拉力扣除摩擦损失后的拉力的平均值；当采用夹片式群锚体系时，在还应扣除锚口摩擦损失，锚口摩擦损失的大小应由锚具供应商提供的产品技术手册提供；

l_{p}——预应力筋的长度（mm）；

A_p——预应力筋的截面面积（mm^2）；

E_p——预应力筋的弹性模量（N/mm^2）。

建筑结构工程中的预应力筋一般采用由直线和抛物线组合而成的线形，可根据扣除摩擦损失后的预应力筋有效应力分布，并采用分段叠加法计算其张拉伸长值。

对于多跨多波曲线预应力筋，可分段计算其摩擦损失。在计算摩擦损失前，先对预应力筋进行分段，段点数 n_d 与预应力筋线形类别有关，分段点一般设在抛物线反弯点或折线的折点处，且各段一般满足 $(\kappa x+\mu\theta)\leqslant 0.3$。然后，将上一段后一分段点扣除摩擦损失后的有效预应力值作为下一段的"张拉控制力"，从而可求该段两分段点的摩擦损失增量，进而可确定下一分段点的有效预应力，其中起始点的摩擦损失为零，即摩擦损失 $\sigma_{l2}(1)=0$，有效预应力 $\sigma_{pe}(1)=\sigma_{con}$。各分段点的有效预应力按式（4.6-2）逐点计算。

$$\sigma_{pe}(i+1)=\sigma_{pe}(i)-\Delta\sigma_{l2}(i) \tag{4.6-2}$$

$$\Delta\sigma_{l2}(i)=\sigma_{pe}(i)\cdot(\kappa x_i+\mu\theta_i) \tag{4.6-3}$$

式中，i 为段点编号，$1\leqslant i\leqslant n_d$，第 i 段的前端段点号为 i 而后端段点号为 $i+1$；x_i 为第 i 段的孔道长度（m）；θ_i 为第 i 段两端曲线孔道部分切线的夹角（rad）。

因此第 i 段的张拉伸长值为：

$$\Delta l_{p,i}^{c}=\frac{\sigma_{pe}(i)+\sigma_{pe}(i+1)}{2E_p}x_i \tag{4.6-4}$$

进而可以得到多跨多波曲线预应力筋的张拉伸长值为：

$$\Delta l_{p}^{c}=\sum_{i=1}^{n_d}\Delta l_{p,i}^{c} \tag{4.6-5}$$

预应力筋常用曲线转角与预应力筋伸长值计算方法示例见附录E。

（3）实际张拉力计算

预应力筋的实际张拉力是指千斤顶张拉预应力筋的力值，由于施工现场的情况往往比较复杂，而且存在设计未考虑的额外影响因素，实际张拉时可能需要对张拉控制力进行适当调整，以达到设计要求的有效预应力效果。预应力筋的实际张拉力不仅包括设计所给的张拉控制力（或张拉控制应力），还包括张拉工艺需要增加的张拉力，如：当张拉操作空间不足，需改变张拉方式而采用变角张拉工艺时增加的变角张拉摩擦损失；采用自锚工艺时为减小回缩损失而增加的张拉力；采用超张拉工艺时需增加的张拉力等。实际张拉施工时，调整后的最大张拉应力不应大于现行国家标准《混凝土结构工程施工规范》GB 50666—2010 的规定：消除应力钢丝、钢绞线 $\sigma_{con}\leqslant 0.8f_{ptk}$，中强度预应力钢丝 $\sigma_{con}\leqslant 0.75f_{ptk}$，预应力螺纹钢筋 $\sigma_{con}\leqslant 0.9f_{pyk}$，其中，$\sigma_{con}$ 为预应力筋张拉控制应力，f_{ptk} 为预应力筋极限强度标准值，f_{pyk} 为预应力筋屈服强度标准值。预应力筋的张拉力需根据设备标定结果换算为液压油泵的输出力值。

2. 预应力张拉设备

预应力张拉一般采用液压穿心式千斤顶，由电动油泵提供动力，驱动千斤顶完成预应力筋的张拉和锚固，根据锚具的不同分为穿心式千斤顶、拉杆式千斤顶、锥锚式千斤顶等。

小型前卡千斤顶：夹具位于千斤顶的前端离千斤顶前嘴约110mm处，穿心孔径为18～20mm，额定输出力为230～250kN额定油压为50N/mm^2，重量为20～25kg，行程200mm，主要用于单根预应力筋的张拉，如YCJ200，YDC230等。

大吨位千斤顶：根据张拉预应力束的规格配合使用不同吨位的千斤顶，一般张拉输出力以50t为一个级别。系列有多种：如YCD系列，YCW系列等。YCW1500-200表示额定张拉力为1500kN，行程为200mm。

后张法预应力常用张拉设备见图4.6-1。

图4.6-1 后张法预应力张拉时常用的张拉设备示意

(*a*) 大吨位千斤顶；(*b*) 便携式千斤顶；

(*c*) 常用油泵及油表；(*d*) 便携式油泵及油表

张拉设备和压力表应定期进行维护，为保证张拉力的准确与可靠，张拉设备应配套标定和使用，标定期限不应超过半年。良好的张拉机具是保证张拉质量的前提，张拉设备由千斤顶、油泵及油管等组成，其输出力需通过油泵中的压力表读数来确定。为消除系统误差及千斤顶内摩阻、油管长度等因素的影响，要求设备配套标定，以确定压力表读数与千斤顶输出力之间的关系曲线。这种关系曲线对应于特定的一套张拉设备，故配套标定后应配套使用，确保张拉过程中施加的张拉力准确并符合设计要求。此外千斤顶的活塞运行方向不同，其内摩擦也有差异，所以规定千斤顶活塞运行方向应与实际张拉工作状态一致。

一般情况下，设备标定在具有计量检测资质的单位进行，标定的压力机或传感器的测力示值精度要求较高，而油泵配套的压力表则精度等级相对较低，实际张拉时油泵宜配用量程较大的精度等级高的精密压力表，以利于提高张拉力控制精度。张拉设备的标定记录单应明确该记录单所对应的千斤顶与压力表，在张拉施工时应按标定记录单记录的千斤顶与压力表配套使用，并在张拉记录中明确记录张拉时所使用的千斤顶与压力表编号。图 4.6-2 为张拉设备标定单示意图，从图中可以明确看出，标定单所对应的千斤顶编号及油压表编号，同时给出了千斤顶输出力值与油压表读数的对应关系曲线，据此可以计算出在规定的张拉力下所对应的油压表读数，保证张拉力值符合设计要求。

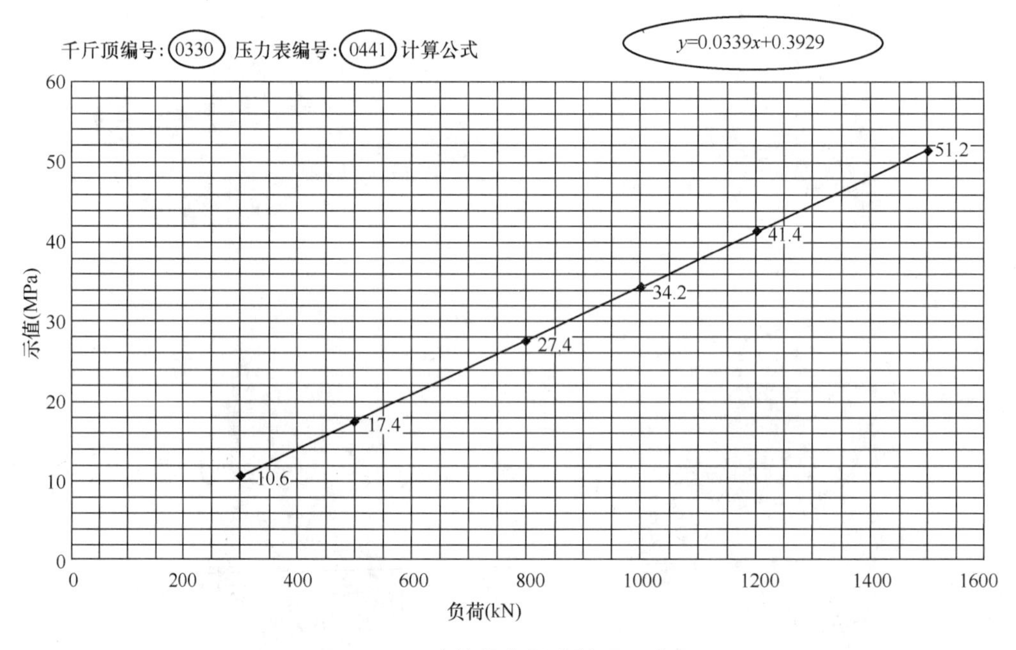

图 4.6-2　张拉设备标定结果示意图

千斤顶标定后的有效使用期限不应超过半年，否则应重新标定。此处的标定，是指检定或校准。千斤顶使用时间过长或张拉的预应力筋数量较多时，其密封圈磨损，相应的内摩阻发生变化，进而影响千斤顶的效率，也就是说，配套标定中的油泵压力表读值与千斤顶输出力之间的关系不再符合实际情况。根据行业标准《预应力用液压千斤顶》JG/T 321—2011 的规定，各种规格千斤顶在额定压力完成长期运行性能试验前后，效率系数差不应大于 3%，也就是说，千斤顶经过多次张拉使用后，其效率系数可能有较大的变化，显然是不能忽略的偏差。因此有必要规定千斤顶合理的标定周期，以确保有关标定数据的有效性。然而，确定这一合理周期不是很容易，半年期限是参照以往工程经验提出的。当然，半年内的使用情况可能因工程等实际情况存在较大的差异，如仅使用于一项小工程的情况和在大型工程中连续使用，或在预制构件厂频繁使用是有差异的，尚应根据实际使用情况，合理确定设备标定周期。检修后的千斤顶重新标定是理所当然的，尤其是密封圈更换后或更换压力表后。

张拉设备在使用过程中应进行定期维护，保证设备能正常和稳定的工作；有下列情况之一时，张拉设备也应重新进行标定：

（1）千斤顶或油泵经过大修后；

（2）张拉过程中出现因张拉设备原因造成的伸长值不符合要求时。

3. 人员组织

为加快张拉速度，可分组进行张拉，无粘结预应力筋张拉时可每组三人，油泵操作一人，千斤顶操作二人；有粘结预应力筋张拉时，应根据张拉操作的难易程度确定每组人员数量。

4. 其他准备工作

为保证预应力筋张拉工作的顺利进行，在张拉之前，尚应进行下列准备工作：

（1）拆模。在张拉之前，板侧模、梁端侧模要事先拆除，但竖向支撑不得拆除。竖向支撑的拆除应根据设计提出的拆除要求确定。

（2）锚垫板下混凝土质量检查及垫板清理。垫板下的混凝土必须保证密实，在张拉之前应仔细检查锚区混凝土的外观质量，确保没有蜂窝及空鼓现象，如有蜂窝或空鼓，应将疏松的混凝土剔除，并重新用混凝土浇灌密实，待新混凝土强度达到设计要求后再张拉。

（3）张拉平台的搭设和安全防护。结构四周有张拉端的地方应搭设张拉平台。张拉平台应牢固、稳定，且有可靠的安全防护，确保张拉工作能安全、顺利地进行；张拉平台应低于预应力筋张拉端500mm～700mm。

（4）安装锚具。无粘结预应力筋安装锚具时，应将垫板外露的钢绞线塑料皮紧贴垫板剥去，塑料皮一定要剥除干净，擦去钢绞线上的油脂后再安装锚具。安装锚具时一定要将锚环贴紧锚垫板，夹片敲紧，且使夹片端部平齐，夹片间缝隙均匀。

（5）电源。在张拉端处应设置配电箱，保证张拉过程中的电力供应。

4.6.2 预应力筋张拉

1. 预应力筋张拉

在预应力筋张拉（图4.6-3）前，应根据设计要求和结构特点编制预应力筋的张拉顺序。预应力筋的张拉顺序应符合设计要求，当设计无具体要求时，张拉顺序应按均匀、对称的原则，根据结构受力特点、施工方便及操作安全等因素确定。预应力筋的张拉顺序应使混凝土不产生超应力、构件不扭转与侧弯，因此，对称张拉是一个重要原则，对张拉比较敏感的结构构件，若不能对称张拉，也应尽量做到逐步渐进的施加预应力；减少张拉设备的移动次数也是施工中应考虑的因素。对现浇预应力混凝土楼盖，宜先张拉楼板、次梁的预应力筋，后张拉主梁的预应力筋。试验研究表明，预应力楼板在无顺序情况下张拉，对结构不会产生不利影响，但对梁式结构、预制构件及其他特种结构，预应力筋的张拉顺序对结构构件受力是有影响的。

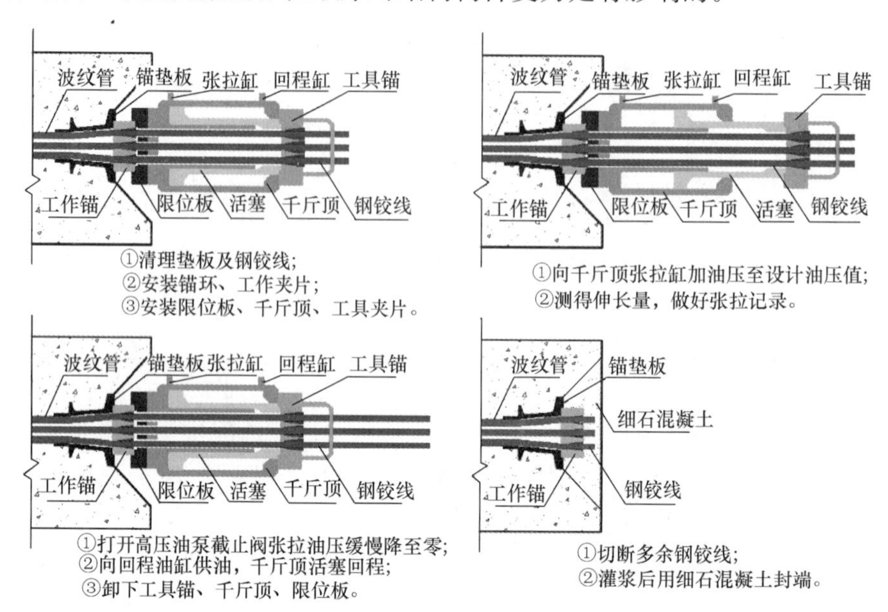

图4.6-3　预应力筋张拉过程示意

预应力筋采用两端张拉时，宜两端同时张拉，也可一端先张拉锚固，另一端补张拉。

一般情况下，集束配置的预应力筋应采取整束张拉（图4.6-4*a*），使各根预应力筋建立的应力均匀。只有在能够确保预应力筋张拉没有叠压影响时，才允许采用逐根张拉工艺（图4.6-4*b*），但应考虑预应力筋分批张拉对有效预应力的影响，如平行编排的直线束、只有平面内弯曲的扁锚束以及弯曲角度较小的平行编排的短束等。预应力筋

(*a*)

(*b*)

图4.6-4　预应力筋张拉施工

（*a*）有粘结预应力筋整束张拉；（*b*）平行束无粘结预应力筋单根张拉

的张拉工艺应根据锚具与孔道类型等因素确定，当采用夹片锚具及金属波纹管预留孔道时，应按 0→$1.03\sigma_{con}$→锚固的工艺张拉；当采用夹片锚具及塑料波纹管预留孔道时，应按 0→$1.03\sigma_{con}$→持荷 1～2min→σ_{con}→锚固的工艺张拉；当采用精轧螺纹钢筋时，应按 0→σ_{con}→锚固的工艺张拉。

张拉过程中加载和卸载的速度应适中，不能太快，使预应力筋能够充分伸长；对塑料波纹管内的预应力筋，达到张拉控制力后的持荷，对保证预应力筋充分伸长并建立准确的预应力值非常有效。

对于夹片式锚具，目前常用的锚固方式有液压顶压锚固、弹簧顶压锚固以及限位锚固三种形式，采用液压顶压锚固时，千斤顶应在保持张拉力的情况下进行顶压，顶压压力应符合设计规定值。为减少锚具变形和预应力筋内缩造成的预应力损失进行二次补拉并加垫片时，二次补拉的张拉力为控制张拉力。

当张拉端部位的空间不足，千斤顶的安装与拆卸无法实现时，可采用变角张拉工艺进行张拉（图 4.6-5），此时应在计算预应力筋实际张拉力时，考虑变角张拉摩擦损失的影响。

(*a*)

(*b*)

图 4.6-5 预应力筋边角张拉

(*a*) 单根预应力筋板面变角张拉；(*b*) 预应力束整束变角张拉

后张法预应力筋张拉锚固后，如遇特殊情况需卸锚时，应采用专门的设备和工具。有外露未切断的无粘结预应力筋时，可采用与锚固体系配套的卸锚器对预应力筋进行应力释放；既有结构中无粘结预应力筋应力释放时应采用专用卡具。

2. 张拉伸长值记录与校核

预应力筋张拉过程中，应及时对每一束（每一根）预应力筋的实际伸长值进行记录。预应力筋在张拉前处于松弛状态，初始张拉时，千斤顶油缸会有一段空走行程，在此段行程内预应力筋的张拉伸长值为零，需要把这段空走行程从张拉伸长值的实测值中扣除。为此，预应力筋的实际伸长值，宜在初应力约为张拉控制应力的 10%～20%时开始量测，分级记录。对于每一级加载，预应力筋张拉伸长值可采用量测千斤顶油缸伸长的方法测量，即在本级张拉开始时量出千斤顶油缸长度 L_1，达到本级加载值时再量测千斤顶油缸长度 L_2，二者之差即为本级荷载下预应力筋的伸长值。预应力筋的总伸长值可由量测结果按下式确定：

$$\Delta l_{\mathrm{p}}^{0}=\Delta l_{\mathrm{p1}}^{0}+\Delta l_{\mathrm{p2}}^{0}-\Delta l_{\mathrm{c}} \tag{4.6-6}$$

$$\Delta l_{\mathrm{p1}}^{0}=\Sigma(L_2-L_1) \tag{4.6-7}$$

$$\Delta l_{\mathrm{p2}}^{0}=\frac{F_0}{F_{\mathrm{con}}-F_0}\Delta l_{\mathrm{p1}}^{0} \tag{4.6-8}$$

式中：$\Delta l_{\mathrm{p1}}^{0}$——初应力至最大张拉力之间的实测伸长值；当采用量测千斤顶油缸行程确定时，尚应扣除千斤顶体内的预应力筋张拉伸长值、张拉过程中工具锚和固定端工作锚夹片楔紧和钢绞线滑移引起的预应力筋内缩值；

$\Delta l_{\mathrm{p2}}^{0}$——初应力以下的推算伸长值。可根据弹性范围内张拉力与伸长值成正比的关系按式（4.6-8）推算确定（图4.6-6）；

Δl_{c}——混凝土构件在张拉过程中的弹性压缩值（mm）。对平均预压应力较小的板类构件，可略去不计。

对于无粘结预应力筋，由于其在结构构件内的长度是固定的，预应力筋的伸长值可采用量测张拉端外露长度的方法量侧，即：在张拉之前先量测张拉端外露长度，张拉之后再量测张拉端外露长度，二者之差即视为预应力筋的伸长值。当无粘结预应力筋为两端张拉时，应分别在张拉前后量测两个张拉端的外露预应力筋长度以计算预应力筋的伸长值；当预应力筋长度较小，锚具内缩损失对伸长值的影响较大时，应在计算预应力筋实际伸长值时计入锚具内缩值，该内缩值可按锚具产品技术手册提供的数值取用，也可实际测量后按实测值取用。

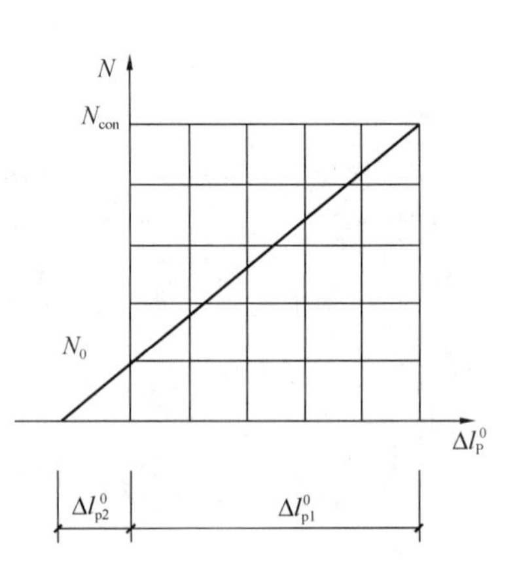

图4.6-6 预应力筋张拉伸长值计算示意

4.6.3 张拉质量验收

在预应力筋张拉完成后，应及时进行张拉质量验收，确认预应力筋张拉质量符合相关规范要求。预应力筋张拉质量验收主要包括预应力筋实际伸长值校核和张拉力确认、预应力筋内缩值及锚固质量验收三个方面的内容。

1. 实际伸长值与张拉力验收

现行国家标准《混凝土结构工程施工质量验收规范》GB 50204—2015 对预应力筋的实际伸长值与张拉力的控制要求作如下规定：

（1）采用应力控制方法张拉时，张拉力下预应力筋的实测伸长值与计算伸长值的相对允许偏差为±6%；

（2）最大张拉应力应符合现行国家标准《混凝土结构工程施工规范》GB 50666 的

规定。

预应力筋通常采用张拉力控制方法张拉，但为了确保张拉质量，尚应对实际伸长值进行校核。预应力筋张拉时，实测伸长值与计算伸长值的偏差不应超过±6%，其张拉力和预应力筋的伸长值之间遵循广义的弹性关系。在台座上张拉的先张法预应力筋，因没有摩擦阻力等影响，其张拉力完全由预应力筋承担，且沿预应力筋是均匀分布的，施加力值的精度主要与张拉设备的标定精度和操作控制有关，其伸长值与力值线性同步，且偏差不会很大，通常都能满足规范规定的预应力筋的伸长值偏差限值要求。而后张法预应力筋张拉时，除上述千斤顶等设备的标定误差外，尚有孔道摩擦阻力，以及夹片式锚具的张拉端锚口摩擦阻力等影响因素，致使预应力筋张拉力不仅由预应力筋承担，同时由沿预应力筋长度分布的摩擦阻力等分担。可以推断，当预应力孔道摩擦阻力与设计存在较大差异，或存在异常情况时，预应力筋的实际张拉应力分布可能严重背离设计希望的分布状态，将反映在张拉时的伸长值出现很大的偏差。因此，规定张拉时不仅要控制张拉力值，同时还要进行伸长值的测量，并进行校核，以此来判断张拉质量是否达到设计规定的要求。6%的允许偏差是基于工程实践提出的，对保证张拉质量是有效的。正常情况下，预应力筋的伸长值均能满足偏差限值的要求，否则应查明原因并采取措施后再张拉。通常实际伸长值与计算的理论伸长值对比，既可能出现正偏差也可能出现负偏差。在设备正常，操作正常情况下，实际伸长值偏长，可能意味着摩阻力小于设计值、固定端锚具未贴紧、锚固区混凝土疏松，甚至锚具滑脱等；实际伸长值偏短可能意味着孔道成型质量不良、局部漏浆造成摩阻增大，或千斤顶输出力异常等。因此，伸长值的偏差直接反映成孔质量、千斤顶设备的标定精度，以及张拉操作质量等。

对于实际张拉伸长值与张拉力的验收，均应全数检查，主要采用旁站检查与检查张拉记录、设备配套标定单相结合的方式进行检查确认。

2. 预应力筋内缩值验收

为防止张拉后锚固阶段因预应力筋内缩值偏大而造成过大的预应力损失，在张拉锚固时需对预应力筋的内缩量进行检查。锚固阶段张拉端预应力筋的内缩量应符合设计要求；当设计无具体要求时，应符合表 4.6-1 的规定。

张拉端预应力筋的内缩量限值 **表 4.6-1**

锚具类别		内缩量限值（mm）
支承式锚具（镦头锚具等）	螺帽缝隙	1
	每块后加垫板的缝隙	1
夹片式锚具	有顶压	5
	无顶压	6～8

设计中通常以《混凝土结构设计规范》GB 50010 给定的内缩值进行计算。一般情况下，锚具内缩值的加大对长预应力筋锚固后预加力的影响是有限的，对于较短的预

应力筋，当锚具的实际内缩值比《混凝土结构设计规范》GB 50010给定的内缩值偏大时，会造成预加力的显著降低。一般情况下，支承式锚具（螺母锚具、镦头锚具等）的内缩值比较容易控制，也比较小，但是夹片式锚具的内缩值往往较大。

夹片式锚具内缩值与实际用锚具夹片的外露量、钢绞线外径和限位槽深度有关，三者应配套量测，配套使用。实际工程中，由于锚具种类、张拉锚固工艺及放张速度等各种因素的影响，内缩量可能有较大波动，导致实际建立的预应力值出现较大偏差。因此，应控制锚固阶段张拉端预应力筋的内缩量，当设计对张拉端预应力筋的内缩量有具体要求时，应按设计要求执行，以保证预应力筋实际建立的有效预应力值满足设计要求。值得一提的是，自锚锚固时，限位板限制张拉阶段夹片的移位，被限定的夹片随放松的预应力筋跟进锚环锥孔内，达到夹持预应力筋的目的。一般情况下，限位槽深度越小，内缩值越小，反之则反。但是限位槽深度小时，被限定的夹片将逆向刻划被伸长的预应力筋，不仅降低了实际传至锚具的预加力值，同时损伤了预应力筋，还对锚具的锚固能力有影响，严重时，甚至可造成锚固失效。

在现行行业标准《预应力筋用锚具、夹具和连接器应用技术规程》JGJ 85—2010中给出了两种测量确定锚具内缩值的方法，即：直接测量法或间接测量法。直接测量法（图4.6-7）较适合于在施工现场的测量，间接测量法较适合于在试验室的测量。直接测量法的具体要求如下：

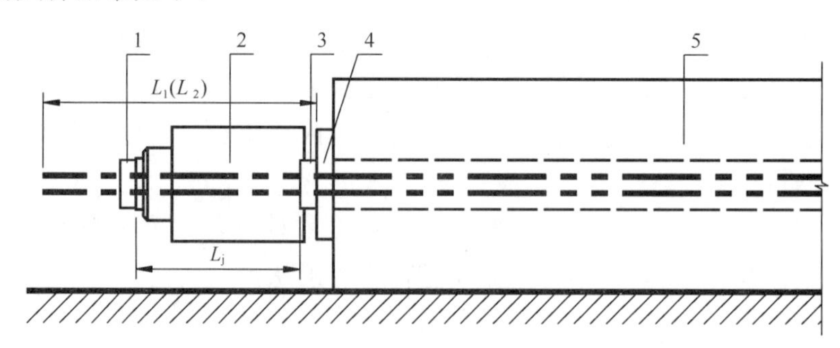

图4.6-7 直接测量法试验装置示意

1—工具锚；2—千斤顶；3—张拉端锚具；4—锚垫板；5—构件

（1）张拉力达到控制力并持荷待伸长稳定后，记录下列内容：张拉控制力N_{con}（N）、预应力筋在锚垫板外的长度L_1（mm）、预应力筋在张拉端锚具与工具锚之间的长度L_j（mm）；当千斤顶回油至完全放松后，记录预应力筋在锚垫板外的长度L_2（mm）；

（2）锚具内缩值应按下列公式计算：

$$a = L_1 - L_2 - \Delta l \tag{4.6-9}$$

$$\Delta l = \frac{N_{con} \cdot L_j}{E_p A_p} \tag{4.6-10}$$

式中：a——锚具内缩值（mm）；

Δl——在张拉控制力下，张拉端锚具和千斤顶工具锚之间预应力筋的理论伸长值（mm）；

E_p——预应力筋弹性模量（N/mm^2）。

（3）对多孔锚具，应至少测量 3 根钢绞线的内缩值，并取其平均值；同一规格的锚具应测量 3 个，并应取其平均值作为该规格锚具的内缩值。

在验收时，按工作班进行组批，每工作班抽查预应力筋总数的 3%，且不少于 3 束。

3. 锚固质量验收

预应力筋张拉锚固后，应对其锚固质量进行验收，主要是检查张拉锚固后预应力筋是否出现断丝与滑脱的现象，以保证构件中建立的预应力符合设计要求。现行国家标准《混凝土结构工程施工质量验收规范》GB 50204—2015 对预应力筋的张拉锚固质量的验收规定为：对后张法预应力结构构件，钢绞线出现断裂或滑脱的数量不应超过同一截面钢绞线总根数的 3%，且每根断裂的钢绞线断丝不得超过一丝；对多跨双向连续板，其同一截面应按每跨计算。

预应力筋断裂或滑脱对结构构件的受力性能影响极大，后张法预应力施工中出现预应力筋断裂，意味着在其材料、安装及张拉环节存在缺陷或隐患。

滑脱是指被张拉伸长出来的预应力筋全部或部分回缩到构件内的现象，滑脱会造成预应力筋中的应力全部或部分丧失。预应力筋发生滑脱现象，通常是由锚具质量不合格造成的。特别是对夹片式锚具，如果夹片的硬度不足，在高应力的预应力筋作用下，夹片丝扣被预应力筋拉平，造成预应力筋滑脱。在外露预应力筋被切断之前发生的滑脱可以更换锚具并重新张拉，以保证预应力筋中的应力满足设计要求。

预应力筋发生断丝或整根断裂（图 4.6-8）通常由预应力筋的质量缺陷（如夹渣）或预应力筋端部与锚垫板不垂直等造成，预应力筋断裂通常由断丝发展而来。在工程实践中，发生预应力筋断裂大致可归纳为以下几种情况：

（1）预应力筋材料强度不满足要求；

（2）制作安装阶段预应力筋受电气焊或机械损伤，导致张拉阶段出现断裂；

（3）制作安装阶段预应力安装质量不合格，因而在张拉阶段预应力筋处于异常受力状态造成断裂；

（4）预应力筋材料本身有质量缺陷，如气孔、夹渣、严重锈蚀等，这些缺陷会减小预应力筋的有效截面面积，造成张拉时钢绞线中的应力超过其极限强度发生断裂。

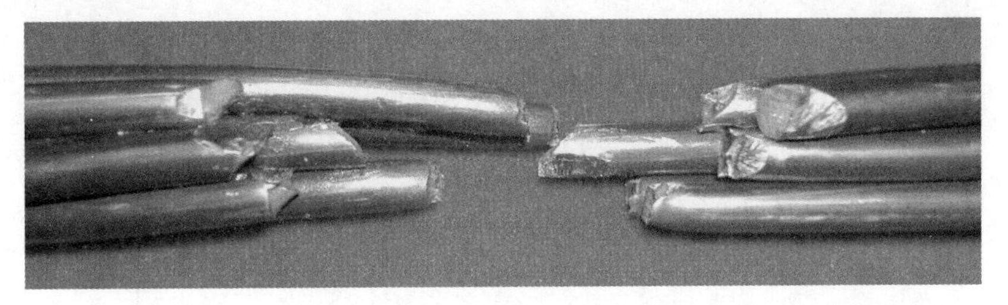

图 4.6-8 钢绞线部分钢丝受损断裂后引起的整根钢绞线断裂示意图

一般情况下，预应力筋在张拉锚固时的应力最高，在锚固后和使用阶段，由于发生锚具回缩损失、预应力松弛损失、混凝土的收缩、徐变等引起的预应力损失等会使预应力筋的应力比张拉锚固时有一定程度的降低，因此，断裂一般会发生在张拉锚固阶段。如果钢绞线中的某股钢丝受到损伤，使该股钢丝有效截面面积减小，拉应力提高，造成断裂。由于一根钢绞线中的多股钢丝相互扭绞在一起，断裂的钢丝不能自由回缩释放能量，其所承受的拉力必然会转移到同一根钢绞线的其他各股钢丝中，造成其余钢丝中的应力急剧增加，当钢丝的拉应力超过材料极限强度时钢丝将被拉断。对于最常用的7丝钢绞线而言，通常张拉断1丝时，钢绞线所承受的拉力还能由剩余的6根钢丝承担，此时钢丝中的应力已经很高，如果这6根钢丝中存在质量缺陷而再次断丝，即会造成钢丝连续断裂进而整根钢绞线断裂。预应力筋断丝或断裂后，需统计同一个构件的断丝或断裂数量，由设计人员验算构件的性能是否受到显著影响，构件是否需要加固处理。

国家标准《混凝土结构工程施工质量验收规范》GB 50204—2015对锚固质量有三方面的要求：

（1）预应力筋发生滑脱时，滑脱数量不能超过预应力筋总根数的3%；

（2）预应力筋发生断裂时，断裂数量不能超过预应力筋总根数的3%；

（3）预应力筋发生断丝时，断丝数量不能超过预应力筋中钢丝总数的3%，且每根钢绞线断丝不得超过1丝。

通过检查预应力筋张拉时的伸长值是否异常及张拉锚固后外露预应力钢绞线中各钢丝的外露状态，可以判断预应力钢绞线是否有断丝现象，在张拉过程中及张拉完成后应及时进行检查。在验收过程中，对每根预应力筋均应进行张拉锚固质量的验收。

4.7 孔道灌浆

预应力筋张拉后处于高应力状态，对腐蚀非常敏感，灌浆是对预应力筋的永久保护措施，也是使截面完整，预应力筋与结构混凝土粘结的手段，所以应尽早对孔道进行灌浆，并要求孔道内水泥浆应饱满、密实，且具有足够的强度。

4.7.1 灌浆设备

孔道灌浆的主要设备是灌浆泵和水泥浆搅拌机。灌浆设备应根据每班灌浆工作量、所采用的灌浆工艺（普通灌浆还是真空灌浆）进行选择，采用普通灌浆工艺时常用的灌浆设备见图 4.7-1～图 4.7-3。在灌浆泵和搅拌机之外，为保证灌浆工作能顺利进行，还应准备量重设备、水泥浆过滤与储存设备、相关工具与连接件等。

图 4.7-1 螺杆式灌浆泵

图 4.7-2 手动灌浆泵

图 4.7-3 水泥浆搅拌机

4.7.2 浆体制备

预留孔道中灌浆的主要作用是保护预应力筋以保证预应力构件的耐久性，同时提供粘结力保证预应力筋与构件混凝土能共同工作。为达到上述目标，要求水泥浆具有以下性能：

(1) 3h 自由泌水率宜为 0，且不应大于 1%，泌水应在 24h 内全部被水泥浆吸收。灌浆用水泥浆要求在满足必要稠度的前提下尽量减小泌水率，以获得密实饱满的灌浆效果。水泥浆中水的泌出往往造成孔道内的空腔，并引起预应力筋腐蚀，因此水泥浆的泌水率应尽量小，除非通过良好的工艺和施工管理，将泌出的水全部排出孔道外，否则泌出的水积存于孔道内，会形成灌浆质量缺陷，易造成高应力下的预应力筋处于水气腐蚀环境中。所以泌水率越小越好，1%左右的泌水一般可被水泥浆吸收，最好将泌水率降为0。

(2) 水泥浆中氯离子含量不应超过水泥重量的0.06%。水泥浆中的氯离子会腐蚀预应力筋，而预应力筋对腐蚀非常敏感，故水泥和外加剂中均不能含有对预应力筋有害的化学成分，特别是氯离子的含量需严加控制，计算水泥浆中的氯离子含量时，应包含水、外加剂、水泥中的全部氯离子。

(3) 当采用普通灌浆工艺时，24h自由膨胀率不应大于6%；当采用真空灌浆工艺时，24h自由膨胀率不应大于3%。水泥浆的适度膨胀有利于提高灌浆密实性，提高灌浆饱满度，但过度的膨胀可能造成孔道破损，反而影响预应力工程质量，故应控制其膨胀率，并考虑普通灌浆工艺和真空灌浆工艺的差异。

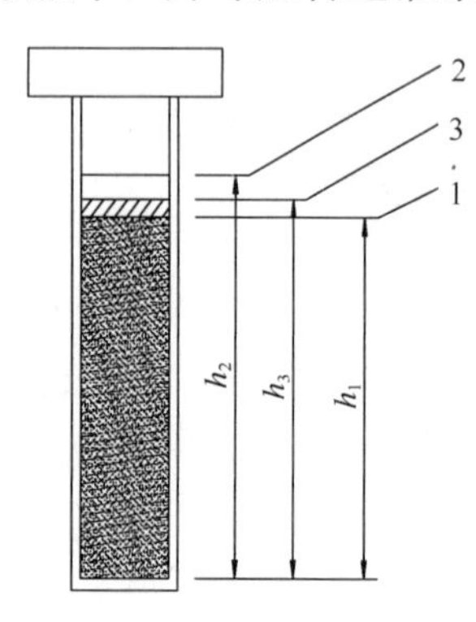

图4.7-4 自由泌水率和自由膨胀率试验示意图

灌浆之前应根据水泥浆的性能要求对选用的水泥、外加剂等进行配合比试验以确定水泥浆的配合比，水泥浆配比性能试验报告中应明确给出各组成成分的配合比及浆体的泌水率、膨胀率等性能指标，以确保水泥浆性能符合要求。行业标准《铁路后张法预应力混凝土梁管道压浆技术条件》TB/T 3192—2008中对水泥浆的泌水率和膨胀率的测定方法有明确的规定：

试验容器采用1000mL的量筒或直径为60mm、高为500mm的底部封闭的透明玻璃管（图4.7-4）。将搅拌均匀的浆体缓慢注入试验容器中，装入浆体体积为800mL±10mL。浆体注入后，使用保水薄膜密封容器上口，静置于水平面上。静置1min后记录浆体高度h_1，分别在静置3h和24h后量测其离析水水面高度h_2和浆体膨胀面的高度h_3，然后按下列公式计算泌水率及膨胀率：

$$泌水率(\%)=\frac{h_2-h_3}{h_1}\times100\% \tag{4.7-1}$$

$$膨胀率(\%)=\frac{h_3-h_1}{h_1}\times100\% \tag{4.7-2}$$

水泥浆多在施工现场配制并搅拌形成，其制备质量直接影响水泥浆的流动度、泌水率等，对灌浆施工能否顺利进行及孔道灌浆质量均有决定性的影响。灌浆用水泥浆的制备及使用应符合下列规定：

(1) 水泥浆宜采用高速搅拌机进行搅拌，搅拌时间不应超过5min。采用专门的高速搅拌机（一般为1000rpm以上）搅拌水泥浆，一方面提高工作效率，减轻劳动强度，同时有利于充分搅拌均匀水泥及外加剂等材料，获得性能良好的水泥浆；如果搅拌时间过长，将降低水泥浆的流动性。

(2) 水泥浆使用前应经筛孔尺寸不大于1.2mm×1.2mm的筛网过滤。水泥浆采用滤网过滤，可清除搅拌中未被充分散开的颗粒，可降低灌浆压力，提高灌浆质量。

（3）搅拌后不能在短时间内灌入孔道的水泥浆，应保持缓慢搅动；水泥浆搅拌后至灌浆完毕的时间不宜超过 30min。当水泥浆中掺有缓凝剂且有可靠工程经验时，水泥浆拌合后至灌入孔道的时间可适当延长。

4.7.3 灌浆施工

在预应力筋张拉完成并经检查合格后，应及时切去锚具外多余的外露预应力筋，采用水泥浆、水泥砂浆等材料或封锚罩封闭外露锚具，并保证封闭材料具有一定的强度，防止灌浆过程中具有一定压力的水泥浆从锚具夹片缝隙中流出，影响灌浆施工正常进行。

灌浆前应对预留孔道进行检查，确认孔道、排气兼泌水管及灌浆孔畅通，对预埋管成型孔道，可采用压缩空气清孔；采用真空灌浆工艺时，应确认孔道的密封性。

采用普通灌浆工艺灌浆（图 4.7-5）时，灌浆施工应连续进行，直至排气管排出的浆体稠度与注浆孔处相同且无气泡后，再顺浆体流动方向依次封闭排气孔，全部出浆口封闭后，宜继续加压（0.5～0.7）N/mm²，并稳压 1～2min 后封闭灌浆口；真空辅助灌浆（图 4.7-6）时，孔道抽真空负压宜稳定保持在（0.08～0.10）N/mm²。对每一个构件内的预留孔道，宜先灌注下层孔道，后灌注上层孔道，灌浆过程中因故停止灌浆时，须用压力水将孔道内已注入的水泥浆冲洗干净。

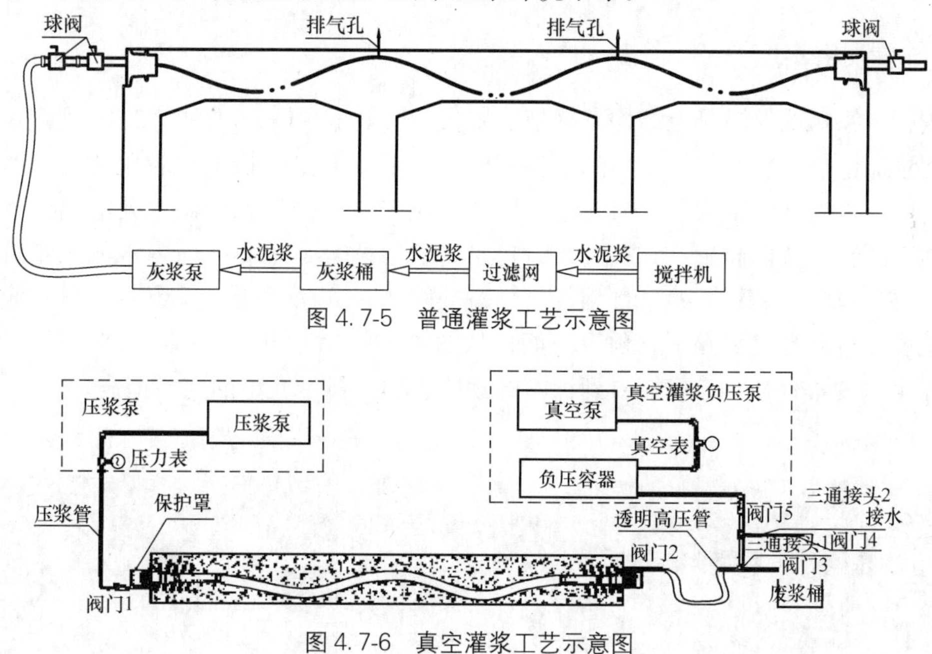

图 4.7-5 普通灌浆工艺示意图

图 4.7-6 真空灌浆工艺示意图

冬期施工时，孔道灌浆工作应尽量暂停，待气温升高后再继续灌浆工作。如果由于工期等原因要求灌浆必须进行时，应在水泥浆中掺入防冻剂，并经试验确认水泥浆的防冻效果后再灌浆。

在孔道灌浆施工之前，可以采用现场搅拌的水泥浆，按事先确定的灌浆工艺模拟施工，以确认灌浆工艺能否保证孔道灌浆密实、饱满。当现场搅拌的水泥浆泌水较大时，宜进行二次灌浆或泌水孔重力补浆；对竖向孔道应进行二次灌浆或重力补浆（图 4.7-7），二次灌浆的时间间隔不宜超过 20min。

图 4.7-7　竖向孔道二次重力补浆

4.7.4　灌浆质量验收

预留孔道灌浆质量验收包括灌浆密实度检验和水泥浆强度检验两项内容。

1. 孔道灌浆密实度检验

现行国家标准《混凝土结构工程施工质量验收规范》GB 50204—2015 规定：孔道内水泥浆应饱满、密实。但在实际工程实践中，灌浆质量的检测比较困难，通常通过现场观察检查确认灌浆质量，当孔道中浆体饱满时，由排气孔或泌水孔溢出的多余浆体质量与灌浆口浆体质量一致；必要时也可将孔道凿开，查看孔道内水泥浆是否饱满（图 4.7-8）。从图 4.7-8（*a*）可以看出，被剔凿开的孔道灌浆饱满，预应力筋完全被水泥浆包裹，打开孔道后看不到预应力筋；从图 4.7-8（*b*）可以看出，预应力筋未被水泥浆完全包裹，打开孔道后能看到裸露的预应力筋，显示孔道灌浆不饱满。

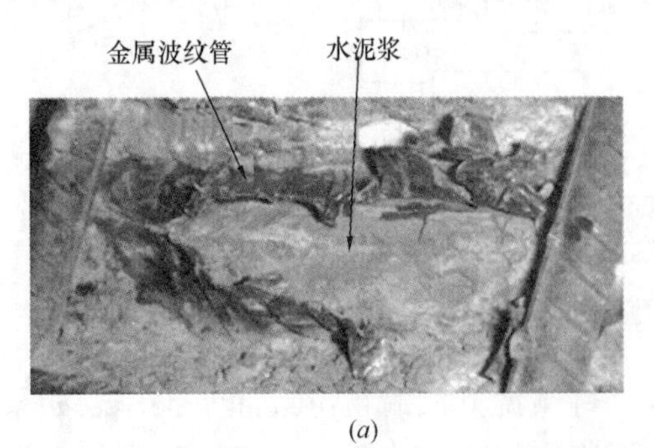

(*a*)

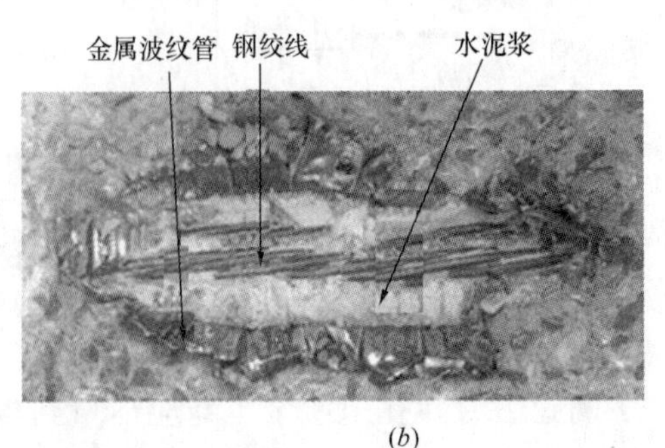

(*b*)

图 4.7-8　灌浆质量对比图

（*a*）孔道灌浆饱满；（*b*）孔道灌浆不饱满

在灌浆施工过程中，详细填写有关灌浆记录，有利于灌浆质量的把握和检查。灌浆记录内容一般包括灌浆日期、水泥品种、强度等级、配合比、灌浆压力、灌浆量、灌浆起始和结束时间及灌浆出现的异常与处理情况等。灌浆记录中应给出孔道的理论灌浆量，通过检查灌浆时的水泥或成品灌浆料的用量并与灌浆记录中的理论灌浆量进行核对，可以确认孔道灌浆是否饱满；必要时也可凿孔直接观察或采用无损检测法检查。

2. 水泥浆强度检验

水泥浆的强度采用现场留置的水泥浆试块强度进行检验，现行国家标准《混凝土结构工程施工质量验收规范》GB 50204—2015 规定：现场留置的灌浆用水泥浆试件的抗压强度不应低于 30N/mm^2。试件抗压强度检验方法为：

（1）每组应留取 6 个边长为 70.7mm 的立方体试件，并应标准养护 28d；

（2）试件抗压强度应取 6 个试件的平均值；当一组试件中抗压强度最大值或最小值与平均值相差超过 20％时，应取中间 4 个试件强度的平均值。

预留孔道灌浆的密实性对预应力筋提供可靠的防腐保护，在密实性的基础上，要求水泥浆具有相当的强度，从而保证孔道灌浆材料与预应力筋之间有足够的粘结力，是保证预应力筋与混凝土能够共同工作的前提。

4.8 锚具防护

锚具的封闭保护是一项重要的工作，预应力筋张拉灌浆完成后，需及时采取有效的防护措施对外露锚具与预应力筋进行永久封闭保护，确保外露锚头不致受机械损伤和腐蚀的影响，并保证抗火能力。

4.8.1 锚具外预应力筋长度

由于张拉需要较长的预应力筋，如果全部保留，在结构端部会占用较大的空间，既影响美观也会影响其他附着在结构上的装饰层的施工，因此在张拉后应切去多余的预应力筋。锚具外多余预应力筋常采用无齿锯或机械切断机切断，也可采用氧-乙炔焰切割多余预应力筋。当采用氧-乙炔焰切割时，为避免热影响可能波及锚具部位，同时对锚具采取隔热、冷却等降温措施。锚具外保留一定长度的预应力筋，对结构正常使用过程中锚具能正常锚固预应力筋也有一定的作用。《混凝土结构工程施工质量验收规范》GB 50204—2015 规定锚具外保留的预应力筋长度不宜小于预应力筋直径的 1.5 倍，且不应小于 30mm。

4.8.2 张拉端封闭保护

外露锚具及预应力筋应按环境类别和设计要求采取可靠的保护措施。无粘结预应力筋的张拉端通常采用双重密封的方式封闭保护：第一重：用充满油脂的塑料保护套将锚具封闭，第二重：用无收缩砂浆将张拉槽封闭或用细石混凝土封闭外露的张拉端。有粘结预应力筋的张拉端通常采用混凝土或细石混凝土封闭。

1. 无粘结预应力筋张拉端

无粘结预应力钢绞线张拉完毕后，其张拉端锚具在进行第一重封闭保护时，应根据环境类别采取不同的措施进行保护（参见 2.3 节图 2.3-7）：处于一类环境的锚固系统，对圆套筒式锚具，封闭时应采用塑料保护套对锚具进行防腐蚀保护；处于二 a、二 b 类环境的锚固系统，宜采用垫板连体式锚具，封闭时应采用塑料密封套、塑料盖对锚具进行防腐蚀保护；处于三 a、三 b 类环境的锚固系统，宜采用全封闭垫板连体式锚具，封闭时应采用耐压密封盖、密封圈、热塑耐压密封长套管对锚具进行防腐蚀保护；对无粘结预应力筋与锚具系统有电绝缘防腐蚀要求时，可采用塑料等绝缘材料对锚具系统进行表面处理，形成整体电绝缘。

为保证张拉端锚具与外露预应力筋的耐久性，封闭锚具与预应力筋（图 4.8-1）时，其混凝土保护层厚度大小需随所处环境的严酷程度而定，不同环境条件下锚具或预应力筋端部的保护层厚度为：一类环境时不应小于 20mm；二 a、二 b 类环境时不应小于 50mm；三 a、三 b 类环境时不应小于 80mm。混凝土或砂浆不能包裹的部位，应对锚具全部涂以与无粘结预应力筋防腐涂层相同的防腐油脂，并采用具有可靠防腐和防火性能的保护罩将锚具全部封闭。

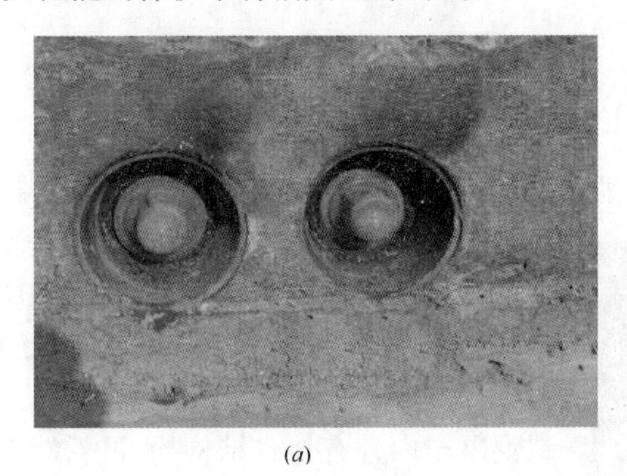

(*a*)

(*b*)

图 4.8-1 无粘结预应力筋张拉端封闭示例
(*a*) 塑料帽＋油脂封闭；(*b*) 无收缩水泥砂浆封闭

当锚具凸出混凝土侧表面布置时，预应力筋张拉端可采用后浇的外包钢筋混凝土圈梁进行封闭，外包圈梁不宜突出外墙面，其混凝土强度等级宜与构件混凝土强度等级一致；封锚混凝土与构件混凝土应可靠粘结，锚具封闭前应将周围混凝土界面凿毛并冲洗干净，且宜配置 1～2 片钢筋网，钢筋网应与构件混凝土拉结。

2017 年，国内在一栋使用了 20 年的建筑物中随机挑选位于室外的无粘结预应力梁端锚固区进行了凿开检验，发现无粘结预应力筋锚具采用塑料保护罩内充油脂进行封闭保护，再采用后浇混凝土对封闭后的锚具端部进行密封，正常使用 20 年后，端部锚具几乎未发生锈蚀现象（图 4.8-2）。实践证明，国内工程所采用的对无粘结预应力筋锚具进行双重密封的做法具有良好的耐久性能。

图 4.8-2 使用 20 年后的无粘结预应力筋锚具

近些年来，国外对无粘结预应力筋防腐蚀措施的规定，例如对防腐油脂和外包材料的材质要求、涂刷和包裹方式等，以及改进无粘结后张预应力系统防腐性能的对策都更趋于严格和具体化：要保证防锈润滑脂对无粘结预应力筋及锚具的永久保护作用，外包材料应沿无粘结预应力筋全长及与锚具等连接处连续封闭，严防水泥浆、水及潮气进入，锚杯内填充油脂后应加盖帽封严；应保证锚固区后浇混凝土或砂浆的浇筑质量和新、老混凝土或砂浆的结合，避免收缩裂缝，尽量减少封埋混凝土或砂浆的外露面。

2. 有粘结预应力筋张拉端

对于有粘结预应力锚固系统，为确保暴露于结构外的锚具和预应力筋能够正常工作，应防止锚具和外露预应力筋锈蚀，通常采用混凝土等材料对外露的锚具和预应力筋进行封闭保护（图2.3-6、图4.8-3），如果锚具外露于结构构件，封锚混凝土内宜有伸自结构构件的拉结钢筋，混凝土接槎处应清理干净，并冲水润湿。封锚混凝土的尺寸应满足不同环境类别时对混凝土保护层厚度的要求，对处于二、三类环境中的锚具，在封闭前，还应在外露的锚具上涂刷环氧树脂。

图4.8-3 有粘结预应力筋张拉端封闭示例

4.8.3 锚具防护质量验收

预应力筋张拉端防护质量验收包括锚具外预应力筋外露长度检查和混凝土保护层厚度检查两部分内容。

1. 预应力筋在锚具外保留的长度检查

现行国家标准《混凝土结构工程施工质量验收规范》GB 50204—2015 规定：后张法预应力筋锚固后，锚具外预应力筋的外露长度不应小于其直径的1.5倍，且不应小于30mm。在分检验批进行验收时，在同一检验批内，抽查预应力筋总数的3%，且不应少于5束。

2. 混凝土保护层厚度检验

采用混凝土对外露的锚具和预应力筋进行封闭保护是有效的防腐保护手段，混凝土保护层厚度是根据所处环境类别，依据《混凝土结构设计规范》GB 50010及相关耐久性设计规范确定的。

为保证预应力筋和锚具的耐久性，现行国家标准《混凝土结构工程施工质量验收规范》GB 50204—2015 对锚具和预应力筋封闭保护措施的具体规定为：锚具的封闭保护措施应符合设计要求。当设计无具体要求时，外露锚具和预应力筋的混凝土保护层厚度不应小于：一类环境时20mm，二a、二b类环境时50mm，三a、三b类环境时80mm。在分检验批进行验收时，在同一检验批内，抽查预应力筋总数的5%，且不应少于5处。

第5章　后张预应力混凝土结构工程实例

本章结合本书作者多年来的工程实践，以及本书第2章介绍的常用预应力混凝土楼盖结构类型及预应力技术的应用实际，精选出18项工程案例进行介绍。

预应力混凝土楼盖结构类型方面，案例涵盖预应力平板楼盖和变截面平板楼盖、预应力肋梁楼盖、预应力井字梁楼盖、预应力空心板楼盖、预应力框架-平板楼盖及预应力板柱结构等类型，预应力双向密肋梁楼盖设计方法类似于板柱结构，不再单独介绍。

预应力技术的应用和结构类型方面，工程案例涵盖预应力技术在悬挑结构、连体结构、转换结构、超长结构中的应用及体外预应力加固既有结构技术等，同时介绍了预应力技术在巨型结构中的应用。

对每一项工程案例，主要介绍工程概况、结构方案、设计结果、采取的主要技术措施及附图等内容。工程概况部分主要介绍了工程的建筑功能、柱网、荷载等主要设计依据；结构方案部分主要介绍了根据建筑功能、柱网、荷载等条件所确定的楼盖结构形式及构件截面尺寸等；设计结果部分主要介绍了楼盖构件的抗裂控制等级、计算结果、配筋等；采取的主要技术措施部分主要介绍了结构设计与预应力分项工程施工过程中解决的主要技术问题及采取的措施；附图部分主要给出了该项目有代表性的配筋、节点构造做法等，供读者参考。

在案例介绍中，对结构的正常使用极限状态和承载力极限状态的各项验算均依据当时的现行标准进行，其验算方法在前面章节中已有详细介绍，在案例中不再赘述。

5.1 济南第二长途电信枢纽楼——预应力变截面平板楼盖

5.1.1 工程概况

济南长途电信枢纽楼地处济南“八一”立交桥西南侧，由主楼、东营业厅、油机变电楼和办公综合楼组成，总建筑面积为90000m²，主楼43000m²，地下三层，地上27层，地面以上高114.4m（檐口高度为99.8m），基础为箱形基础。主体结构为钢筋混凝土筒中筒结构体系，外筒尺寸为36m×36m，墙厚0.6m；内筒尺寸为20m×12m，墙厚0.4m；标准层建筑面积为1339.56m²。场地土为Ⅱ类土，抗震设防烈度为7度，基本风压为0.35kN/m²；内外筒之间楼面活荷载分别为：第3、7、16、23层为12.0kN/m²，其余为6.0kN/m²。该项目于1994年完工。

5.1.2 结构方案

结合该建筑的平面布置、荷载条件及建筑净高要求，通过对密肋梁楼盖方案、网格梁楼盖方案、平板楼盖方案等几种不同类型楼盖方案的技术与经济对比，本工程在活载为6.0kN/m²的楼层采用无粘结预应力变截面平板方案，在活载为12.0kN/m²的楼层采用预应力密肋梁楼盖方案。方案具有下列突出优点：

（1）改善结构受力性能。两端嵌固的梁板，支座弯矩为跨中弯矩的2倍，在支座区加腋后，因其截面高度局部增加，支座处板面拉应力大幅降低，接近跨中板底拉应力。这样一根连续抛物线形预应力筋，在跨中和支座均能充分发挥其作用，使结构受力合理。既节省结构混凝土又节省普通钢筋和预应力筋。

（2）便于灵活设置隔断，改善室内的空间效果及使用功能。

（3）在保证室内净空高度的同时，可降低层高，并使建筑总高度降低，进而节约相应高度上的各种建筑及设备材料。

（4）平板楼盖施工简便，可节约大量模板，并加快施工速度，以及省去吊顶的费用。

（5）空调可采用贴附射流方案，可节省大量风机盘管费用。

（6）预应力密肋梁楼盖方案具有结构紧凑、适合承受重载的特点，比普通钢筋混凝土肋梁楼盖结构高度低，节省混凝土和模板。

5.1.3 设计结果

本工程根据部分预应力混凝土结构设计原理，采用荷载平衡法计算，遵守《无粘结预应力混凝土结构技术规程》JGJ/T 92—93，所配置的无粘结预应力筋主要用于平衡一部分荷载以提高抗裂度并控制挠度。考虑到活荷载大部分长期作用于楼板上，同时防止活荷载不作用时产生过大反拱，故平衡荷载确定为恒载加一部分活荷载；楼盖的使用荷载由预应力筋和非预应力筋共同承担，施工荷载也由预应力筋和非预应力筋共同承担，但施工荷载的分项系数取为 1.0。

该工程变截面平板的跨中截面厚度为 270mm 厚，两端加腋至 450mm，加腋长度 1500mm。

在结构计算时，采用两种计算软件进行计算：对整体结构采用“TAT”空间计算软件，此时板划为等代梁；对楼板内力采用“SAP84”中十六节点非协调实体单元即“S16E”单元进行计算，当板边为墙支承时，按嵌固约束进行计算。

5.1.4 经济性分析

该工程在采用预应力混凝土楼盖设计的同时，也按照同样的建筑方案进行了普通钢筋混凝土梁板楼盖的设计，因此形成一个典型的经济对比实例。以下仅以第 1～21 层内外筒之间的楼盖进行两种方案的技术经济分析。

（1）节约材料。以标准层的内外筒之间楼盖部分为例，两种楼盖土建施工材料用量对比结果见表 5.1-1。从表 5.1-1 中可以看出，预应力混凝土平板楼盖与相同面积的非预应力混凝土梁板楼盖相比，钢材、混凝土及施工模板等用量都有不同程度的节省。

两种类型楼盖的土建施工实际材料用量对比 **表 5.1-1**

方 案	建筑面积（m^2）	混凝土用量（m^3）	钢材用量（t）		模板用量（m^2）
			普通钢筋	预应力钢筋	
①普通钢筋混凝土梁板楼盖	1000.20	330.0	71.3	0	2267.5
②预应力平板楼盖	1000.20	293.0	35.4	9.8	1000.2
①－②	—	37.0	35.9		1267.3

（2）节省吊顶。因板底为平板，省去吊顶共计面积 16060m^2。

（3）节省水暖电管线。由于层高降低，给排水、暖通、电气设备等的主管及上线柜也降低了高度。

（4）节省空调投资。由于采用了无粘结预应力变截面平板，使顶棚形成弧形，从而改变了原空调方式，由原来的管道送风改为贴附射流，节省大量空调管道。

（5）增加建筑面积。按钢筋混凝土梁板楼盖设计，在限高 100m 前提下只能建 22 层，改为预应力平板楼盖后，在高度不变的条件下增加了 2 层，共增建筑面积 2880m^2，其综合经济效益显著。

5.1.5 附图

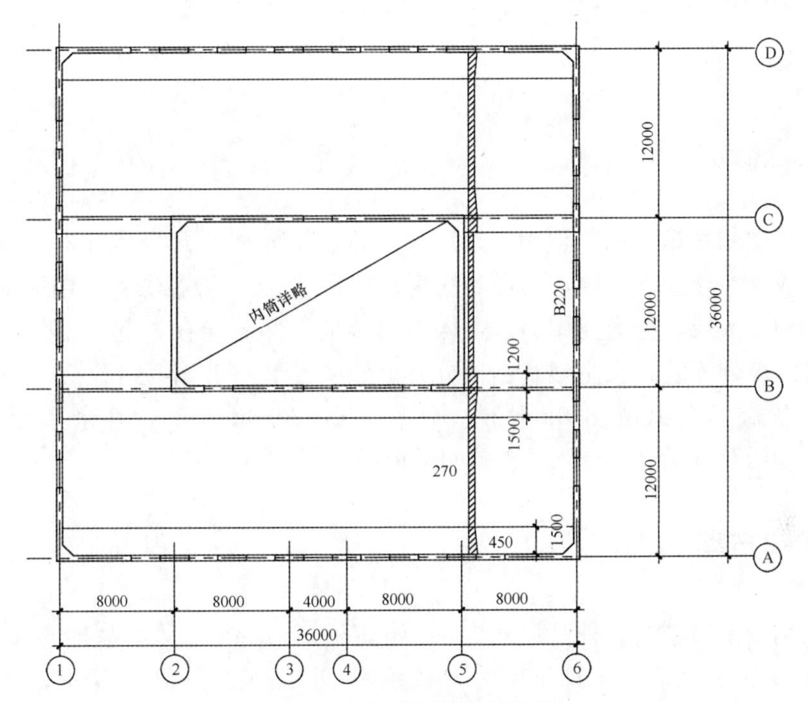

图 5.1-1 标准层结构平面图

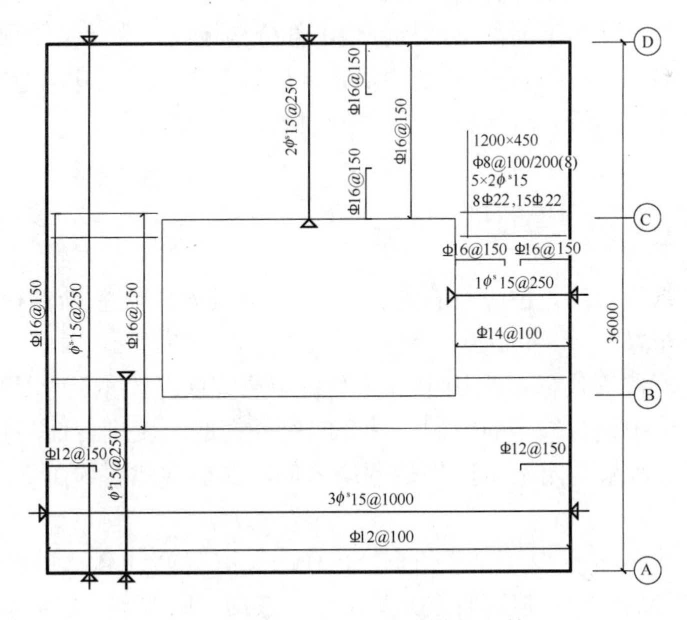

图 5.1-2 标准层楼板配筋图

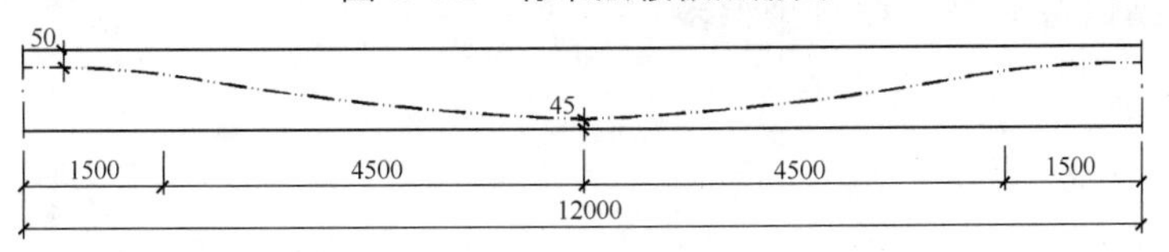

图 5.1-3 标准层板预应力筋曲线

5.2 哈尔滨马迭尔宾馆——预应力平板楼盖

5.2.1 工程概况

哈尔滨马迭尔宾馆二期工程为宾馆用楼，总建筑面积6万余平方米，由主楼和裙楼两部分组成。主楼地下2层，为设备用房；地上27层，为客房。裙楼地下3层，为地下车库；地上5层，为商业用房。主楼与裙楼地下部分连在一起，不设沉降缝，地上部分设有温度伸缩缝，将主楼和裙楼分开。该项目于1999年完工。

主楼设备层恒荷载为8.0kN/m^2、活荷载为20.0kN/m^2，其余楼层恒荷载为10.4kN/m^2、活荷载为3.5kN/m^2、屋面活荷载为1.5kN/m^2。

5.2.2 结构方案

主楼采用筒中筒结构，外筒尺寸为40.5m×34.8m，内筒尺寸为18.6m×13m，内外筒间跨度为10.95m。由于地下室为设备用房，设备荷载达20kN/m^2，为保证楼盖正常的使用功能，地下室楼板设计为密肋梁式结构，角区设计为井式梁结构，梁设计为无粘结预应力梁，板设计为钢筋混凝土板。地上部分楼板设计为无粘结预应力平板，楼板厚度取250mm，跨高比为44。为避免内筒角区板应力集中及因开洞造成板受力复杂，在角区设置预应力宽扁梁，将楼盖分隔为单向板区和双向板区。

5.2.3 设计结果

楼板抗裂控制等级为二级，预应力筋为1860N/mm^{2}级ϕ^s15无粘结低松弛钢绞线，在楼板中按抛物线形布置。

单向板的抗裂计算按等代框架采用中国建筑科学研究院开发的“PREC”软件进行计算，由于外筒墙体中设有较多的窗洞，计算时对外筒的刚度进行适当折减。在单向板的垂直板跨方向，配置一定数量的构造预应力筋，在板中建立约1.0N/mm^{2}的预压应力。

双向板按四边支承板进行设计，并依据“SAP84”有限元计算结果进行了调整。配筋计算时考虑了扁梁的作用，但以有限元的结果为依据，调整了板在扁梁处的负筋，实际配置的负筋比普通梁支承时小很多。

5.2.4 技术措施

1. 楼盖内力分析

由于楼盖跨度及作用的荷载均较大，外筒门窗洞口较多，开洞面积占墙体面积的近 60%，外筒对楼盖的约束作用会降低，加上楼盖本身由于水电管线开洞数量多且集中布置，对楼盖自身的刚度造成不利影响。楼盖的设计是否安全、可靠、经济与内、外筒体对板端的约束有直接的关系，不恰当的假定内、外筒体对板的约束刚度，不仅给板的设计带来安全和经济问题，对筒体本身受力也可能带来安全隐患。因此采用“SAP84”有限元分析软件对楼盖结构进行分析。

根据楼盖平面对称的特点，取楼盖的 1/4 进行分析，内筒部分由于开洞很少，视为嵌固约束，外筒分别取上下各一层楼的高度，外筒上下层远端均按嵌固约束考虑，计算时采用“S16E”三维实体单元并考虑外墙开洞的影响，使计算模型和实际结构相吻合。

计算结果表明，楼盖的抗裂性能、承载力及挠度均满足要求。在考虑预应力平衡荷载的效应后，楼盖的最大长期挠度为 11.7mm，挠跨比为 1/1018，远小于规范规定限值（1/400），说明楼盖具有较好的刚度。由于扁梁的刚度和板的刚度相差不大，扁梁不能起到完整梁的作用，其作用仅相当于板的局部加强带。在对扁梁施加预应力以后，扁梁挠度减小了，扁梁的支承作用得到加强，但和普通梁仍有差别。实际板配筋时考虑了这一情况，楼板在扁梁处的支座负筋大幅度降低。

2. 锚具封闭措施

预应力筋张拉端在地下室外墙位置采用埋入式张拉端，以获得可靠的防腐封闭效果。由于地下室埋深较大，地下水对锚具腐蚀的可能性也很大，因此对地下室张拉端穴模清理干净后采用环氧砂浆进行封闭，并加大锚具保护层厚度，使锚具能得到更有效的保护。

3. 配筋构造措施

本工程外墙开洞及楼板本身在支座附近的开洞均较多，墙体厚度也较小，在配筋时通过降低楼板支座负弯矩钢筋配筋量适当减小墙体出平面的弯矩，并在筒体内配置附加钢筋抵抗由于楼板支座弯矩引起的筒体出平面弯矩，防止墙体开裂；适当增配楼板跨中底部钢筋。

5.2.5 附图

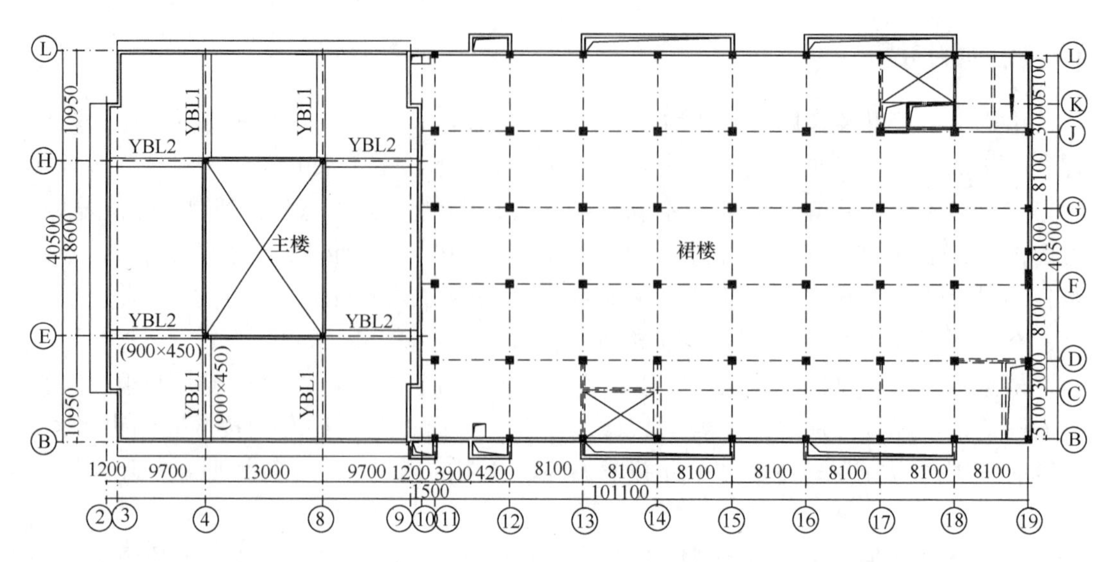

图 5.2-1　结构平面布置图

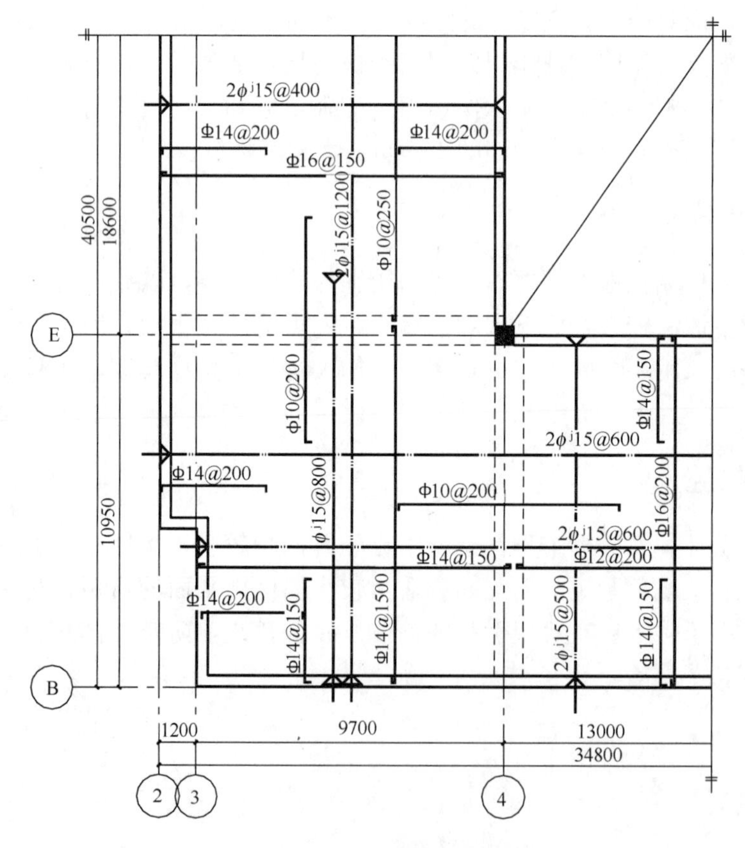

图 5.2-2　标准层楼盖配筋图

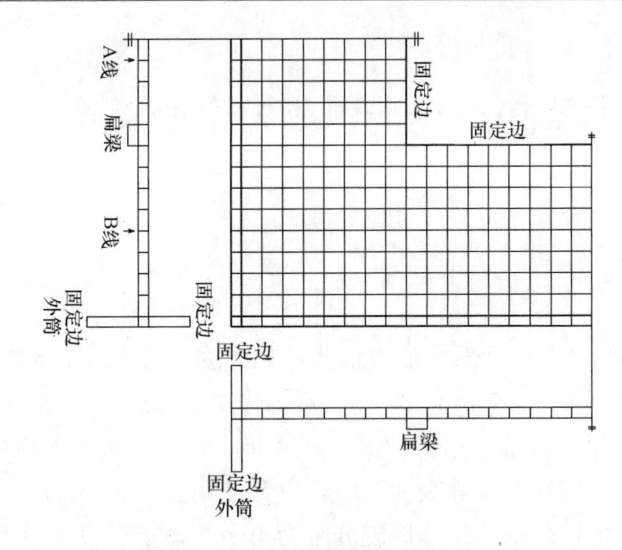

图 5.2-3 楼盖有限元分析模型

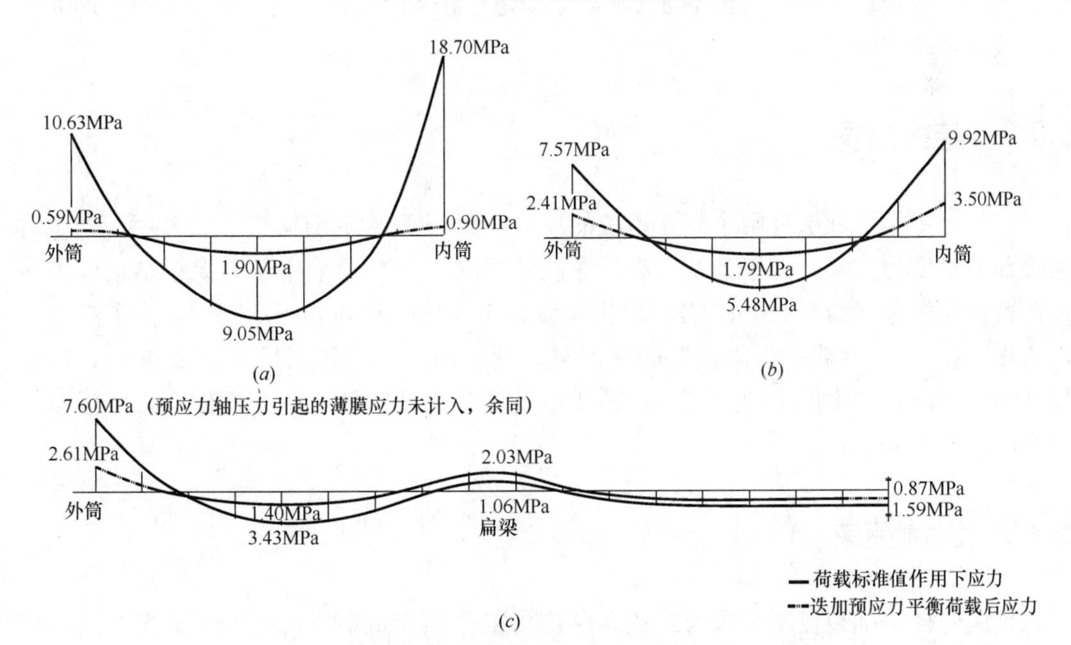

图 5.2-4 楼板内力有限分析结果

(*a*) 扁梁中应力曲线；(*b*) A线位置板中应力曲线；(*c*) B线位置板中应力曲线

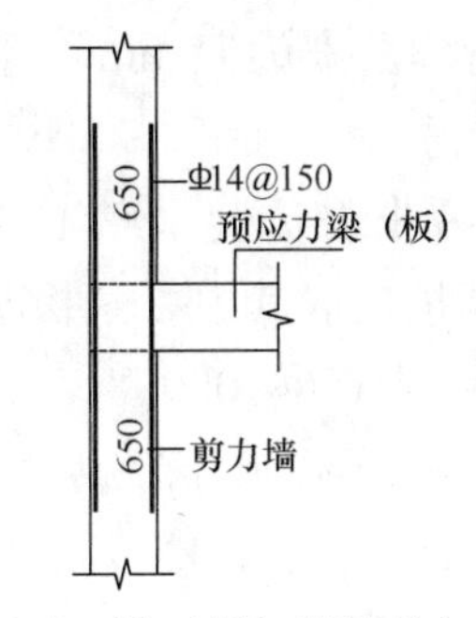

图 5.2-5 梁（板）端墙体加强构造

5.3 北京天元港中心——预应力空心楼盖

5.3.1 工程概况

天元港国际中心位于北京三元东桥东北，立面为六片互相错动的板式结构。大厦是一座多功能的写字楼，标准层高 3.7m，室内净高 2.85m，总建筑面积 11.1 万 m^2，地上 26 层，地下 4 层，有部分裙房，檐口高度 99.9m，基底埋深约 20m。主楼采用框架-筒体结构，建筑结构的安全等级为二级，设计使用年限为 50 年，抗震设防裂度为 8 度，设计基本地震加速度为 0.2g，地震分组为第一组，抗震设防分类为丙类，框架及核心筒抗震等级均为一级，地下 3、4 层为六级人防层，框架及核心筒抗震等级均为三级。该项目于 2006 年完工。

5.3.2 结构方案

本工程主楼标准层是两个相互错位的矩形平面，框架与筒体之间的跨度为 10.2m，连接部分宽度为 18m，由于建筑层高及净高的要求，标准层采用单向无粘结预应力平板楼盖，楼板厚度为 300mm，在柱范围内设置 1300mm×300mm 的暗梁，为了减轻结构自重，在 300mm 厚平板内设置椭圆形空心管，椭圆管的长轴尺寸为 250mm，短轴尺寸为 200mm。两侧长度为 3.7m 的悬挑板设计为无粘结预应力变截面平板，板厚度为 300mm～150mm。

5.3.3 设计结果

预应力楼盖抗裂控制等级为二级，预应力筋采用 1860N/mm^2 级 ϕ^s15 无粘结预应力钢绞线，预应力筋张拉控制应力取$\sigma_{con}=0.7f_{ptk}=0.7\times1860=1302$N/$mm^2$。板混凝土设计强度等级为 C40。

空心管沿板跨度方向布置，管间肋宽为 75mm，管上下保护层厚度均为 50mm，楼盖的综合空心率为 35%。

空心板的抗裂计算采用美国后张委员会（PTI）开发的楼板设计计算专用软件“ADAPT”进行计算，为减小计算量，取其中一条楼板进行计算。计算时，楼板自重取其折算重量，预应力筋配筋量为 3ϕ^s15@1000。

计算结果显示，在恒载＋活载＋预应力荷载组合下，楼板板顶最大拉应力为 3.0N/mm^2；板底最大拉应力为 2.2N/mm^2；楼板长期挠度最大值为 12.0mm，挠跨比为 1/850。楼板抗裂度及刚度均满足要求。

板受弯承载力由预应力筋和普通钢筋共同承担，计算时考虑预应力次弯矩作用。

5.3.4 技术措施

1. 两塔连接部位的处理

由于使用功能的要求，两塔连接部位无法断开，连接宽度仅 18m，设计中从计算和构造两个方面处理连接部位薄弱问题：

（1）首先将中间连接梁按刚性连接进行整体计算，使其周期、位移、扭转等均满足规范要求，再将两塔连接部位断开，按双塔各自独立计算，并取两种模型计算结果的较大值作为结构构件的内力设计值；

（2）在构造上弱化三根连接梁，加强连接板的平面内刚度，以确保在大震作用下，连接梁能很快形成塑性铰，同时又保证在非地震作用及多遇地震作用下的正常使用。

2. 暗梁设计

在暗梁设计时，将楼板作为等代梁参与整体结构计算。等代梁包括暗梁和两侧一定宽度的空心板，因此需将计算所得的等代梁的荷载效应中扣除由楼板承担的部分作为暗梁的荷载效应。计算步骤如下：

（1）考虑预应力次弯矩的影响，将“SATWE”软件计算所得的等代梁组合内力适当调整作为等代梁的设计内力；

（2）计算楼板能提供的抗弯、抗剪承载力；

（3）将等代梁的设计内力减去楼板提供的承载力作为暗梁的设计内力；

（4）计算暗梁内配置的预应力筋承担的弯矩；

（5）根据暗梁的设计内力计算需要由普通钢筋承担的弯矩及所需的普通钢筋；

（6）调整普通钢筋的配筋量，以保证暗梁支座截面位置的相对受压区高度、换算配筋率、配筋拉力比等指标满足规范要求；

（7）将“SATWE”软件计算所得的等代梁的剪力设计值作为暗梁的剪力设计值进行斜截面受剪承载力计算的依据，同时不考虑预应力的有利作用。

3. 空心管抗浮措施

防止空心管在混凝土浇筑过程中上浮是空心楼盖施工中需要重点考虑的问题。本工程采用将板下层钢筋网片和楼板支撑体系通过铅丝绑扎固定在一起，再用铅丝在每一根空心管两端将板上下层钢筋网片绑扎在一起，既固定了空心管的位置，又能有效防止空心管上浮。

5.3.5 附图

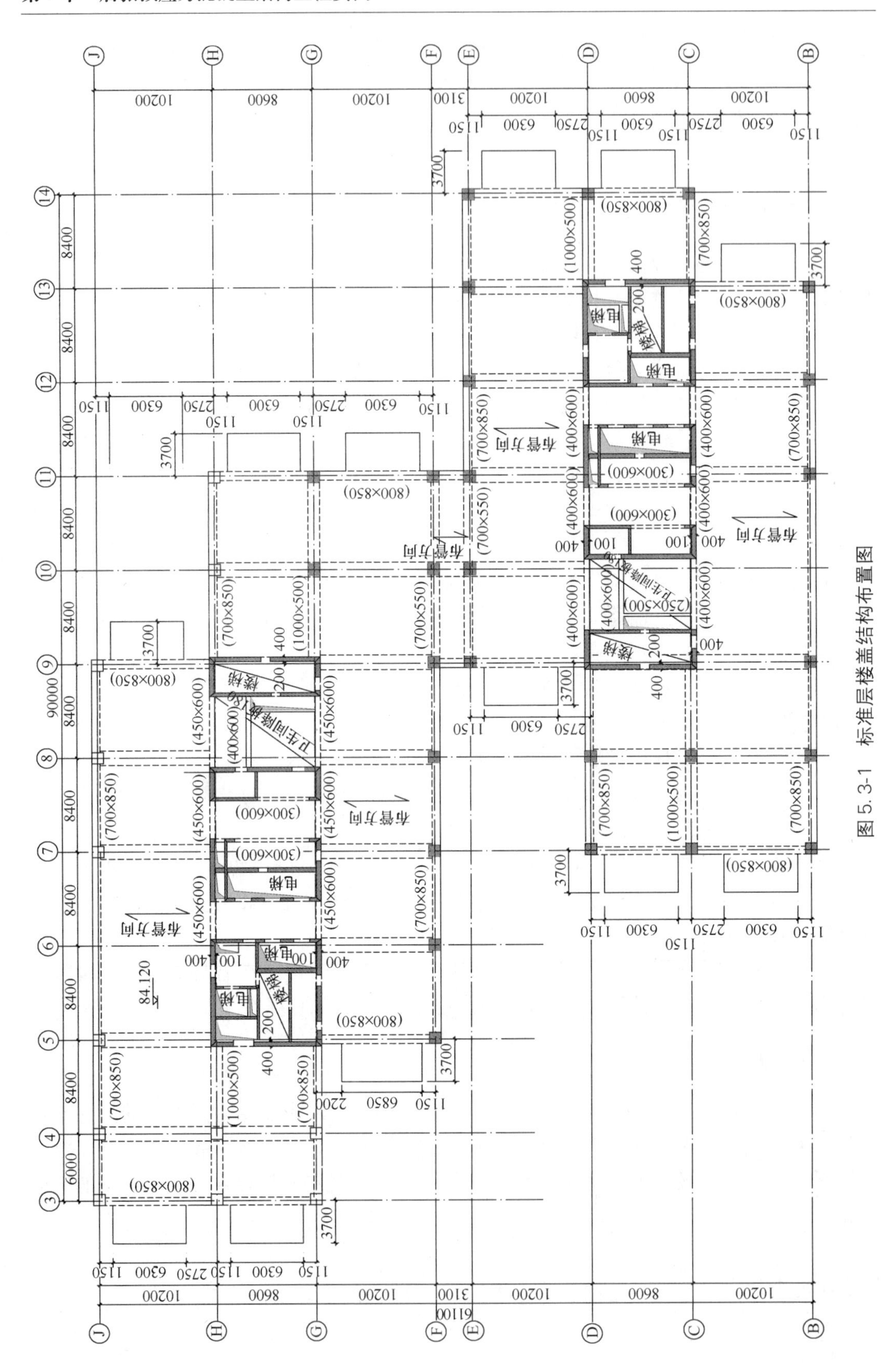

图 5.3-1　标准层楼盖结构布置图

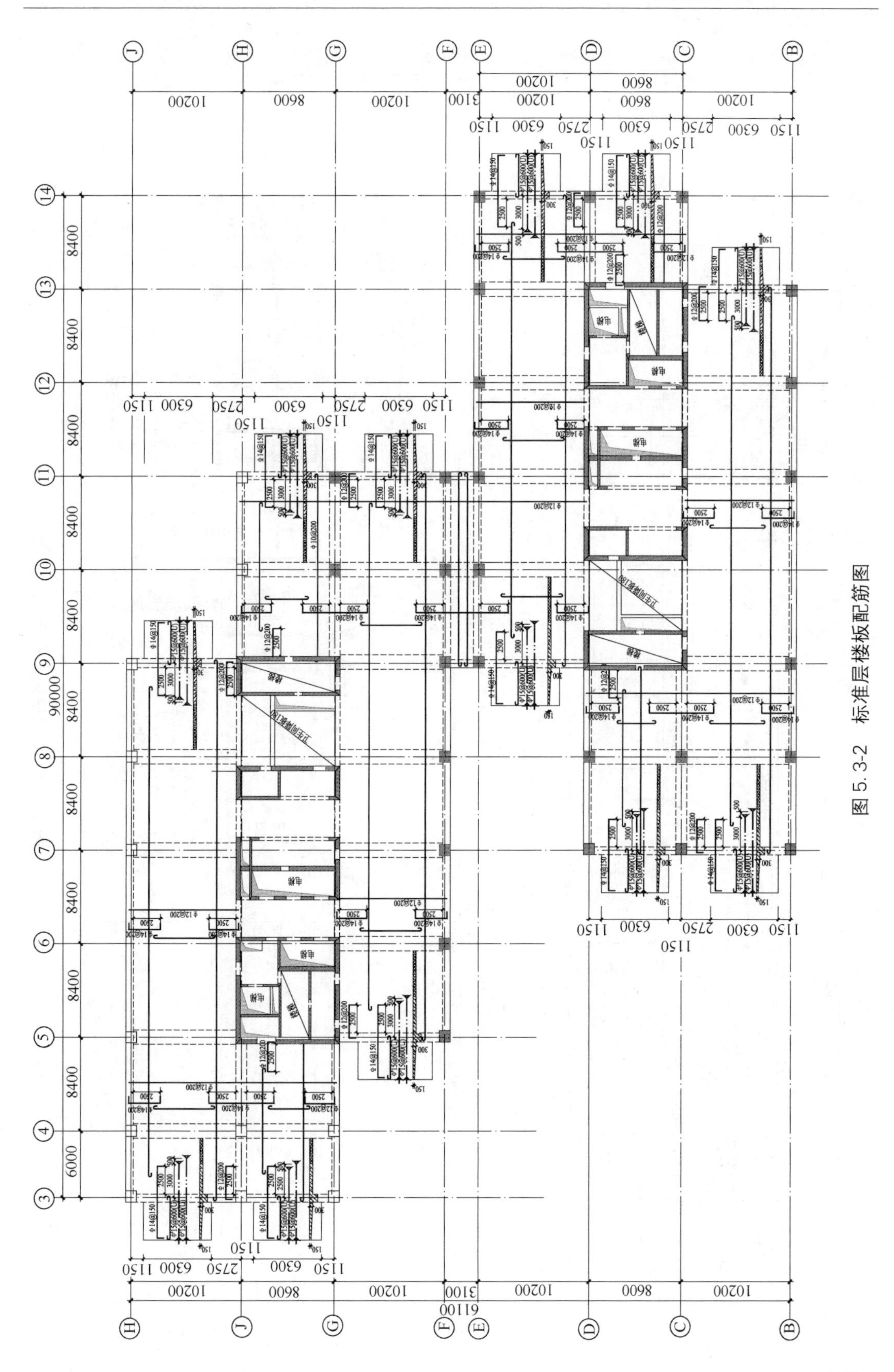

图 5.3-2 标准层楼板配筋图

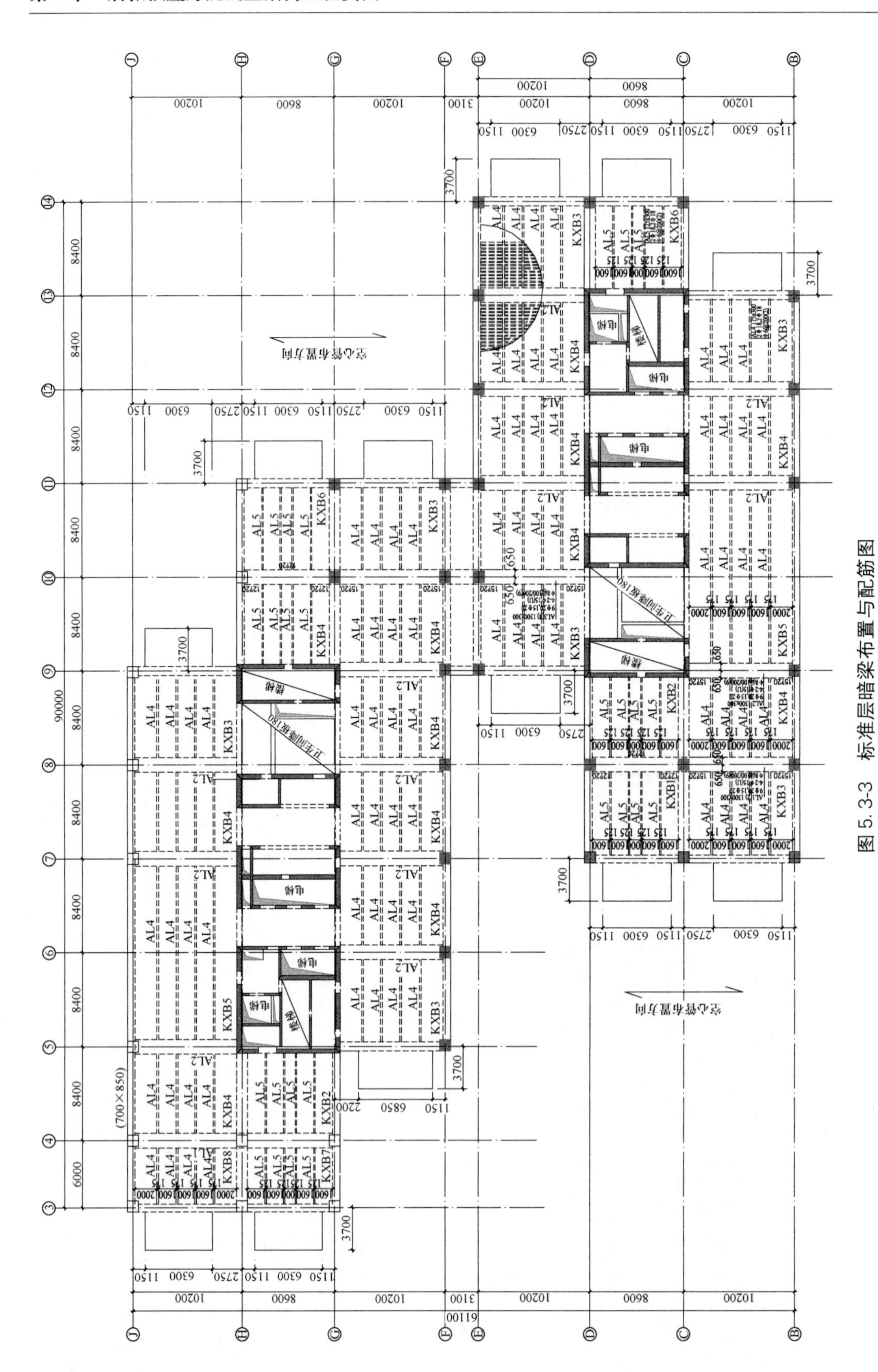

图 5.3-3　标准层暗梁布置与配筋图

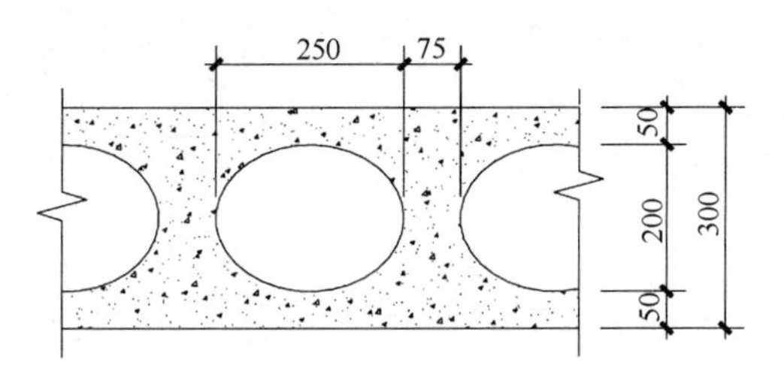

图 5.3-4 空心管布置图

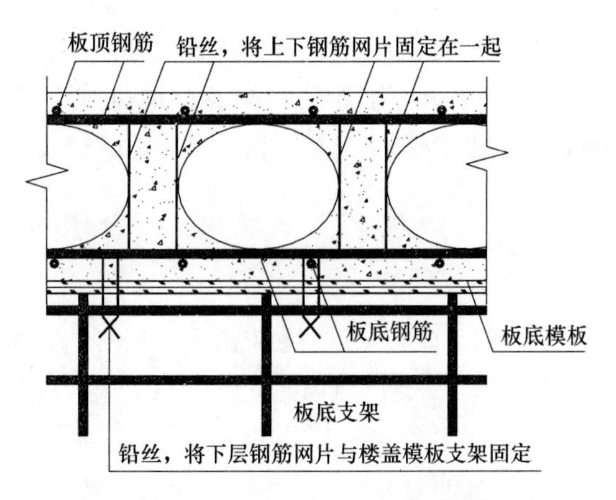

图 5.3-5 空心管抗浮构造措施

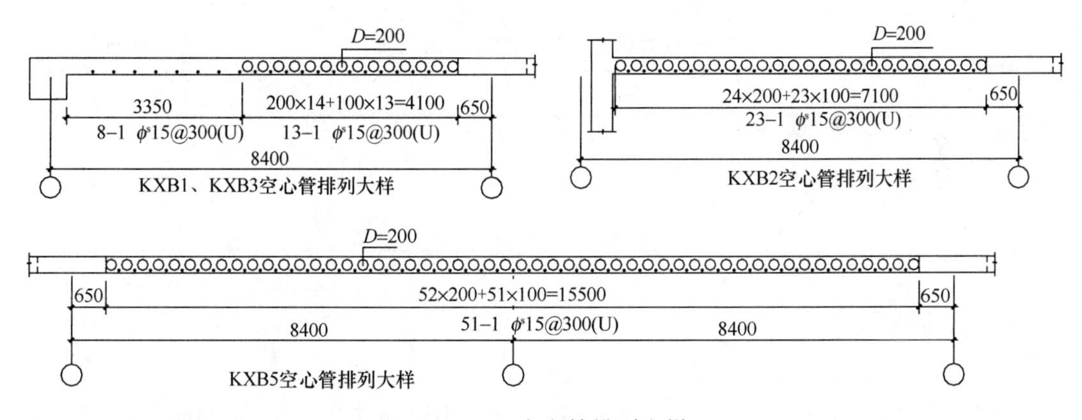

图 5.3-6 空心管排列大样

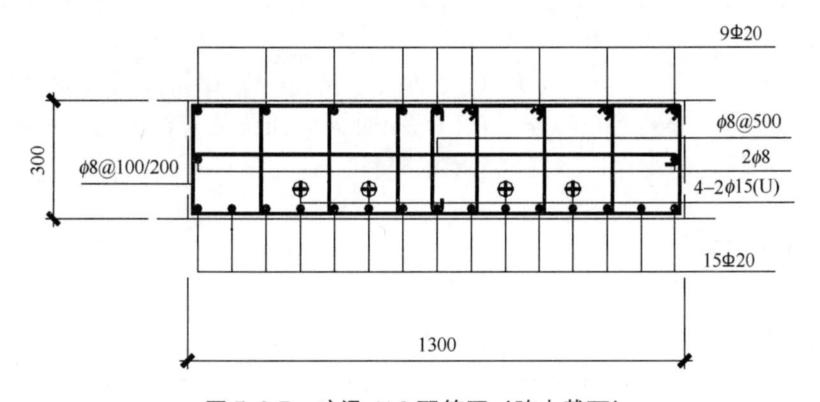

图 5.3-7 暗梁 AL2 配筋图（跨中截面）

5.4　贵阳第二长途电信枢纽楼——预应力肋梁楼盖

5.4.1　工程概况

贵阳第二长途电信枢纽楼工程主楼建筑面积 46000m^2，为外筒内框钢筋混凝土结构，内柱与筒体之间跨度为 12.1m。为确保大跨度、重荷载下楼盖结构使用性能，楼盖设计为无粘结预应力混凝土肋梁楼盖。该项目于 1998 年完工。

5.4.2　结构方案

该工程楼盖所承担的荷载除自重和装修荷载外，电信设备荷载为 6.0kN/m^2 或 7.0kN/m^2，为尽量降低结构高度，结合柱网布置条件，楼盖采用单向密肋梁楼盖结构，即在Ⓔ轴布置预应力主梁，在数字轴线方向布置预应力肋梁，肋梁间距为 2.4m。根据设备荷载的不同，梁高分别为 600mm 和 700mm，梁的高跨比分别为 1/20 和 1/17。梁截面尺寸见表 5.4-1。

预应力梁截面表（单位：mm）　　**表 5.4-1**

	荷载为 6.0kN/m^2 的楼层	荷载为 7.0kN/m^2 的楼层
YLE	600×600	600×700
YKL	400×600	400×700
YL	350×600	350×700

5.4.3　设计结果

根据结构的使用环境条件，梁设计为部分预应力混凝土梁，按二级抗裂进行设计，即：短期荷载作用下，梁受力最大截面拉应力限值系数 $\alpha_{cts}=0.50$；长期荷载作用下，梁受力最大截面拉应力限值系数 $\alpha_{ctl}=0.30$。

预应力筋采用 1570N/mm^2 级 ϕ^s15 无粘结低松弛钢绞线，根据楼面荷载的不同，梁的预应力筋配筋量分别为 $6\phi^s15$～$8\phi^s15$，同时为增强梁的延性，适当增加普通钢筋的配筋量，使结构在地震作用下具有足够的延性。

5.4.4　技术措施

由于结构四周是剪力墙筒体，筒体巨大的侧向刚度使梁在预应力作用下不能产生有效的轴向压缩变形而影响预应力施加效果，同时影响相邻筒体结构的内力。为使预应力轴向力能有效地施加到梁中，在梁两侧外筒处设置后浇带，将主体结构分为 3 部分进行施工。

结构主体施工工艺流程如下：第 n 层内框架柱→第 n 层梁端剪力墙→第 n 层顶楼盖钢筋工程→张拉第 $n-2$ 层预应力筋→浇筑第 n 层顶板混凝土→第 n 层两侧剪力墙筒体→第 n 层两侧筒体楼盖→第 $n-4$ 层后浇带混凝土浇筑。在施工过程中，预应力筋张拉并不单独占用施工工期。

5.4.5 附图

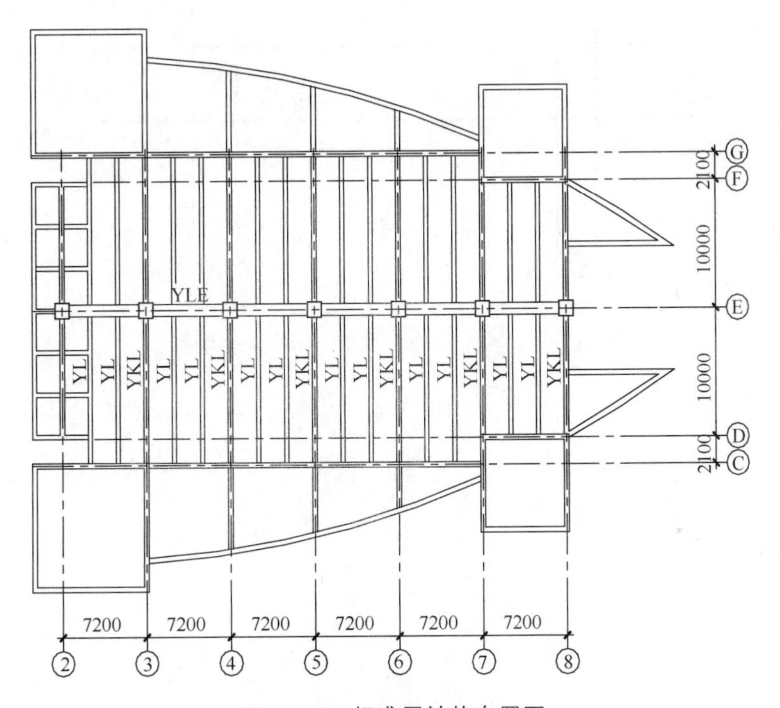

图 5.4-1 标准层结构布置图

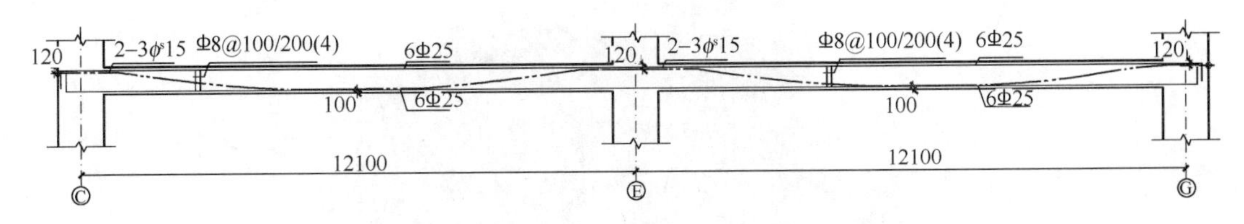

图 5.4-2 预应力梁 YKL 配筋图

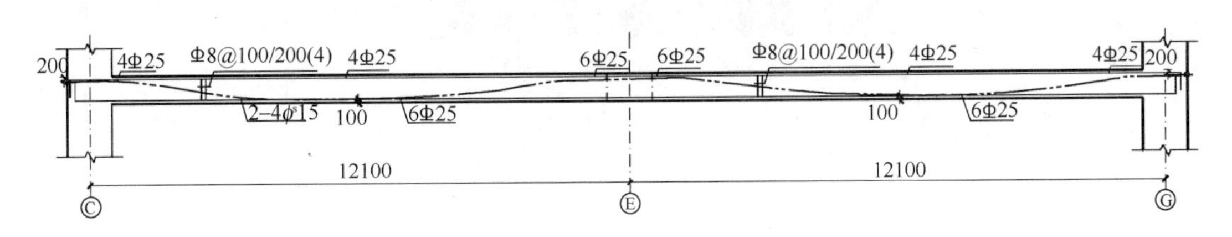

图 5.4-3 预应力梁 YL 配筋图

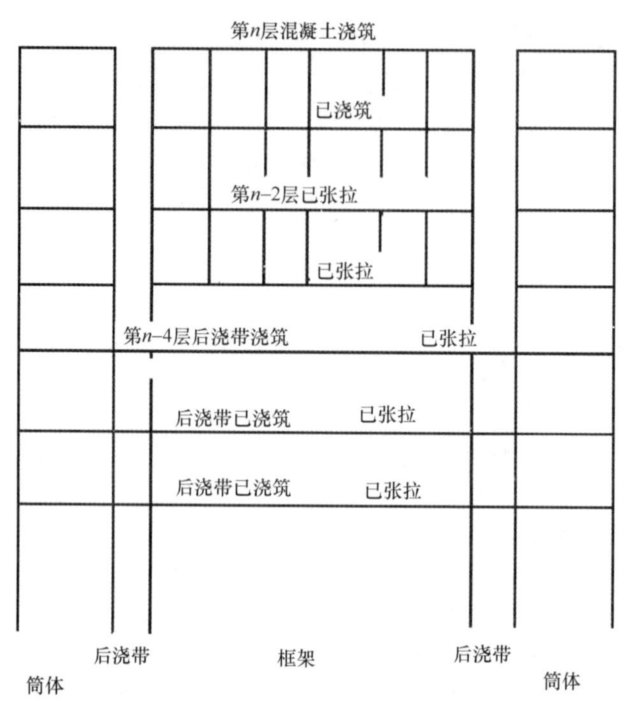

图5.4-4　预应力筋张拉与结构施工的顺序

图5.4-5　工程外景

5.5 北京动物园公交枢纽——预应力主次梁楼盖

5.5.1 工程概况

动物园公交枢纽工程为北京市第一个将公交车站与地上商业开发、地下换乘、过街等功能结合在一起的综合性建筑，位于西直门外大街南侧动物园南门正对面，其南侧为西直门外南路，西侧与北京天文馆相邻，东侧为京鼎大厦。本工程地下二层为车库、设备用房，局部为六级人防地下室；地下一层为公交换乘大厅和车库，并预留过街通道及与地铁动物园站连接通道，地上首层为公交车站及站务用房，二层以上设商场、餐饮及办公用房，三层至八层的屋面部分均设屋顶花园。本工程东西长 215m，南北宽 61.9m～31.3m，基坑深度－12.5m，局部－14.0m，总高度西部 7 层为 33.45m，东部 8 层为 39.05m，局部 9 层为 47.5m。该项目于 2002 年完工。

5.5.2 结构方案

本工程在结构设计时，受到诸多条件的限制：

（1）由于本工程的首层是公交枢纽站，为方便公交车的进出及保证站内空间的通透，便于调度指挥，建筑沿纵向要求有较大的跨度，最小的轴跨为 11.8m，最大轴跨为 14.4m，同时要求尽量不设墙体；

（2）梁的截面高度受规划高度和净高的限制，各层框架梁结构高度以 700mm 为主，局部 800mm；

（3）层高较高，尤其是首层层高近 7m；

（4）荷载较大，各层均按商场荷载考虑。

因此，结构在布置成框架结构的基础上，利用为数不多的楼梯间、电梯间和设备管道间，布置钢筋混凝土剪力墙，并适当加大其厚度，形成框架-剪力墙结构。上部结构在靠近中部位置设置抗震缝。

楼盖采用预应力主次梁楼盖。在数字轴线上（短跨方向）设置预应力主框架梁，承担字母轴线方向次梁传递过来的楼盖荷载；在字母轴线上及轴线间（长跨方向）分别设置预应力框架梁与预应力次梁；主次梁截面高度相同，可最大限度地获得建筑净空高度。楼板设计为钢筋混凝土单向板。框架梁与次梁均设计为预应力混凝土，其中框架梁设计为有粘结预应力，次梁设计为无粘结预应力，预应力筋为 1860N/mm^2 级 ϕ^s15低松弛钢绞线。

5.5.3 设计结果

由计算可以看出，由于建筑平面布置的限制，剪力墙布置不对称，在地震作用下结构在 Y 方向的扭转效应明显，对竖向结构构件作加强处理，框架柱设计为钢骨混凝土柱，剪力墙亦设计为型钢混凝土剪力墙，同时，将柱、墙混凝土强度等级适当提高，并加强柱箍筋的配箍率。对结构进行罕遇地震下的变形验算，满足规范要求。本工程地下室部分混凝土强度等级为 C40；地上框架柱和剪力墙混凝土强度等级为 C50，型钢采用 Q235 级钢；地上框架梁和楼板混凝土强度等级为 C40。

预应力梁的抗裂设计以控制梁的挠度为主，适当放宽梁截面拉应力限值，同时适当增加普通钢筋的配筋量，以增加结构的延性。

在结构中部预应力筋搭接部位，梁顶预留张拉槽，在槽内张拉预应力筋；无粘接预应力筋在梁内并束布置，至张拉槽前分散，单根变角张拉。

钢骨芯柱截面尺寸尽量减小，同时框架梁的截面宽度适当加大，以便主要受力钢筋和预应力筋从钢骨两侧通过，这样，显著降低了节点施工的难度。

由于梁柱普通钢筋根数均较多，为保证预应力束顺利通过梁柱节点，预应力束在梁柱节点区采用薄壁钢管预留孔道。

5.5.4 技术措施

1. 结构抗震措施

本工程柱网尺寸大、荷载重、层高较高，框架抗侧刚度较小，在满足建筑功能要求的前提下，结合楼电梯间布置了剪力墙，使纯框架结构调整为框架-剪力墙结构，但剪力墙数量较少。为提高结构延性，同时解决由于墙数量少而产生的柱、墙配筋过大的问题，在框架柱和剪力墙的暗柱区域配置了型钢。针对本工程的特殊性，适当提高框架的抗震等级，以加强作为第二道防线的抗震能力，本工程框架抗震等级采用一级。

2. 超长结构的抗裂措施

本工程属于超长结构，结合结构柱网尺寸较大的特点，采用预应力技术解决超长结构的抗裂问题。为保证在结构构件内建立有效的预应力，在楼盖中留设后浇带，同时将预应力筋的张拉搭接位置、张拉顺序与后浇带的封闭顺序结合起来，预应力筋分批张拉，后浇带按张拉的顺序进行封闭，保证楼盖抗裂满足设计要求。

3. 框架梁柱节点构造措施

本工程框架梁设计为有粘结预应力梁，框架柱设计为型钢混凝土柱。为保证梁柱节点性能并顺利施工，对框架梁柱节点采取以下构造措施：

（1）钢骨芯柱截面尺寸尽量减小，壁厚适当加厚，同时框架梁的截面宽度宜适当加大，以便主要受力钢筋和预应力筋从钢骨两侧通过，这样，显著降低了节点区施工的难度。

（2）为降低框架梁支座的配筋率及方便预应力束通过梁柱节点，对框架梁的支座区水平加腋。预应力筋在梁内呈曲线布置，预应力筋遇框架梁柱节点时，从钢骨两侧通过。

（3）由于梁柱普通钢筋根数均较多，为保证预应力束顺利通过梁柱节点，预应力束在梁柱节点区采用薄壁钢管预留孔道。

5.5.5　附图

图 5.5-1　工程外景

图 5.5-2　楼盖主次梁完工图

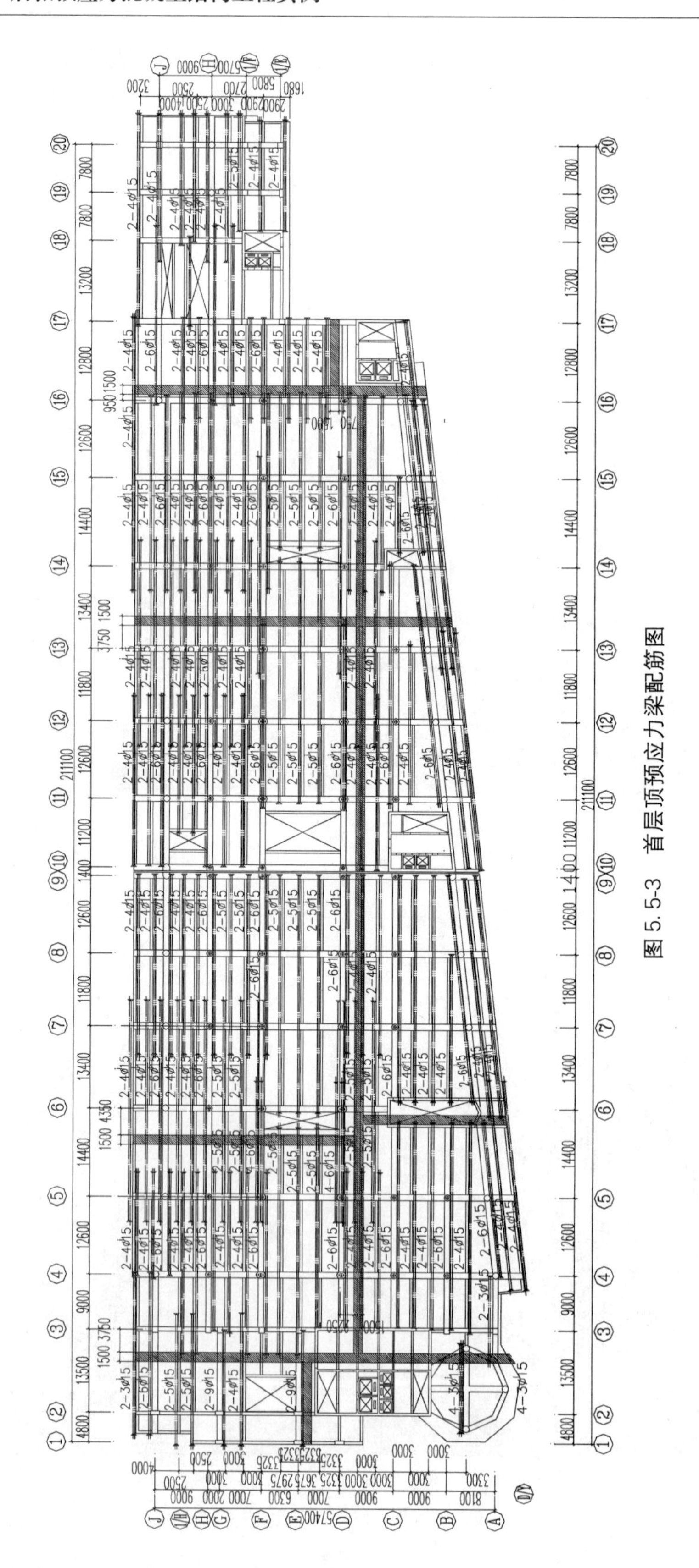

图 5.5-3　首层顶预应力梁配筋图

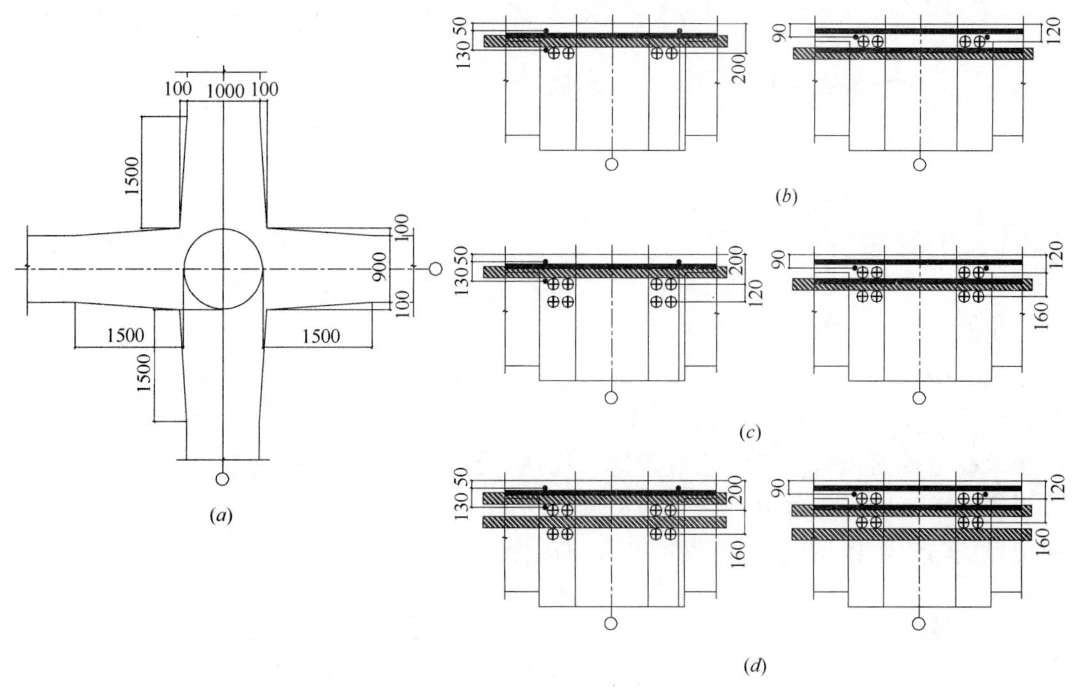

图 5.5-4 梁柱节点大样

(a) 梁柱节点处预应力框架梁水平加腋大样图；(b) 梁柱节点处框架梁普通钢筋及预应力筋相对位置大样图（预应力筋无搭接）；(c) 梁柱节点处框架梁普通钢筋及预应力筋相对位置大样图（预应力筋单向搭接处）；(d) 梁柱节点处框架梁普通钢筋及预应力筋相对位置大样图（预应力筋双向搭接处）

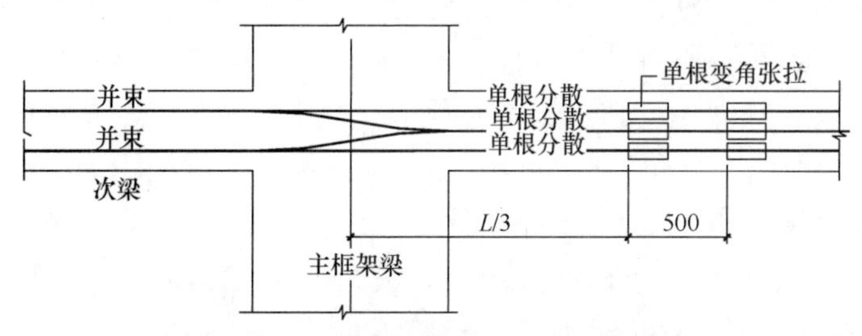

图 5.5-5 无粘结预应力筋张拉端布置

图 5.5-6 预应力梁施工

5.6　北京金鱼池学校——预应力单向肋梁楼盖

5.6.1　工程概况

北京金鱼池学校位于北京市崇文区金鱼池西街，是金鱼池住宅小区的配套建筑，总建筑面积 29000m^2，由甲区和乙区组成，平面呈双“王”字形，甲区包括四幢建筑，均为四层，乙区包括两幢建筑，均为三层，甲乙区之间通过连廊连接在一起。由于学校占地面积有限，无法设置地面操场，为了保证学生正常的体育活动，将操场设置在甲区四幢楼的屋顶，为保证学生在操场活动时不影响下面教室的正常上课，屋顶操场与教学楼屋顶之间设置 1.5m 净空的架空层。在甲（1）楼内，将一、二层合并为学校礼堂，三、四层合并为室内篮球场，层高均为 7.5m。该项目于 2003 年完工。

5.6.2　结构方案

根据结构柱网尺寸及使用功能要求，学校礼堂、室内篮球场及屋顶操场均设计为预应力楼盖，楼盖梁设计为有粘结预应力混凝土，楼板设计为钢筋混凝土。

礼堂和室内篮球场的平面尺寸为 24m×36m，柱网尺寸均为 9m×24m，因此在 9m 方向设置主框架梁，沿 24m 方向设计为预应力混凝土梁，梁截面分别为 500mm×1200mm（框架梁）和 450mm×1200mm（次梁），预应力梁间距为 3m。屋顶操场的平面尺寸为 60m×124m，周边悬挑长度分别为 5m 和 5.7m。1～6 轴及 11～16 轴之间柱网为 9m×24m，11～16 轴之间柱网不规则，最大柱网尺寸为 17m×24m。在布置预应力梁时均沿短跨方向设置主框架梁，沿长跨方向设置预应力肋梁，主框架梁截面为 500mm×1200mm 和 800mm×1500mm，预应力肋梁截面为 450mm×1200mm 和 500mm×1200mm。

5.6.3　设计结果

预应力筋为 1860N/mm^2 级 ϕ^s15 低松弛钢绞线，在梁中按抛物线形布置。预应力梁抗裂控制等级为二级，即在短期荷载作用下受力最大截面拉应力限值系数 $\alpha_{cts}=0.5$，在长期荷载作用下受力最大截面拉应力限值系数 $\alpha_{ctl}=0.3$。梁抗裂计算采用“PREC”预应力结构计算软件按框架结构进行计算，承载力计算则以“TAT”整体计算结果为依据。

5.6.4 技术措施

1. 楼盖挠度控制

通常预应力混凝土结构构件的挠度容易满足要求。但对本工程而言，过大的挠度可能会造成操场积水等问题，因此，在设计中适当增配预应力筋以减小构件挠度。但应保证在施工阶段荷载没有全部作用时构件不出现过大的反拱，构件截面的相对受压区高度、换算配筋率、配筋强度比等抗震性能指标均控制在规范规定的限值之内。

2. 舒适度控制

预应力构件由于跨度大、截面小，其自振频率一般较小，如果控制不当，人在上面活动时，容易引起不良感觉，甚至会引起共振。本工程在设计中参考了国外有关资料及以往的设计经验，通过适当增加楼板厚度、在大跨度预应力梁之间设置联系梁、适当增大边梁的刚度等技术措施增大楼盖结构的自振频率。结果表明，学生进行体育活动时，没有产生不良感觉。

3. 顶层边柱抗裂控制

大跨结构顶层边柱的偏压问题比较严重，预应力筋张拉时还会在边柱中产生附加弯矩，对边柱的抗裂更不利，因此在保证梁板抗裂满足要求的同时，应验算边柱的抗裂度，保证边柱在正常使用状态下不出现裂缝或将裂缝控制在一定的宽度内。本工程采用在下层楼盖中设置后浇带的方法增大施工阶段柱自由长度，减小柱的侧向刚度，从而减小预应力筋张拉时在柱中引起的附加弯矩，同时采取增大柱配筋率，对短柱箍筋全长加密并采用焊接封闭箍等措施，解决了短柱的抗裂及抗震延性问题。

4. 超长结构的抗裂技术措施

由于操场结构长度达到 124m，又处于露天环境中，结构层的层高只有 2.7m，扣除结构高度后，柱的净高度只有 1.5m，侧向刚度相对较大，为减小环境温度变化时在结构中产生过大的温度应力，在操场结构的 5～6 轴和 11～12 轴之间设置永久性结构伸缩缝，将结构分为三部分，有效降低了温度应力的影响；为防止结构混凝土收缩时产生裂缝，保证施工质量，在冬季施工期间，屋顶操场结构的施工暂停，同时要求降低混凝土的水灰比、在满足施工要求的前提下适当减小混凝土的坍落度、在混凝土中掺入微膨胀剂、对混凝土进行覆膜保水养护等措施减小混凝土的收缩；增加楼板中普通钢筋的配筋率以约束可能产生的裂缝的开展。

5. 预应力筋张拉顺序

为保证预应力的有效施加，根据计算分析结果，预应力筋的张拉顺序确定为：礼堂顶梁→屋顶操场梁→封闭操场下层后浇带→室内篮球场顶梁，既保证了预应力的有效施加，又有效减小了张拉施工阶段对顶层短柱的不利影响。

5.6.5　附图

图5.6-1　金鱼池学校效果图

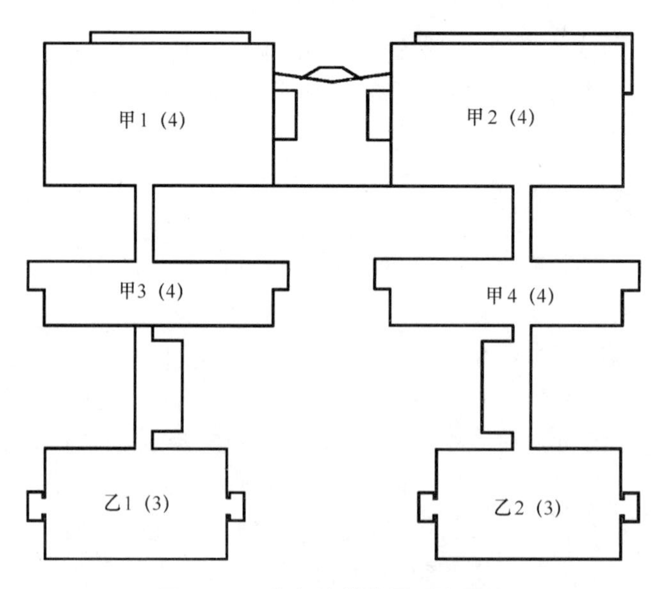

图5.6-2　金鱼池学校平面布置图

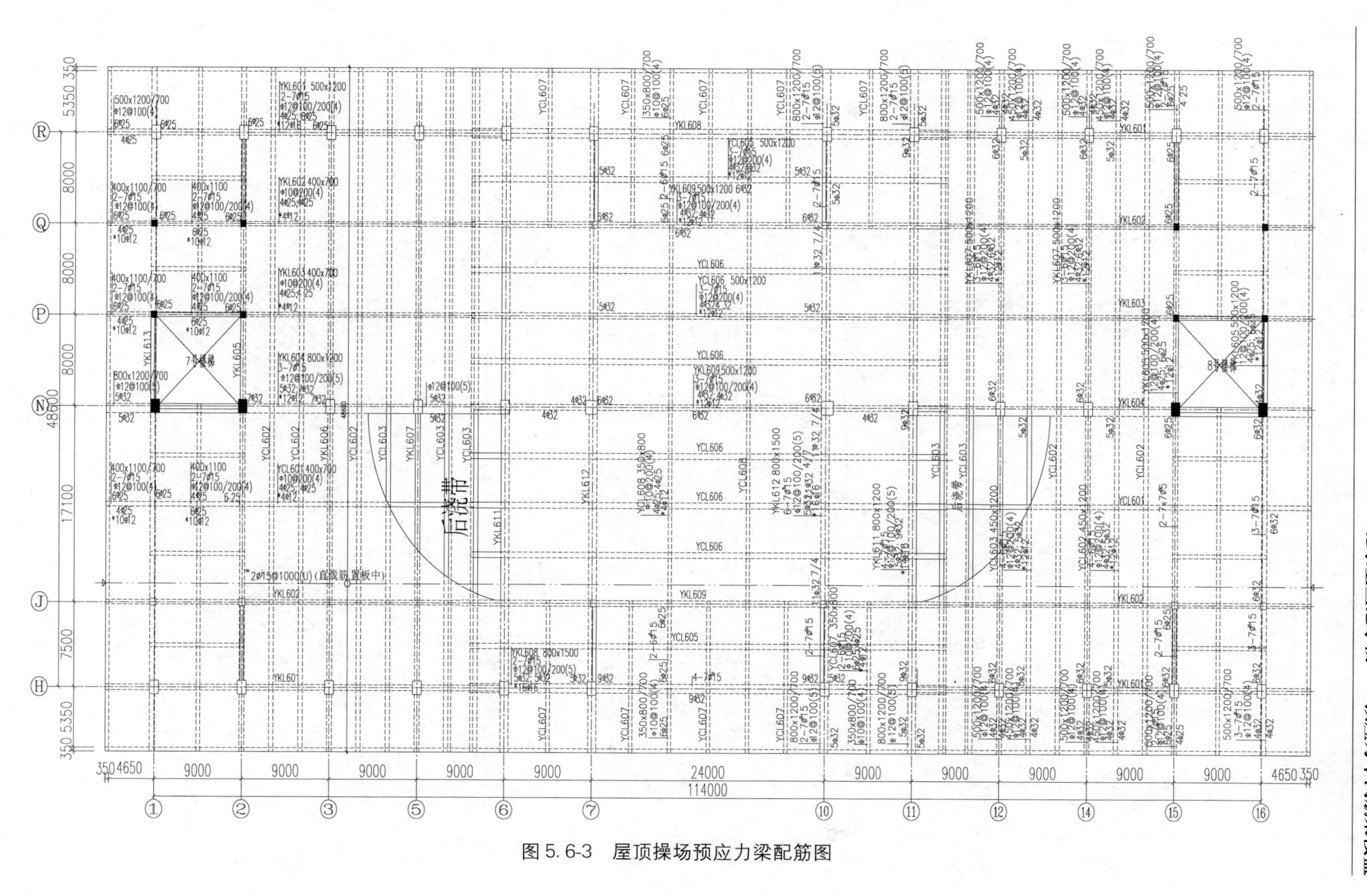

图 5.6-3 屋顶操场预应力梁配筋图

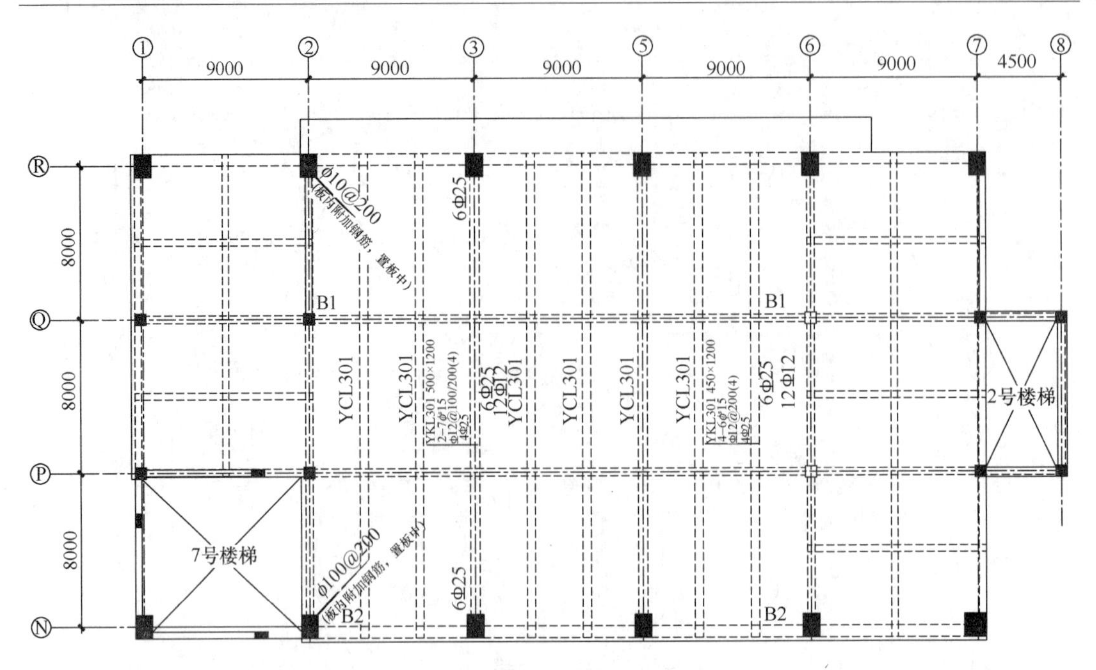

图5.6-4 礼堂预应力梁配筋图

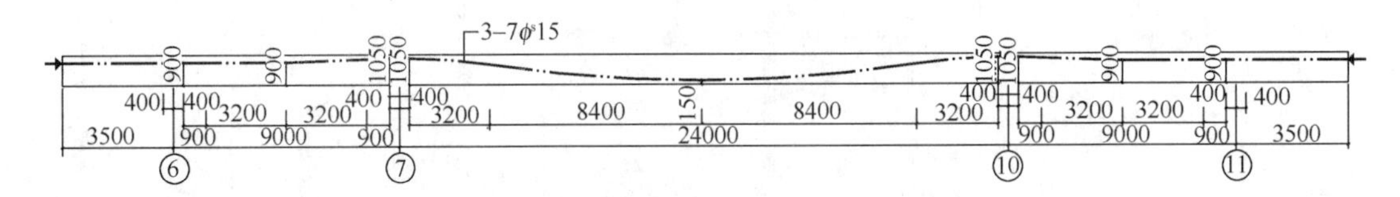

图5.6-5 典型框架梁预应力筋线形图

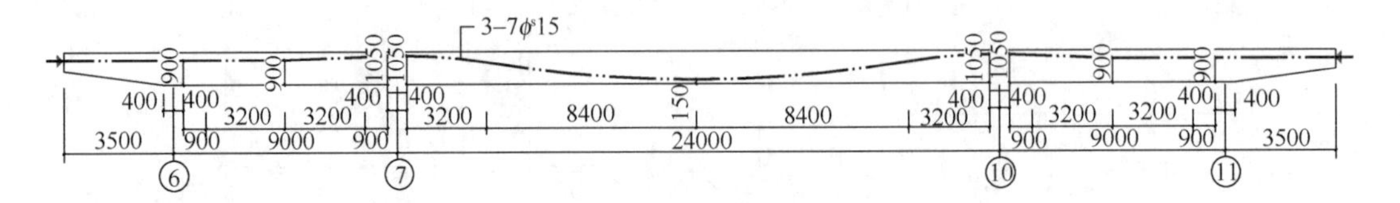

图5.6-6 典型次梁预应力筋线形图

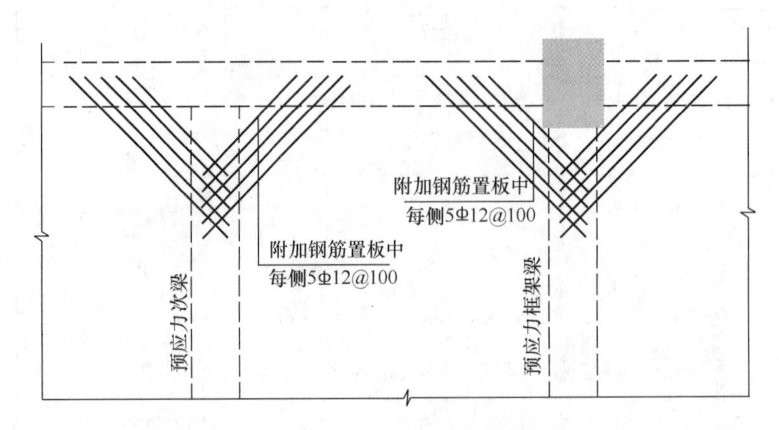

图5.6-7 预应力梁端板中附加钢筋大样图

5.7 北京大元高科食品有限公司厂房——预应力井字梁楼盖

5.7.1 工程概况

北京大元高科国际天然食品有限公司食品加工厂厂房为二层框架结构，一层用于食品加工，二层为原材料库房，使用荷载为 $15kN/m^2$，结构平面尺寸为 72m×84m，柱网为 12m×12m，一层顶为混凝土楼盖，屋顶采用网架结构。该项目于 2001 年完工。

5.7.2 结构方案

由于柱网很规则，且为双向结构，使用荷载又很大，因此将楼盖设计为正交井式梁楼盖；如果梁设计为普通钢筋混凝土梁，截面高度很大，影响一层加工区的使用，因此将楼盖梁设计为预应力混凝土梁，中间框架梁截面取 900mm×900mm，边框架梁考虑梁的扭转因素，适当加大梁宽，截面取 800mm×900mm，设计为有粘结预应力梁；次梁截面取 350mm×700mm，设计为无粘结预应力梁；预应力筋采用 ϕ^s15，$1860N/mm^2$ 级低松弛钢绞线；楼板设计为 120mm 厚普通钢筋混凝土板。

5.7.3 设计结果

1. 抗裂及变形控制

本工程楼盖使用荷载较大，如果构件抗裂等级控制得过严，势必造成预应力筋配筋量过多，在使用活载较小时又可能造成梁反拱过大，甚至梁混凝土开裂。由于本工程的使用环境比较好，在设计中，适当放松抗裂控制水平，使预应力梁在仅有结构自重时不致产生过大的反拱。

预应力构件在短期荷载作用下的拉应力限制系数 $\alpha_{cts}=1.0$，预应力筋的张拉控制应力取 $\sigma_{con}=0.7f_{ptk}=0.7\times1860=1302N/mm^2$。经计算，中间框架梁预应力筋配筋为 4-7$\phi^s$15，边框架梁的预应力筋配筋为 2-7$\phi^s$15，次梁的预应力筋配筋为 2-6$\phi^s$15；

双向次梁作用于框架梁上，考虑构造处理方便，框架梁预应力筋设计为折线形布置，采用有粘结预应力筋；次梁预应力筋为抛物线形布置，采用无粘结预应力筋。

2. 承载力计算

结构整体计算采用“TAT”软件进行计算。按 8 度抗震设防，框架抗震等级为二级，预应力次弯矩对梁支座的有利影响作为安全储备，不再计入设计弯矩中；预应力次弯矩对跨中的不利影响则通过对跨中弯矩的适当放大来考虑。

由于预应力筋提供的承载力较大，如果按计算配置普通钢筋，普通钢筋的配筋量将很小。在实际配筋时，适当增加普通钢筋的配筋量，调整预应力筋与普通钢筋的配筋比例，以增加结构的延性。

大跨度、重荷载造成边梁的扭矩较大，因此，适当增加边梁的截面宽度，同时加密抗扭箍筋。

5.7.4　技术措施

1. 超长结构抗裂

结构平面尺寸为72m×84m，已超过了《混凝土结构设计规范》GB 50010规定的框架结构不设温度缝的最大尺寸限值55m。但由于柱比较长，柱网较大，结构的侧向刚度相对较小，故未设置永久变形缝，但采取以下措施以减小混凝土收缩及张拉时弹性变形对结构的不利影响：

（1）设置后浇带。在平面内设置十字形后浇带，将结构分为四块，同时加大后浇带的宽度至3000mm，以减小施工阶段混凝土收缩对结构的不利影响；

（2）调整板普通钢筋的配置。为减小混凝土收缩的不利影响，板普通钢筋采用分离式配置，将板顶筋一半拉通，形成双层双向配筋。

（3）调整梁预应力筋的布置与张拉顺序。梁中预应力筋均采用分段搭接布置，预应力筋一半通过后浇带，另一半不通过后浇带，而在后浇带处分段锚固。在后浇带封闭前，先张拉不通过后浇带的预应力筋并及时对预留孔道灌浆；后浇带封闭之后再张拉跨越后浇带的预应力筋并对预留孔道灌浆，这样既不影响梁板支撑的拆除时间，又能及早施加预应力，有效降低收缩对结构的影响。

2. 出板面张拉预应力筋

由于预应力筋是分段交叉搭接锚固的，有一部分预应力筋必须在梁跨间设置张拉端，张拉端设在距梁支座1/4跨的位置，避开箍筋加密区及梁顶第二排钢筋，也是活载弯矩较小的截面。为张拉和灌浆施工的方便，所有跨间张拉的预应力筋全部在梁顶设置张拉槽，并采用变角张拉工艺。

3. 结构角部张拉端局部构造

在结构角区张拉时，由于张拉端单面临空，对张拉端除按正常局部承压进行配筋加强外，还对角区的配筋进行加强，防止锚固区混凝土劈裂破坏。

5.7.5 附图

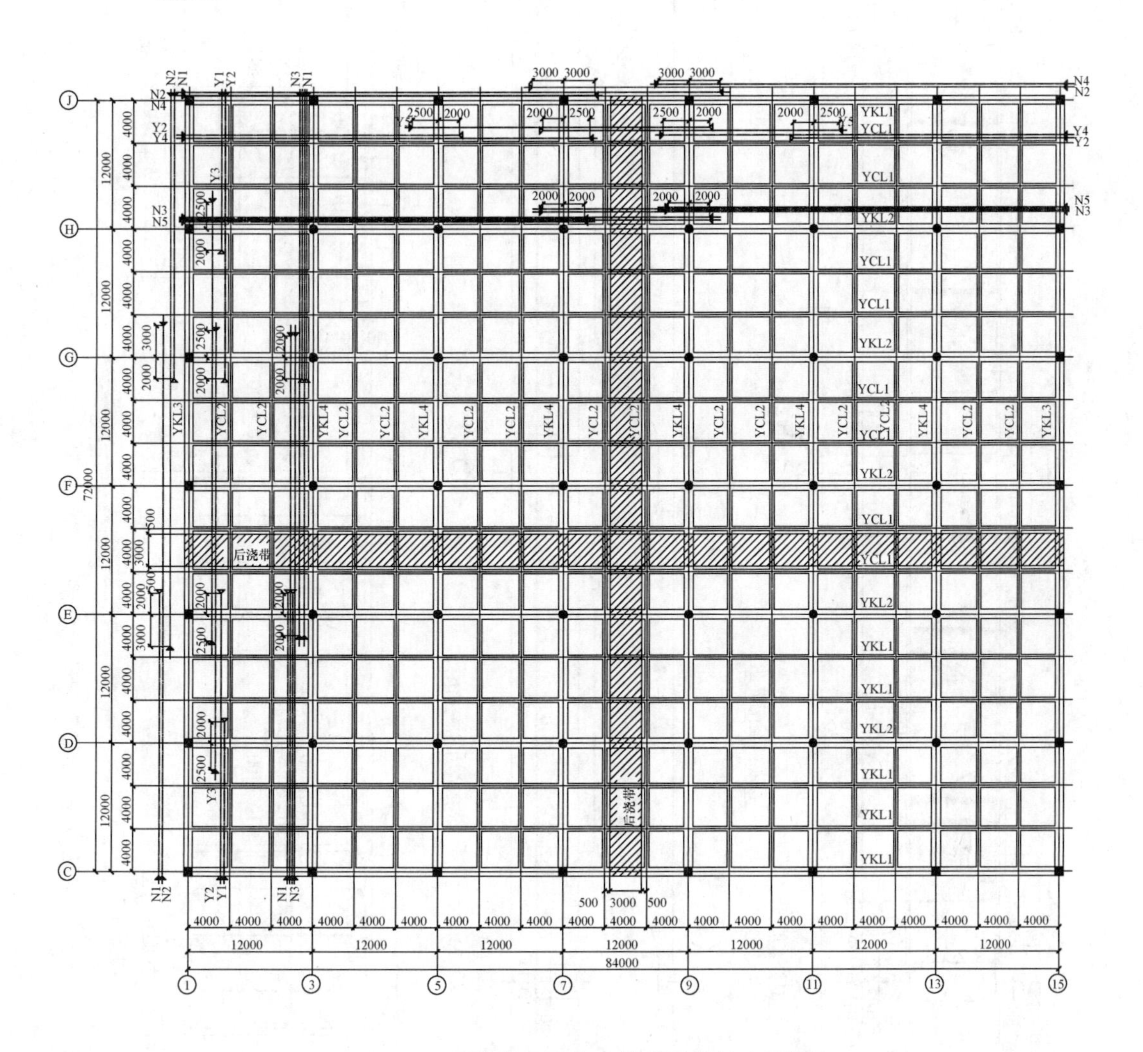

图 5.7-1 后浇带及预应力筋分段张拉布置图

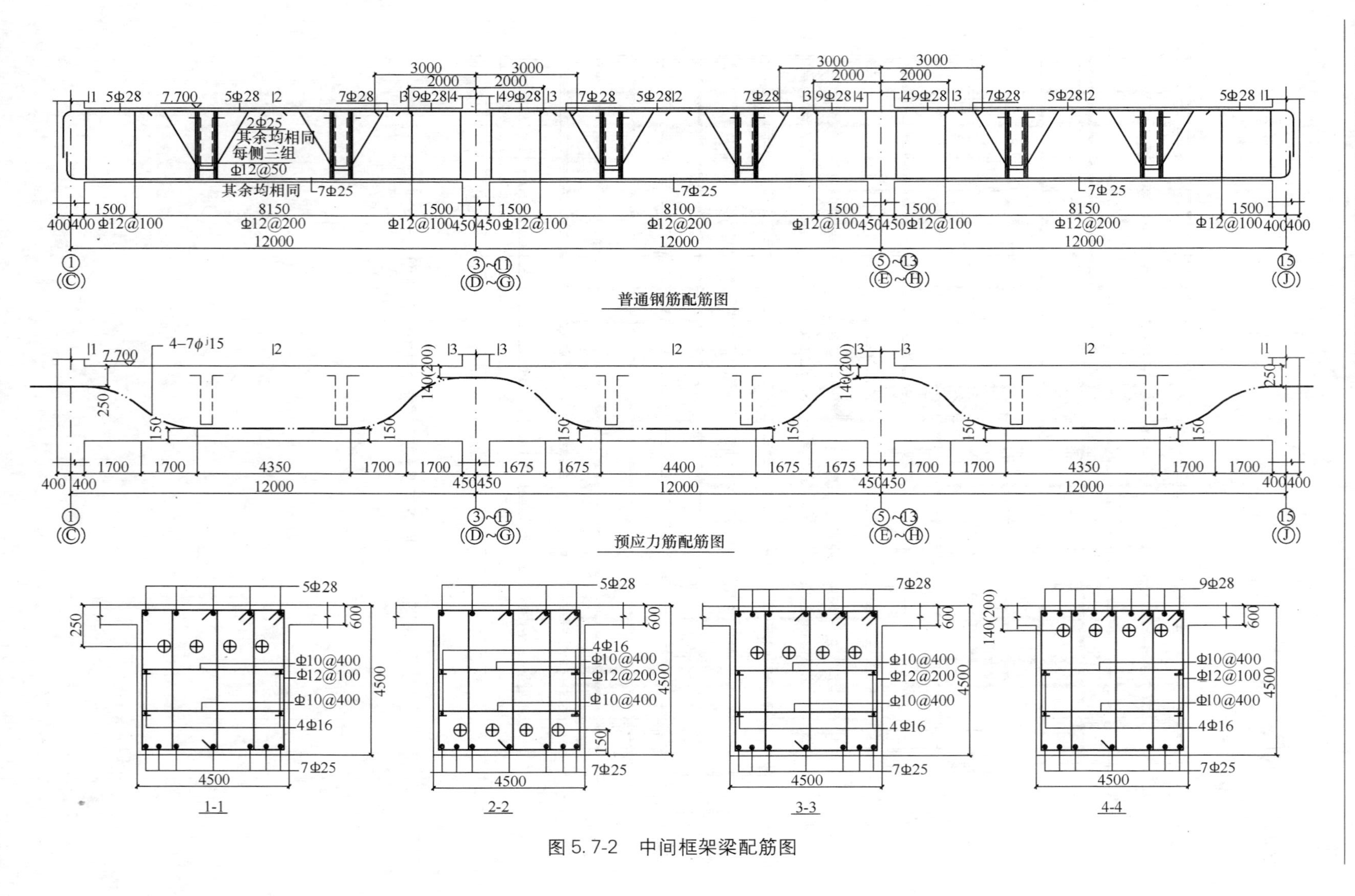

图 5.7-2　中间框架梁配筋图

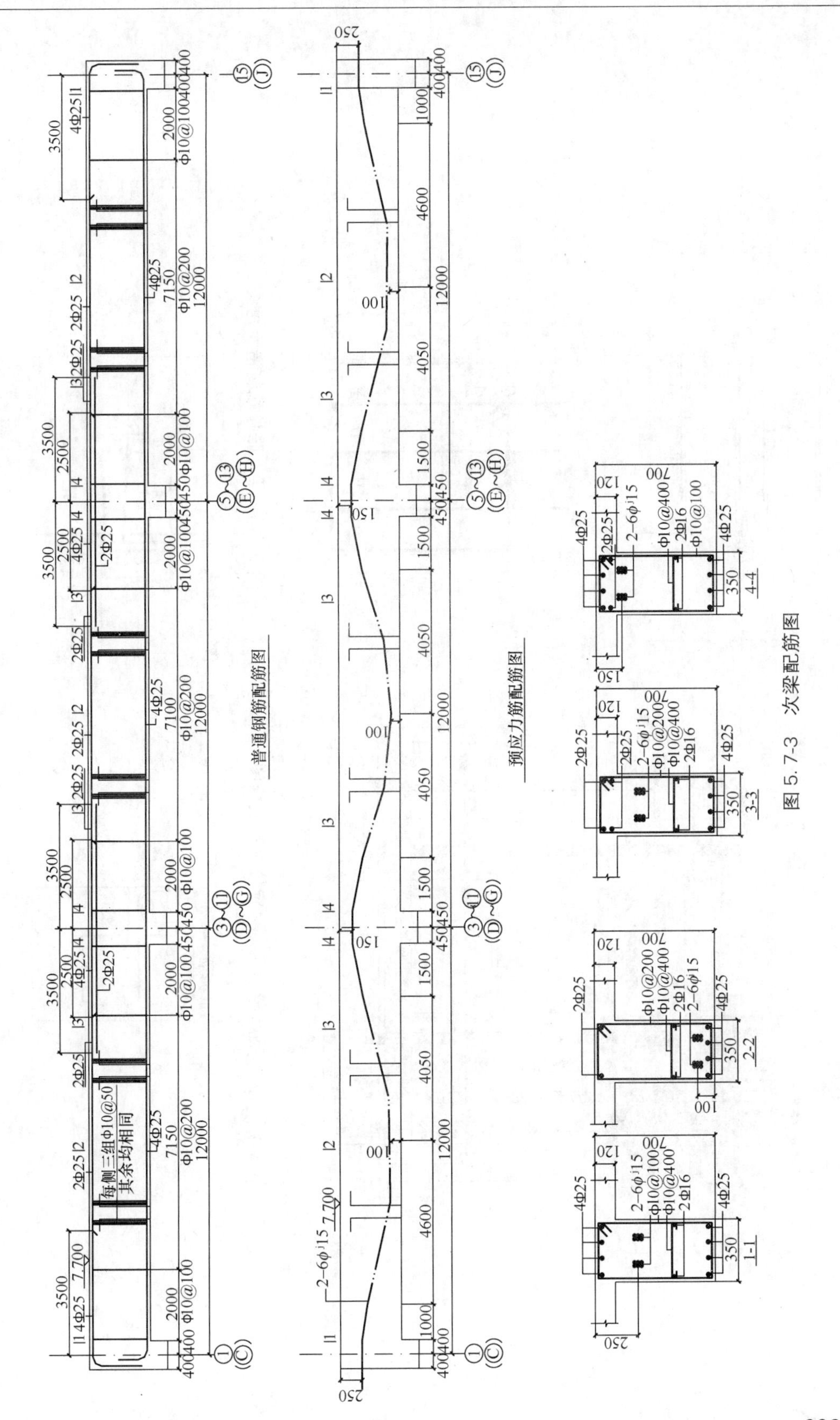

图 5.7-3 次梁配筋图

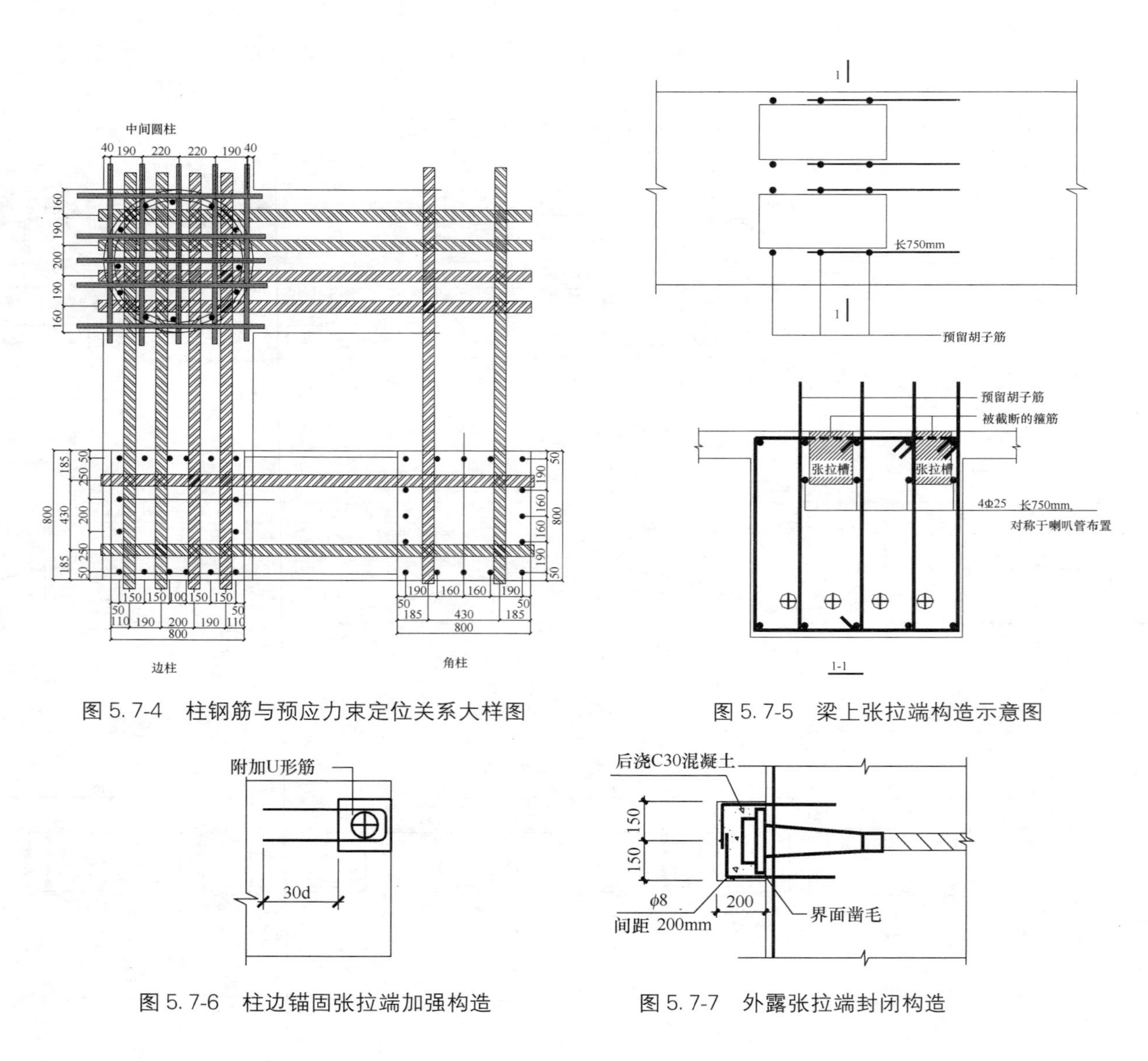

图 5.7-4　柱钢筋与预应力束定位关系大样图

图 5.7-5　梁上张拉端构造示意图

图 5.7-6　柱边锚固张拉端加强构造

图 5.7-7　外露张拉端封闭构造

5.8 国家博物馆新馆——预应力井字梁楼盖

5.8.1 工程概况

中国国家博物馆改扩建利用原有老馆的原址，向东新增建设用地，新建部分建筑面积约 16 万 m^2，为多筒体-部分框架结构，结构平面尺寸地下部分为 285m×160m，地上部分为 260m×135m，地面以上高度 42.5m，是一项空间变化多、楼层错层多的复杂而且特殊的工程。该项目于 2008 年完工。

5.8.2 结构方案

−6.0m～6.0m，6.0m～13.5m，13.5m～21.0m，21.0m～屋顶的展厅部分标准柱网为 18m×18m 和 18m×12m。考虑到大跨的特点，为了合理利用空间，有效地降低层高，经过多方案比较，在建筑允许的结构截面高度均为 1250mm 的条件下，预应力混凝土梁方案结构造价低于钢梁方案。因此，本工程展厅楼盖结构选用后张有粘结预应力混凝土梁方案。数码影院、学术报告厅以及演播室顶板为首层大厅，跨度 15m～30m，采用后张有粘结预应力混凝土梁，楼板均采用现浇钢筋混凝土楼板。

5.8.3 设计结果

预应力筋采用 1860N/mm^2 级 ϕ^s15 低松弛钢绞线，框架抗震等级为一级，预应力梁抗裂抗裂控制等级为三级，允许裂缝宽度度 $\omega_{\text{lim}} \leqslant 0.2$mm。

该项目楼板厚度比较大，为考虑楼板对预应力梁抗裂的有利作用，预应力梁抗裂计算采用美国后张委员会（PTI）开发的预应力楼盖设计专用软件“ADAPT”进行计算，计算时考虑了梁板的共同作用。

计算结果显示，展厅楼盖上表面最大拉应力为 4.5N/mm^2，下表面最大拉应力为 5.5N/mm^2，楼盖最大长期挠度为 18.5mm，楼盖最大挠跨比为 1/970。预应力楼盖的抗裂及刚度均满足要求。

预应力梁受弯承载力及受剪承载力验算以“SATWE”软件计算所得内力为依据。在计算梁支座受弯承载力时不计入预应力次弯矩的有利作用；计算梁跨中受弯承载力时将“SATWE”计算结果放大 15%以考虑预应力次弯矩的不利影响；计算受剪承载力时不计算预应力的有利作用。

5.8.4　技术措施

1. 梁板共同作用分析

本工程展厅楼板厚度为 160mm，厚度较大，对预应力梁的抗裂比较有利，在设计计算中充分考虑楼板的有利作用，能有效降低预应力筋的用量。本工程在梁抗裂计算时采用“ADAPT”有限元分析软件，将梁与板作为整体进行分析，充分考虑楼板对梁的刚度与抗裂度的贡献。

2. 预应力筋分段张拉锚固

结合楼盖中后浇带的留设位置，将梁内预应力筋分段锚固，在后浇带封闭之前先张拉一半的预应力筋，在梁中建立一定程度的预应力，既方便梁底支撑体系的快速周转，又有利于抵消温度和收缩应力的影响；在后浇带封闭之后再张拉另一半的预应力筋。

3. 梁侧张拉端构造措施

由于预应力筋的分段锚固，需在梁中位置设置张拉端，为不影响普通钢筋的连续设置，在需设置张拉端的位置对梁体侧面局部加腋，在梁体侧面设置张拉端。

5.8.5　附图

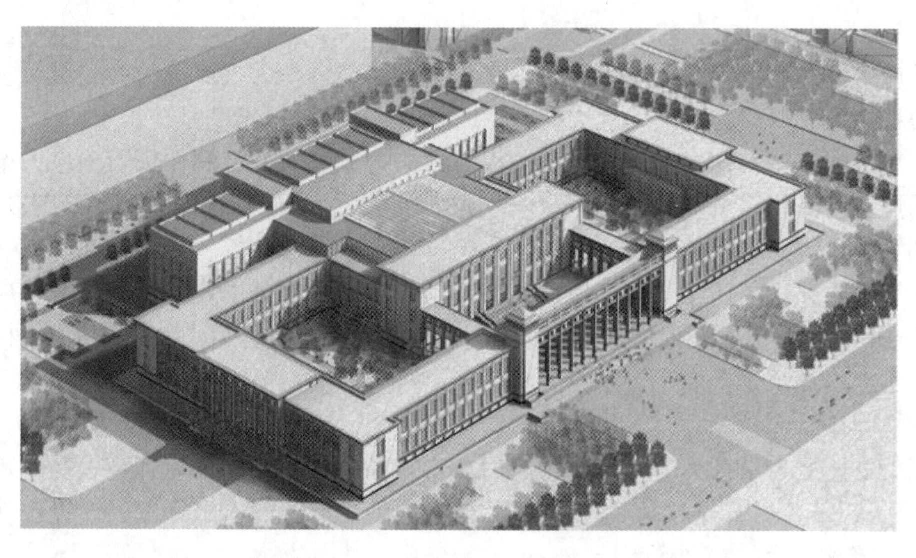

图 5.8-1　国家博物馆新馆俯视图

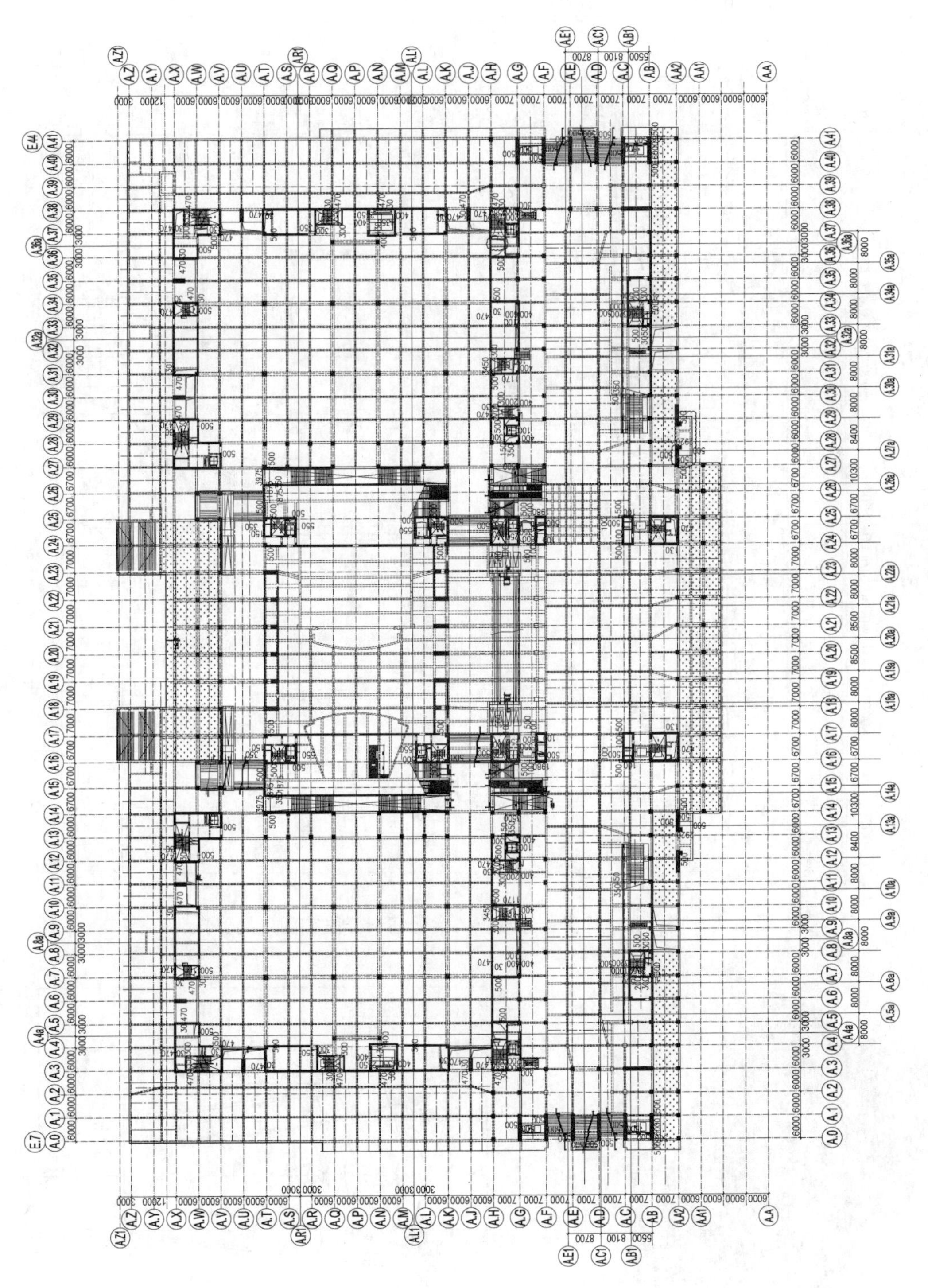

图5.8-2 6.000m标高结构布置图

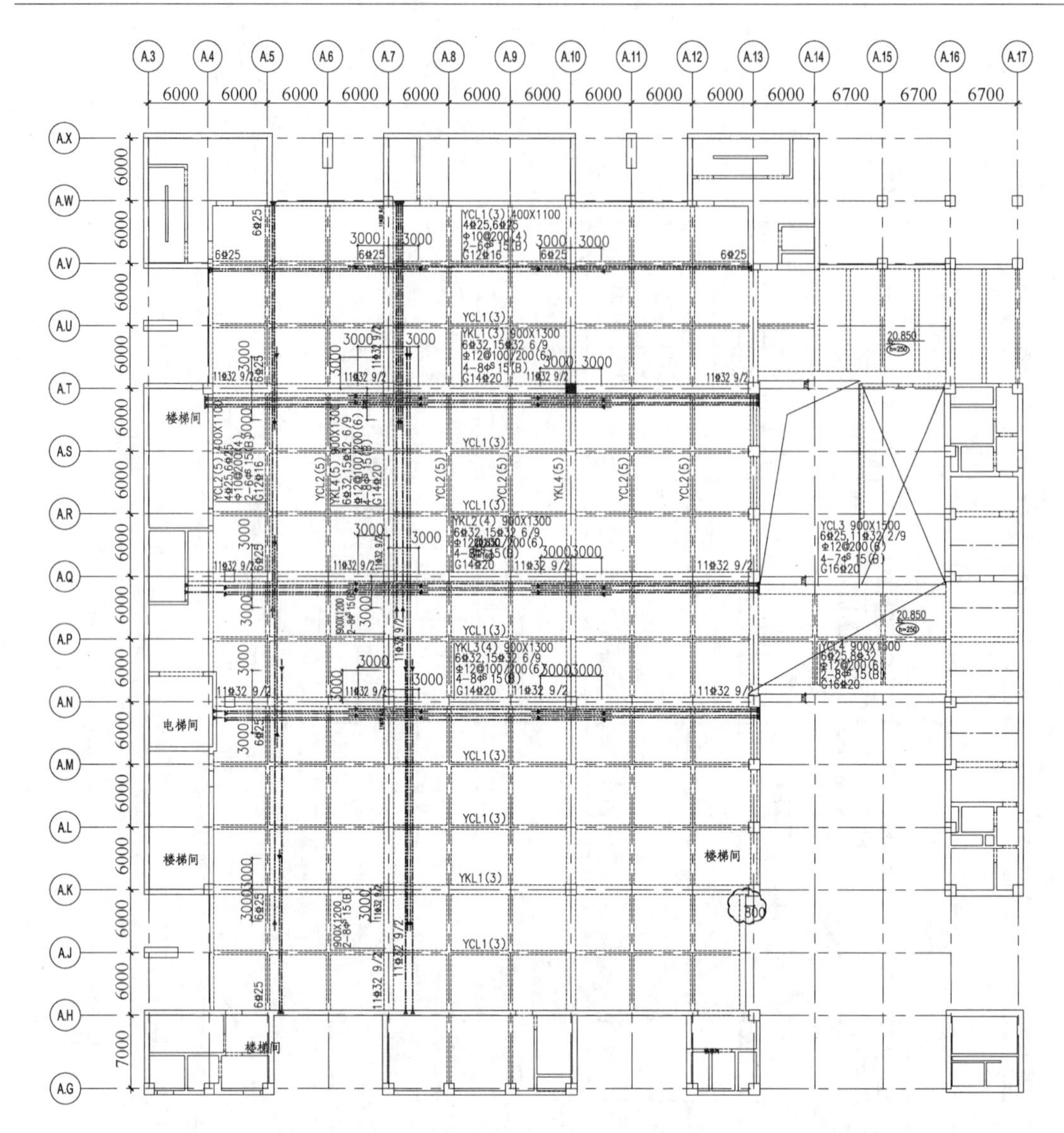

图 5. 8-3　6. 000m 标高展厅预应力梁配筋与分段锚固（局部）

图 5. 8-4　展厅抗裂计算有限元模型

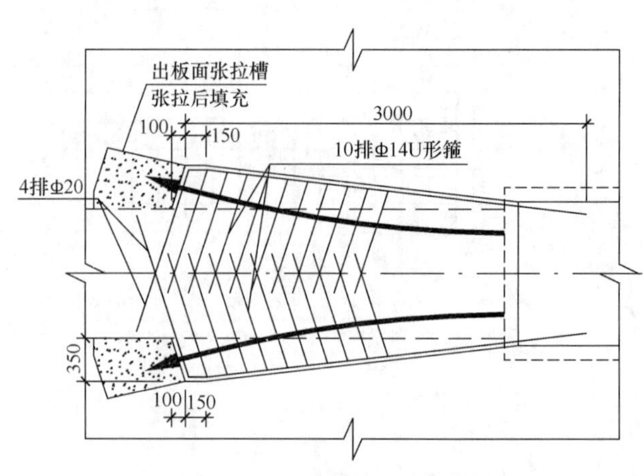

图 5. 8-5　梁侧张拉端构造大样

5.9 徐州观音机场航站楼——预应力框架平板楼盖

5.9.1 工程概况

徐州观音机场坐落在徐州市东南 50km 处的双沟镇境内，紧邻徐淮公路。航站楼建筑面积 21000m^2，为二层框架结构，平面呈矩形，长边为 150m，短边为 76m。全楼设两条伸缩缝，分为三个区。其中二层楼盖及三层局部楼盖采用无粘结预应力混凝土技术，屋盖为网架结构。该项目于 1997 年完工。

5.9.2 结构方案

该工程柱网尺寸为 18m×12m、16m×12m、12m×12m，活荷载为 5kN/m^2，建筑面层荷载为 3kN/m^2。针对大柱网、重荷载楼盖，预应力主次梁方案是可行的，但在借鉴珠海机场航站楼的成功设计经验后，楼盖结构方案选定为仅在柱轴线上布置梁的大柱网、大平板预应力楼盖体系。其中 12m 跨梁截面为 600mm×800mm；16m 跨梁截面为 950mm×900mm，两端加腋，加腋高 300mm，加腋长 1500mm；18m 跨梁截面为 950mm×1000mm，两端加腋，加腋高 400mm，加腋长 2000mm。

5.9.3 设计结果

混凝土为 C45，预应力筋为 1860N/mm^2 级 ϕ^s15 低松弛钢绞线，梁板均设计为无粘结预压力混凝土，张拉控制应力取 $\sigma_{con}=0.73f_{ptk}$，张拉端锚具为 XM15-1 型，固定端锚具为 XM15-1P 型。

梁按三级抗裂控制：$\omega_{lim}=0.15$mm。

楼板按二级抗裂控制：$\alpha_{cts}=0.60$，$\alpha_{ctl}=0.30$

施工第一阶段 $\sigma_{c1}\leqslant 0.7\gamma f'_{tk}$

施工第二阶段 $\sigma_{c2}\leqslant 0.7\gamma f'_{tk}$

预应力筋采用荷载平衡法进行设计。由于活载及建筑面层荷载均较大，平衡荷载按常规取法（即全部恒载＋部分活载），会造成板中混凝土压应力过大及在施工中产生过大反拱，故平衡荷载取为恒载的 80%～90%。预应力筋在板中以 8ϕ^s15 为一组双向带状配置。

5.9.4　技术措施

1. 内力计算及配筋

楼板内力计算采用“SAP84”有限元软件进行计算，梁内力计算采用“TAT”软件进行分析计算，并用“SAP84”软件进行整体验算。框架梁配筋以普通钢筋为主，约承担总弯矩的 70%～80%，预应力筋仅改善梁的使用性能。预应力配筋仅为 $8\phi^{s}15$～$14\phi^{s}15$。

2. 防暴起构造

由于板中预应力筋带状集中布束，集中根数达 $8\phi^{s}15$，张拉时将产生较大的暴起力，可能会使板面混凝土暴起。为防止出现这种破坏，预应力筋以 $4\phi^{s}15$ 为一组，在两组之间留 300mm 的净距，并在预应力筋上凹曲线范围内及部分张拉端、固定端配置了一定数量的防暴起钢筋。

3. 板面张拉端防裂措施

结构面积大，且Ⅰ区、Ⅱ区柱网布置在Ⓓ轴处变化。设计中在 D 轴板中设置张拉槽，预应力筋一半一端张拉，一半两端张拉，以减少预应力摩擦损失，锚固端与张拉端留有 500mm 的间距错开锚固，以避免板中出现过大集中力，混凝土被拉裂。

4. 边梁抗扭措施

由于大跨度楼板直接作用于边梁上，边梁所受扭矩较大。为精确把握弹性扭矩值，采用“SAP84”计算结果，同时考虑塑性内力重分布对扭矩进行适当折减。在配筋上加配腰筋和抗扭箍筋，板面负筋也适当减少。

5. 节点区钢筋定位

梁中普通钢筋较多，一般为上下各两排，也有上下各三排的，梁柱节点区钢筋更多。为保证设计、施工的准确，在计算中梁钢筋混凝土保护层的选取考虑双向梁交叉的影响，并绘制梁剖面详图及梁、柱节点大样图，对梁、柱普通钢筋及预应力筋定位作了详细要求。

5.9.5　附图

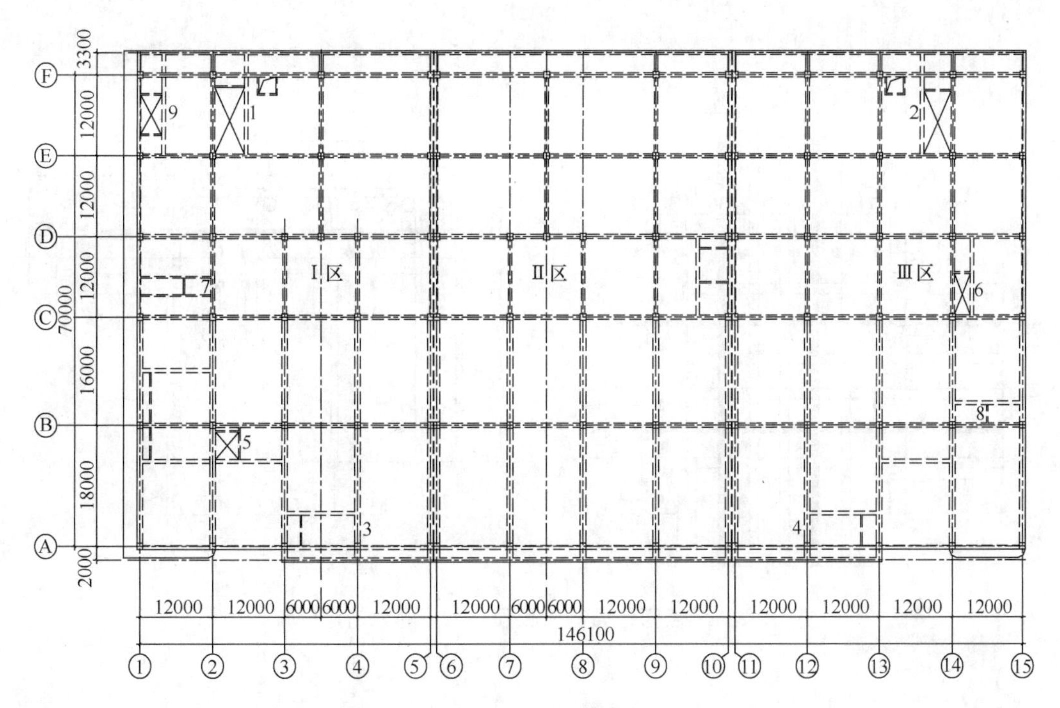

图 5.9-1 结构平面图

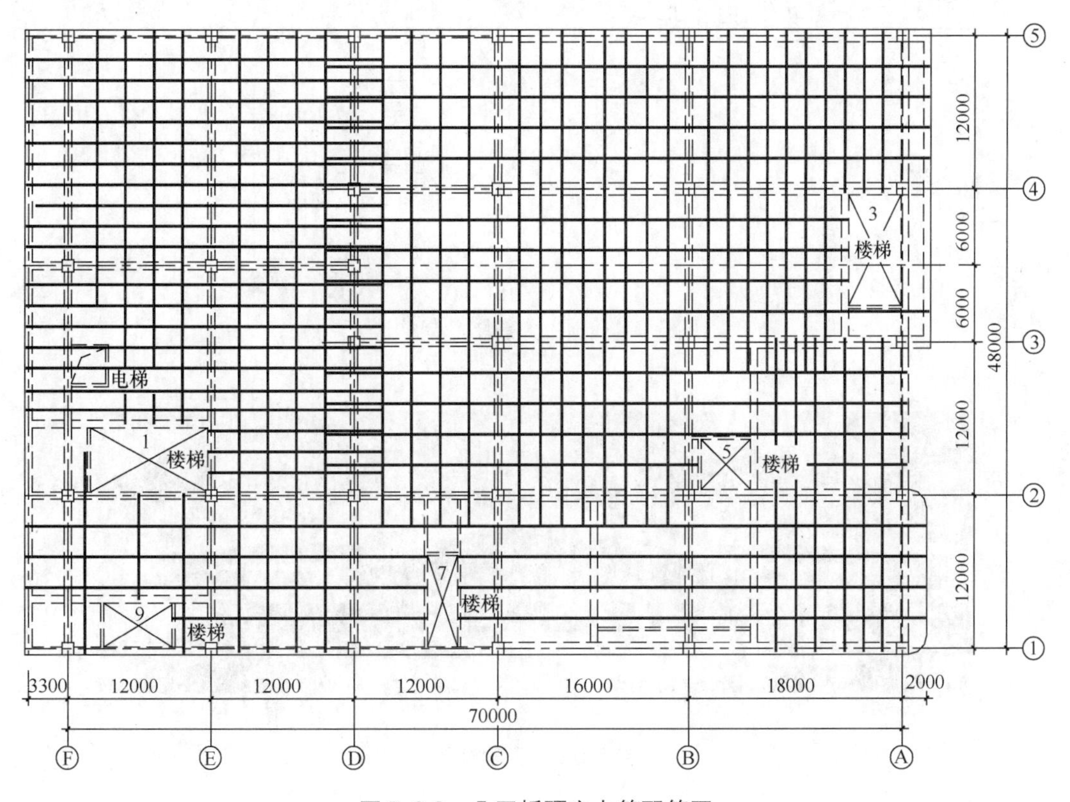

图 5.9-2 Ⅰ区板预应力筋配筋图

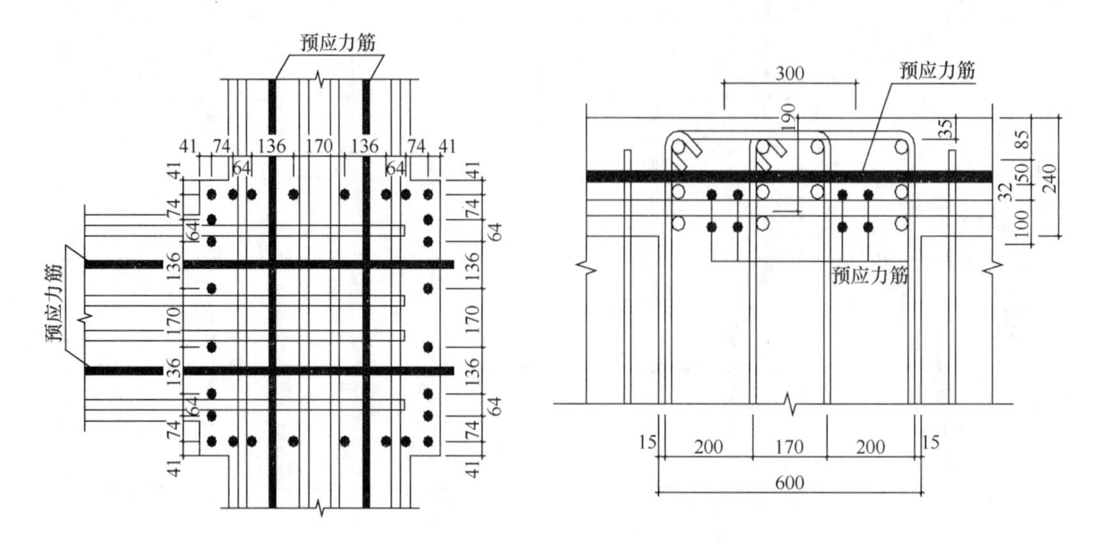

图5.9-3 节点区普通钢筋和预应力筋的配筋定位大样

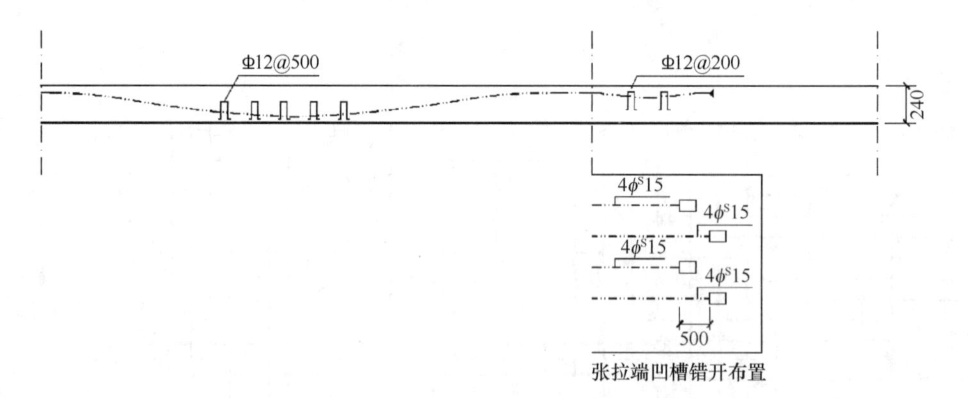

图5.9-4 预应力筋防暴起构造

图5.9-5 工程外景

5.10 津南新城地下车库——预应力板柱结构

5.10.1 工程概况

天津津南新城项目位于天津大道东沽路出口，东至北环线，西至海河故道，南至海河故道，北至东沽路。本工程为住宅群单层地下车库，地下总建筑面积为 8.08 万 m^2，分为人防和非人防两部分，车库上覆土厚度 2.5m～3.5m。人防部分柱距为 8.1m×8.1m，板厚为 450mm；非人防部分柱距为 8.1m×8.9m，板厚根据覆土厚度的不同，采用 370mm 和 470mm 两种板厚。该项目于 2013 年完工。

结构设计使用年限为 50 年，建筑结构的安全等级为二级，结构重要性系数为 1.0。根据板上覆土厚度的不同，370mm 厚板恒载为 50kN/m^2，470mm 厚板恒载 75kN/m^2，板活载均为 4.0kN/m^2。

5.10.2 结构方案

该工程柱网比较规则，柱网尺寸适宜采用板柱结构，以最小的结构高度满足建筑功能要求。采用板柱结构有以下优点：

（1）传力途径简捷，楼面荷载直接通过结构柱传至基础；

（2）施工时模板简单，钢筋绑扎方便，能够加快施工进度；

（3）结构构件的高度较小，有利于降低层高，可以相应减小基坑开挖深度；

（4）由于无梁，便于管道的布置及用户对空间的灵活分割。

由于本工程楼盖上覆土较厚，为提高板柱节点的抗冲切承载能力，需设置柱帽。无梁楼盖的柱帽通常设置在板下，也可以选择上反柱帽以确保板柱节点的抗冲切承载力。采用上反柱帽时，按抛物线形布置的预应力筋的矢高增加。对于相同预应力筋数量、预加力和跨度时，矢高越大等效荷载也越大，平衡掉的荷载也越大，无梁楼盖的抗裂性能与承载能力比采用传统柱帽时明显提高。可见采用上反柱帽的无梁楼盖可以增加楼板的承载力，可以有效减小楼板挠度、裂缝和楼板厚度。本工程楼盖上覆土厚度大，局部上反柱帽不会影响车库上部的绿化与使用，因此本工程楼盖设计为上反柱帽的无梁楼盖（图 5.10-1）。

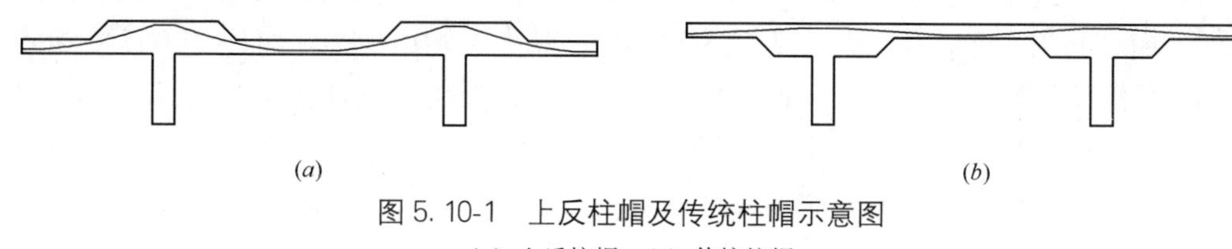

图 5.10-1 上反柱帽及传统柱帽示意图

（a）上反柱帽；（b）传统柱帽

5.10.3 设计结果

楼板设计为有粘结预应力混凝土板，预应力筋为1860N/mm^{2}级ϕ^s15低松弛钢绞线，在板中按抛物线形布置，采用扁形金属波纹管预留孔道，张拉端采用扁锚。

无梁楼盖按二级抗裂进行设计，其内力计算采用等代框架法计算。由于板跨较多，取其中五跨进行计算，将中间跨的内力值用于设计，设计结果列于表5.10-1，从设计结果可以看出，采用上反柱帽后，在楼板抗裂度与承载能力均满足要求的情况下，楼板中的配筋与采用常规柱帽相比明显降低，预应力筋用量约13kg/m^2。

上反柱帽无梁楼盖的板柱节点抗冲切承载力，取柱截面边缘处和柱帽边缘处进行验算。

预应力无梁楼盖设计结果 表5.10-1

板厚(mm)	跨度(m)	钢绞线及普通钢筋配置结果		支座截面/跨中截面应力（N/mm^2）	
		柱上板带/跨中板带	普通钢筋	柱上板带	跨中板带
370	8.1	6×3ϕ^s15/6×3ϕ^s15	12@150	−0.345/−0.356	1.196/0.639
	8.9	6×3ϕ^s15/7×3ϕ^s15	12@150	0.324/1.335	2.480/1.806
470	8.1	5×4ϕ^s15/6×4ϕ^s15	14@150	−0.358/−0.526	0.194/−0.337
	8.9	6×3ϕ^s15/6×3ϕ^s15	14@150	0.559/−0.324	2.001/1.395
420	8.1	5×4ϕ^s15/5×4ϕ^s15	12@150	−0.398/−0.680	0.670/0.416

5.10.4 技术措施

1. 预应力筋布置

无梁楼盖按其平面位置可以分为柱上板带和跨中板带。板带的弯矩沿板带宽度分布不均匀，因此预应力筋在柱上板带和跨中板带上的分布也不一样。在本工程中，将计算确定的预应力筋以2∶1的比例分别均匀布置在柱上板带和跨中板带中。

预应力筋分为跨越后浇带的预应力筋与未跨越后浇带的预应力筋两种。未跨越后浇带的预应力筋设计为有粘结预应力筋，采用扁形波纹管预留孔道；由于施工周期较长，跨越后浇带的预应力筋设计为无粘结预应力筋，以防止波纹管长期暴露造成损害后影响工程质量。

2. 钢筋构造要求

板带上非预应力钢筋配筋率不应小于0.2%和0.45f_t/f_y的较大值；柱上板带截面受拉筋换算的配筋率不宜大于2.5%。混凝土最小平均压应力不宜小于0.7N/mm^2。

暗梁下部钢筋不宜少于上部钢筋的1/2，支座处暗梁箍筋加密区长度不应小于3h，其箍筋肢距不应大于250mm，箍筋间距不应大于100mm，箍筋直径不小于8mm。支座处暗梁的1/2上部纵向钢筋应连续通长布置。由弯矩传递的部分不平衡弯矩，应由有效宽度为柱帽及两侧各1.5h范围内的板截面受弯传递。

5.10.5 附图

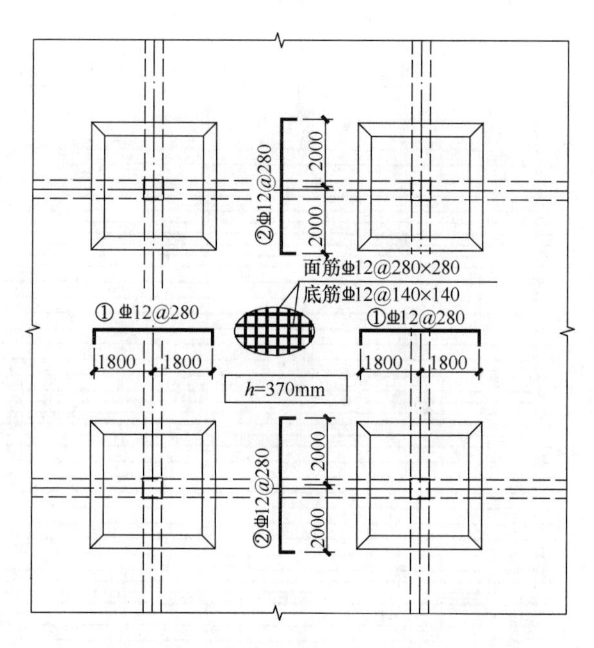

图 5. 10-2 楼板普通钢筋配筋大样图

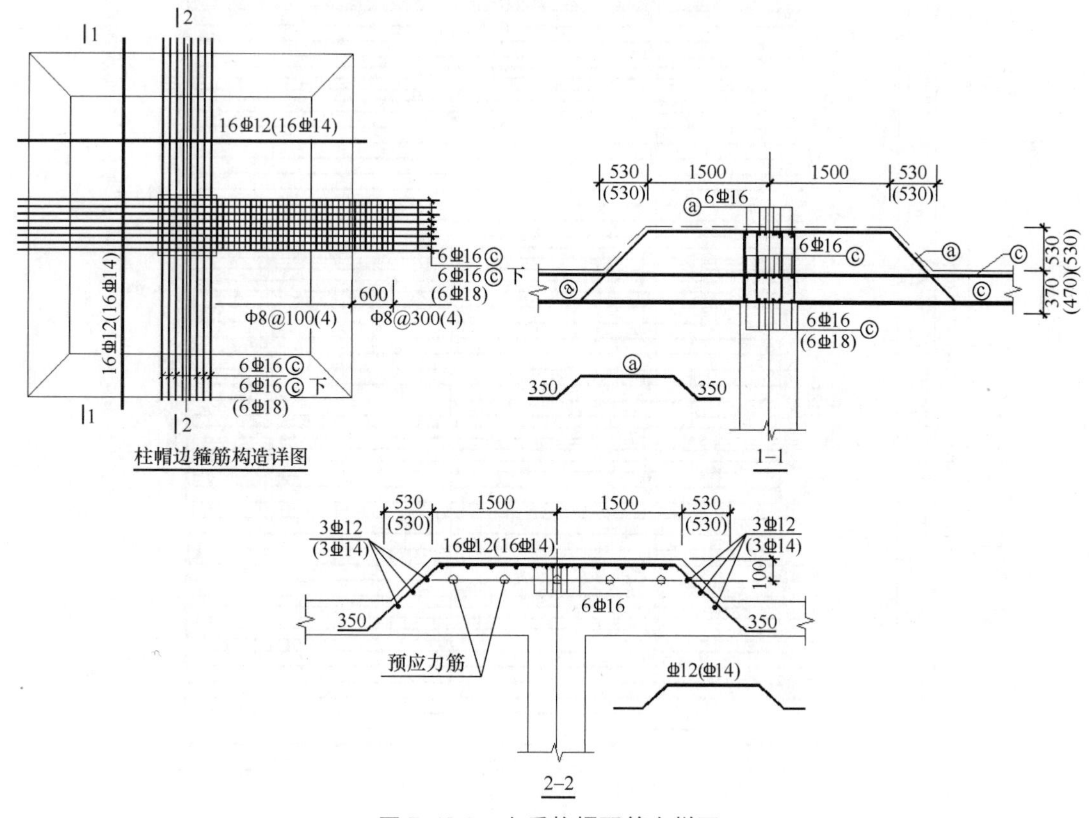

图 5. 10-3 上反柱帽配筋大样图

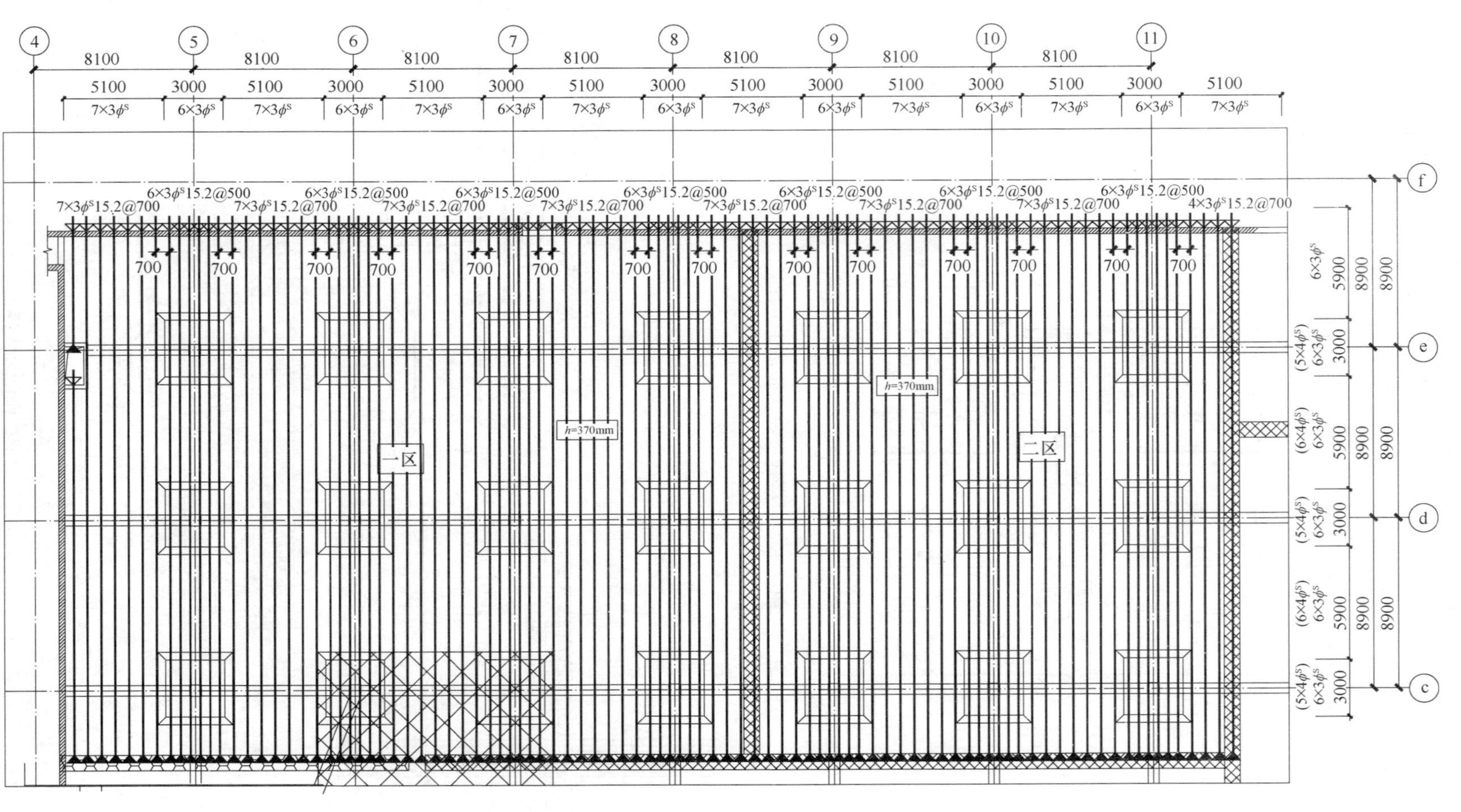

图 5. 10-4　地下车库顶板局部预应力筋布置图（纵向）

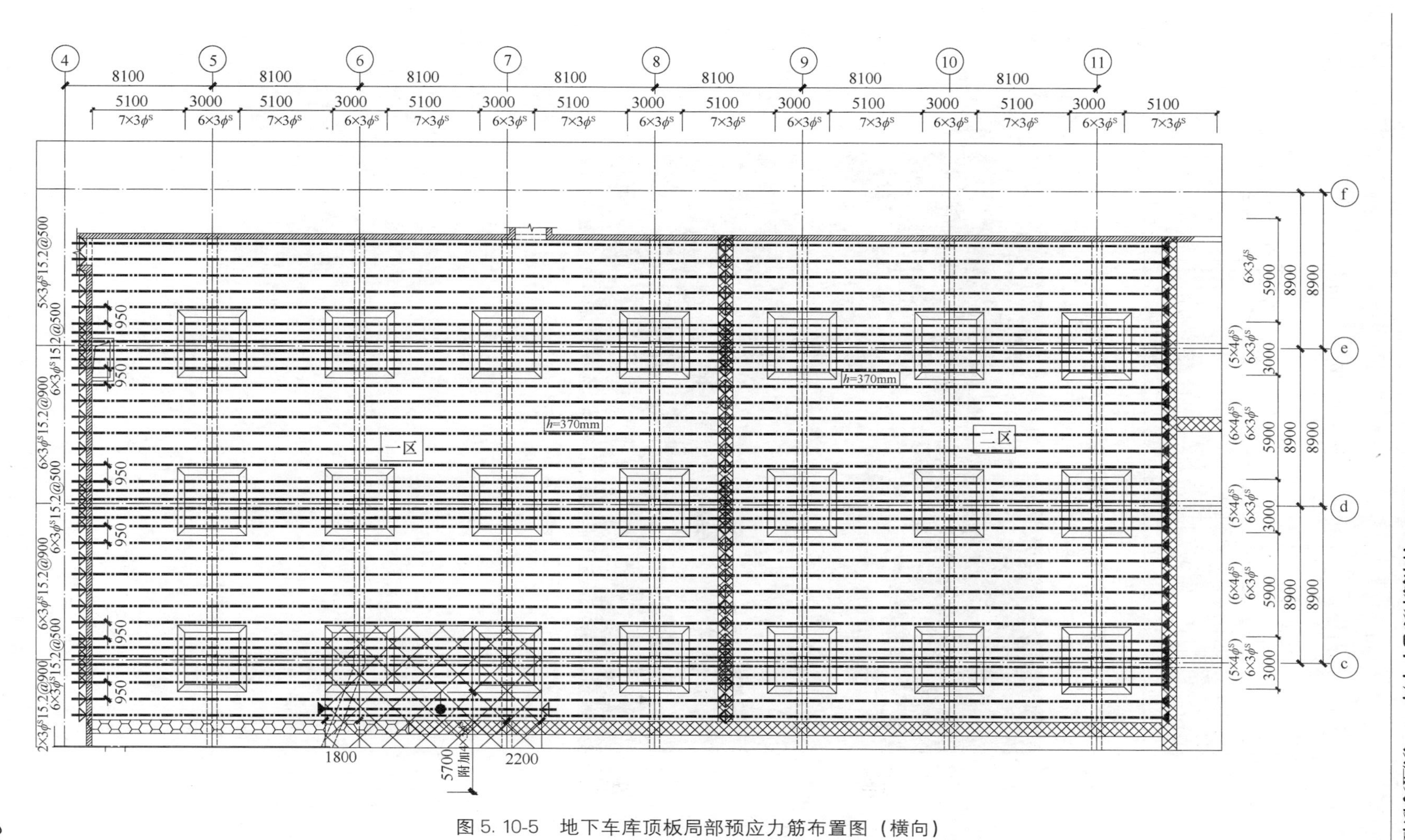

图 5.10-5 地下车库顶板局部预应力筋布置图（横向）

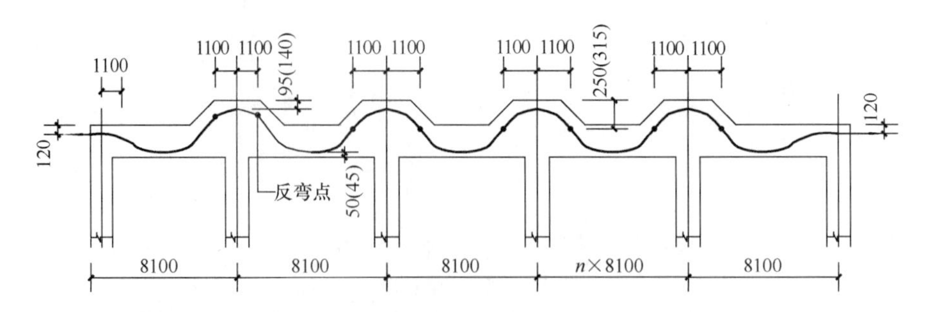

图 5.10-6　柱帽范围内预应力筋束形大样图

图 5.10-7　上反柱帽

5.11 邯钢体育馆——预应力悬挑板

5.11.1 工程概况

邯钢体育馆是邯钢集团为丰富职工的业余体育文化生活，响应全民健身的号召，在原邯钢露天体育场的场址上修建的中型体育馆。体育馆以篮球运动为主，同时考虑文化演出、展览、集会等多功能需求。地下一层，地上三层，总建筑面积约 5000m^2，固定座位约 1500 个。建筑总高 20.49m，采用框排架结构体系。该项目于 2002 年完工。

5.11.2 结构方案

体育馆建设场地狭窄，为满足建设单位对座位数和篮球等球类比赛功能需求，建筑师采用了在南侧增加悬臂看台即“占天不占地”的设计方案，同时受建筑场地和二层观众休息廊净高的要求，只能采用板式悬臂结构，而不能采用梁板式悬臂结构。

5.11.3 设计结果

本工程设计难题主要有两点：一是 5.6m 悬臂看台板为观众席，悬挑跨度大，国内尚无先例；二是 5.6m 悬臂板支座弯矩平衡问题。因建筑师对外观立面效果和二层观众休息廊设计的要求，作为悬臂板支座的纵向框架梁截面高度（加上看台的高度）被限制在 1300mm 以下，梁宽 600mm，由于相邻跨的跨度较小，荷载作用下产生的悬臂板根部支座处产生的弯矩不能有效地平衡悬臂弯矩，所以该梁的扭矩较大，同时支承该梁的柱也将承受较大的偏心弯矩。本工程借助预应力和施工阶段设置后浇带平衡悬臂弯矩等技术措施解决了设计中的两大困难，实现了建筑与结构的完美结合。

1. 楼板抗裂设计

截面尺寸确定中充分考虑建筑使用功能要求，在满足结构安全的前提下，最大限度地降低板截面尺寸。悬臂板根部截面高度确定为 500mm，跨高比为 11.2；端部厚度考虑锚具布置及构造要求确定为 300mm。悬臂板截面抗裂度按二级抗裂进行控制，同时考虑到体育馆的使用环境较好，将悬臂板在荷载长期效应组合作用下的截面应力放宽到 $0.3\gamma f_{tk}$。

2. 计算模型及内力分析

由于悬臂板跨度较大，而Ⓕ～Ⓖ轴之间的板跨度较小，不能有效平衡悬臂板根部弯矩，尚有大部分弯矩需由框架梁以扭矩的形式承担，并进一步传递给柱，造成柱大偏心受压，使用阶段柱顶混凝土开裂，对结构整体的安全与耐久性产生不利影响。

为降低框架梁承受的扭矩及柱顶承受的偏心弯矩，施工阶段在Ⓕ轴附近留设后浇带，使看台结构成为以Ⓖ轴上的柱及通过柱的梁为支撑的两端悬挑板，内跨板以悬臂形式有效平衡外跨悬臂板根部弯矩，从而降低框架梁承受的扭矩及柱顶弯矩。待预应力筋张拉完成，台阶板安装后，浇筑后浇带混凝土，形成完整的结构。正常使用阶段后续荷载作用下，结构为一端悬挑、另一端连续的 3 跨看台板。计算模型简图见图 5.11-1。

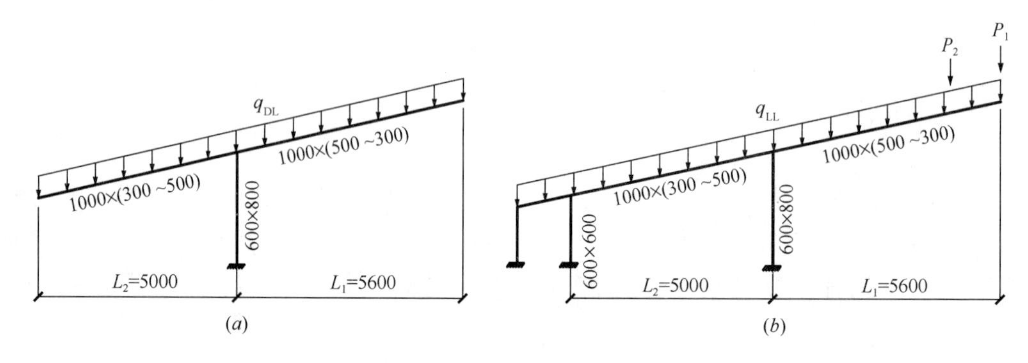

图 5.11-1　计算模型简图

(a) 施工阶段计算模型；(b) 正常使用阶段计算模型

采取施工阶段设置后浇带的技术措施后，柱的偏心弯矩由原设计 1940kN・m 减小为 1050kN・m，降低了 45%。尽管采取了降低柱弯矩的措施，柱顶偏心弯矩仍较大(1050kN・m)，为提高柱混凝土抗裂性并考虑施工方便柱内配置 2-6ϕ^s15 无粘结预应力筋。

5.11.4　技术措施

1. 预应力筋配置及构造

根据体育馆建筑及本工程结构特点，预应力筋采用有粘结预应力筋，并采用扁预应力束，以最大限度发挥预应力筋的作用。经计算，预应力筋配筋量为 10 根/m，锚具采用 BM15-4 锚具，预应力筋布置为 4ϕ^s15@400。

柱预应力筋张拉端设置在柱顶，采用埋入式张拉端。固定端设在±0.00 位置处。板内预应力筋固定端设置在悬臂板端部，张拉端设置在后浇带内，张拉并灌浆后直接封闭在后浇带内；在洞口位置，预应力束的张拉端设置在悬臂板端部，预留张拉槽，张拉灌浆后封闭。

在张拉端与固定端处，为增加局部受压承载力，分别设置 400mm 宽的暗梁。

2. 看台板先断开后连续措施

为保证在施工阶段看台板受力状况与设计条件一致，看台板施工阶段，在Ⓕ轴附近留设后浇带，后浇带内钢筋全部断开，待看台板预应力筋张拉并进行孔道灌浆后再将钢筋用等强直螺纹接头进行连接，封闭后浇带。

3. 预应力筋张拉及孔道灌浆

预应力筋张拉用小千斤顶逐根张拉，采用超张拉工艺，即：0→$1.03\sigma_{con}$→锚固。张拉顺序为先张拉柱预应力筋，再顺序张拉板内预应力筋。

预应力筋张拉后，及时进行孔道灌浆。从孔道下端注浆，待另一端出气孔冒出浓浆并持荷后再封闭，并在 20 分钟后从悬臂板端部进行二次重力补灌浆，以保证灌浆密实。在水泥浆中掺入具有减水和微膨胀作用的外加剂，水泥浆的水灰比控制为 0.33，最大不超过 0.36。

5.11.5 附图

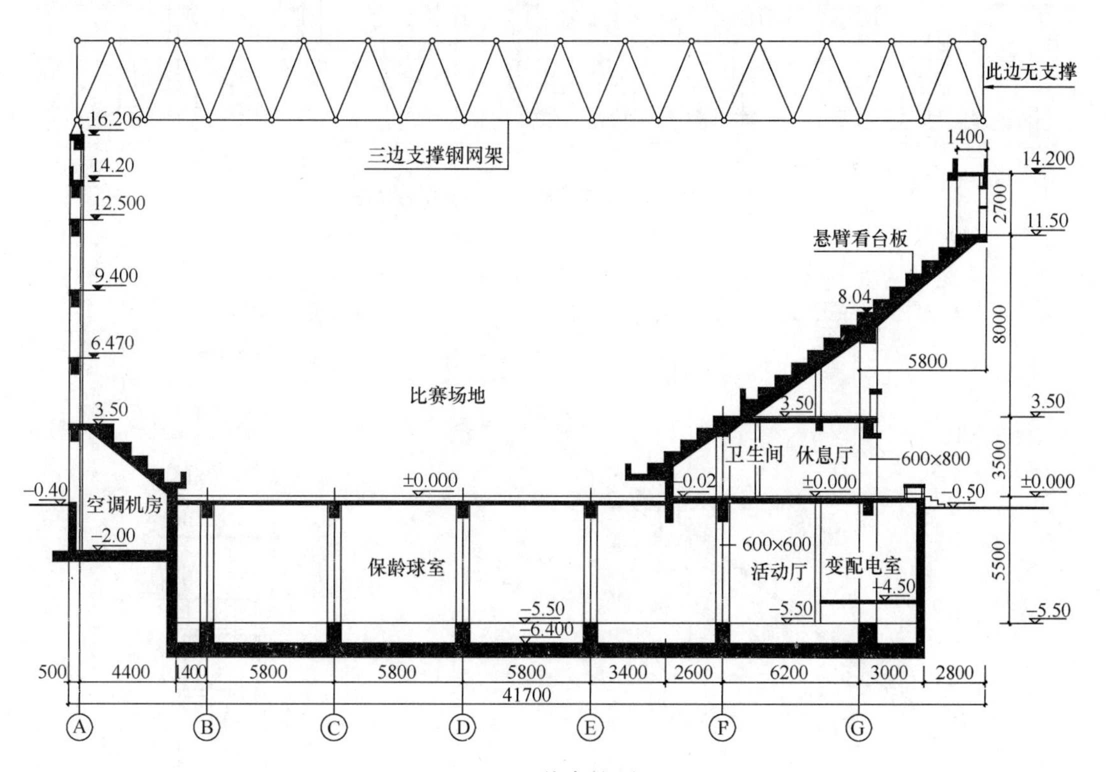

图 5.11-2 体育馆剖面图

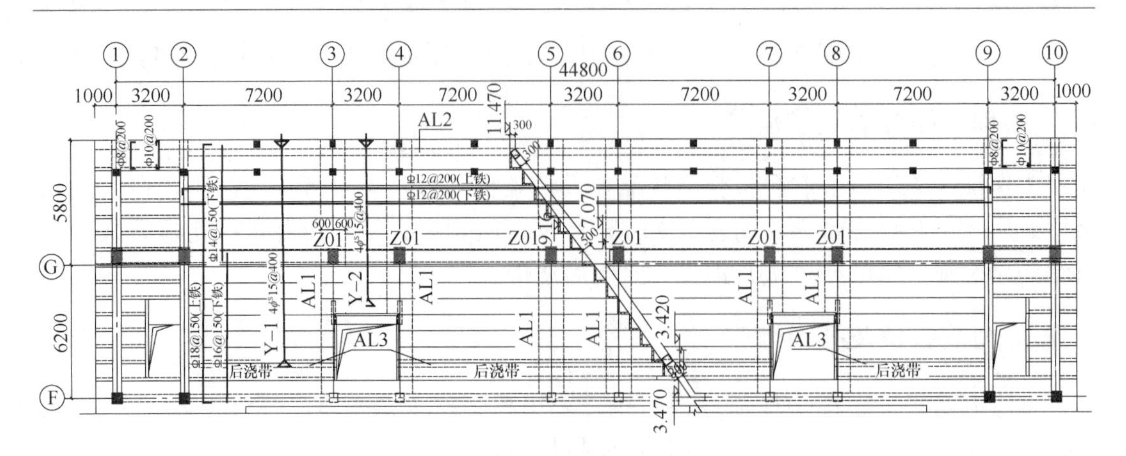

图5.11-3　悬臂板配筋平面图

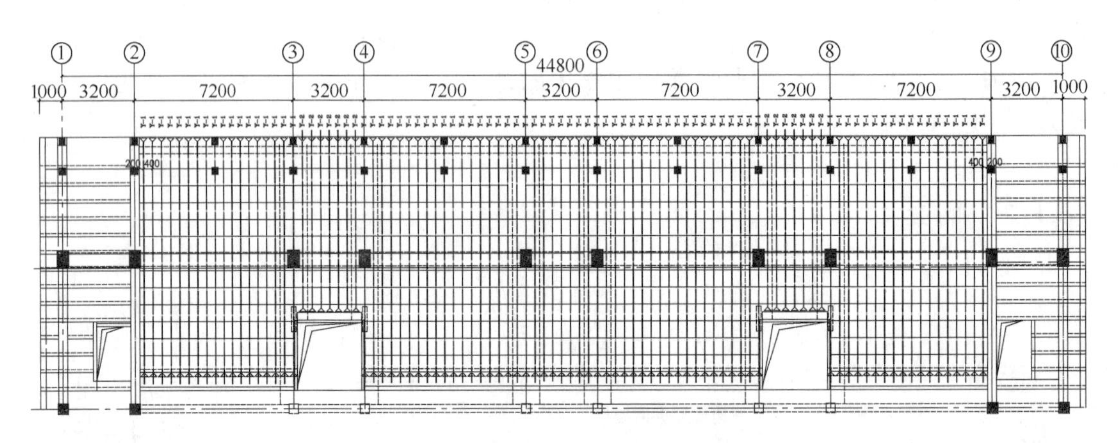

图5.11-4　悬臂板预应力筋布置平面图

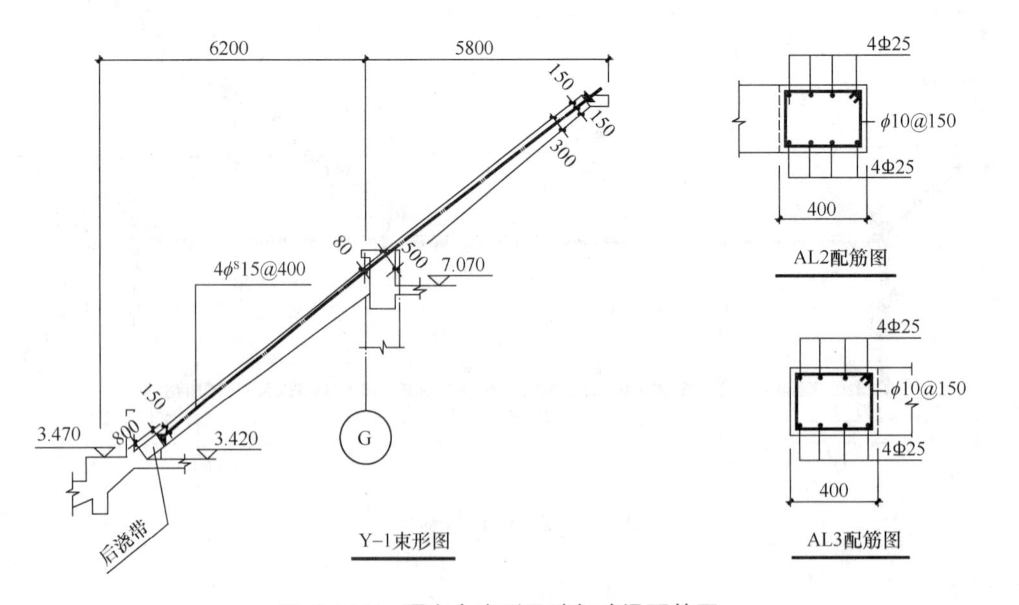

图5.11-5　预应力束形及端部暗梁配筋图

图 5.11-6 体育馆内景

图 5.11-7 体育馆外景

5.12 房山财政局计算机信息大楼——圆形预应力平板楼盖

5.12.1 工程概况

北京房山区财政局计算机信息大楼由主楼和副楼两部分组成，总建筑面积约9000m^2，主楼和副楼均采用框架结构。主楼地上七层，柱网尺寸为7.2m×8.0m和7.2m×6.0m两种。楼盖为梁板式楼盖，框架梁截面为400mm×700mm，板厚为150mm和160mm，主楼中央主入口为一圆形柱网平面，其内圈直径ϕ16.2m，外圈直径为ϕ20.8m，沿圆周均布六根ϕ800圆柱，结构平面见图5.12-1。该工程于2004年完工。

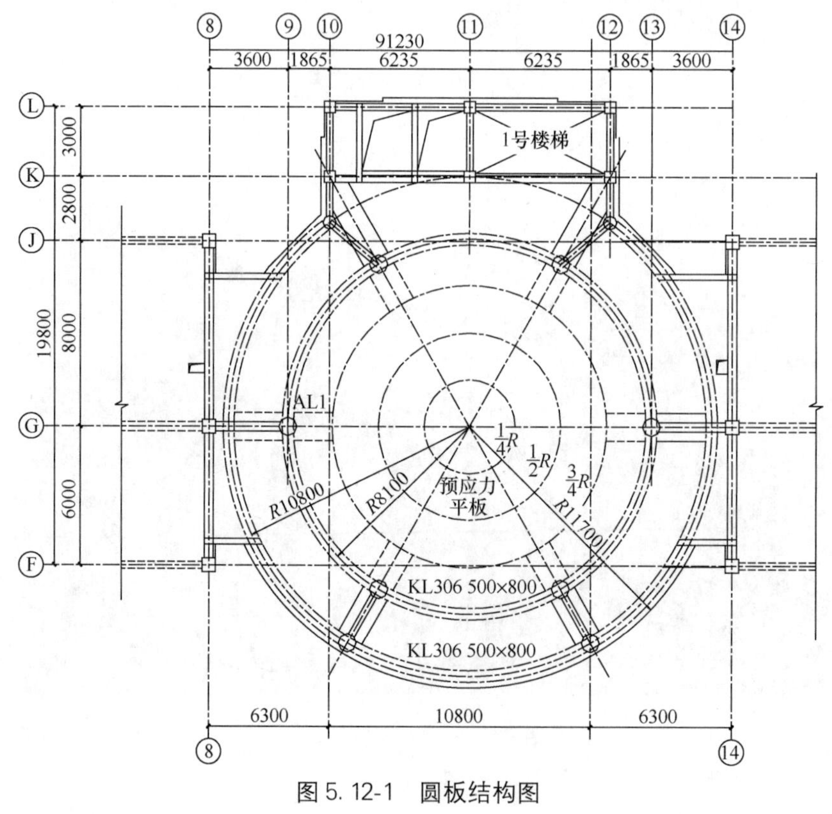

图5.12-1 圆板结构图

5.12.2 结构方案

原设计曾考虑钢筋混凝土梁板式楼盖方案，其梁高较高，且模板复杂，既不利于施工也不利于使用。经反复研究论证，决定设计为边界为圆形的预应力平板楼盖，其板厚按各层荷载的不同分别为：2层300mm，3～7层260mm，板厚与跨度的比值分别为1/54和1/62。为充分利用预应力筋的内力偶臂，预应力筋采用扁预应力束，环梁为500mm×800mm的普通钢筋混凝土梁。

本工程将原设计钢筋混凝土梁板式圆板楼盖修改设计为预应力混凝土平板楼盖后，结构高度由原钢筋混凝土楼盖的900mm，降为260mm及300mm，室内净空增加了600以上，大大提高了室内空间质量，同时模板大为简化，方便了施工，加快了施工进度。圆板预应力筋配置考虑施工因素进行了优化，取得了良好的工程效果。

5.12.3 设计结果

“SAP84”计算结果为节点应力，需将节点应力转化为单位板宽的弯矩，再根据单位板宽的弯矩配置普通钢筋。节点应力转化为弯矩的计算公式为：$M=W\cdot\sigma=\frac{1}{6}bh^2\sigma$，普通钢筋：$A_s=\frac{M}{f_y\gamma h_s}$。计算普通钢筋配筋时，不再考虑消压后预应力筋的应力增量的贡献。

上部钢筋的断点位置根据蔡绍怀《钢筋混凝土圆板在线性分布荷载下的极限分析》提供的公式$r_0=\frac{R}{\sqrt{1+\beta}}$（$R$为圆板半径，$r_0$为上部钢筋断点至圆心的距离，$\beta$为嵌固系数，$\beta=\frac{M_{支}}{M_{中}}$，本工程中取$\beta=1.0$）计算并考虑钢筋的锚固长度后确定。

验算板的挠度时，采用的荷载组合为①1.0恒载+1.0活载；②1.0恒载+1.0活载+1.0预应力等效荷载两种荷载工况。计算所得的挠度为短期弹性挠度，板的长期挠度应同时考虑材料的塑性影响（影响系数取0.85）和收缩、徐变等对长期挠度的影响（影响系数取2.0）。板的挠度很小，刚度好，完全满足规范要求。

5.12.4 技术措施

1. 计算模型

为正确掌握圆板内力分布规律，采用“SAP84”有限元计算程序的“S16E”单元进行计算。取一层板及与之相连的上、下各一层高柱、内、外环梁作为一个整体进行内力分析，内、外环梁、柱、板均由边长约为1m大小的三维实体单元组成。柱远端为嵌固约束。

2. 预应力筋束形及等效荷载

预应力筋束形及预应力等效荷载见图5.12-2、图5.12-3（括号内为300mm厚板的数据）。

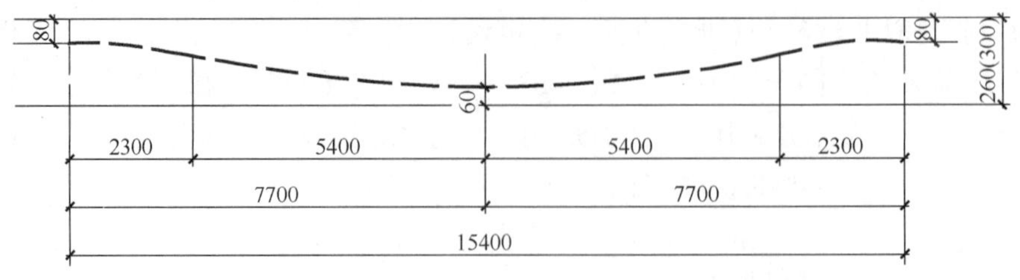

图5.12-2　预应力筋束形图

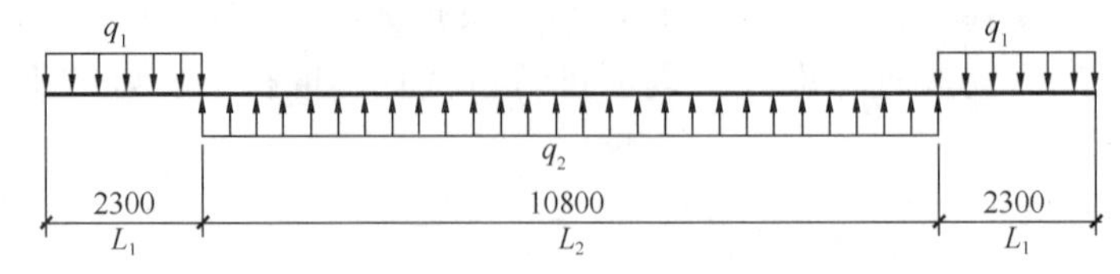

图5.12-3　预应力等效荷载图（线荷载）

单根预应力筋，有效预加力 $N_{pe}=140\text{kN}$，所产生的等效荷载为：

$$q_1=\frac{8N_{pe}f}{(2l_1)^2}=\frac{8\times140\times0.032}{4.6^2}=1.59(2.54)\ \text{kN/m}$$

$$q_2=\frac{8N_{pe}f}{l_2^2}=\frac{8\times140\times0.88}{10.8^2}=0.84(1.07)\ \text{kN/m}$$

在圆形平板内，由于预应力筋接近于径向布置，圆心处密集，远离圆心处则比较分散，所以平衡荷载值在板中心区大，支座区小，理论上板中心的微小区域内，预应力等效荷载值趋于无穷大，如图5.12-4中 q_4 将无穷大。这在工程实际上是不可能的，因此将预应力等效荷载转化为节点荷载进行计算。由于板面积较大，单元相对较小，将面荷载转化为节点荷载所引起的计算误差是满足工程精度要求的。将不均匀分布的面荷载转化为节点荷载时，要求荷载总量保持不变，作用位置基本相同，使转换后的荷载效应与实际情况基本相同。在将不均匀分布的面荷载转化为节点荷载时，将圆板分为几个圆环，圆环所包含的面荷载总和均匀分布到圆环包含的节点上。

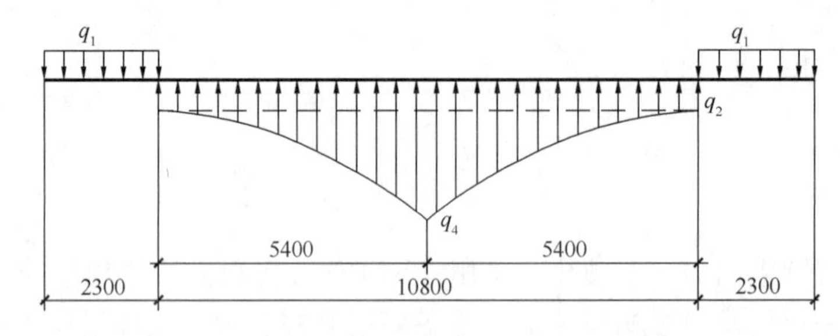

图5.12-4　圆板中预应力等效荷载分布图（面荷载）

3. 配筋构造

普通钢筋配筋方式：跨中承受正弯矩部分，用满铺的正交等强方格钢筋网。沿板的支座边缘承受负弯矩的部分，则配置正交的径向和环向钢筋。为确保与框架梁柱连接处的抗震性能，圆板沿三个对角方向设置了三道暗梁，但考虑预应力筋将大量沿径向布置，三道暗梁仍会在板中交叉，严重影响预应力筋矢高，所以，将暗梁的跨中部分取消，仅留出支座附近1/4的暗梁，既能满足抗震要求，同时不影响预应力筋的布置。预应力筋配置方式：暗梁预应力筋为无粘结筋，直接配置于暗梁内，束形为抛物线形；环向预应力筋也采用无粘结筋，沿环向配置于板顶部，根据板受力特点及构造要求，仅沿板跨支座附近配置数道，考虑转弯半径的限制，内圈预应力束的半径为4000，预应力筋分两段交叉搭接形成一完整的圆，张拉端设在板顶面凹槽内；径向预应力筋为扁束，用扁波纹管预留孔道，张拉后进行灌浆。从构造上考虑径向预应力筋不能全部通过板心布置，否则预应力束之间的重叠导致预应力筋的内力偶臂严重降低，甚至，预应力筋配筋量较多时最上层预应力束可能会在板顶，不仅达不到平衡外荷载的目的，反而造成对结构的危害；如果也采用双向正交布置，预应力束的重叠较少，但预应力束长短不一，预应力束的交叉编网也比较复杂。所以，除三向暗梁的预应力筋在圆心交叉外，其余预应力筋均为沿一弦长布置，以确保预应力束相互交叉最少，长度相同，但同时必须考虑预应力筋至圆心的距离不能过大，以保证预应力效应不受过大的影响。较为理想的布筋方式是，类似自行车辐条的布置，所有预应力筋沿某一圆的切线方向布置，而预应力筋之间刚好互相不重叠，预应力束的长度统一，又没有交叉编网问题，施工时直接铺放预应力束即可。本工程中这一内接圆的半径为1500。

5.12.5 附图

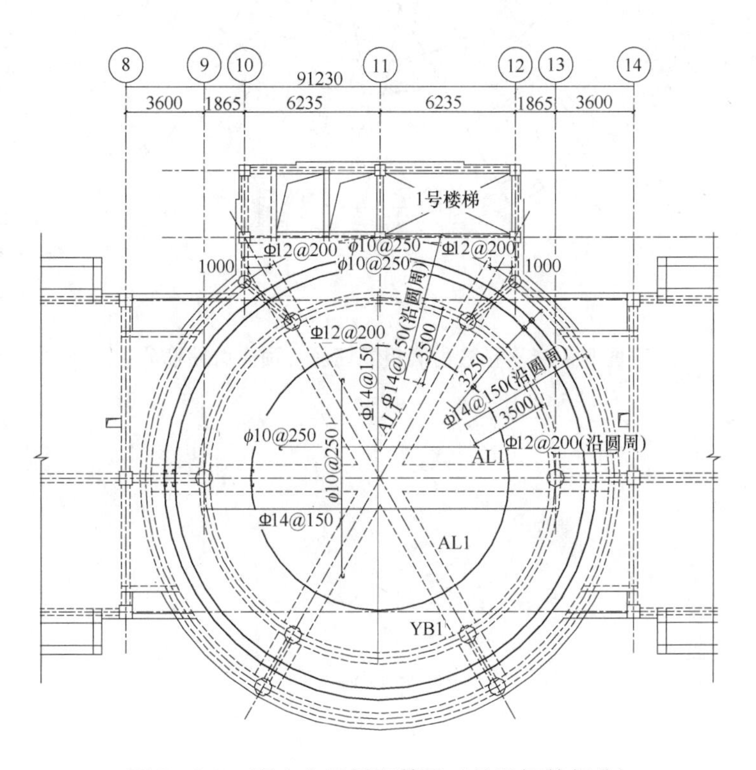

图 5.12-5 预应力圆板配筋图（普通钢筋部分）

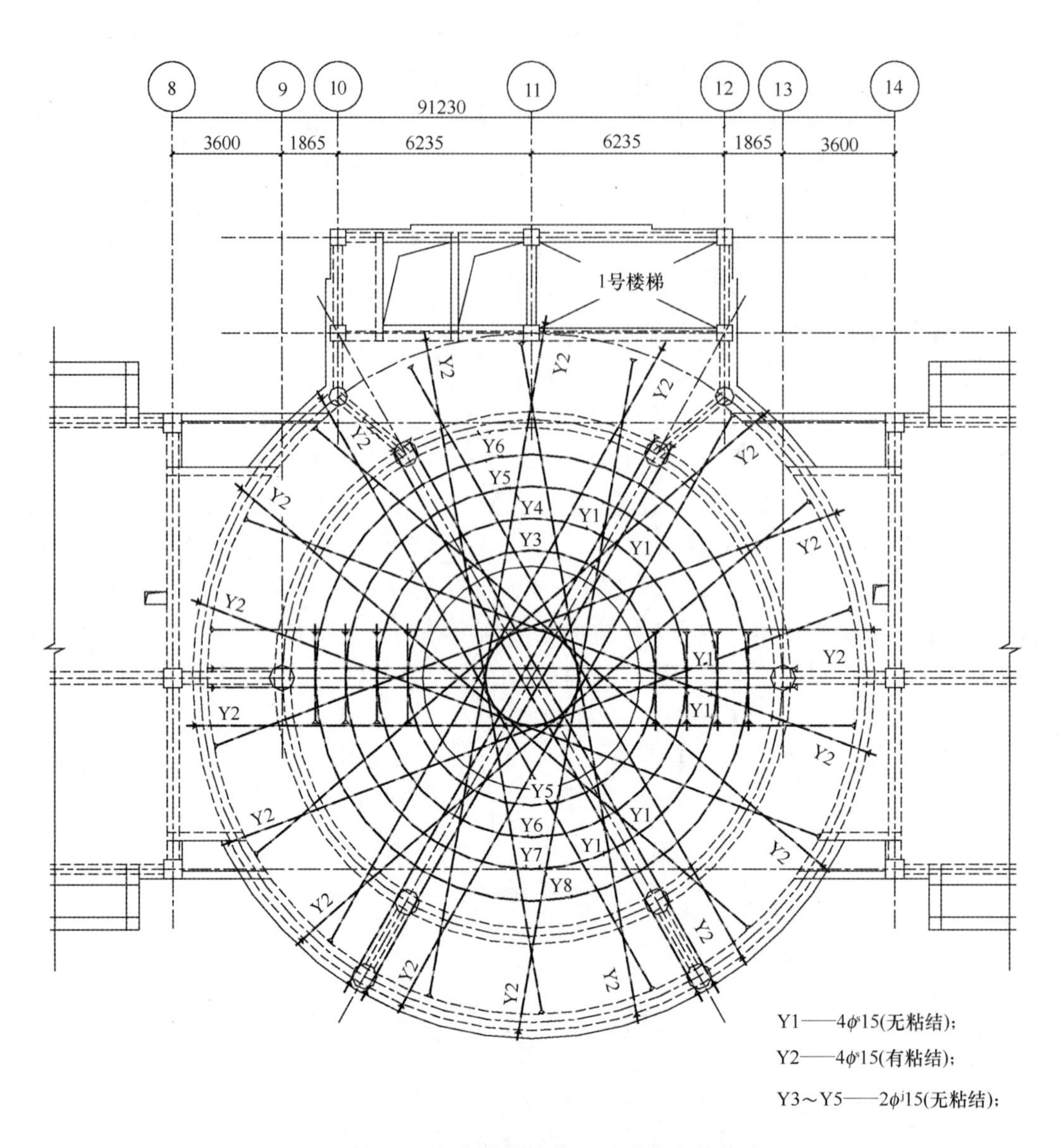

图 5.12-6　预应力圆板配筋图（预应力筋部分）

5.13 北京外文纸张中心——预应力连接体结构

5.13.1 工程概况

北京外文出版纸张交易中心位于北京市西三环紫竹桥与花园桥之间，总建筑面积 $170000m^2$，由三幢建筑组成，其中一期工程地下三层，地上十二层，建筑面积超过 $70000m^2$，由位于同一底盘上的两座塔楼组成，根据建筑立面效果的要求，需要在9～12层设置连接体，将两座塔楼连为一体。9～10层的连接体设计为走廊，11～12层连接体设计为办公区，连接体跨度为20m。该项目于2004年完工。

5.13.2 结构方案

连接体设计为预应力混凝土结构，与两侧结构刚性连接。

在楼层层高一定的情况下，9～10层建筑净高要求较低，采用预应力混凝土肋梁楼盖，肋梁截面为800mm×900mm，板厚取180mm；11～12层为开敞办公区，建筑净高要求较高，设计为现浇预应力混凝土空心板楼盖，空心板厚度为700mm，空心管直径为450mm，在楼板厚度方向居中布置，空心管上下最小板厚为125mm，空心管净间距为125mm，在有柱的位置设置800mm×600mm的暗梁，楼盖综合空心率为34.5%。

5.13.3 设计结果

1. 结构整体分析

结构的整体分析采用“SATWE”软件进行计算，空心板楼盖采用拟梁法按照抗弯刚度相等的原则用等代梁输入进行结构计算，框架部分按一级抗震等级进行设计。

2. 构件抗裂设计

连接体部分结构构件设计包括预应力梁设计及预应力空心板设计两部分，预应力构件抗裂设计采用“PREC”软件计算。肋梁及空心板的抗裂控制等级均为二级，均采用有粘结预应力，预应力筋采用 $1860N/mm^2$ 级 ϕ^s15 钢绞线。为保证连接体与两侧塔楼的可靠连接，将连接体肋梁和空心板两端分别延伸到下一跨。

预应力构件抗裂计算按空间结构进行整体计算，计算时考虑支座宽度的影响，预应力筋束形取四波抛物线。

3. 构件承载力计算

本工程除按规范要求进行截面承载力计算外，还分别验算了中震和大震作用时的构件承载力，验算时采用的荷载组合为：

中震作用 $1.2\times(S_{DL}+S_{LL})+2.85\times1.3S_{EV}$，

$1.2\times(S_{DL}+S_{LL})+2.85\times(1.3S_{EV}+0.5S_{Eh})$

大震作用 $1.2\times(S_{DL}+S_{LL})+2.85\times2\times1.3S_{EV}$

$1.2\times(S_{DL}+S_{LL})+2.85\times2\times(1.3S_{EV}+0.5S_{Eh})$

计算结果显示，构件承载力能够满足规范要求的三阶段抗震设防的要求。

为保证连接体可靠工作，将连接体端部两排柱刚度及配筋适当加大并按一级抗震框架柱设计，采取措施保证两侧塔楼地基沉降一致，避免不均匀沉降。

5.13.4 技术措施

1. 连接体配筋加强

为保证连接体结构可靠工作，对连接体及相邻结构的配筋进行适当加强：①连接体两端的柱配筋适当加强；②连接体楼板及两端相邻跨楼板钢筋适当加强；③钢筋连接均采用机械连接；④预应力筋延伸到连接体两端相邻跨内锚固。

2. 空心管肋内配筋构造

为保证空心楼盖上下层板见可靠连接，在空心管排列时，适当加大管间肋宽，肋内按照暗梁的配筋方式进行配筋。

3. 空心管抗浮构造措施

在工程实践中，空心管的抗浮一直是大家关心的问题，如果处理不好，易产生因空心管上浮导致板厚增加等诸多问题。本工程采用顶部压筋法来防止空心管上浮，即在空心管下部保护层厚度保证后，在空心管上部用与肋间暗梁箍筋焊接在一起的钢筋从上部固定空心管，并将暗梁钢筋骨架用铅丝与下部模板的支撑系统连接在一起，控制了空心管上浮。

4. 楼盖舒适度验算

预应力构件由于跨度大、截面小，其自振频率一般较小，如果设计不当，使用中人在上面活动时，容易引起不良感觉，甚至会引起共振。本工程在设计中参考了国外有关资料对楼盖的振动感觉进行计算评估。

根据日本建筑学会《钢筋混凝土结构计算规范暨解释》附录11规定的方法，人行走时的振动影响相当于3kg重物从5cm高处自由落体所产生的振动。实际计算时考虑2个人的走动，则相当于6kg的重物从5cm高处自由落下所产生的振动。

$$\delta_{st}=\frac{Wl^3}{48B_s}=\frac{60\times20000^3}{48\times0.85\times3.25\times10^4\times3.9\times10^{11}}=0.9\mu m$$

$$\delta_d = \delta_{st} + \sqrt{\delta_{st}^2 + 2h\delta_{st} \times \frac{35W}{35W + 17W_1}}$$

$$= 0.9 + \sqrt{0.9^2 + 2 \times 50000 \times 0.9 \times \frac{35 \times 60}{35 \times 60 + 17 \times 20 \times 250 \times 1000}}$$

$$= 2.6\mu m$$

根据日本建筑学会《钢筋混凝土结构计算规范暨解释》附录 11 引用的 DIN4025 及 Meister 振动感觉曲线和人对楼板振动的感觉分类表（表 5.13-1），当 $f<5Hz$ 时，$K = 0.001\delta_d f^2 = 0.001 \times 2.6 \times 2.8^2 = 0.02 < 0.1$

振动对人的活动没有影响。

DIN4025 振动感觉影响分类表 **表 5.13-1**

K 值	分类	对工作的影响
0.1	微微有感觉的振动	无影响
0.1～0.3	刚刚能感觉到，易忍受，略有不适	无影响
0.3～1.0	较容易感觉到，可以忍受但超过 1h 时非常不舒服	尚无影响
1～3	很强的感觉，虽可以忍受，但超过 1h 时较不适应	已有影响，但尚可以工作
3～10	不舒服，1h 内可以忍受，再长时间便无法忍受	有相当影响，但仍可工作
10～30	非常不舒服，10min 以上便无法忍受	勉强可以工作
30～100	1min 以上便完全无法忍受	不可能工作
100～	有害	不可能工作

注：5Hz 以下：$K = 0.001\delta_d f^2$；5～40Hz：$K = 0.005\delta_d f$；40Hz 以上：$K = 0.2\delta_d$。式中，δ_d 为振动位移（μ）；f 为振动频率（Hz）。

2005 年 1 月 17 日对连接体楼盖振动频率现场实测，九～十层肋梁楼盖振动频率为 7.5MHz，十一、十二层空心板楼盖振动频率为 6.8MHz。人行走的频率约为 2～3Hz，基本不会发生共振现象，舒适度没有问题。

如果以实测频率计算，$K = 0.005\delta_d f = 0.005 \times 2.6 \times 6.8 = 0.0884 < 0.1$，无影响。

5.13.5 附图

图 5.13-1 工程效果图

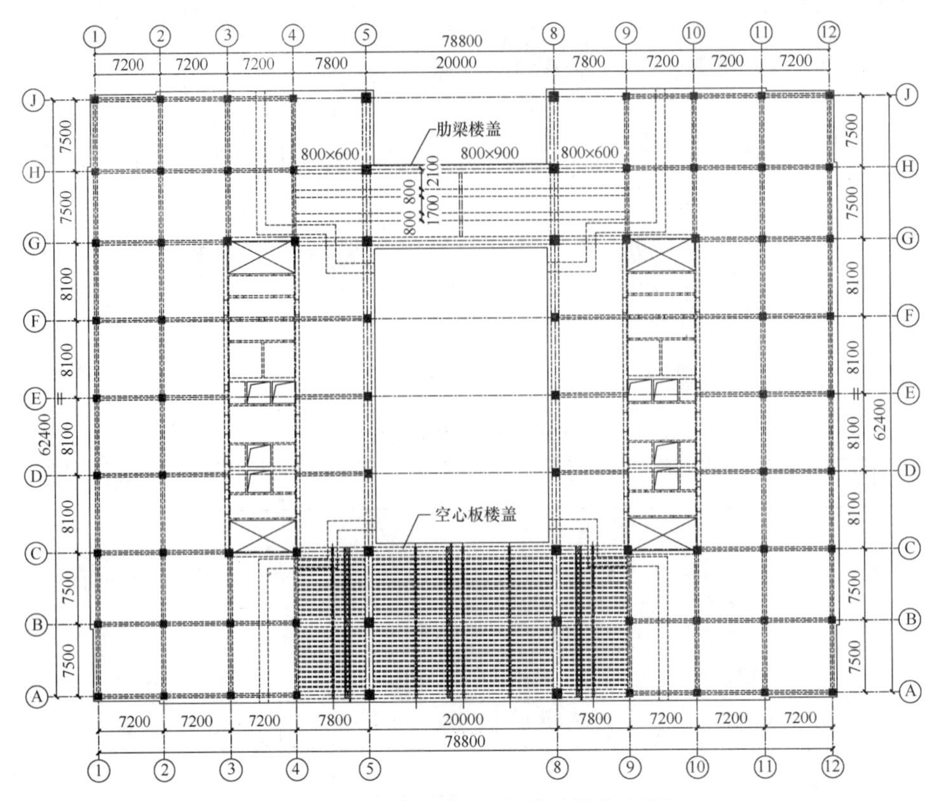

图 5.13-2　连接体预应力楼盖结构布置图

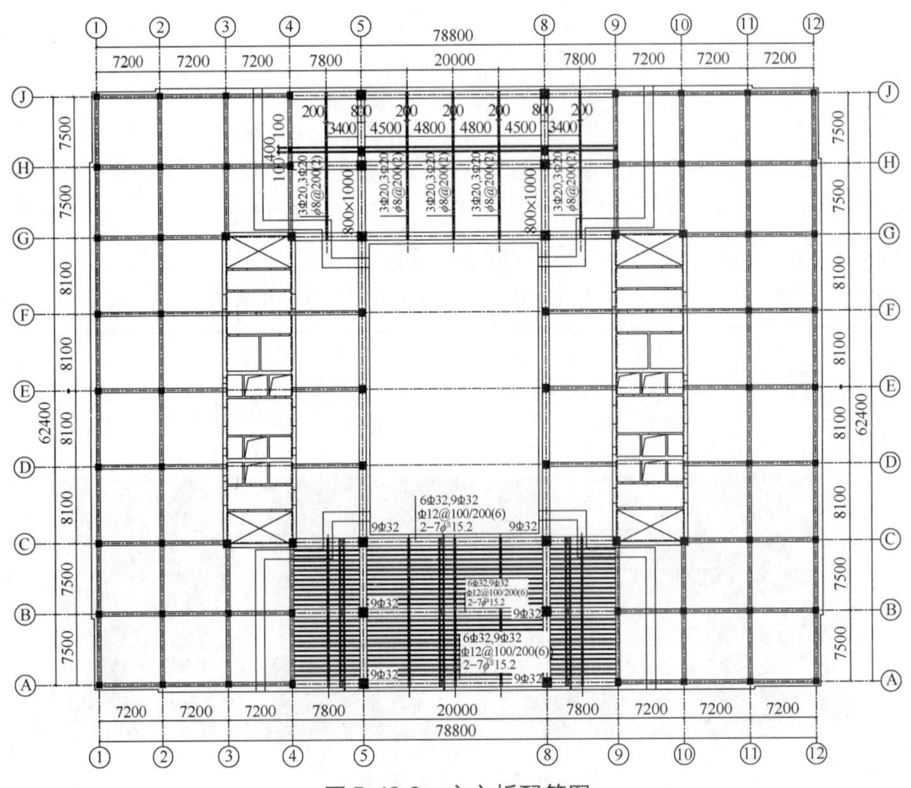

图 5.13-3　空心板配筋图

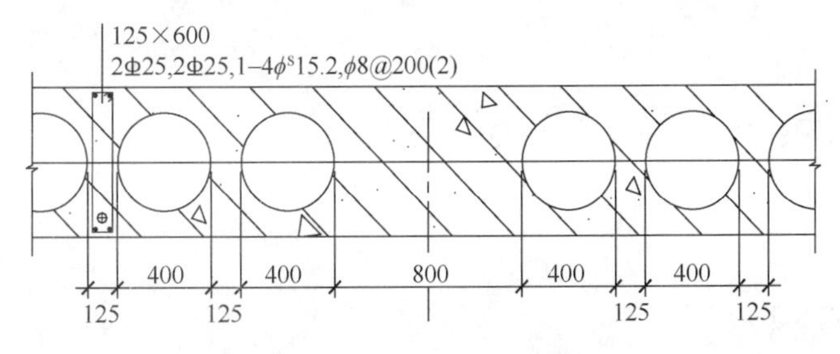

图 5. 13-4 空心板肋内配筋构造

图 5. 13-5 空心楼板施工

图 5. 13-6 连体结构施工完成

5.14 嘉润园——预应力转换梁

5.14.1 工程概况

嘉润园为一大型国际高级住宅建筑群，C1-1B 号楼为其中 C1 组团的一栋高层商住楼，地上 16 层，高度为 51m，地下 2 层，地上 1、2 层层高 4.50m，3 层以上层高 3.00m，C1-1B 号楼为钢筋混凝土剪力墙结构；C1-1A 号楼为高层剪力墙结构，地上 30 层。该项目于 2004 年完工。

5.14.2 结构方案

根据建筑对 C1 组团的整体立面设计意图，需在 C1-1B 号楼右端跨的 3～5 层设计为通高 9.00m，跨度 14～16m 的通透大空间，并要求大跨上部 6～12 层共 7 层仍设计为 3.00m 层高的住宅与 C1-1B 号怀楼内部连通。这样在 C1-1B 号楼右端部的 6～12 层形成了 14～16m 的大跨结构，宽度约 12m，与 C1-1B 号楼主体成 15°。

为满足吊顶后的建筑净高要求，利用 6 层楼盖以下的高度，在 6 层楼盖处设置转换梁，转换梁上部设计为框支框架进行上部柱网转换，减小上部 7 层结构跨度，进而降低上部各层梁截面高度，以满足建筑净高要求。该方案的结构布置如下：在 6 层楼盖处布置 3 榀有粘结预应力混凝土转换梁并确定框支框架柱位置，转换梁截面为 600mm×1800mm，转换梁两端支承柱截面为 700mm×800mm～900mm×1500mm；在结构端部设置 450mm 厚的剪力墙；在屋顶层与预应力混凝土转换梁的相应位置设置了 3 榀钢筋混凝土大梁，截面为 450mm×1600mm，利用女儿墙的高度，梁上反 1.00m，梁内配置构造无粘结预应力钢绞线。中间 7～13 层设置 3×2 跨框支框架，框架柱截面为 500mm×500mm，框架梁截面为 350mm×(500～600)mm；楼板厚度在 6 层和顶层为 180mm，其他层为 150mm；允许设备套管（外径 ϕ100）在指定区域穿过框架梁，以充分利用梁底和板底之间的高度布置集中空调设备。

5.14.3 设计结果

1. 整体计算结果

C1-1B 号楼为丙类建筑，建筑场地土类别Ⅲ类，抗震设防烈度为 8 度，剪力墙的抗震等级为一级，框支框架的抗震等级为一级，裙房二层框架的抗震等级为二级。

计算表明，该结构整体刚度很好，扭转效应很小，大跨部分框支框架对整体结构计算影响很小，主体结构的受力特征同剪力墙结构。

2. 转换梁抗裂设计

预应力筋采用 1860N/mm^2 级 ϕ^s15 钢绞线，普通钢筋采用 HRB400 钢筋。转换梁按钢筋混凝土计算时，跨中弹性挠度为 20mm～30mm，跨中和支座受拉边缘混凝土均开裂，跨中最大裂缝宽度 0.365mm。配置预应力钢绞线 6×6ϕ^s15 后，转换梁跨中混凝土受拉边缘拉应力为 1.7N/mm^2＜f_{tk}＝2.39N/mm^2，满足《混凝土结构设计规范》GB 50010—2002 二级抗裂控制等级要求。

预应力筋束形设计时，调整预应力筋在梁端上偏心值，在满足转换梁截面抗裂度的前提下，适当减小梁端支座处预应力筋的上偏心值，以满足抗震设计要求的相对受压区高度、配筋率及预应力强度比 λ 值的有关规定，并降低节点偏心力偶对梁支座墙柱的不利影响。转换梁主要设计结果见表 5.14-1。

转换梁主要设计结果　　表 5.14-1

非预应力筋配置	预应力钢绞线	预应力筋的上偏心值	受压区高度 x	纵向受拉钢筋配筋率 μ	预应力强度比 $\lambda=\frac{f_{py}A_ph_p}{f_{py}A_ph_p+f_yA_sh_s}$
14ϕ28（支座） 18ϕ28（跨中）	6×6ϕ^s15	300mm	0.2h_0	2.3%	0.6

3. 截面承载力计算

转换梁内力取值参考“SATWE”软件整体计算结果，并按规范要求对大跨部分增加 10%的竖向荷载以考虑竖向地震作用。同时辅以必要的手算（手算时按转换梁上部 6 层楼盖的竖向荷载全部作用于转换梁计算），并考虑次弯矩的影响，适当增配转换梁钢筋，确保重要结构构件的安全可靠。

4. 转换梁端部竖向支承构件设计

由于本工程支承转换梁的墙柱刚度相对较弱，因此应验算支座墙柱应力，分析在轴压力和弯矩作用下梁支座墙柱节点区的应力分布，采取必要措施，保证节点的安全可靠。

5.14.4 技术措施

1. 转换梁的支撑要求

6 层的预应力大跨梁下的支撑满堂布置，并要求对应大跨梁上的框架柱位置处布置支撑，支撑连续落到基础底板，此部分支撑一直撑到预应力转换梁的上部结构全部施工完成后才能拆除。

2. 转换梁的预应力筋张拉

转换梁预应力筋分两次张拉。第一次张拉在转换梁以上3层结构施工完成，即转换梁上一半的结构自重已经施加，并满足转换梁混凝土浇筑28d以上，此时张拉一半的预应力筋并灌浆，使施工过程中转换梁的支撑部分卸载，减少支撑的负荷，分批张拉也使转换梁在施工阶段不会产生过大的反拱，第二次张拉在转换梁以上结构全部施工完成，即结构自重已经全部作用，张拉另一半的预应力筋并灌浆，此时转换梁的支撑再次部分卸载，待上部结构强度全部达到100％及预应力孔道灌浆达到100％强度后方可拆除转换梁下的全部支撑。

3. 转换梁端支座柱墙的抗裂控制

为提高转换梁端支座墙柱的抗裂度，在支承转换梁的墙柱内力较大部位（6.00m高度范围内）偏心配置竖向无粘结预应力筋。

5.14.5　附图

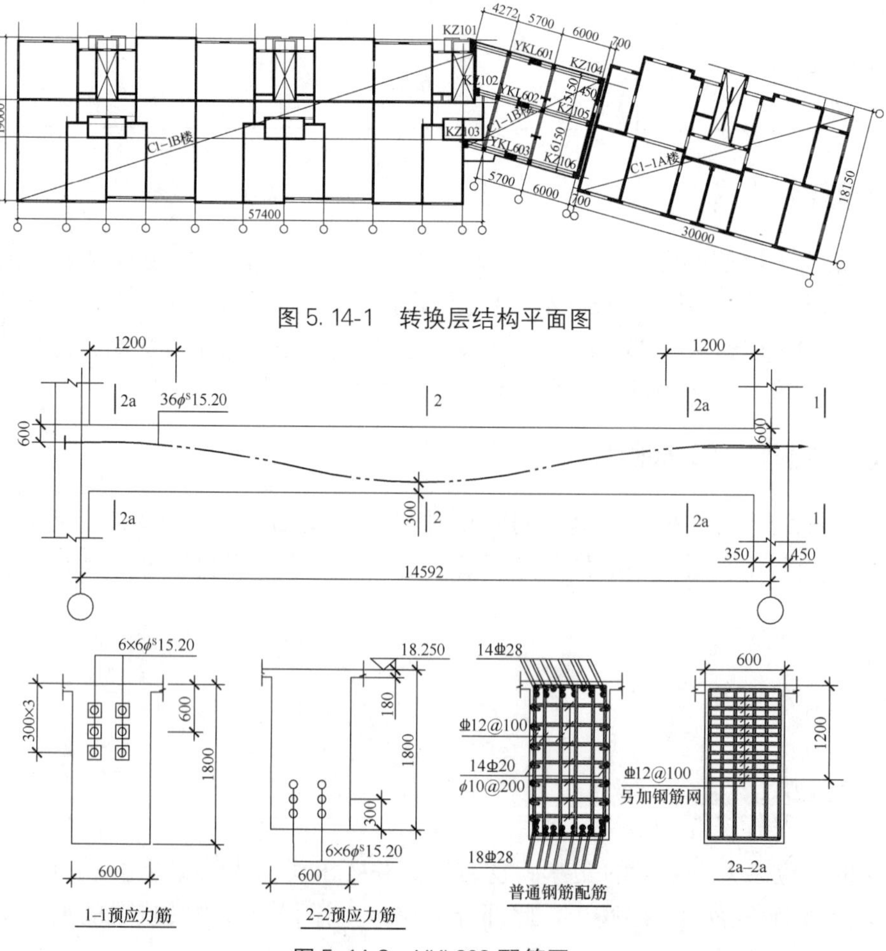

图5.14-1　转换层结构平面图

图5.14-2　YKL602配筋图

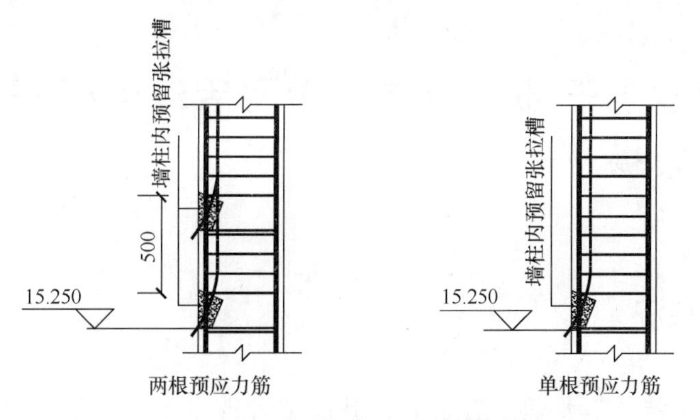

墙（柱）预应力筋张拉端大样

墙（柱）预应力筋在预应力梁上下长度各为3m

图 5. 14-3　墙体竖向预应力筋配筋图

图 5. 14-4　工程外景

5.15　辽宁省老干部局老年大学及活动中心——预应力框架及转换

5.15.1　工程概况

辽宁省老干部局老年大学及活动中心是辽宁省重点工程，位于沈阳市北陵公园西侧，总建筑面积为 22000m^2，由网球馆、游泳馆、剧场、综合楼等单元组成。综合楼部分地上 5 层，包括多功能厅和老年活动中心。多功能厅部分由于使用功能需要，结构跨度较大，分别为 16.8m 和 25.2m，沿长跨方向有 3.5m 的悬挑，5 层由于使用功能变化，需要在 4 层顶板设置结构柱，利于顶层空间。该项目于 2002 年完工。

5.15.2　结构方案

该工程柱网比较规则，柱网尺寸为 8.4m×16.8m、8.4m×25.2m 两种，在 8.4m 跨方向布置钢筋混凝土主框架梁，在长跨方向布置预应力混凝土肋梁，肋梁间距 2.8m，预应力梁的截面根据荷载与跨度不同，分别取 500mm×1000mm、500mm×1300mm、600mm×1100mm、900mm×1500mm。

5.15.3　设计结果

该工程抗震设防烈度为 7 度，框架抗震等级为二级，框架梁抗裂控制等级为二级。混凝土强度等级 C40，预应力筋为 1860N/mm^2 级 ϕ^s15 低松弛钢绞线，预应力筋张拉控制应力为 0.7f_{ptk}。

预应力框架梁根据跨度不同，分别配置不同数量的预应力筋，并通过构造措施解决配筋数量差异和施工简便性问题；为解决顶层边柱的大偏心受压问题，将其设计为预应力混凝土柱，柱中预应力筋直线布置。

5.15.4　技术措施

1. 楼盖变形控制

大跨度结构除应解决承载力和抗裂度要求外，尚应在挠跨比满足规范要求的前提下，控制其绝对挠度值。因为，较大的绝对挠度值可能会对地面及隔墙装修等带来影响，因此在设计时结合工程实际使用情况，宜严格控制构件的绝对挠度值，本工程将挠跨比控制在 1/1000 以内。

2. 楼盖舒适性

预应力构件由于跨度大、截面小，其自振频率一般较小，如果控制不当，人在上面活动时，容易引起不良感觉。本工程在设计中参考了国内外有关标准，通过对结构自振频率的控制、对冲击荷载的敏感性验算等，得到的结果是，人在上面活动时，不会引起不良感觉。

3. 顶层柱抗裂控制

大跨结构顶层边柱的偏压问题比较严重，尤其本工程顶层还有局部转换后的楼层，加重了边框架柱的大偏心受压问题。本工程采用在柱中施加预应力的方法解决边柱的大偏压问题。

4. 不等跨结构的预应力筋配置

本工程预应力框架为两跨，跨度分别为 16.8m 和 25.2m，跨度差距较大。设计的截面高度不同、预应力筋配筋量也不同，16.8m 跨梁预应力筋为 $12\phi^s15$，25.2m 跨预应力筋为 $18\phi^s15$。为便于施工，将短跨需要的 $12\phi^s15$ 预应力筋在两跨通长布置，两端张拉，而 25.2m 跨另配置 $6\phi^s15$ 预应力筋，并一端张拉。

5.15.5 附图

图 5.15-1 工程外景

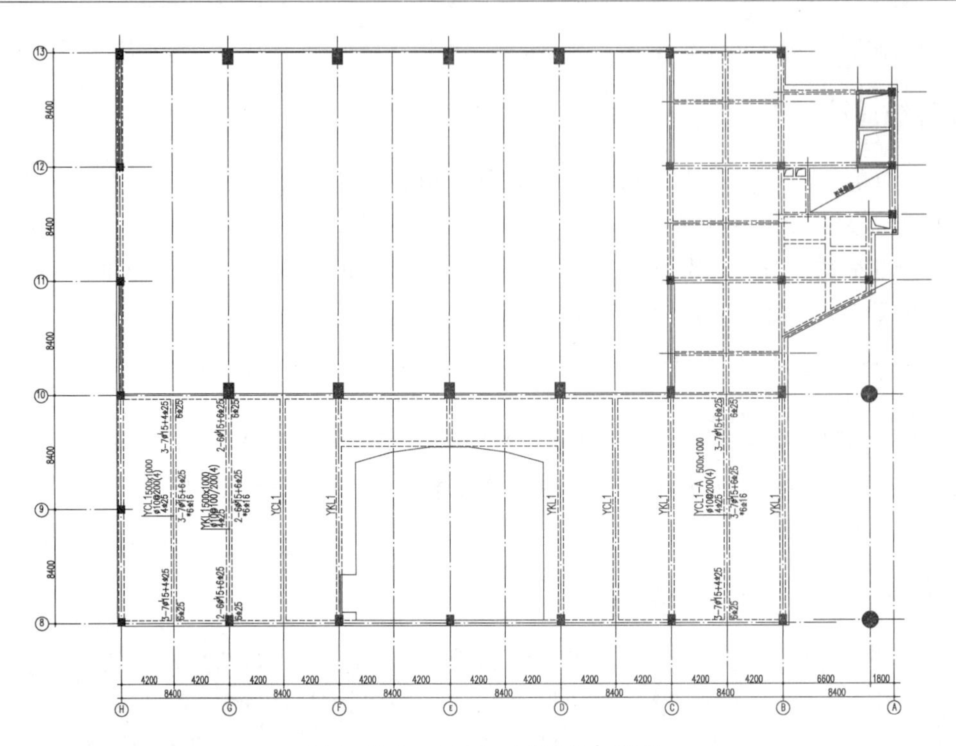

图 5.15-2　6.300m 层预应力梁图

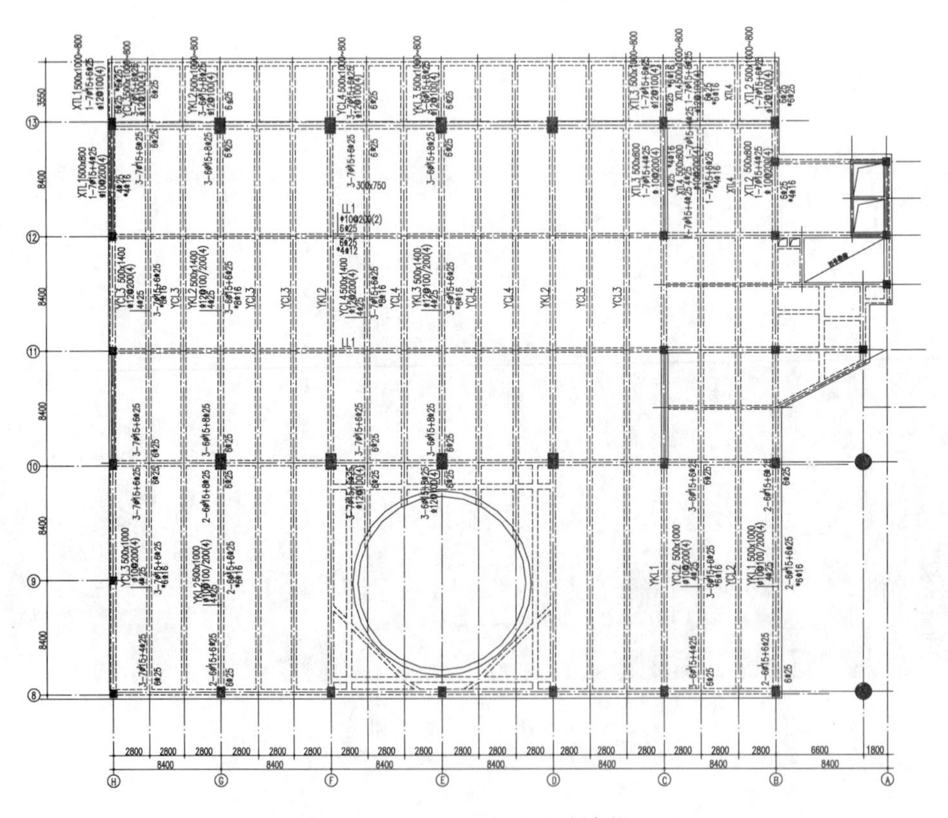

图 5.15-3　11.700m 层预应力梁图

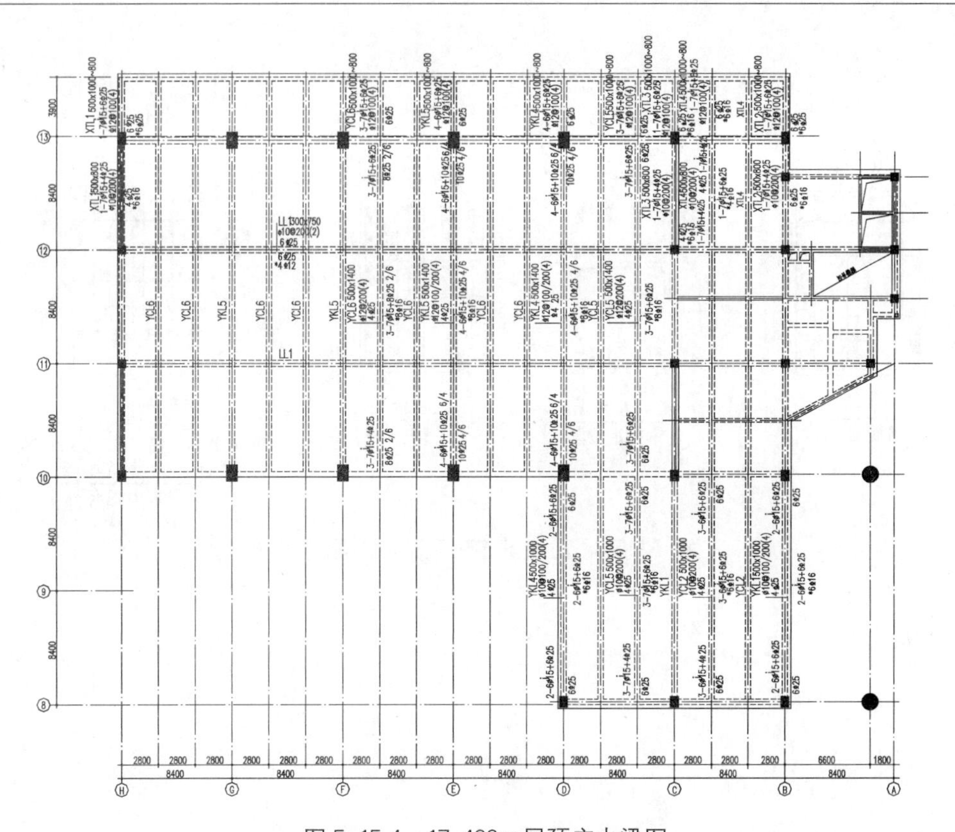

图 5.15-4 17.400m 层预应力梁图

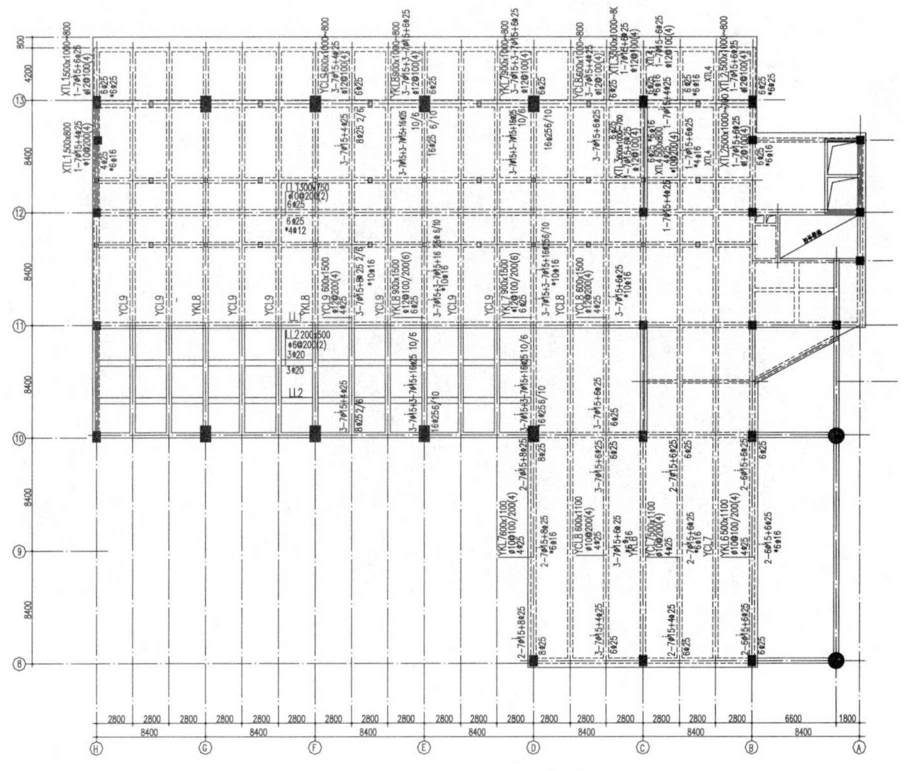

图 5.15-5 22.800m 层预应力梁图

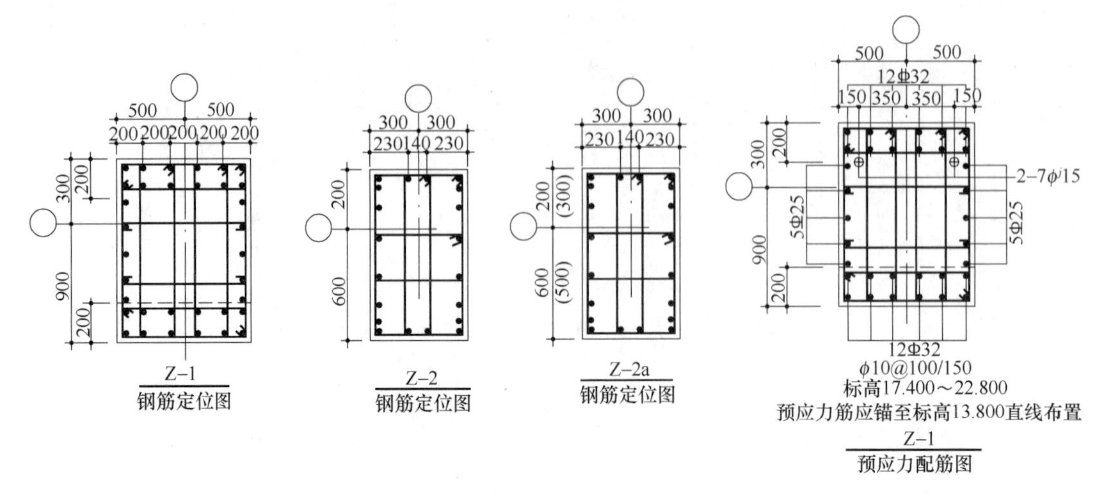

图 5. 15-6　柱主筋定位及预应力配筋图

5.16 延安体育场——大跨度预应力混凝土转换梁和看台梁

5.16.1 工程概况

延安体育场总建筑面积 29850m^2，设计座位数为 17000 座，是延安市一座综合性体育场，包括东看台、西看台、车库、市民健身广场四部分，东看台和市民健身广场连在一起，跨越南川河和南滨路。该项目于 2006 年完工。

5.16.2 结构方案

南滨路宽 20m，考虑今后发展需要，路中间不允许设置柱，需要由大跨结构直接跨越南滨路，体育场看台梁跨度达 27.2m；南川河河道宽度为 55m，为不影响泄洪（需考虑百年一遇的洪水），水利部门只允许在河道中间设置一排截面宽度为 1000mm 的结构柱，设计时将一排柱设置在河中央，另两排柱分别设置在河道两边，形成两跨跨度为 27.5m 的梁跨越河道；东看台弧形看台的端部支承柱需落在 27.5m 的梁上，由该梁承担上部看台的荷载，看台端柱距离 27.5m 跨梁端 4m～12.3m 不等。

5.16.3 设计结果

该工程抗震设防烈度为 6 度，全民健身广场跨河大跨度框架梁设计为二级抗裂，其他部位预应力构件按三级抗裂控制，裂缝宽度控制在 0.1mm 以内。框架结构中，混凝土为 C40 混凝土，预应力筋为 1860N/mm^2 级 ϕ^s15 低松弛钢绞线，预应力筋的张拉控制应力为 $0.7f_{ptk}$。大跨度框架梁和边框架柱以及看台梁均设计为预应力混凝土。

5.16.4 技术措施

1. 托柱框架梁挠度控制

托柱框架梁的挠度对上托看台结构影响较大，因此应严格控制托柱框架梁的挠度。在设计中除配置与荷载弯矩匹配的曲线预应力筋外，梁下部配置部分直线形预应力筋，将梁的长期挠度控制到 26.5mm，挠跨比在 1∶1000 以内。对大跨度看台梁，采用同样的措施控制其挠跨比。

2. 托柱框架梁施工阶段验算

大跨框架梁及上托柱部分的受力情况与施工各阶段密切相关，而且，由于上部荷载较大，预应力筋配筋量较多，预应力筋不宜一次全部张拉，必须根据上部结构的施工情况分阶段分批张拉，以确保大梁及上部结构的受力不致出现异常情况。通过对结构进行施工阶段分析验算，东看台和大跨度预应力框架结构可以按以下步骤进行施工：大跨框架梁施工→张拉大跨梁的最上一排预应力筋→拆除大跨梁支撑→6.2m标高结构施工→张拉大跨梁的第三排预应力筋→看台上部结构施工→张拉大跨梁的第二排预应力筋→张拉看台梁预应力筋。设计时进行了施工各阶段形成的结构在结构自重、施工活荷载，以及预应力筋张拉时的内力计算及截面应力验算。施工各阶段形成的结构及作用的外荷载和施加的预应力效应组合下控制截面应力验算结果见表5.16-1。

全民健身广场预应力框架各阶段截面应力验算结果（MPa）　　**表5.16-1**

阶段工况	截面位置	第一跨			第二跨		短柱
		左支座	跨中	右支座	左支座	右支座	
第一阶段（大跨框架施工完毕，张拉第一排预应力筋）	梁顶	−5.12	−1.87	0.23	0.15	−6.03	
	梁底	2.05	−2.58	−5.6	−5.48	2.46	
第二阶段（6.2米标高结构施工）	梁顶	−4.66	−3.33	0.82	0.44	−6.0	
	梁底	1.39	−0.5	−6.44	−5.9	2.43	
第三阶段（张拉第三排预应力筋（6.2米标高结构浇注后立即进行））	梁顶	−4.55	−3.40	0.54	0.44	−6.0	
	梁底	−1.39	−3.04	−8.66	−5.9	2.43	
第四阶段（施工看台结构）	梁顶	−4.0	−4.88	1.19	0.74	−6.09	2.84（柱顶内侧）
	梁底	−2.16	−0.92	−9.59	−6.32	2.55	
第五阶段（张拉第二排预应力筋（看台结构混凝土浇注后立即进行））	梁顶	−9.3	−3.37	−4.42	−1.50	−6.09	2.06（柱顶内侧）
	梁底	0.09	−8.4	−7.0	−8.56	2.55	
第六阶段（结构完成并投入使用）	梁顶	−7.17	−7.8	−0.68	1.70	−5.24	4.77（柱顶内侧）
	梁底	−2.94	−2.14	−12.3	−13.1	1.24	

注：表中混凝土应力，正值表示受拉，负值表示受压。

结构全部完成并投入使用后，在设计标准荷载下的结构内力见图5.16-1。从表5.16-1可以看出，结构在施工各阶段各控制截面的应力均在合理范围内，各截面基本处于受压状态，个别截面出现拉应力，但基本不超过混凝土抗拉强度标准值，只有大跨度梁上托的短柱在使用阶段其内侧拉应力达到4.77MPa，超出其材料抗拉强度标准值，应发生开裂，但裂缝仍可控制在0.1mm以内。

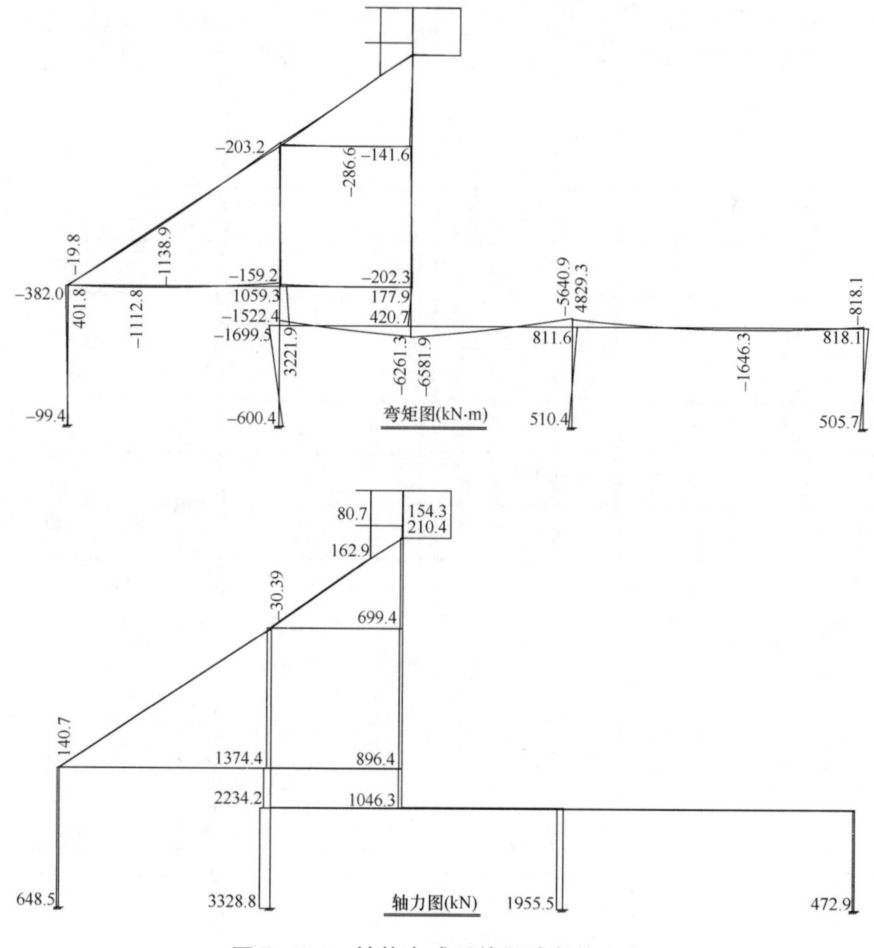

图 5. 16-1 结构完成后使用阶段的内力

3. 大跨框架边柱抗裂控制

大跨结构顶层边柱的偏压问题比较严重，因此在保证梁板抗裂满足要求的同时，应验算边柱的抗裂。本工程采用在柱中施加预应力的方法解决边柱的大偏压问题。

5.16.5 附图

图 5. 16-2 工程外景

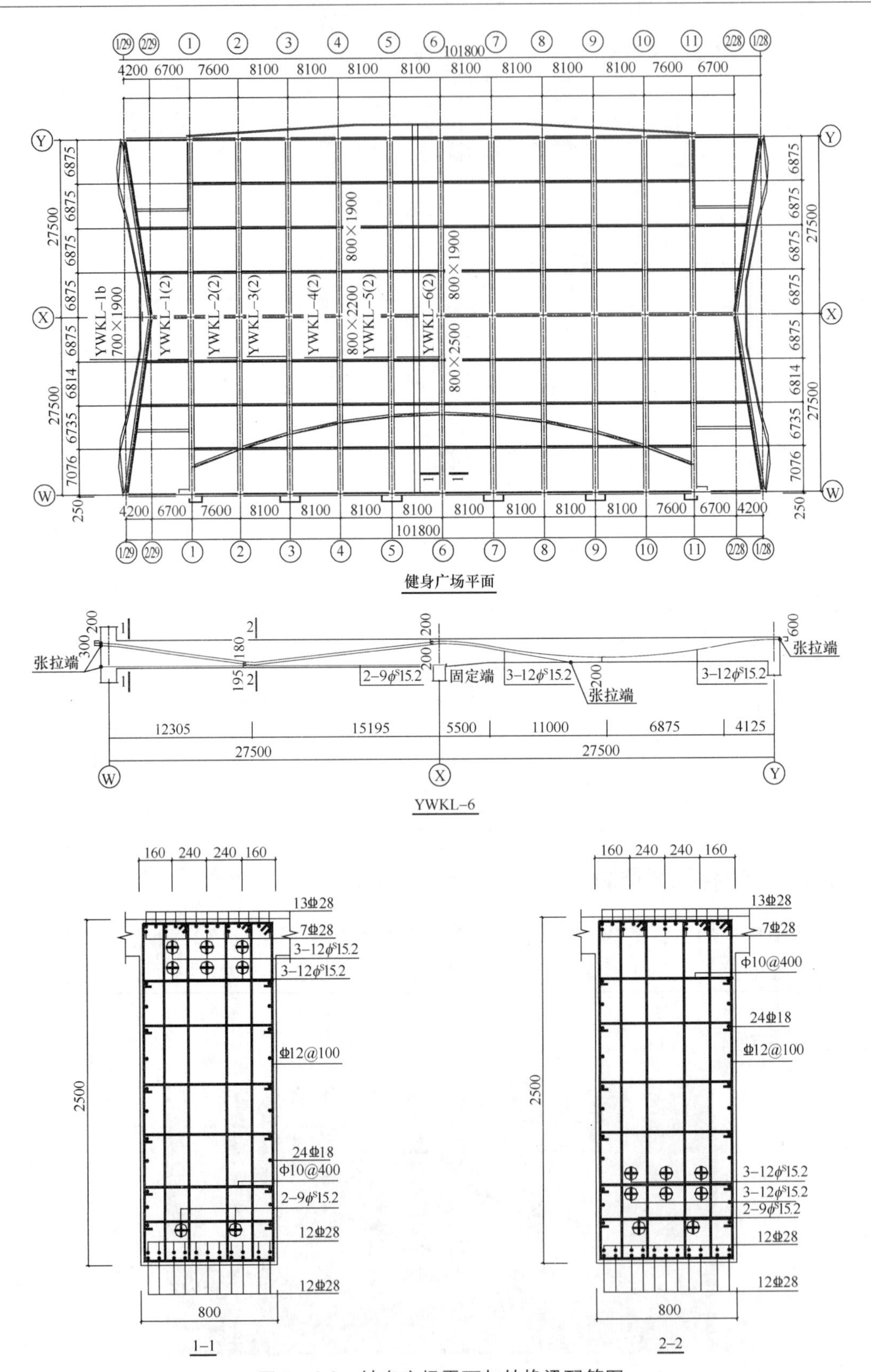

图5.16-3 健身广场平面与转换梁配筋图

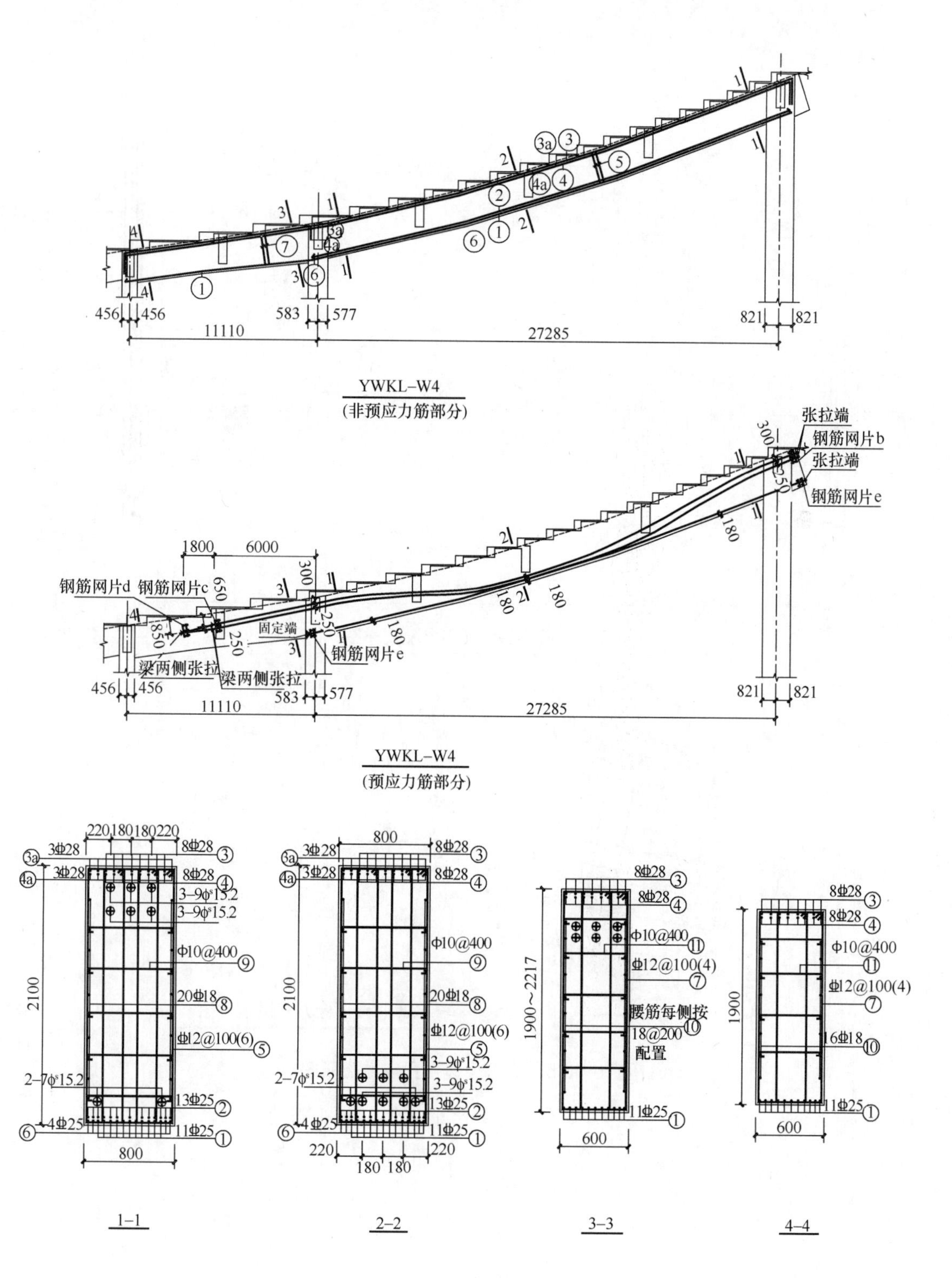

图 5.16-4 大跨度看台梁配筋图

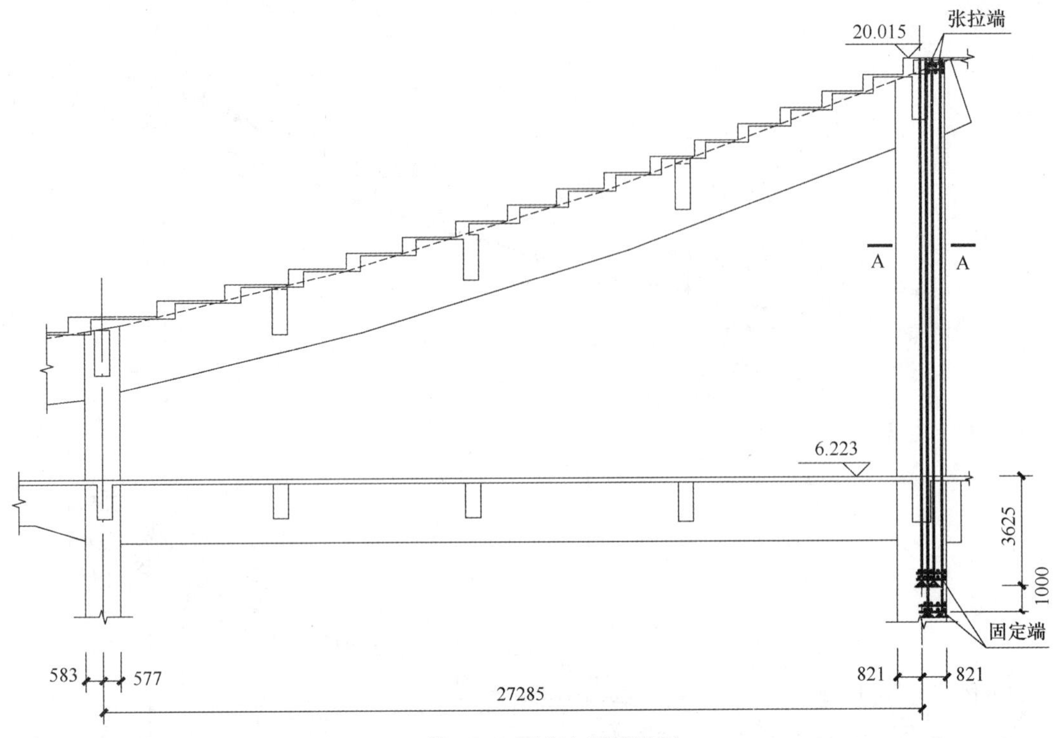

柱KZ-8a预应力配筋详图

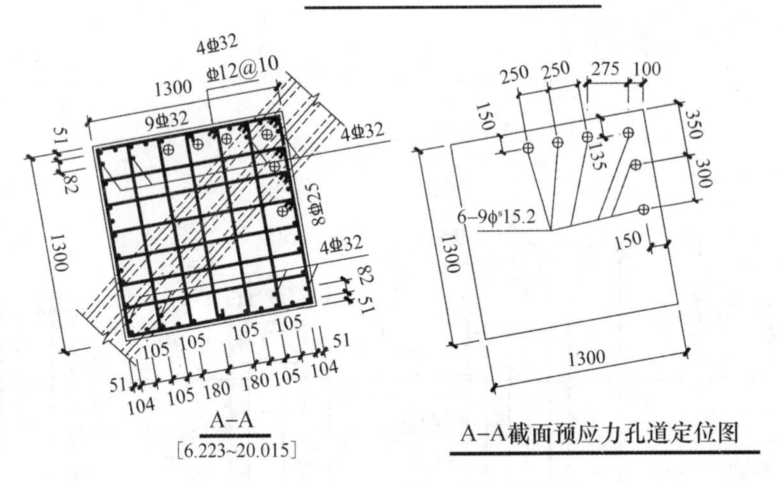

A-A截面预应力孔道定位图

图 5. 16-5　大跨梁边柱预应力配筋图

5.17 深圳大中华国际交易广场中央交易大厅——预应力超大跨度多层框架结构

5.17.1 工程概况

深圳大中华国际交易广场位于深圳市福田中心区深南路与金田路的交汇处，北靠深圳市民中心，南面为深圳会展中心，总建筑面积 36 万 m^2。其中，南侧正面部分为 9 层，东南、西南两侧为 25 层，北侧的东西两侧各为 38 层，中间为 46 层；中央为柱网达 34m×42.5m 的大厅，共三层，其中一、二、三层为证券交易中央大厅，屋顶为花园，大厅的各层层高分别为 17.3m、10m、15.6m。楼层荷载分别为：一、二层建筑面层及管道吊顶等荷载 $3kN/m^2$，活荷载 $5kN/m^2$，三层屋顶建筑面层和覆土荷载为 $6.5kN/m^2$，活荷载为 $1.5kN/m^2$。该项目于 2003 年完工。

5.17.2 结构方案

中央大厅结构跨度大、层数多、荷载重，且仅在四角设有柱。大厅 34m 跨的东西两侧因设有自动扶梯间，仅屋顶层有网格梁与主体结构相连，其余各层与主体结构完全脱开；42.5m 跨的南北两侧与主体结构相连，但与之相连的均是小跨度构件，其荷载效应与大厅结构构件的荷载效应很难协调。

通过多种方案对比，采用拱架加单向简支密肋梁楼盖结构方案，既能有效解决楼盖刚接时的边梁扭转和柱双向大偏压难题，又能满足建筑功能要求的一层 34m 跨框架梁的截面高度需限制在 1m 以内的问题。该方案利用 2 层层高 10m 的空间，将一、二层 34m 跨框架梁联合组成为一拱架，形成 34m 拱架加单向简支密肋梁楼盖的结构方案。拱架结构由拱圈、下弦拉杆梁、7 道竖向腹杆及上承梁组成。拱架的拱脚设在一层梁柱节点上，顶点在二层梁跨中，下弦拉杆梁既作为该拱架的拉杆，又作为一层楼盖的承托梁。承托梁承受的荷载通过腹杆传至拱圈，二层楼盖荷载作用于上承梁再通过竖向腹杆也传给拱圈。这样一、二层楼盖的荷载都传递到拱圈上，拱圈（主要受压）则将力传给柱。采用拱架结构方案后，受力合理明确。拱圈承受压力，下弦拉杆梁承受拉力，同时使一、二层梁柱节点弯矩大幅减少，与采用 1000mm×5000mm 刚性梁方案相比，减小了材料用量与自重。

5.17.3 设计结果

1. 整体分析

中央交易大厅结构自重很大，楼层又很高，且只有四根柱支承，结构的侧向刚度相对较弱。为保证地震作用下大厅结构具有良好的抗侧能力，将大厅和周边结构连接在一起，共同抵抗水平力。为计算中央大厅对周围结构的影响，整体结构按计入中央大厅结构和不计入中央大厅结构两种模型采用“SATWE”软件分别计算。

从整体计算结果可以看出，中央大厅对整体结构的影响很小，这主要是因为主体结构周边有钢筋混凝土筒体，本身刚度很大。在地震作用下，中央大厅结构对与其相邻的周边构件的内力影响很小，可忽略不计。

2. 结构材料及主要设计参数

结构重要性系数 $\gamma_0=1.1$；抗裂控制等级：框架梁二级；简支梁二级；拱架上承梁与下弦拉杆梁二级，但考虑到计算中计入了局部弯曲，故将其拉应力控制值放宽到 4.5N/mm^2；柱三级；梁的挠跨比控制在 1/500。混凝土强度等级为 C50；预应力筋采用 $f_{ptk}=1860$N/mm^2 级 ϕ^s15 低松弛钢绞线；普通钢筋采用 HRB335 级钢，$f_y=310$N/mm^2。

3. 42.5m 跨框架梁

42.5m 跨框架梁受荷面积较少，除两侧荷载外，尚承受后浇带封闭后施加的面层及活荷载。一层因出入口的要求，梁高仍受限制，截面为 1200mm×2400mm；二、三层梁截面为 1200mm×2700mm，两端加腋高度 350mm，长度 4000mm。预应力筋配筋量为：一层 99ϕ^s15，二层 102ϕ^s15，三层 90ϕ^s15。

4. 34m 跨顶层框架梁

34m 跨顶层框架梁设计为工字形截面 1000mm×5000mm×2300mm×500mm，预应力筋配筋为 158ϕ^s15。跨中受拉纤维在荷载效应标准组合作用下，考虑预应力影响后的拉应力为 2.3N/mm^2，荷载效应准永久组合作用下拉应力为 1.2N/mm^2。

5. 34m 跨拱架

拱架承受一、二层楼盖的荷载，拱圈受压，下弦拉杆梁受拉，而竖向腹杆的拱圈以上部分受压，拱圈以下部分受拉。下弦拉杆梁截面 2300mm×800mm，预应力筋为 108ϕ^s15；上承梁截面 2300mm×800mm，预应力筋为 42ϕ^s15；腹杆拱圈以下部分截面 1200mm×400mm，预应力筋为 21ϕ^s15；腹杆拱圈以上部分截面 1500mm×400mm。拱圈为一变截面抛物线拱，拱脚截面为 2000mm×1500mm，拱顶截面为 2000mm×1000mm，拱截面平均压应力约为 10N/mm^2，根据美国 ACI318 规定，拱圈最外边缘纤维压应力不应大于 $0.45f'_c=0.45\times50\times0.8=18$N/mm^2。

6. 42.5m 跨单向简支密肋梁

简支梁截面 450mm×2200mm，跨高比为 19，预应力配筋为 48ϕ^s15。荷载效应准永久组合作用下，考虑预应力效应后混凝土应力为 0；标准组合作用下，考虑预应力效应后混凝土拉应力为 $2N/mm^2$。

7. 柱

截面为 2400mm×2400mm，配筋率控制在 2.5%，双排钢筋，在框架梁与拱架方向分别配置预应力筋 5-9ϕ^s15 和 3-9ϕ^s15，箍筋为焊接封闭箍筋。

5.17.4 技术措施

1. 框架梁与简支梁的变形差及对板内力的影响

虽然通过简支等措施解决了边梁扭转和柱双向大偏压问题，但随之也出现了一个新问题，就是因 42.5m 跨简支梁的约束及刚度与 42.5m 跨框架梁的不同，竖向荷载作用下二者跨中挠度差异很大，板将因此产生很大的附加内力。为解决这一问题，采取了以下措施：

（1）沿 42.5m 跨框架梁方向在它与第一道 42.5m 跨简支梁间的板上留后浇带，以使预应力和自重荷载作用下，简支梁及框架梁能自由变形；

（2）加大第一榀简支梁与 42.5m 跨边框架梁之间的距离；

（3）沿 34m 跨方向设置四道连梁以协调 42.5m 跨框架梁与简支梁之间的变形，这样增加了框架梁的负担，柱虽增加了其纵向弯矩，但仍可承受；

（4）增配 42.5m 跨框架梁与第一榀简支梁之间板的配筋量。

采取上述结构措施后，纵向框架梁与边简支梁间跨中长期挠度差值仅 10.61mm，当不考虑梁产生扭转时，板的附加应力为 $12.9N/mm^2$。实际上，由于梁的扭转影响仍然存在，该应力还会降低很多。

2. 拱的稳定性分析

根据《公路钢筋混凝土及预应力混凝土桥涵设计规范》JTJ 023—85 及《公路砖石及混凝土桥涵设计规范》JTJ 022—85，拱圈偏安全地按两铰变截面拱计算。

按《公路钢筋混凝土及预应力混凝土桥涵设计规范》JTJ 023—85 计算的变截面拱的稳定承载力与拱圈轴力设计值的比值分别为：平面内 1.66，平面外为2.31。

事实上拱架的稳定承载力尚受到下弦拉杆梁、上承梁及腹杆的影响，同时因为拱圈与柱是整浇的，其稳定承载力会大大提高。

3. 简支梁简支构造

简支梁采用梁端设置橡胶支座的简支构造，保证了简支梁与拱架弦杆及三层大梁之间在预应力筋张拉及随后的荷载作用时，能发生相对的水平位移及转动。为防止地震时梁体滑落，设置了防滑落钢销，销子直径和数量根据地震力计算。橡胶支座根据有关规范设计。

4. 楼盖舒适度

超大跨度的楼盖为中央交易大厅提供了巨大宽敞的活动空间，楼盖上将经常有大量人群进行频繁的商务活动，楼盖结构将不可避免地产生振动。本工程在结构设计中考虑了楼盖结构的振动影响，以便将楼盖产生的振动对人体的影响控制在允许值内。

（1）确定动力荷载

办公、商务等公用建筑楼盖的振源来自人在楼盖上行走时对楼盖的冲击。日本的试验表明，人在行走时脚触地的冲击作用，约相当于 30N 的重物从 50mm 高处自由落地的冲击作用。本工程楼盖柱网为 34m×42.5m，活动空间巨大，计算中考虑 4 人在楼盖中央部位同步行走。

（2）计算楼盖的自振频率

该楼盖沿 42.5m 跨方向为简支密肋梁结构，两侧边为框架梁。计算分两步进行。首先求出边框架梁刚度的等效简支梁刚度，然后将简支密肋梁与等效边简支梁组成两端简支的整体楼盖结构，再求出其自振频率。

（3）楼盖的振感评估

本工程楼盖的最低自振频率 $f=3.0\text{Hz}$。

$K=0.001\delta_{d}f^{2}=0.001\times1.86\times3^{2}=0.0167$

按 DIN4025 的振感影响分类，本工程楼盖可评估为无振动感觉影响。

5.17.5　附图

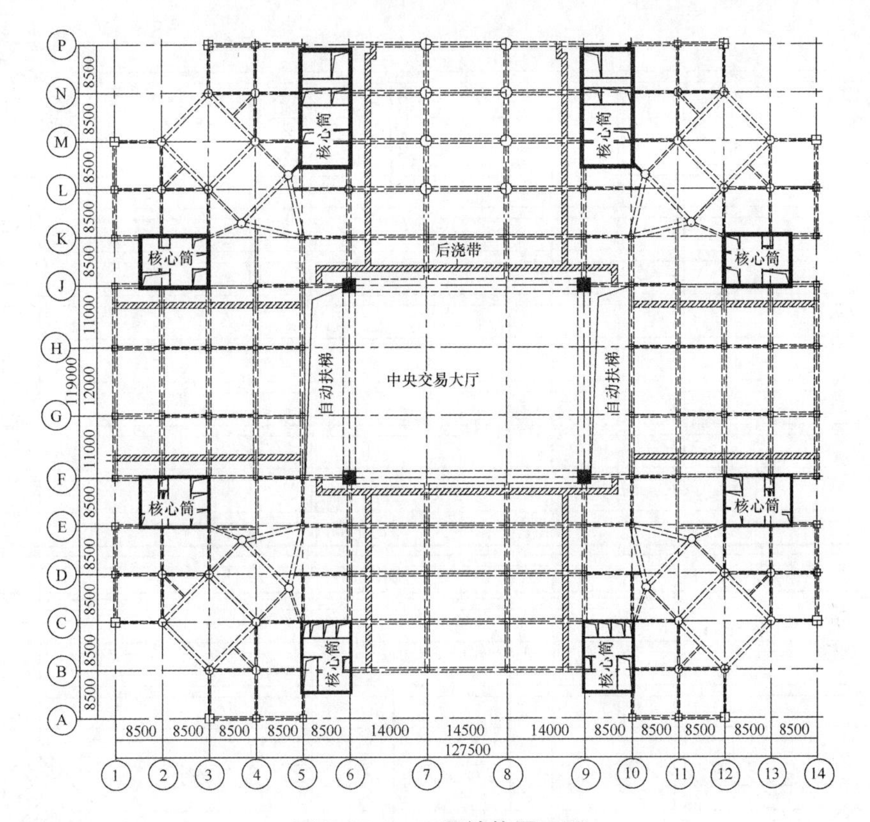

图 5.17-1 工程结构平面图

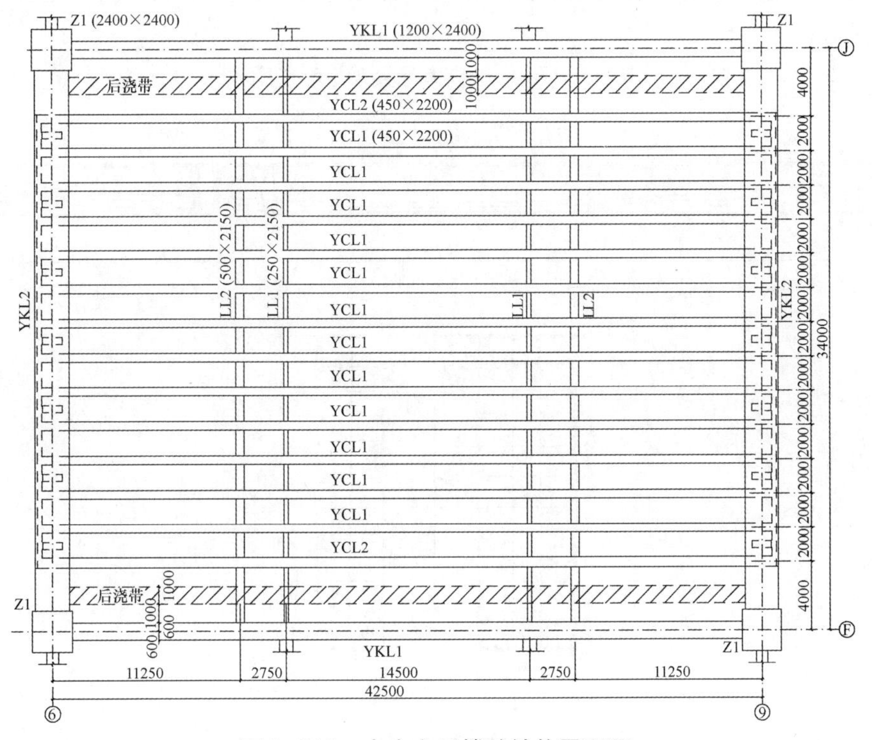

图 5.17-2 中央大厅楼盖结构平面图

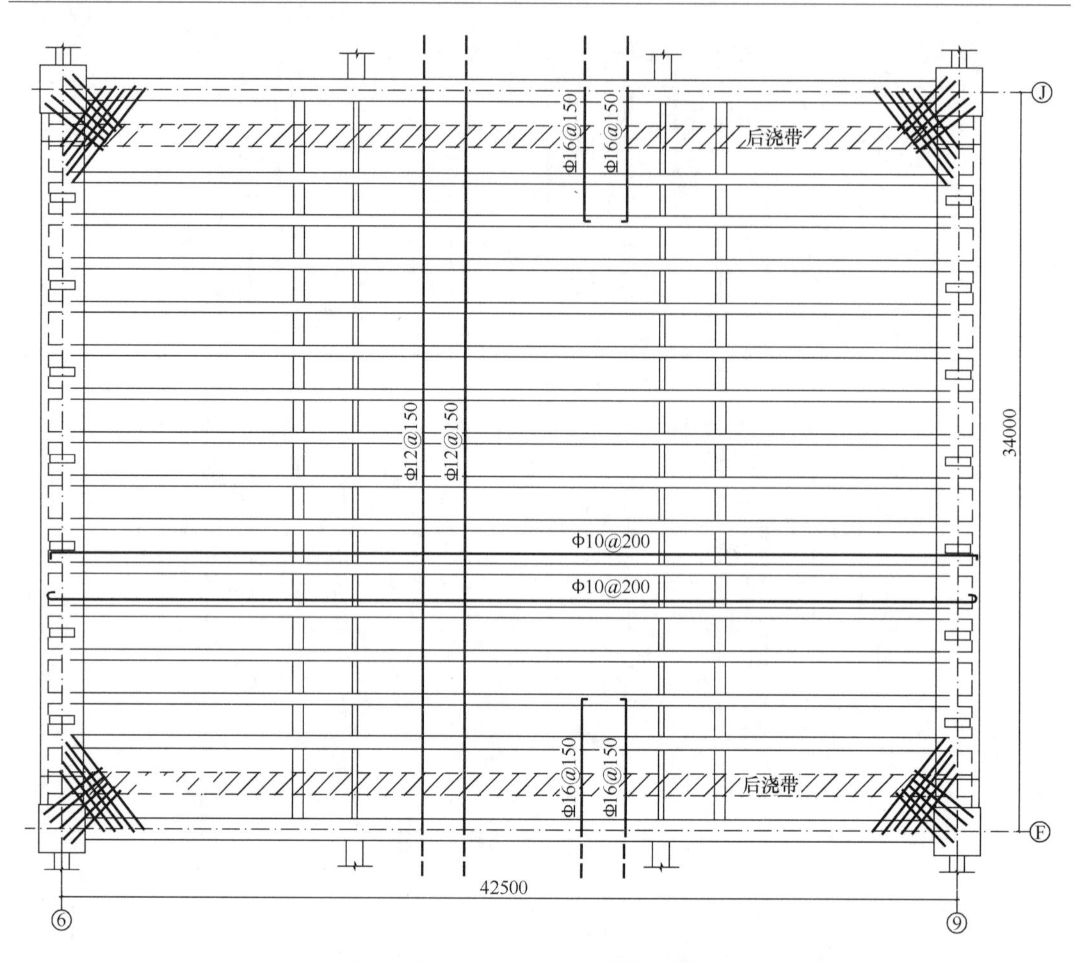

图5.17-3 中央大厅楼盖板配筋图

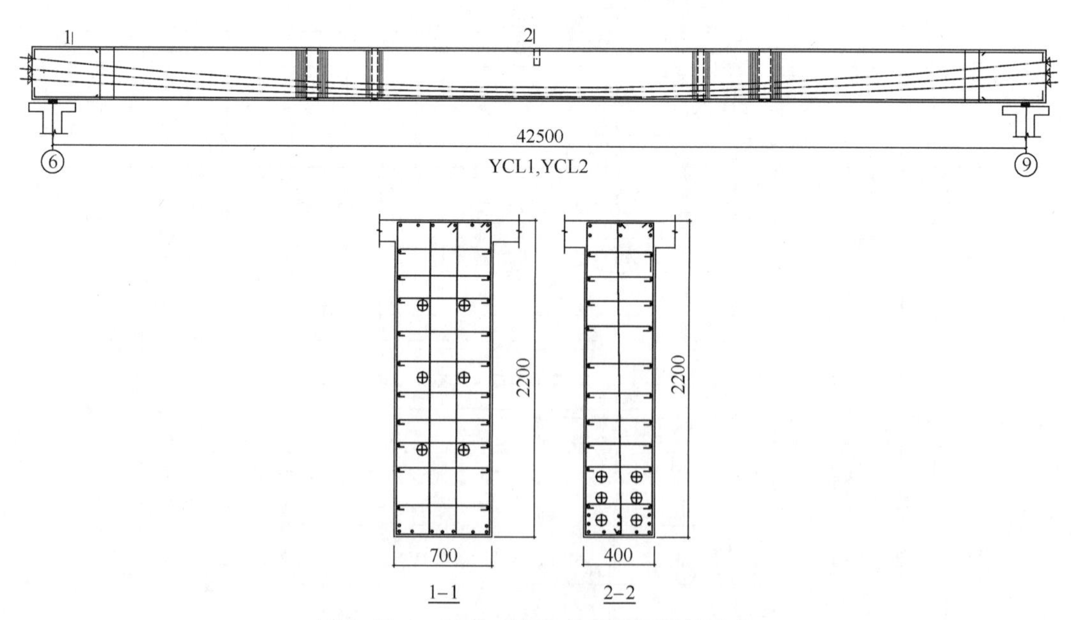

图5.17-4 42.5m跨简支密肋梁配筋示意

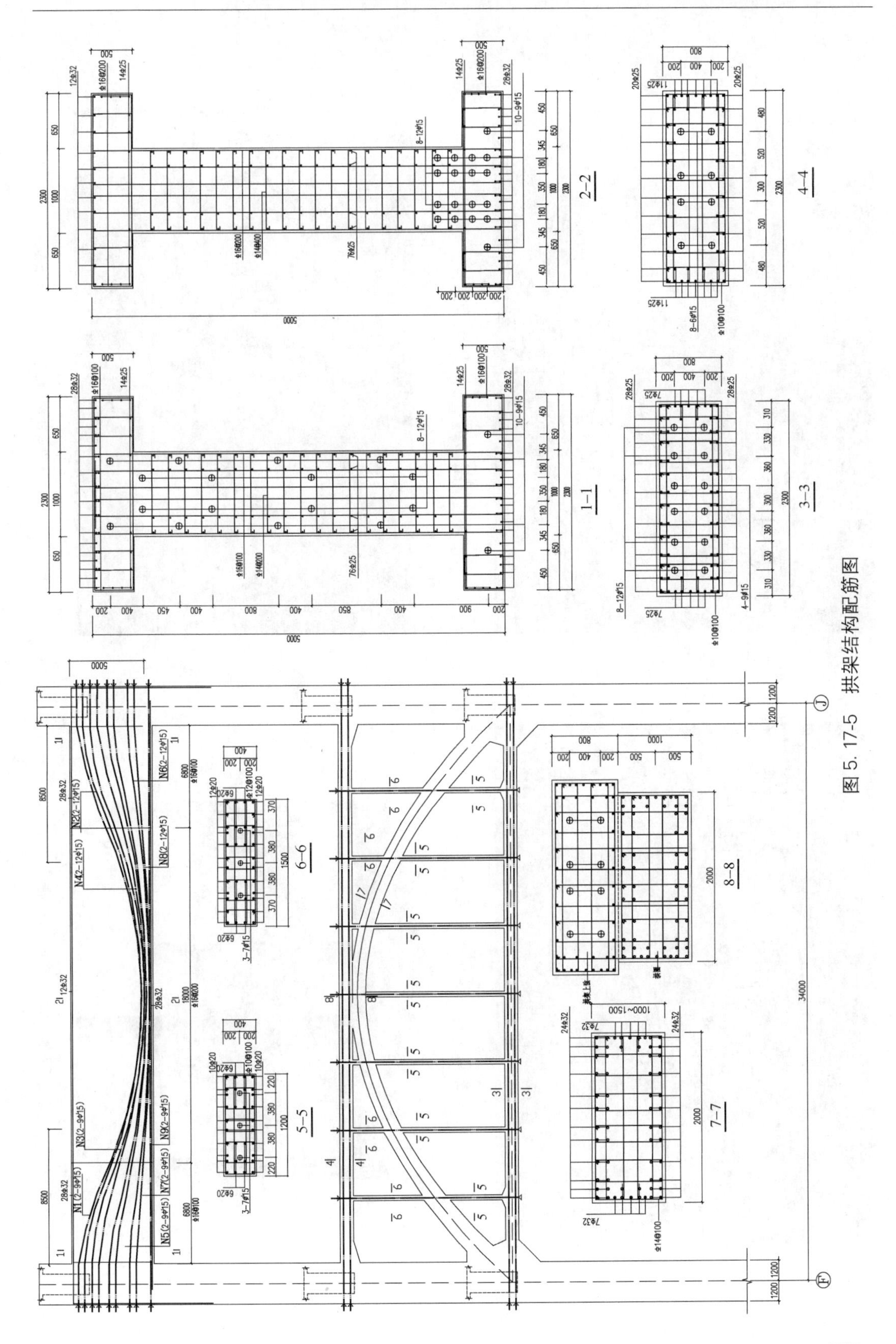

图 5.17-5　拱架结构配筋图

图5.17-6　首层大厅结构

图5.17-7　二层大厅结构

图5.17-8　大厅楼盖结构模型

图5.17-9　中央大厅装修效果

5.18 某既有建筑屋面梁加固——体外预应力加固

5.18.1 工程概况

该工程是1981年设计建造的一层砖混结构，基础为条形基础，墙体为砖砌体结构，屋盖为14m跨度的预制钢筋混凝土梁上铺预制板，建筑面积300m²。该工程需增建一层，并将其二层作为会议室，使用荷载增加较多。此外由于原设计梁截面偏小，大梁已经出现跨中弯曲裂缝和较大的挠度。本次增层改造后，原屋面梁成为楼面梁，其承载力、抗裂度和挠度均不满足规范要求，需进行加固。

5.18.2 加固方案

根据新增荷载后梁的计算结果可知，原设计配筋不满足跨中受弯承载力要求，梁截面裂缝宽度不满足要求，同时长期挠度值也略超出规范规定限值。

采用碳纤维加固，虽然可以提高梁的受弯承载力，但由于《碳纤维片材加固混凝土结构技术规程》CECS 146：2003对碳纤维布粘贴层数的限制，以及本工程梁截面宽度较小，粘贴碳纤维布的面积很小，很难大幅度提高梁的受弯承载力，且该方法在限制裂缝宽度及改善挠度方面的效果并不理想；粘钢加固虽可提高梁的受弯承载力，并可进一步减小荷载作用下的长期裂缝宽度，但对梁挠度的控制基本没有贡献。同时，环氧树脂胶粘贴钢板及碳纤维布，存在因环境温度的变化出现粘结失效的风险。事实上国内外曾经出现过很多粘钢或碳纤维布脱落，其不仅是施工质量问题，更主要的原因是温度的反复作用结果。经测试，环氧树脂胶的温度线胀系数是钢材和混凝土的5倍，试验研究表明30℃以上的温度变化循环若干次后，环氧树脂胶与基材或被粘贴的材料之间的粘结力会大幅度降低，并最终可能造成粘结破坏。

预应力加固是通过在原结构上安装的折线形预应力筋主动施加预应力荷载，获得跨间向上的荷载，和支座区向下的荷载，其总荷载是自平衡的，但跨间荷载会产生与外荷载相反的荷载效应，从而减小截面的混凝土拉应力以及梁的挠度，压缩裂缝宽度，而支座区的向下荷载，通常直接以剪力形式传给支座，基本上对梁的弯曲内力没有大的影响。预应力弯矩与外荷载弯矩符号相反，可直接抵消或平衡外荷载下梁的弯矩；而预应力剪力在预应力筋的斜线段是与外荷载剪力相反的，在其他区域没有附加剪力，因而基本对梁的设计剪力没有影响；至于预应力轴向力，则仅在锚固点之间有轴向力产生，而锚固点外侧则无预应力轴向力，当然如果是超静定结构，轴向变形受到约束时，会出现锚固点外侧的轴向拉力，其大小主要与约束的强弱有关，常规的框架结构不会很大。

根据以上方案对比，本工程采用了体外预应力加固技术。

5.18.3　设计结果

由于本工程为既有结构，而且还要在原结构基础上增建一层，常规工艺施工时，需在墙中的圈梁打洞设置张拉端锚具，且其锚具将外凸于墙外，影响立面效果。预应力筋的束形是双折线，其折点位于梁跨的三分点附近，而张拉和锚固端设置在梁两端的支座内侧，确定具体位置时主要考虑张拉方便，应能确保小型千斤顶的操作空间，并尽可能靠近支座。锚固点的金属件是一块带加劲肋的钢板，钢板通过贯通梁体的螺栓紧固在梁的侧面，同时用粘钢胶粘贴。为确保预应力传递及使用阶段不致因贯通螺栓对孔周混凝土的局部压应力过大，而造成混凝土碎裂破坏，螺栓的直径选得足够大，并要求通栓与孔间的缝隙必须用结构胶填实。预应力筋采用无粘结钢绞线，锚具采用单孔夹片式锚具。

本工程的梁截面抗剪承载力略有不足，采用粘贴钢板法进行加固，并用附加 U 形箍筋穿透上部楼板后与下部粘贴的钢板进行焊接连接，从而确保了抗剪钢板的有效锚固。该方法有效保证了加固箍筋的封闭和锚固。

5.18.4　技术措施

1. 预应力筋的摩擦损失

由于体外预应力筋布置在结构体外，忽略护套壁局部偏差对摩擦的影响，仅考虑转向位置的摩擦损失，现场采取了一定的措施，对各转向块进行了平滑处理，对减小预应力的摩擦损失起到了较好的作用，采用规范给出的摩擦系数计算有一定的安全储备。

2. 体外预应力节点构造

本工程张拉和锚固端设置在梁两端的支座内侧，同时采用锚固在混凝土梁上的钢支座传递预应力，为体外预应力筋的安装与张拉提供了极大的方便，同时有效避免加固施工时的湿作业。由于采用了方便施工的工艺和节点构造处理方法，整个施工全部在室内进行，且无混凝土湿作业，粘贴钢板与准备工作和一般的加固工艺相同。预应力筋张拉采用小型千斤顶配套小型油泵，并配合可顶压的变角器，减小了张拉锚固时的锚具回缩损失，并提高了锚固的可靠性。

5.18.5　附图

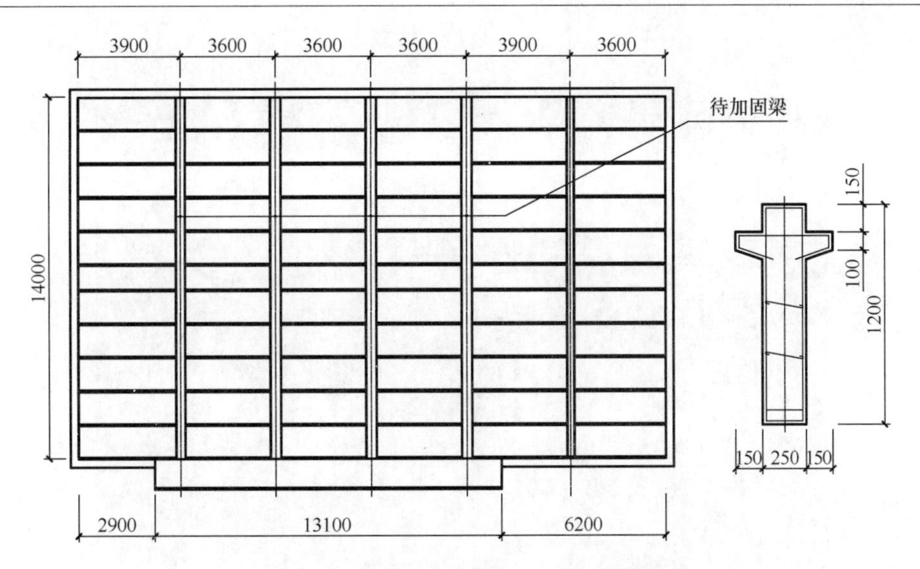

图 5.18-1 屋面结构平面布置及梁剖面图

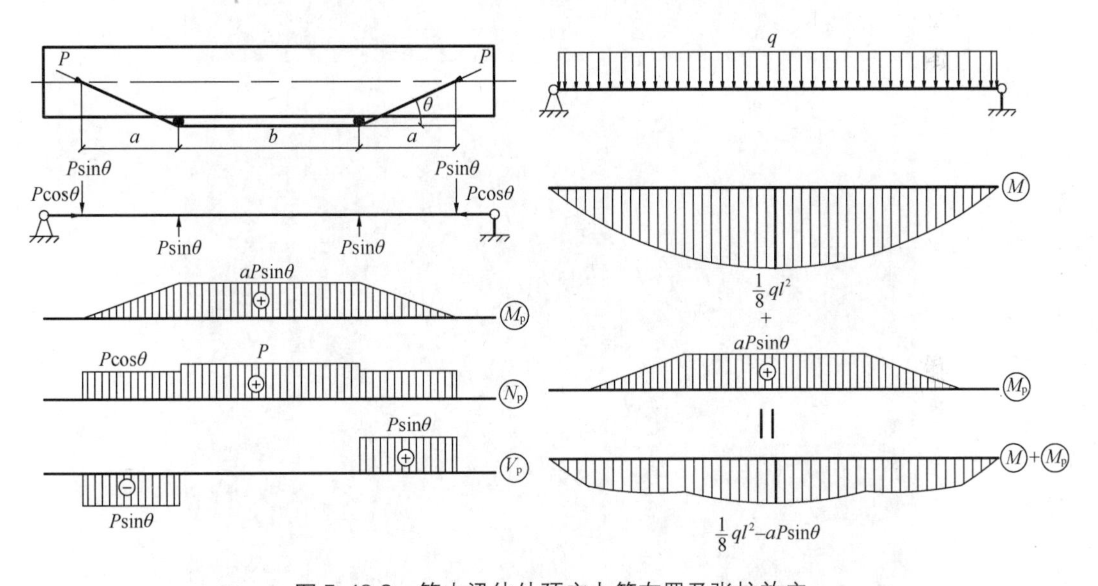

图 5.18-2 简支梁体外预应力筋布置及张拉效应

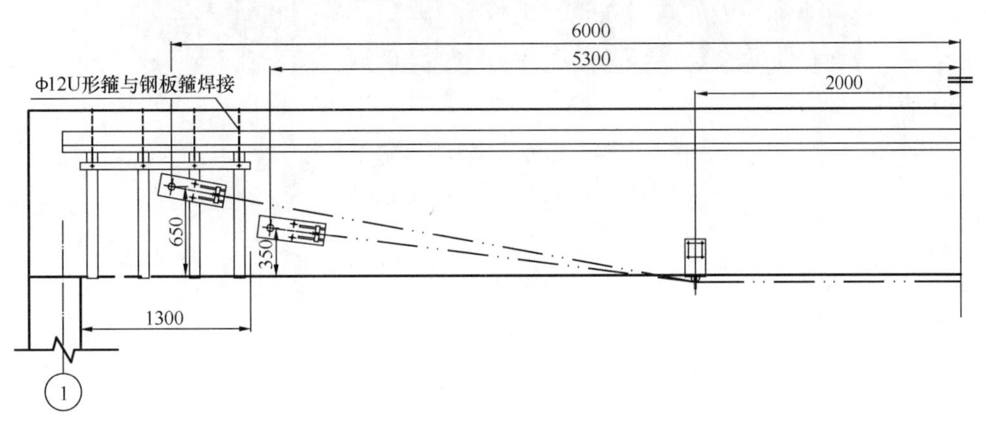

图 5.18-3 加固设计示意图

(a)

(b)

图 5. 18-4　体外预应力加固施工照片

(a) 锚固点及变角张拉；(b) 张拉锚固完成

第 6 章　缓粘结预应力技术

众所周知，无粘结预应力工艺技术解决了后张有粘结预应力施工工艺复杂的问题，但带来了承载力极限状态下预应力筋材料强度不能充分发挥、预应力筋一旦失效将影响相邻各跨，可能造成结构倒塌，以及抗震性能差等缺点。而传统孔道灌浆的后张有粘结预应力技术，尽管其结构性能优良，但其施工工艺复杂，且通常灌浆质量较难保证，容易造成耐久性缺陷。缓粘结预应力技术就是在这样的技术背景下发展的预应力技术领域的最新技术，其融合了无粘结和后张有粘结预应力技术的优点，克服了两者存在的缺点，实现了施工简便性和优秀结构性能的良好的平衡。本章概要介绍缓粘结预应力技术的发展历史、技术特点、设计施工方法及相关标准。

6.1　缓粘结预应力技术概要

6.1.1　发展历史

预应力混凝土技术作为土木工程领域优秀的结构技术，在全世界范围内得到了大量的推广应用，并且借助该技术建造了非常丰富多样的优秀的工程结构，很好地解决了建筑、桥梁、水工领域大跨度、重荷载、超长、高耸及特种结构等的工程问题。然而由于目前使用的两种预应力工艺材料各自存在的缺陷，尤其是后张有粘结预应力技术中的孔道灌浆质量难以保证问题，不仅在质量管理和控制较弱的工程中易留下隐患，也给工程师采用预应力技术带来很多困惑。1985 年英国一座在役桥梁由于孔道灌浆质量缺陷发生垮塌，导致英国土木学会下令禁止在土木工程桥梁结构中采用灌浆的后张预应力技术，直至 1995 年解除禁令。许多发达国家围绕后张预应力孔道灌浆开展了系统的研究并进行了诸多工程调研，研究出高性能灌浆料及先进的设备，并制定了严格的灌浆技术指南等，然而实际工程中的灌浆质量问题仍是世界范围内的技术难题，质量问题仍不断出现。国内相关调查表明，预应力孔道灌浆质量控制难度较大，由于灌浆质量问题引起的工程事故多不胜数。图 6.1-1～图 6.1-3 是实际工程中出现的各类孔道灌浆质量问题。

为了克服传统预应力技术的固有缺点，20 世纪 80 年代，日本学者首先提出“若能研发出兼具无粘结预应力混凝土的施工简便性和有粘结预应力混凝土的良好结构性能的预应力技术，必将大大推动预应力结构的发展”的设想。随后，日本开始进行缓

图6.1-1 桥梁结构管道内预应力筋锈蚀

图6.1-2 管道内形成的空腔

图6.1-3 某桥梁预应力孔道破损检查情况

粘结预应力混凝土技术的研发，其发展大致可分为3个阶段：

第一阶段（1985～1989年）为基础研究阶段，主要研究缓粘结剂及其固化性能、粘结性能、缓粘结预应力钢筋的摩擦系数，缓粘结预应力混凝土梁力学性能等；

第二阶段（1990～2001年）为工程试用阶段，在日本京阪神房地产署町大厦、神钢钢束工业株式会社的员工宿舍、日本山阳公路木门天河桥、北海道南北纵向公路幌内河桥、北关东公路的广濑河上桥的引桥、第二条东名高速公路高架桥、日本龟田川大桥等试用；

第三阶段（2001～至今）标准制定和推广应用阶段，1997年日本道路公团修订的桥梁设计标准中增加了缓粘结预应力钢筋在预应力混凝土桥中采用的相关内容，2001～2002年分别制定了缓粘结预应力混凝土设计和施工标准，并开始大规模工程推广应用。

目前缓粘结预应力技术不仅用于建筑的大跨结构中，同时大量应用于桥梁横向预应力和纵向预应力中，该技术以其施工和结构方面独特优势得到结构工程师的青睐并稳步推广应用。

我国于1995年开始研究缓粘结预应力技术，最初采用缓凝砂浆，并用手工涂抹和缠绕方法现场制作，没有开展大批量生产和应用。兰州交通大学主要进行了以缓凝砂浆为介质的缓粘结预应力体系的试验研究，完成了缓凝砂浆的材料性能研究、缓粘结预应力筋张拉摩阻试验研究、缓粘结预应力混凝土受弯构件试验研究，并通过与传统的后张法预应力构件的对比试验，得出缓粘结预应力构件在张拉两个月后其结构性能与有粘结预应力构件相同的结论；天津市建筑科学研究院、天津市恒久预应力材料有限公司、天津港湾工程研究所等单位的缓粘结预应力技术的试验研究是以特种涂料涂层为介质制作的缓粘结预应力筋进行的，测定了缓粘结预应力钢绞线用特种涂料的力学性能，得到其抗折、抗压强度，通过试验提出了该类缓粘结预应力筋的摩擦系数建议值。2008 年，我国首次在承德展览馆工程中试用了缓粘结预应力技术，获得成功。截至目前，国内已经有数十项工程应用了缓粘结预应力技术，包括：北京力鸿生态家园、北京市新青少年宫、鄂尔多斯机场候机楼、山西阳高污水处理池、承德城市展览馆、沈阳文化艺术中心、雁白黄河大桥等。

6.1.2 缓粘结预应力筋

缓粘结预应力技术的核心是缓粘结预应力筋，在日本亦称预灌浆预应力筋。缓粘结预应力筋由钢绞线、缓凝胶结材料和外形呈波纹状的塑料护套组成，缓凝胶结材料在固化前相当于无粘结筋中的防腐油脂，具有一定流动性及对钢材良好的附着性，经挤压涂包工艺将预应力筋及外包护套内的空隙填充并紧密封裹，随时间推移，胶凝材料逐渐固化，在预应力筋与外包护套之间产生粘结力。外包高强塑料护套外表面压有凹凸波纹，其内壁与胶凝材料固化粘结，外壁与结构混凝土牢固粘结，从而实现预应力筋与结构混凝土的完全粘结。缓粘结预应力筋外观及构造见图 6. 1-4，目前开发的缓粘结预应力筋主要有 1×7 和 1×19 结构的钢绞线，强度级别为 1570N/mm^2～1860N/mm^2，有关参数见表 6. 1-1。

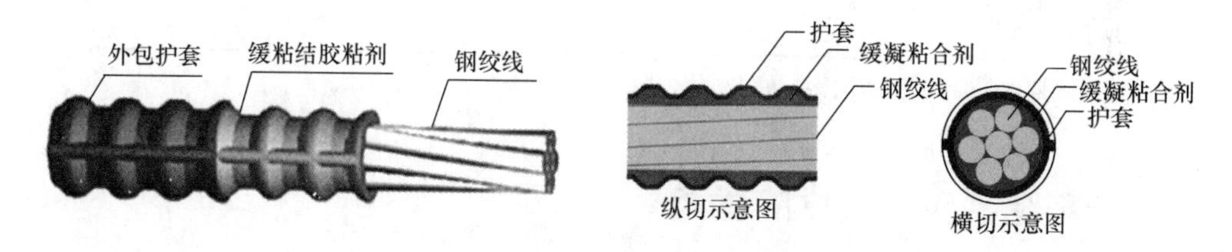

图 6. 1-4 缓粘结预应力筋构造示意

缓粘结预应力筋除了为保证后续有效粘结所需的缓凝胶结剂的固化强度及护套外形中的凹凸相关尺寸等参数外，有两项重要的技术参数，即张拉适用期和摩擦系数。目前胶结剂是环氧树脂掺入固化剂的胶结剂，其固化原理是在环境热量作用下产生固化，固化时间与固化剂掺量及环境温度相关，通常情况下固化剂掺量越多、温度越高，固化速度越快。张拉适用期是指缓粘结预应力筋适合张拉的时间范围，通常用时长表达，具体指缓粘结预应力筋制作完成后的一段时间，这一期间的摩擦系数尽管有变化，但保持在相对较小且稳定的数值范围，适合预应力筋张拉。标准张拉适用期是指环境温度为 25℃时，缓粘结预应力筋的张拉适用期。为了便于适应工程实际需要，通常标准张拉适用期有 6 个月、9 个月、12 个月及 24 个月等。当然，由于结构环境和工程环境不同，标准张拉适用期仅仅是一个产品生产的标准尺度，实际现场条件下的缓凝胶结剂的固化时间会发生较大的变化，如南方地区和北方地区的环境温度差异很大，普通尺寸结构混凝土和大体积混凝土结构的内部温度差异也很大，都会影响实际缓凝胶结剂的固化时间，也就是影响其张拉适用期。通常缓粘结预应力筋张拉后，还需要相当长的时间，才能完全固化实现完全粘结。摩擦系数是缓粘结预应力筋的又一重要指标，由于固化是在环境温度作用下缓慢发生的，因此，即便是张拉适用期内，其摩擦系数也是发生变化的，因此，上述表中给出的摩擦系数值均为一个范围，具体取值应根据工程实际环境和进度合理选取。实际测试表明缓粘结预应力筋的摩擦系数与无粘结预应力筋相当，且随时间的推移其摩擦系数逐渐变大，因此，早期张拉时可取较小值，接近张拉适用期的上限时间时，应取较大值。

缓粘结预应力筋规格　　表 6.1-1

<table>
<tr><th rowspan="2">公称直径</th><th rowspan="2">抗拉强度（N/mm²）</th><th rowspan="2">公称截面积（mm²）</th><th rowspan="2">类别</th><th rowspan="2">护套厚度（mm）</th><th rowspan="2">肋宽 a（mm）</th><th rowspan="2">肋高 h（mm）</th><th rowspan="2">肋间距 l（mm）</th><th rowspan="2">缓凝粘合剂质量 W₃（g/m）</th><th colspan="2">张拉适用期内摩擦系数</th><th rowspan="2">标准张拉适用期（d）容许误差（d）</th><th rowspan="2">标准固化时间（d）容许误差（d）</th></tr>
<tr><th>μ</th><th>κ</th></tr>
<tr><td rowspan="5">15.2</td><td>1570</td><td rowspan="5">140</td><td rowspan="5">带肋</td><td rowspan="5"></td><td rowspan="10">7～11</td><td rowspan="5">≥1.5</td><td rowspan="10">16～20</td><td rowspan="5">≥200</td><td rowspan="10">0.06
～
0.12</td><td rowspan="10">≤0.006</td><td rowspan="10">240±30
180±20
120±15</td><td rowspan="10">720±80
540±60
360±36</td></tr>
<tr><td>1670</td></tr>
<tr><td>1720</td></tr>
<tr><td>1860</td></tr>
<tr><td>1960</td></tr>
<tr><td rowspan="2">21.8</td><td>1810</td><td rowspan="2">313</td><td rowspan="2">带肋</td><td rowspan="2">≥1.0</td><td rowspan="2">≥2.0</td><td rowspan="2">≥340</td></tr>
<tr><td>1860</td></tr>
<tr><td rowspan="3">28.6</td><td>1770</td><td rowspan="3">532</td><td rowspan="3">带肋</td><td rowspan="3">≥1.2</td><td rowspan="3">≥2.0</td><td rowspan="3">≥450</td></tr>
<tr><td>1810</td></tr>
<tr><td>1860</td></tr>
</table>

注：张拉适用期内早期张拉时摩擦系数取小值，后期张拉时摩擦系数取大值。

6.1.3 缓粘结预应力技术的优势

缓粘结预应力筋的胶粘剂固化后在预应力筋的全长度范围内保证了预应力筋与结构混凝土的有效粘结，使缓粘结筋与结构混凝土共同工作，其受力等同于灌浆的后张有粘结预应力混凝土，结构性能良好；缓粘结预应力筋的胶结剂以环氧树脂为主要材料，其对预应力筋的包裹有效阻断了空气、水分侵入预应力筋表面，从而防止预应力筋锈蚀，缓粘结预应力体系的耐久性更为优良；缓粘结预应力筋是工厂生产的产品，其质量保证率高，完全克服了现场灌浆质量难以保证的缺陷；缓粘结预应力工程施工与传统无粘结预应力工程相当，无需预留孔道，无需灌浆，大大简化了施工工艺；总之，该技术具有无粘结预应力工程施工简便和有粘结预应力混凝土结构受力性能好的优点，克服了后张孔道灌浆质量难以保证和无粘结预应力筋材料强度不能充分发挥的缺点，实现了施工简便性和优良结构性能的完美结合，大大提高了预应力工艺技术水平。缓粘结预应力技术与传统预应力工艺比较见表 6.1-2、表 6.1-3。

预应力施工顺序 表 6.1-2

先张法	后张法		
	有粘结	无粘结	缓粘结
配置预应力筋 	预埋波纹管 	配置预应力筋 	配置预应力筋 
张拉预应力筋 	穿预应力筋 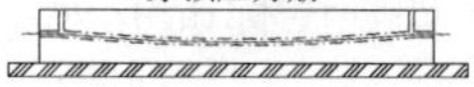		
浇筑混凝土 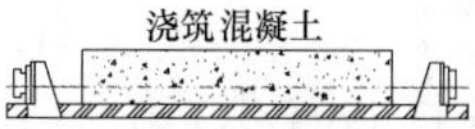	浇筑混凝土 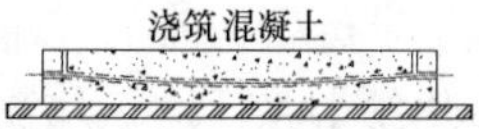	浇筑混凝土 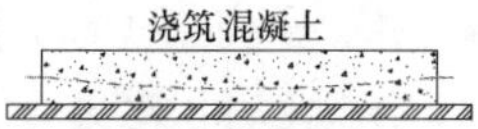	浇筑混凝土 
放张预应力筋 	张拉预应力筋 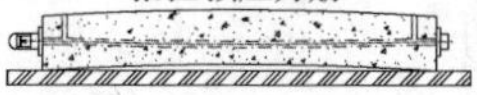	张拉预应力筋 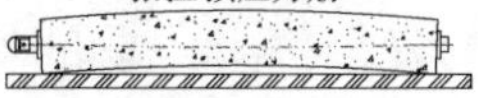	张拉预应力筋 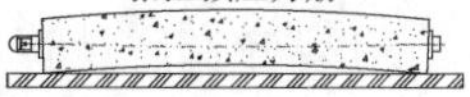
	灌浆 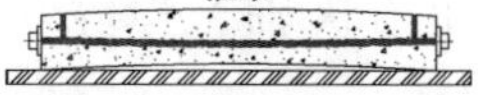		

预应力施工工艺比较 表 6.1-3

先张法	后张法		
	有粘结	无粘结	缓粘结
适用于工厂预制构件	多用于现浇结构，也可用于预制构件		
采用坍落度较小的混凝土（0～50）	采用坍落度大的混凝土（80～150）		
不需要灌浆	需要灌浆	不需要灌浆	不需要灌浆
预应力筋一般为直线筋	可配置曲线预应力筋		
预应力筋可进行准确定位	孔道中束形的定位较难	预应力筋可进行准确定位	预应力筋可进行准确定位
适用于相对小型的构件	可以实现大跨度结构		
构件可长线制作并任意切断	可通过一束预应力筋同时给若干跨连续构件施加预应力		

6.2 缓粘结预应力混凝土结构设计

缓粘结预应力混凝土结构的设计流程与传统有粘结、无粘结预应力混凝土结构设计基本相同，仅在一些参数的取值或计算公式上存在些微差别，主要反映在受弯承载力计算、裂缝宽度计算和预应力损失计算中。如强度标准值为 1860 N/mm^{2}的钢绞线，有粘结预应力时，其强度设计值取 $f_{py}=1320\text{N/mm}^2$，无粘结预应力时，其强度设计值取有效预应力值加上极限状态下的应力增量，即 $\sigma_{pu}=\sigma_{pe}+\Delta\sigma_p$ ，且 $\sigma_{pe}\leqslant\sigma_{pu}\leqslant f_{py}$；缓粘结预应力筋最终达到有粘结的效果，因此缓粘结预应力筋强度设计值取 $f_{py}=1320\ \text{N/mm}^2$。

但裂缝宽度计算中的 d_{eq} 、ρ_{te} 、σ_{sk} 的算法上存在一些差别。由于无粘结预应力筋在混凝土内部可自由滑动，在计算 d_{eq} 、ρ_{te} 时通常不考虑预应力筋的参与。在计算 σ_{sk} 时与有粘结及缓粘结预应力混凝土计算公式也有区别。裂缝宽度计算中的 d_{eq} 、ρ_{te} 、σ_{sk} 的计算方法见表 6.2-1。

d_{eq} 、ρ_{te} 、σ_{sk} 的计算方法 **表 6.2-1**

预应力筋种类	d_{eq}	ρ_{te}	σ_{sk}
无粘结	$d_{eq}=\dfrac{\sum n_i d_i^2}{\sum n_i v_i d_i}$	$\rho_{te}=\dfrac{A_s}{A_{te}}$	$\sigma_{sk}=\dfrac{M_k\pm M_2-N_{p0}(z-z_p)}{(0.3A_p+A_s)z}$
有粘结	$d_{eq}=\dfrac{\sum n_i d_i^2}{\sum n_i v_i d_i}$	$\rho_{te}=\dfrac{A_s+A_p}{A_{te}}$	$\sigma_{sk}=\dfrac{M_k\pm M_2-N_{p0}(z-z_p)}{(A_p+A_s)z}$
缓粘结	$d_{eq}=\dfrac{\sum n_i d_i^2}{\sum n_i v_i d_i}$	$\rho_{te}=\dfrac{A_s+A_p}{A_{te}}$	$\sigma_{sk}=\dfrac{M_k\pm M_2-N_{p0}(z-z_p)}{(A_p+A_s)z}$

注：d_{eq} —受拉区纵向钢筋的等效直径（mm）；对无粘结后张构件，仅为受拉区受拉普通钢筋的等效直径（mm）；

ρ_{te} —按有效受拉混凝土截面面积计算的纵向受拉钢筋配筋率；对无粘结构件，仅取纵向受拉普通钢筋计算配筋率；在最大裂缝宽度计算中，当 $\rho_{te}<0.01$ 时，取 $\rho_{te}=0.01$；

σ_{sk} —预应力混凝土构件受拉区纵向钢筋的等效应力。

此外，由于材料、锚具等基本与无粘结预应力筋相同，其各项预应力损失计算方法没有变化，仅摩擦损失计算中的摩擦系数取值有差异，与无粘结、有粘结预应力筋对应的缓粘结预应力筋的摩擦系数见表 6.2-2。

缓粘结预应力筋摩擦系数 **表 6.2-2**

预应力筋种类	κ	μ
无粘结	0.004	0.09
有粘结	0.0010～0.0015	0.15～0.30
缓粘结	≤0.006	≤0.12

6.3 缓粘结预应力工程施工

缓粘结预应力工程施工与无粘结预应力工程施工相当，与传统后张有粘结预应力工程施工工艺相比，省去了预留孔道和灌浆工序，大大简化了施工工艺流程。

传统后张有粘结预应力工程的施工难点在于成孔和灌浆，同时也是质量最难控制的关键环节。由于缓粘结预应力技术将上述两项需要在现场完成的工作，移至工厂完成，并且以产品的形式在工厂生产阶段进行严格的质量控制，因此，不仅大大简化了现场施工环节工作量，提高了施工简便性，同时有效地克服了因此可能造成的质量问题，确保了预应力工程的施工质量。更为重要的是，缓粘结预应力筋通过具有良好防腐作用的环氧树脂涂覆，且进一步包裹在塑料护套内，最外层尚有混凝土保护层，因此，其耐久性非常好。缓粘结预应力筋的布置非常灵活，既可分散布置，也可成束布置，对各类结构的适应性好，尤其是钢筋密集的节点区穿插预应力筋不受影响，且可采用小型千斤顶逐根张拉，因此张拉施工也大大简化且效率高。

6.4　缓粘结预应力混凝土结构工程实例

6.4.1　洞庭湖博物馆——预应力悬挑梁

1. 工程概况

洞庭湖博物馆为四馆（综合馆、规划展览馆、鸟类和水族馆）一体建筑，总建筑面积为 49600m^2，含地下一层，地上三层，房屋高度 23.9m。框架-剪力墙结构，主要功能区域楼面荷载取值见表 6.4-1。

主要功能区域楼面荷载　　　　**表 6.4-1**

部位	恒荷载（kN/m^2）	活荷载（kN/m^2）
屋面	10.0	2.0
展厅	8.0	5.0
首层展厅	8.0	8.0
报告厅、楼梯间、走廊	15.0	3.5
设备机房	13.0	7.0

2. 结构方案

洞庭湖博物馆二层结构外延为悬挑梁，且悬挑梁端部承柱，所受荷载较大，钢筋配置密集，为保证在设计荷载下悬挑梁的正常使用功能，采用预应力控制梁裂缝和挠度。由于传统有粘结预应力波纹管直径过大，无法穿过钢筋密集的节点核心区，故采用缓粘结预应力技术。

3. 设计结果

悬挑梁抗震等级为一级，采用直径 21.8mm 的低松弛缓粘结预应力钢绞线，强度级别为 1860N/mm^2。设计时使普通筋承担 90%以上承载力，预应力筋仅仅用于控制结构裂缝和挠度。

4. 技术措施

（1）悬挑梁预应力筋配置

悬挑梁端部承受本层荷载及以上楼层传递的荷载，悬挑梁根部所受弯矩较大，与悬挑梁相连邻跨会受到根部较大弯矩的影响，故将预应力筋延伸一跨布置。

（2）锚具封端措施

梁钢筋过密，预应力筋张拉端采用外凸式做法。考虑到预应力筋配置根数过多，为保证预应力筋合力点满足设计要求，张拉端采用多孔整块承压板。张拉完毕采用防腐油脂涂覆并进行套盖封锚，后用水泥砂浆进行封闭。

5. 附图

图 6.4-1 效果图

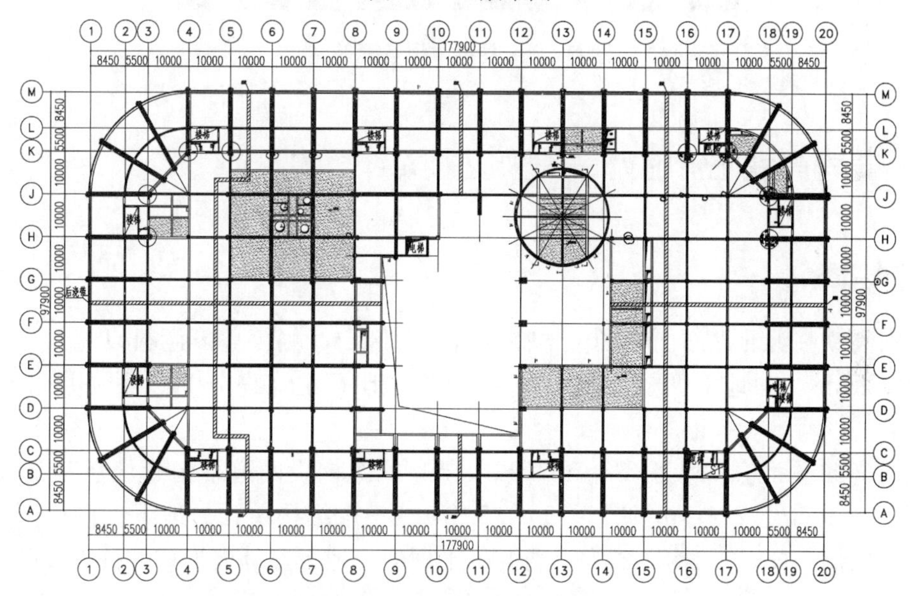

图 6.4-2 二层结构平面布置图

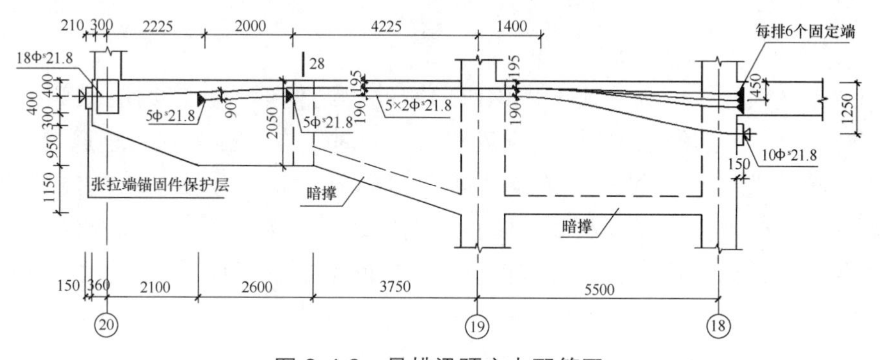

图 6.4-3 悬挑梁预应力配筋图

图6.4-4 悬挑梁现场配筋图

6.4.2 鲁南高铁临沂北站——预应力梁

1. 工程概况

鲁南高铁临沂北站站前广场位于临沂市兰山区白沙埠镇乔家湖村以北，总建筑面积20.04万m^2，含地下两层、地下一层。其中地下建筑物分为地下一层和广场层两层。

站前广场平面总尺寸为483.7m×224.1m，沿纵向设两道结构缝，分为136.5m×224.1m、201.7m×224.1m和136.5m×224.1m三个结构单元。地下一层层高5.9m，地下二层层高4.3m。结构形式为钢筋混凝土框架+地下室外墙形式，抗震设防烈度为8度。

2. 结构方案

结构地下室顶板及广场层顶板采用双向密肋梁结构形式，广场层上部存在1.5～3.0m的覆土，广场层顶板为斜板，荷载较大。同时，本工程为超长钢筋混凝土结构，受到温度影响较大。本工程采用预应力筋承担部分承载力并控制结构挠度和温度裂缝。考虑到结构抗震性能要求及节点核心区域的处理，为规避传统有粘结预应力灌浆质量通病及大直径波纹管无法穿过节点核心区等问题，本工程采用缓粘结预应力技术。

地下室结构的中段、地上结构、框架抗震等级为二级（局部超过18m大跨度抗震等级为一级）；地下室结构的两侧地下车库，框架抗震等级为三级；地下室外墙为二级。工程采用缓粘结预应力筋与普通钢筋相配合的双向预应力密肋梁设计方案，统一采用直径 21.8mm 的低松弛缓粘结预应力钢绞线，强度级别为 1860MPa。

3. 附图

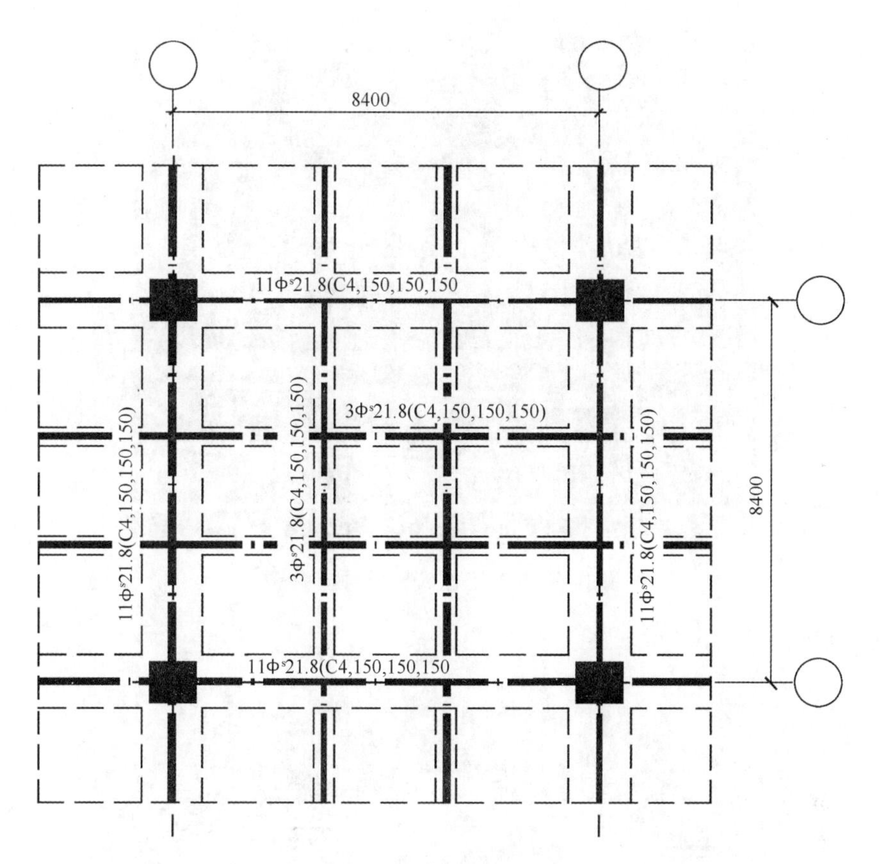

图 6.4-5　双向预应力筋布置图

图 6.4-6　梁中缓粘结预应力筋

图6.4-7 节点区缓粘结预应力筋

图6.4-8 效果图

6.5 缓粘结预应力技术相关标准

缓粘结预应力技术作为最新技术，在开展产品研发、结构构件的试验研究及工程试点应用的基础上，住建部发布实施了建工行业产品标准《缓粘结预应力钢绞线专用粘合剂》JG/T 370—2012、《缓粘结预应力钢绞线》JG/T 369—2012，以及行业工程标准《缓粘结预应力结构技术规程》JGJ 387—2017，为缓粘结预应力技术的推广应用创造了良好的条件。随着标准化改革工作的推进，今后有关缓粘结预应力技术的产品和工程标准将不断更新，积极引导和规范技术及管理行为，推动缓粘结预应力技术在建工、铁路、公路及水工结构等领域的发展。

附录 A　预应力混凝土楼盖常用结构形式

建筑工程中常用的预应力混凝土楼（屋）盖结构形式主要有：主次梁楼盖、井式梁楼盖、双向密肋楼盖、带扁梁单向平板楼盖、框架梁平板楼盖和无梁楼盖等形式，不同形式的楼盖的结构特点如下：

A.1　主次梁楼盖

主次梁楼盖由板、次梁和主梁组成，典型的平面布置见图 A-1。

（1）适用于(6～21)m×(12～30)m 柱网的建筑。

（2）次梁间距一般为 2m～4m。

（3）次梁的跨高比：当次梁横向布置时宜取 16～20；当次梁纵向布置时次梁一般设计为钢筋混凝土，若跨度≥9m 宜设计为预应力混凝土，跨高比宜取 18～25。

（4）主梁的跨高比宜取 15～20。

（5）次梁可采用无粘结预应力筋；当跨度≥15m 时，宜采用有粘结预应力筋。

（6）当主梁跨度>9m 时，宜采用有粘结预应力筋。

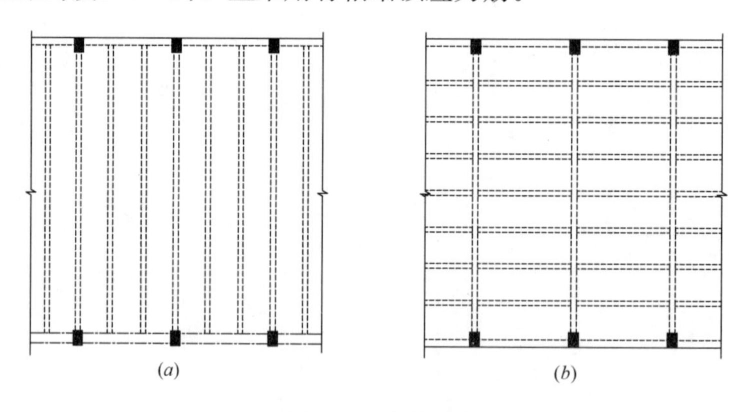

图 A-1　主次梁楼盖

（a）主梁纵向布置；（b）主梁横向布置

A.2　井式梁楼盖

井式梁楼盖由板和相互垂直或斜交的交叉梁等组成，典型的平面布置见图 A-2。

（1）该类楼盖适用于荷载较大或跨度较大的建筑，适用跨度为 12m～36m。

（2）网格梁间距一般为 2.4m～4.2m。

（3）网格梁的跨高比：双向网格梁可取 20～25；三向网格梁可取 25～30。

（4）网格梁可采用无粘结预应力筋。

（5）框架梁的跨高比可取 12～20；当采用扁梁时，跨高比可取 18～25。

（6）井式梁结构有以下三种形式：

① 正交网格梁：网格梁的方向与楼盖矩形平面周边相垂直，适用于矩形平面边长比不大于 1.5 的平面；

② 斜交网格梁：网格梁的方向与楼盖矩形平面周边相斜交，适用于矩形平面边长比大于 1.5 的平面；

③ 三向网格梁：当楼盖的平面为三角形或六角形时，宜将网格梁的方向与平面周边平行布置，形成三向网格梁。

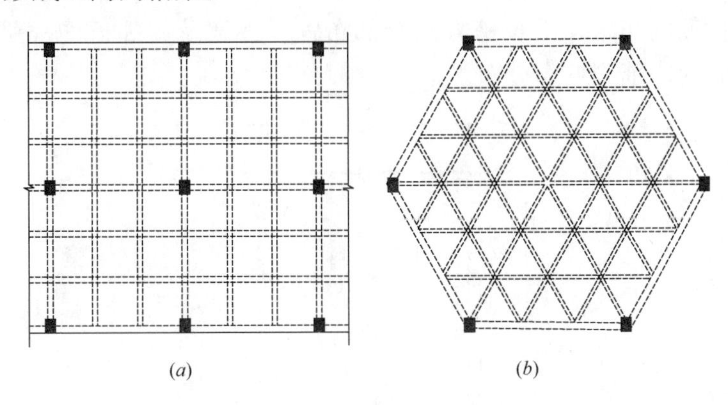

图 A-2　井式梁楼盖

（a）正交网格梁；（b）三向网格梁

A.3　双向密肋楼盖

双向密肋楼盖由钢筋混凝土薄板和间距较小、相互正交、高度相等的预应力混凝土肋梁组成，典型的平面布置见图 A-3。

（1）适用于（9～15）m×（9～15）m 柱网的建筑。

（2）肋梁间距一般不大于 1.5m。

（3）肋梁跨高比可取 25～30，肋梁的最小宽度为 160mm。

（4）肋梁宜采用无粘结预应力筋。

（5）框架梁的跨高比可取 12～20；当采用扁梁时，跨高比可取 18～25。

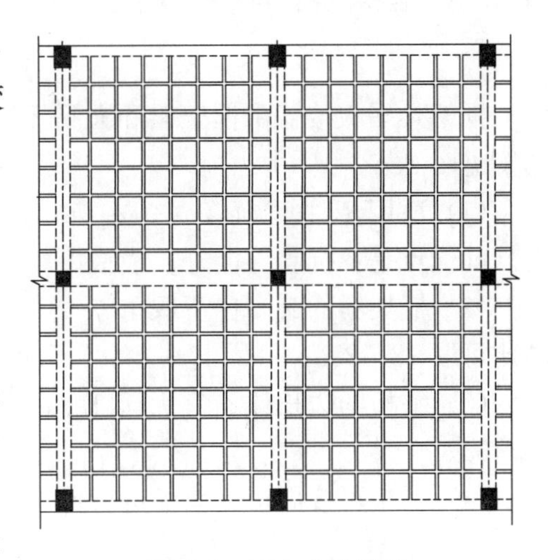

图 A-3　双向密肋楼盖

（6）双向密肋楼盖的模板常采用塑料模壳或玻璃钢模壳。

A.4　带扁梁单向平板楼盖

带扁梁单向平板楼盖由扁梁和平板组成，扁梁布置在长跨方向，扁梁之间的短跨布置单向板。典型的平面布置见图 A-4。

（1）适用于柱网一个方向大、另一方向小的建筑，柱网短向尺寸一般为 9m～11m，长跨方向尺寸一般为 10m～14m。

（2）扁梁突出于板下的高度一般不超过 1.5 倍板厚，扁梁的跨高比约为 22～28，扁梁的宽度约为梁高的 3～6 倍。

（3）预应力筋的布置，沿长跨方向全部布置于柱宽及其邻近的扁梁宽度范围内，沿短跨方向的预应力筋则均匀分布。

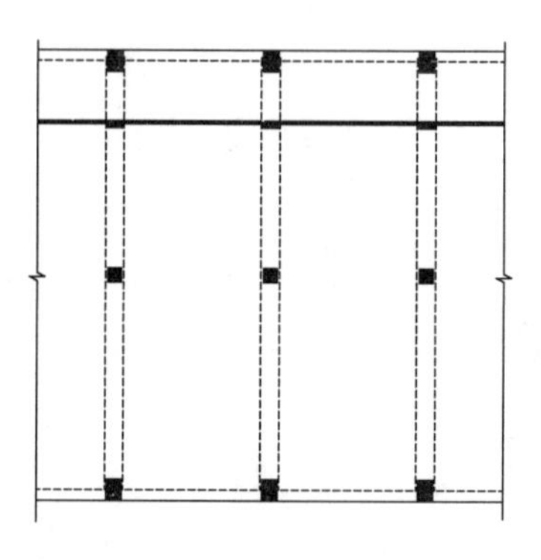

图 A-4　带扁梁单向平板楼盖

A.5　框架梁平板楼盖

框架梁平板楼盖由框架梁和大平板组成，典型的平面布置见图 A-5。

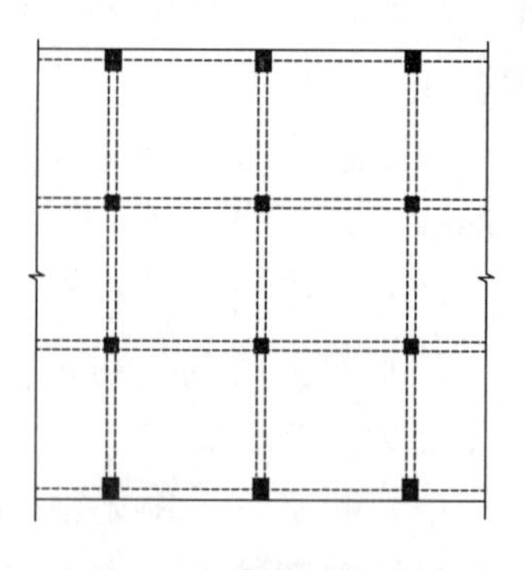

图 A-5　框架梁平板楼盖

（1）适用于柱网为（6～12）m×（6～12）m 的建筑。其优点是：抗震性能好，模板简单，施工方便。

（2）框架梁的跨高比可取 12～18；当采用扁梁时，跨高比可取 18～25。

（3）平板的边长比不宜大于 1.3；平板的跨高比宜取 45～55。

（4）平板可按周边支承板进行计算，其连续边中点弯矩可折减 10%～20%；也可采用有限元法进行分析。

（5）平板宜采用无粘结预应力混凝土，预应力筋可带状双向布置，预应力筋的并筋数量不宜多于4根。

(6) 柱网不大于8m×8m时，平板可设计为普通钢筋混凝土。

A.6 无梁平板楼盖

无梁平板楼盖由柱支承的平板、带托板的平板或带柱帽的平板组成，典型的平面布置见图A-6。

(1) 适用于柱网为(7～12) m×(7～12) m的建筑。

(2) 无梁楼盖有以下两种形式：

① 无柱帽无梁楼盖，其跨高比为35～42，最大跨度不宜超过10m，楼板厚度一般由板的受冲切承载力控制；

② 有柱帽或托板无梁楼盖，其跨高比为45～50，最大跨度不宜超过12m，平托板的延伸长度不宜小于板跨的1/6，其厚度不宜小于1.5倍板厚。

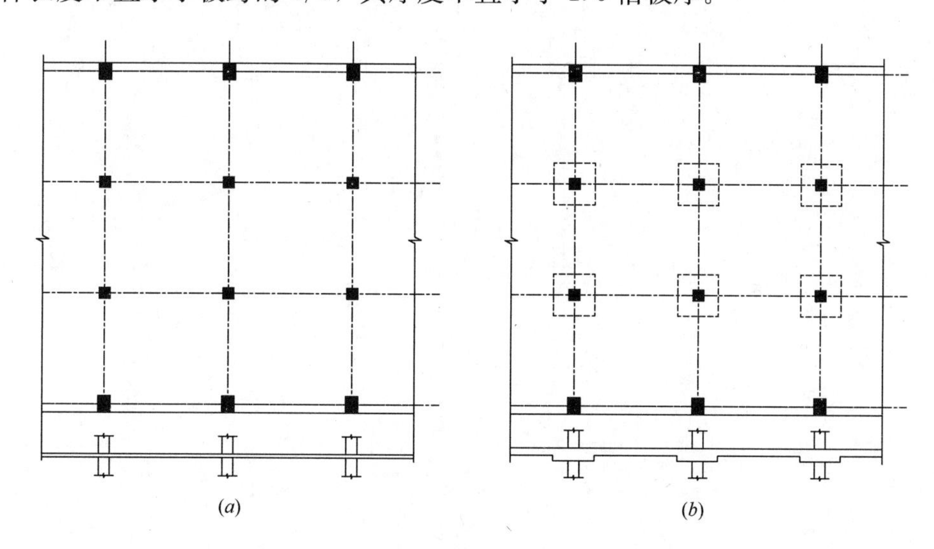

图A-6 无梁平板楼盖

(a) 无柱帽；(b) 有柱帽

(3) 矩形柱网无梁平板，可按等代框架法分别进行纵横两个方向的内力计算；在竖向荷载作用下，等代梁的梁宽可取柱两侧半跨之和；在水平力作用下，等代梁的梁宽取下列公式计算结果的较小值：

$$b_{\mathrm{y}}=\frac{1}{2}(l_{\mathrm{x}}+b_{\mathrm{d}})\text{ 或 }b_{\mathrm{y}}=\frac{3}{4}l_{\mathrm{y}}$$

式中：b_{y}——y向等代框架梁的计算宽度；

l_{x}，l_{y}——等代梁的计算跨度；

b_{d}——平托板的有效宽度。

(4) 对格梁板、柱网较特殊的板、承受大集中荷载和大开孔的板，宜采用有限单元法等方法进行计算。

(5) 在平板的边缘和拐角处，应设置暗圈梁或钢筋混凝土边梁。

(6) 纯板柱结构当层数较多时，宜设置抗震墙；板柱结构的首层底板及屋盖宜设计为梁板式楼盖。

附录 B　正常使用极限状态验算

B.1　受弯构件挠度验算

《混凝土结构设计规范》GB 50010—2010 中规定：预应力混凝土受弯构件的最大挠度应按荷载的标准组合，并考虑荷载长期作用的影响进行计算，其计算值不应超过表 B-1 规定的挠度限值，括号内的数值适用于使用上对挠度有较高要求的构件，表中 l_0 为构件的计算跨度；计算悬臂构件的挠度限值时，其计算跨度 l_0 按实际悬臂长度的 2 倍取用。如果构件制作时预先起拱，且使用上也允许，则在验算挠度时，可将计算所得的挠度值减去起拱值；对预应力混凝土构件，尚可减去预加力所产生的反拱值；构件制作时的起拱值和预加力所产生的反拱值，不宜超过构件在相应荷载组合作用下的计算挠度值。

受弯构件的挠度限值　　　　**表 B-1**

构件类型		挠度限值
吊车梁	手动吊车	$l_0/500$
	电动吊车	$l_0/600$
屋盖、楼盖及楼梯构件	当 $l_0<7$m 时	$l_0/200$　（$l_0/250$）
	当 7m$\leqslant l_0 \leqslant$9m 时	$l_0/250$　（$l_0/300$）
	当 $l_0>9$m 时	$l_0/300$　（$l_0/400$）

预应力混凝土受弯构件的挠度可按照结构力学方法计算。在等截面构件中，可假定各同号弯矩区段内的刚度相等，并取用该区段内最大弯矩处的刚度。当计算跨度内的支座截面刚度不大于跨中截面刚度的两倍或不小于跨中截面刚度的二分之一时，该跨也可按等刚度构件进行计算，其构件刚度可取跨中最大弯矩截面的刚度。

矩形、T 形、倒 T 形和 I 形截面预应力混凝土受弯构件中，按荷载标准组合并考虑荷载长期作用影响的刚度 B，可按公式（B-1）计算：

$$B=\frac{M_k}{M_q+M_k}B_s \tag{B-1}$$

式中：M_k ——按荷载标准组合计算的弯矩，应取计算区段内的最大弯矩值；

M_q ——按荷载准永久组合计算的弯矩。应取计算区段内的最大弯矩值；

B_s ——荷载标准组合作用下受弯构件的短期刚度，预压时预拉区出现裂缝的构件，B_s 应降低 10%。

预应力混凝土受弯构件在使用阶段的预加应力反拱值，可用结构力学方法按刚度 $E_c I_0$ 进行计算，预应力筋的应力应扣除全部预应力损失。考虑预压应力长期作用的影响，可将计算的反拱值乘以增大系数 2.0。对重要的或特殊的预应力混凝土受弯构件的长期反拱值，可根据专门的试验分析确定或根据配筋情况采用考虑收缩、徐变影响的计算方法分析确定。

在荷载标准组合作用下，预应力混凝土受弯构件的短期刚度 B_s 可分别按公式（B-2）和（B-3）进行计算。

对要求不出现裂缝的构件

$$B_s = 0.85 E_c I_0 \tag{B-2}$$

对允许出现裂缝的构件

$$B_s = \frac{0.85 E_c I_0}{\kappa_{cr} + (1 - \kappa_{cr})\omega} \tag{B-3}$$

$$\kappa_{cr} = \frac{M_{cr}}{M_k} \tag{B-4}$$

$$\omega = \left(1.0 + \frac{0.21}{\alpha_E \rho}\right)(1 + 0.45\gamma_f) - 0.7 \tag{B-5}$$

$$M_{cr} = (\sigma_{pc} + \gamma f_{tk}) W_0 \tag{B-6}$$

$$\gamma_f = \frac{(b_f - b) h_f}{b h_0} \tag{B-7}$$

式中：I_0 ——换算截面惯性矩（mm^4）。

α_E ——钢筋弹性模量与混凝土弹性模量的比值，应取为 E_s/E_c；

ρ ——纵向受拉钢筋配筋率，取为 $\rho = (\alpha_1 A_p + A_s) / (b h_0)$，对灌浆的后张预应力筋，取 $\alpha_1 = 1.0$，对无粘结后张预应力筋，取 $\alpha_1 = 0.3$；

M_{cr} ——受弯构件的正截面开裂弯矩值；

γ_f ——受拉翼缘截面面积与腹板有效截面面积的比值；

b_f ——受拉翼缘的宽度；

h_f ——受拉翼缘的高度；

κ_{cr} ——混凝土受弯构件正截面的开裂弯矩 M_{cr} 与弯矩 M_k 的比值，当 κ_{cr} 大于 1.0 时，取为 1.0；

γ ——混凝土构件的截面抵抗矩塑性影响系数，应按现行国家标准《混凝土结构设计规范》GB 50010 相关规定计算。

B.2 截面裂缝控制验算

B.2.1 截面裂缝控制等级

截面裂缝控制等级的划分，一般根据结构的功能要求、环境条件对钢筋的腐蚀影响、钢筋种类对腐蚀的敏感性和荷载作用的时间等因素来考虑。我国规范将结构构件正截面的受力裂缝控制等级分为三级，在不同阶段对不同等级的计算控制条件有不同规定：

（1）一级裂缝控制等级构件，在荷载标准组合下，受拉边缘应力应符合下列规定：

$$\sigma_{ck} - \sigma_{pc} \leqslant 0 \tag{B-8}$$

（2）二级裂缝控制等级构件，在荷载标准组合下，受拉边缘应力应符合下列规定：

$$\sigma_{ck} - \sigma_{pc} \leqslant \alpha f_{tk} \tag{B-9}$$

$$\sigma_{cq} - \sigma_{pc} \leqslant \beta f_{tk} \tag{B-10}$$

（3）三级裂缝控制等级时，预应力混凝土构件的最大裂缝宽度可按荷载标准组合并考虑长期作用影响的效应计算。最大裂缝宽度应符合下列规定：

$$w_{max} \leqslant w_{lim} \tag{B-11}$$

在荷载准永久组合下，受拉边缘应力尚应符合下列规定：

$$\sigma_{cq} - \sigma_{pc} \leqslant f_{tk} \tag{B-12}$$

式中：σ_{ck}、σ_{cq}——荷载标准组合、准永久组合下抗裂验算边缘的混凝土法向应力；

σ_{pc}——扣除全部预应力损失后在抗裂验算边缘混凝土的预压应力。

《混凝土结构设计规范》GB 50010—2010 规定：对预应力混凝土构件，按荷载标准组合并考虑长期作用的影响计算时，构件的最大裂缝宽度不应超过表 B-2 规定的最大裂缝宽度限值；对二 a 类环境的预应力混凝土构件，尚应按荷载准永久组合计算，构件受拉边缘混凝土的拉应力不应大于混凝土的抗拉强度标准值，预应力混凝土结构构件的荷载组合应包括预应力作用。

预应力混凝土结构构件的裂缝控制等级及最大裂缝宽度限值　　表 B-2

环境类别	裂缝控制等级	w_{lim}（mm）
一	三级	0.20
二 a		0.10
二 b	二级	—
三 a、三 b	一级	—

结构构件应根据结构类型和所处的环境类别，按表 B-2 的规定选用不同的裂缝控制等级及最大裂缝宽度限值 w_{lim}。表 B-2 中的规定适用于采用预应力钢丝、钢绞线及预应力螺纹钢筋的预应力混凝土构件；在一类环境下，对预应力混凝土屋架、托架及双向板体系，应按二级裂缝控制等级进行验算；对一类环境下的预应力混凝土屋面梁、托梁、单向板，按表中二 a 级环境的要求进行验算；在一类和二类环境下的需作疲劳验算的预应力混凝土吊车梁，应按一级裂缝控制等级进行验算；表中规定的预应力混凝土构件的裂缝控制等级和最大裂缝宽度限值仅适用于正截面的验算。

表 B-2 的规定适用于有粘结预应力混凝土结构构件，其裂缝控制等级及最大裂缝宽度的限值均较钢筋混凝土结构构件严格，这是由于对采用预应力钢丝、钢绞线及预应力螺纹钢筋的预应力混凝土构件，考虑到钢丝直径较小等原因，一旦出现裂缝会影响结构耐久性。对于无粘结预应力混凝土结构构件，由于无粘结预应力筋本身是全长封闭的，其耐久性能很好，《无粘结预应力混凝土结构技术规程》JGJ 92—2016 结合研究成果及耐久性设计要求，针对不同的构件按其所处的环境类别分别给出了详细的裂缝控制等级、最大拉应力限值及最大裂缝宽度限值要求，见表 B-3。

无粘结预应力混凝土构件的裂缝控制等级、混凝土拉应力限值及最大裂缝宽度限值　　表 B-3

环境类别	构件类别	裂缝控制等级	
		标准组合下混凝土拉应力限值 $\sigma_{ctk,lim}$（N/mm^2）或最大裂缝宽度限值 w_{lim}（mm）	准永久组合下混凝土拉应力限值 $\sigma_{ctq,lim}$（N/mm^2）
一	周边支承楼（屋）面板的支座、连续梁、框架梁、偏心受压构件及一般构件	三级	
		0.2	—
	周边支承楼（屋）面板的跨中及柱支承双向板、预制屋面梁	二级	
		$1.0f_{tk}$	—
	轴心受拉构件	二级	
		$0.5f_{tk}$	—
二 a	轴心受拉构件	二级	
	基础板及其他构件	$0.5f_{tk}$	—
		三级	
		0.1	$1.0f_{tk}$
二 b	轴心受拉构件	二级	
		$0.3f_{tk}$	0
	基础板及其他构件	$1.0f_{tk}$	$0.2f_{tk}$
三 a	结构构件	一级	
三 b		0	

当施加预应力仅为了减小钢筋混凝土构件的裂缝宽度或满足构件的允许挠度限值，以及改善环境温度和混凝土收缩作用影响时，构件的裂缝控制等级、荷载引起的混凝土拉应力限值和最大裂缝宽度限值可不受限制。

B.2.2　截面应力计算

在荷载标准组合和准永久组合下，抗裂验算时截面边缘混凝土的法向应力应按下列公式计算：

$$\sigma_{ck}=\frac{M_k}{W_0}+\frac{N_k}{A_0} \tag{B-13}$$

$$\sigma_{cq}=\frac{M_q}{W_0}+\frac{N_q}{A_0} \tag{B-14}$$

式中：A_0——构件换算截面面积；

W_0——构件换算截面受拉边缘的弹性抵抗矩。

B.2.3 截面主应力验算

在进行正常使用极限状态验算时，对于由截面最大拉应力控制的预应力混凝土受弯构件应分别对截面上的混凝土主拉应力和主压应力进行验算，验算时应选择跨度内不利位置的截面，对该截面的换算截面重心处和截面宽度突变处进行验算。

（1）混凝土主拉应力

一级裂缝控制等级构件：

$$\sigma_{tp}\leqslant 0.85f_{tk} \tag{B-15}$$

二级裂缝控制等级构件：

$$\sigma_{tp}\leqslant 0.95f_{tk} \tag{B-16}$$

（2）混凝土主压应力

$$\sigma_{cp}\leqslant 0.60f_{tk} \tag{B-17}$$

混凝土主拉应力和主压应力应按下列公式计算：

$$\left.\begin{matrix}\sigma_{tp}\\ \sigma_{cp}\end{matrix}\right\}=\frac{\sigma_x+\sigma_y}{2}\pm\sqrt{\left(\frac{\sigma_x-\sigma_y}{2}\right)^2+\tau^2} \tag{B-18}$$

$$\sigma_x=\sigma_{pc}+\frac{M_k y_0}{I_0} \tag{B-19}$$

$$\tau=\frac{(V_k-\Sigma\,\sigma_{pe}A_{pb}\sin\alpha_p)S_0}{I_0 b} \tag{B-20}$$

式中：σ_x——由预加力和弯矩值 M_k 在计算纤维处产生的混凝土法向应力；

σ_y——由集中荷载标准值 F_k 产生的混凝土竖向压应力；

τ——由剪力值 V_k 和预应力弯起钢筋的预加力在计算纤维处产生的混凝土剪应力；当计算截面上有扭矩作用时，尚应计入扭矩引起的剪应力；对超静定后张法预应力混凝土结构构件，在计算剪应力时，尚应计入预加力引起的次剪力；

σ_{pc}——扣除全部预应力损失后，在计算纤维处由预加力产生的混凝土法向应力；

y_0——换算截面重心至计算纤维处的距离；

I_0——换算截面惯性矩；

V_k——按荷载标准组合计算的剪力值；

S_0——计算纤维以上部分的换算截面面积对构件换算截面重心的面积矩；

σ_{pe}——预应力弯起钢筋的有效预应力；

A_{pb}——计算截面上同一弯起平面内的预应力弯起钢筋的截面面积；

α_p——计算截面上预应力弯起钢筋的切线与构件纵向轴线的夹角。

B.2.4　构件最大裂缝宽度计算

预应力混凝土受弯构件中，按荷载标准组合或准永久组合并考虑长期作用影响的最大裂缝宽度可按下列公式计算：

$$w_{\max}=\alpha_{\mathrm{cr}}\psi\frac{\sigma_{\mathrm{sk}}}{E_{\mathrm{s}}}\left(1.9c_{\mathrm{s}}+0.08\frac{d_{\mathrm{eq}}}{\rho_{\mathrm{te}}}\right) \tag{B-21}$$

$$\psi=1.1-0.65\frac{f_{\mathrm{tk}}}{\rho_{\mathrm{te}}\sigma_{\mathrm{s}}} \tag{B-22}$$

$$d_{\mathrm{eq}}=\frac{\sum n_i d_i^2}{\sum n_i v_i d_i} \tag{B-23}$$

$$\rho_{\mathrm{te}}=\frac{A_{\mathrm{s}}+A_{\mathrm{p}}}{A_{\mathrm{te}}} \tag{B-24}$$

$$\sigma_{\mathrm{sk}}=\frac{M_{\mathrm{k}}-N_{\mathrm{p0}}(z-e_{\mathrm{p}})}{(\alpha_1 A_{\mathrm{p}}+A_{\mathrm{s}})z} \tag{B-25}$$

$$z=\left[0.87-0.12(1-\gamma_{\mathrm{f}}')\left(\frac{h_0}{e}\right)^2\right]h_0 \tag{B-26}$$

$$e=e_{\mathrm{p}}+\frac{M_{\mathrm{k}}}{N_{\mathrm{p0}}} \tag{B-27}$$

$$e_{\mathrm{p}}=y_{\mathrm{ps}}-e_{\mathrm{p0}} \tag{B-28}$$

式中：α_{cr}——构件受力特征系数，对受弯构件，取为 1.5；

ψ——裂缝间纵向受拉钢筋应变不均匀系数：当 $\psi<0.2$ 时，取 $\psi=0.2$；当 $\psi>1.0$ 时，取 $\psi=1.0$；对直接承受重复荷载的构件，取 $\psi=1.0$；

σ_{s}——按荷载标准组合计算的预应力混凝土构件纵向受拉钢筋等效应力；

E_{s}——钢筋弹性模量；

c_{s}——最外层纵向受拉钢筋外边缘至受拉区底边的距离（mm）：当 $c_{\mathrm{s}}<20$ 时，取 $c_{\mathrm{s}}=20$；当 $c_{\mathrm{s}}>65$ 时，取 $c_{\mathrm{s}}=65$；

ρ_{te}——按有效受拉混凝土截面面积计算的纵向受拉钢筋配筋率；对无粘结后张构件，仅取纵向受拉钢筋计算配筋率；在最大裂缝宽度计算中，当 $\rho_{\mathrm{te}}<0.01$ 时，取 $\rho_{\mathrm{te}}=0.01$；

A_{te}——有效受拉混凝土截面面积。对受弯构件，取 $A_{\mathrm{te}}=0.5bh+(b_{\mathrm{f}}-b)h_{\mathrm{f}}$，此处，$b_{\mathrm{f}}$、$h_{\mathrm{f}}$ 为受拉翼缘的宽度、高度；

A_{s}——受拉区纵向钢筋截面面积；

d_{eq}——受拉区纵向钢筋的等效直径（mm）；对无粘结后张构件，仅为受拉区纵向受拉钢筋的等效直径（mm）；

d_i——受拉区第 i 种纵向钢筋的公称直径；对于有粘结预应力钢绞线束的直径取为 $\sqrt{n_1}\,d_{\mathrm{p1}}$，其中 d_{p1} 为单根钢绞线的公称直径，n_1 为单束钢绞线根数；

n_i——受拉区第 i 种纵向钢筋的根数；对于有粘结预应力钢绞线，取为钢绞线束数；

v_i ——受拉区第 i 种纵向钢筋的相对粘结特性系数，对预应力钢绞线，可取为 0.5；

A_p ——受拉区纵向预应力筋截面面积；

N_{p0} ——计算截面上混凝土法向预应力等于零时的预加力；

N_k 、M_k ——按荷载标准组合计算的轴向力值、弯矩值；

z——受拉区纵向普通钢筋和预应力筋合力点至截面受压区合力点的距离；

α_1 ——无粘结预应力筋的等效折减系数，取 α_1 为 0.3；对灌浆的后张预应力筋，取 α_1 为 1.0；

e_p —— N_{p0} 的作用点至受拉区纵向预应力筋和普通钢筋合力点的距离；

y_{ps} ——受拉区纵向预应力筋和普通钢筋合力点的偏心距；

e_{p0} ——计算截面上混凝土法向预应力等于零时的预加力 N_{p0} 作用点的偏心距。

B.3 竖向自振频率验算

对于跨度或悬臂长度不大的钢筋混凝土或预应力混凝土楼盖，正常使用极限状态只需要进行变形和裂缝控制的验算，但是对跨度或悬臂长度较大的楼盖，采用预应力混凝土结构的情况下，由于楼盖刚度减小，导致楼盖体系竖向振动频率降低，阻尼比减小，在人行走或其他活动时容易产生共振。如果楼盖的竖向振动超过了人体舒适度的耐受极限，会让使用者在心理上产生不安甚至恐慌感。因此，楼盖的振动舒适度有可能超越了其强度、变形及其他问题，成为大跨度楼盖设计的主要控制因素之一，国内外相关规范控制振动舒适度的方法主要包括控制振动的频率、振动加速度、最大振动位移等。

《混凝土结构设计规范》GB 50010—2010 首次以楼盖结构竖向振动频率为依据引入了对楼盖舒适度的验算要求。GB 50010—2010 规定：对振动舒适度有要求的混凝土楼盖结构，在正常使用极限状态下，楼盖结构竖向振动频率宜满足表 B-4 的要求，不满足时可根据功能要求对相应的振动指标进行分析。工业建筑及有特殊要求的建筑应根据使用功能提出要求。

楼盖结构竖向振动频率 **表 B-4**

建筑功能	楼盖结构竖向振动频率
住宅和公寓	≥5Hz
办公楼和旅馆	≥4Hz
大跨公共建筑	≥3Hz

一般楼盖的竖向自振频率可采用简化方法计算。预应力混凝土梁的自振频率受跨度、抗弯刚度、质量和边界条件等多种因素的影响。国内外的研究表明，构件轴向预

压应力会影响梁的有效抗弯刚度，对自振频率也有一定的影响。综合来看，等截面梁和薄板的振动频率受其抗弯刚度和质量之间关系的影响，而构件在自重作用下的挠度可以反映抗弯刚度和质量的关系，同时挠度又是工程设计中比较关心的参数之一。为简化计算，《无粘结预应力混凝土结构技术规程》JGJ 92—2016 给出了预应力混凝土等截面梁、板的竖向振动频率简化计算公式见式（B-29），其计算结果与采用有限元计算得到的结果比较接近，与结构实测自振频率也比较吻合。

$$f_1 = \frac{18}{\sqrt{\delta}} \tag{B-29}$$

式中：f_1——等截面梁或板的竖向振动频率（Hz）；

δ——等截面梁或板在有效荷载作用下的挠度（mm）。有效荷载取楼盖自重与有效分布活荷载之和，有效分布活荷载对住宅和公寓可取 0.25kN/m^2，其他结构可取 0.50kN/m^2。

计算与工程经验表明，当楼盖结构跨度和跨高比均不大于表 B-5 中数值时，结构自振频率一般可满足要求，不需进行竖向振动频率的验算，否则应根据结构实际的刚度和荷载条件计算其振动频率。

不需进行竖向振动频率验算的楼盖　　表 B-5

楼盖结构形式		跨高比	楼盖跨度（m）		
			住宅和公寓	办公楼和旅馆	大跨公共建筑
两端支承梁	固支	22	24	33	45
	简支	18	11	14	22
两端支承扁梁	固支	25	24	33	45
	简支	22	11	14	21
井字梁	简支	25	11	13	18
		20	15	18	24
悬臂梁		10	4	8	12
单向板	固支	45	16	20	27
	简支	40	8	10	13
周边支承双向板	固支	50	21	26	35
	简支	45	13	16	21
柱支承双向板	有平托板	50	11	14	18
	无平托板	45			
悬臂板		15	6	8	10

附录C 锚固区承载力计算与构造

后张预应力混凝土构件端部锚固区承载能力主要是指预应力筋张拉力作用下的局部受压承载力，锚固区配筋构造主要包括：为提高局部受压承载力配置的局部加强钢筋和为限制构件端面在施工张拉后常出现的纵向劈裂裂缝和纵向水平端面裂缝而配置的附加钢筋。

C.1 局部受压承载力计算与构造

一般各种张拉锚固体系中都有满足局部承压安全度所需的最小排布尺寸和相应的加强钢筋。满足张拉锚固体系中的有关规定时，局部受压承载力就可满足安全要求；工程实际条件不能满足张拉锚固体系的有关规定时，应对锚固区局部承压构造进行专门设计，也可根据实际设计条件按《预应力筋用锚具、夹具和连接器应用技术规程》JGJ 85—2010附录A进行锚固区传力性能试验验证。设计中尚应注意局部压力作用下局压区混凝土各部位的应力情况，做出合理的配筋，防止张拉阶段混凝土出现裂缝。

对后张预应力混凝土构件的端部锚固区，应按下列规定配置间接钢筋：

(1) 当采用普通钢垫板时，应按《混凝土结构设计规范》GB 50010—2010规定进行局部受压承载力的计算，并配置间接钢筋，其体积配筋率不应小于0.5%；计算局部受压面积时，锚垫板的刚性扩散角应取45°。

(2) 当采用整体铸造垫板时，应根据产品的技术参数要求选用配套的锚垫板和局部加强钢筋，并确定锚垫板间距、锚垫板到构件边缘距离以及张拉时要求的混凝土强度；当产品技术参数不满足工程实际条件时，应由设计方专门设计，必要时可根据实际设计条件按《预应力筋用锚具、夹具和连接器应用技术规程》JGJ 85—2010进行锚固区传力性能试验验证。

C.2 防裂加强钢筋

(1) 在局部荷载作用下构件端部常出现沿荷载方向的劈裂裂缝［图C(a)中的裂缝A］。为控制劈裂裂缝，在局部受压间接钢筋配置区以外，在构件端部长度l不小于$3e$(e为截面重心线上部或下部预应力筋的合力点至临近边缘的距离)但不大于$1.2h$(h为构件端部截面高度)、高度为$2e$的附加配筋区范围内，应均匀配置附加箍筋或网片。配筋面积可按下列公式计算：

$$A_{sb} \geqslant 0.18\left(1-\frac{l_l}{l_b}\right)\frac{P}{f_{yv}} \tag{C-1}$$

式中：P——作用在构件端部截面重心线上部或下部预应力筋的合力设计值，可按《混凝土结构设计规范》GB 50010 的有关规定进行计算；

l_l、l_b——沿构件高度方向 A_l、A_b的边长或直径［图 C（c)］；

f_{yv}——附加防劈裂钢筋的抗拉强度设计值。

用于控制劈裂裂缝的附加钢筋的体积配筋率不应小于 0.5%，同时附加钢筋在劈裂裂缝两侧应满足锚固要求。

（2）当构件端部预应力筋需集中布置在截面下部或集中布置在上部或下部时，构件端面常出现端面裂缝［图 C（a）中的裂缝 B］，故应在构件端部 0.2h（h 为构件端部截面高度）范围内设置附加竖向焊接钢筋网、封闭式箍筋或其他形式的构造钢筋来控制端面裂缝。附加竖向钢筋宜采用带肋钢筋，其截面面积应符合下列要求：

$$A_{SV} \geqslant \frac{T_s}{f_{yv}} \tag{C-2}$$

$$T_s=\left(0.25-\frac{e}{h}\right)P \tag{C-3}$$

式中：T_s——锚固端端面劈裂拉力；

P——作用在构件端部截面重心线上部或下部预应力筋的合力设计值，此时，仅考虑混凝土预压前的预应力损失值；

e——截面重心线上部或下部预应力筋的合力点至截面近边缘的距离；

h——构件端部截面高度。

f_{yv}——附加竖向钢筋的抗拉强度设计值，按《混凝土结构设计规范》GB 50010—2010 采用；

当端部截面上部和下部均有预应力钢筋时，附加竖向钢筋的总截面面积应按上部和下部的预应力合力分别计算的数值较大值采用。

如果预应力筋在横向有偏心时，应按上述方法计算抗劈裂钢筋，并与上述竖向钢筋形成网片筋配置。

端面裂缝的相对位置 c 可由 e、h 确定，即 $c/h=\sqrt{e/h}$［图 C（a)］。用于控制端面裂缝的附加竖向钢筋在端面裂缝两侧应满足锚固要求。用于控制端面裂缝的附加竖向钢筋与局部受压间接钢筋在构件端部 0.2h 范围内应叠加布置。

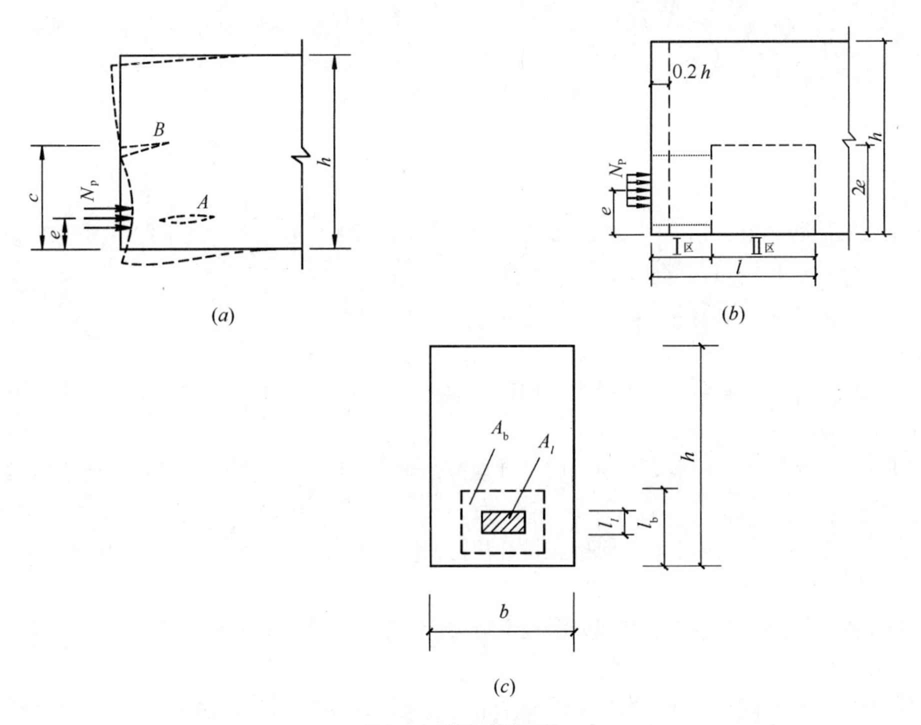

图C 端部锚固区

(a) 梁端部两类裂缝示意图；(b) 间接钢筋及附加钢筋配筋范围；

(c) 梁端 l_l、l_b示意图

注：Ⅰ区用于配置局部受压间接钢筋；Ⅱ区用于配置控制劈裂裂缝附加钢筋。

参 考 文 献

[1] 中华人民共和国国家标准．混凝土结构设计规范 GBJ 10—89[S]．北京：中国建筑工业出版社，1989.

[2] 中华人民共和国国家标准．混凝土结构设计规范 GB 50010—2002[S]．北京：中国建筑工业出版社，2002.

[3] 中华人民共和国国家标准．混凝土结构设计规范 GB 50010—2010[S]．北京：中国建筑工业出版社，2010.

[4] 中华人民共和国国家标准．建筑抗震设计规范 GB 50011—2002[S]．北京：中国建筑工业出版社，2002.

[5] 中华人民共和国国家标准．建筑抗震设计规范 GB 50011—2010[S]．北京：中国建筑工业出版社，2010.

[6] 中华人民共和国行业标准．预应力混凝土结构抗震设计规程 JGJ 140—2004[S]．北京：中国建筑工业出版社，2004.

[7] 中华人民共和国行业标准．预应力混凝土结构抗震设计标准 JGJ/T 140—2019[S]．北京：中国建筑工业出版社，2019.

[8] 中华人民共和国行业标准．无粘结预应力混凝土结构技术规程 JGJ 92—2016[S]．北京：中国建筑工业出版社，2016.

[9] 中华人民共和国国家标准．混凝土结构工程施工规范 GB 50666—2011[S]．北京：中国建筑工业出版社，2010.

[10] 中华人民共和国国家标准．混凝土结构工程施工质量验收规范 GB 50204—2015[S]．北京：中国建筑工业出版社，2015.

[11] 中华人民共和国行业标准．预应力筋用锚具、夹具和连接器应用技术规程 JGJ 85—2010[S]．北京：中国建筑工业出版社，2010.

[12] 中国土木工程学会，混凝土及预应力混凝土学会，部分预应力混凝土委员会．部分预应力混凝土结构设计建议，1990.

[13] 中华人民共和国行业标准．建筑结构体外预应力加固技术规程 JGJ/T 279—2012[S]．北京：中国建筑工业出版社，2012.

[14] 中华人民共和国交通部部标准．公路钢筋混凝土及预应力混凝土桥涵设计规范 JTJ 023—85[S]．北京：人民交通出版社，1985.

[15] 中华人民共和国交通部部标准．公路砖石及混凝土桥涵设计规范 JTJ 022—85 [S]．北京：人民交通出版社，1985.